西北大学"双一流"建设项目资助

Sponsored by First-class Universities and Academic
Programs of Northwest University

大学物理实验

DAXUE WULI SHIYAN

主编　郑新亮　赵普举

参编　（按姓氏笔画排名）

于海萍　毕冬艳　刘志刚

宗　妍　高美玲

西北大学出版社

·西安·

图书在版编目（CIP）数据

大学物理实验 / 郑新亮，赵普举主编. --西安：
西北大学出版社，2021.12（2024.1重印）
ISBN 978-7-5604-4881-7

Ⅰ. ①大… Ⅱ. ① 郑… ②赵… Ⅲ. ①物理学—实验
—高等学校—教材 Ⅳ. ①O4-33

中国版本图书馆 CIP 数据核字（2021）第 264655 号

大学物理实验
DAXUE WULI SHIYAN

主编　郑新亮　赵普举

出版发行　西北大学出版社
（西北大学校内　邮编：710069　电话：029-88303059）
http://nwupress.nwu.edu.cn　E-mail: xdpress@nwu.edu.cn

经　销	全国新华书店
印　刷	西安华新彩印有限责任公司
开　本	787 毫米×1092 毫米　1/16
印　张	24.5

版　次	2024 年 1 月第 2 版
印　次	2024 年 1 月第 3 次印刷
字　数	463 千字

书　号	ISBN 978-7-5604-4881-7
定　价	58.00 元

本版图书如有印装质量问题，请拨打 029-88302966 予以调换。

前　言

　　物理学是研究物质的组成结构、运动规律、相互作用及转化规律的自然科学,其基本理论和实验技术渗透在自然科学的各个领域,应用于生产技术的许多部门,是其他自然科学和工程技术发展和创新的源泉。物理实验体现了大多数科学实验的基本共性,在实验思想、实验方法以及技术手段等方面是各学科科学实验的基础。物理实验学习与训练对学生的科学素质和实验技能的培养,以及世界观和科学观的形成具有重要作用。大学物理实验课程是高等学校理工类专业的必修性基础课程,是本科生接受系统实验方法和实验技能训练的开端。该课程是专题实例性课程,通过力学、热学、电磁学、光学和近代物理等领域的实验选题,从理论分析、方案设计、仪器使用、数据处理及误差分析等方面进行基本规范和综合素质的实验训练。

　　大学物理实验课程的内容设置与各个高等学校的教学实验室建设状况、学生学情状态、教学研究积累等多种因素密切相关。因此,在相互借鉴参考的同时,普遍采用自编教材。在满足基本规范和要求情况下,各个学校都有各自的风格和特色。西北大学办学历史悠久,学科门类众多。2022 年,恰逢学校建校 120 周年,我们结合了物理国家级实验教学示范中心建设成果,总结了近二十年来在基础物理实验教学模式改革中积累的经验,继承了我校以前各个版本《大学物理实验》教材的成果,编写了这部教材。既是为了适应大学物理实验课程建设发展,提升人才培养质量,也籍此为学校建校 120 周年献礼。

　　在以学生为本,适应多元化需求的编写思路指导下,我们对《大学物理实验》教材的编排体系进行了调整。以学生需求为主导,以教学方式来分类。将原来以实验内容来分类的实验项目体系,调整为"基础学习型实验－自主应用型实验－拓展设计型实验"三类不同的授课方式来分类的实验项目体系。更多考虑了不同的课时需求,以及学生在学习过程中的专业与兴趣差异,给予更多的自主学习和创新设计空间。不同类型的实验项目采用不同内容形式,适应不同的教学方式,以期望增强教学实用性和灵活性。

本书主要内容分为五个章节。前两章介绍物理实验的基础知识、基本方法和常规仪器。主要包含物理实验的误差理论、数据处理方法以及基本物理量及其测量、常用仪器与器件。第三、四、五章是实验项目实例。其中,第三章为常规基础学习型实验项目,以基本实验素质和基本技能训练为目标,涵盖了力学、热学、电磁学、光学和近代物理各部分内容,内容编写相对详细,建议采用常规实验教学方式。第四章为自主应用型实验项目,编写中给予更多自主学习空间,供不同专业和兴趣的学生选做,建议采用引导式半开放教学。第五章为拓展设计新型实验,设置开放性小课题,可以完全由学生自主设计完成。以上是结合我校完全学分制改革和大学物理实验教学的具体情况采用的建议授课方式,谨供其他学校读者参考。

大学物理实验教学是一项团队协作性很强的工作。实验教材的编写伴随着教学实验室的建设和发展。本教材是在我校以前版本的《大学物理实验》教材基础上,进行了重新修订和内容扩充后形成的。因此,凝聚了西北大学物理实验教学中心全体教师和实验技术人员近二十年来的集体智慧。特别感谢姚合宝、冯忠耀、罗惠霞、张德恺、胡晓云、于明湘、周引穗等老师为物理实验教学和教材建设所作出的贡献。郑新亮、赵普举负责了本教材的策划组稿及部分内容的编写,参与编写的还有于海萍、毕冬艳、宗妍、刘志刚、高美玲等老师。教学改革是一个长期复杂,而又不断调整适应的系统工作。希望读者将此书作为物理实验学习和训练的引玉之砖,以科学研究的态度对待教学实验,通过实验研究提升思考和解决问题的能力。另外,由于编者水平有限,书中难免会有偏颇不足之处,恳望读者批评指正。我们会在后续工作中不断修订,努力提高。

编 者

2021 年 12 月

目　录

第4章　自主应用型实验

第5章 拓展设计型实验

第 1 章　误差理论与数据处理

1.1　误差理论

一、测量和误差的概念及其分类

(一) 测量及其分类

测量(measurement),就是把确定的待测物理量直接或间接地与取作标准的单位同类量进行比较,得到比值的过程,这个比值就是待测物理量的测量值,选来作为标准的同类量称之为单位。一个完整的"物理量"是由测量数值与物理单位的乘积构成。

一切测量必须在一定测量条件下进行,测量时,观测者对确定的测量对象,必须利用适当的测量装置、仪器或设备,并运用正确的测量方法。把观测者、测量对象、测量仪器、测量方法及测量条件统称为测量要素。

物理量的测量按测量方法分为:直接测量和间接测量;按测量条件分为:等精度测量和非等精度测量。

1.直接测量

直接测量就是将待测量直接与标准仪器、仪表或量具进行对比,从而直接读出待测量值的过程。例如用米尺测量长度,天平称衡质量,秒表测量时间间隔,温度计测量温度,电流表测量电流强度,光度计测量光强度等均系直接测量。

2.间接测量

对于一些没有提供直接读数仪表的物理量,可以利用它与另外一些可以直接测出的物理量之间的函数关系,间接求取,这种测量称为间接测量。例如:为测量直线运动物体的平均速度,可以直接测量物体运动的路程 s 及通过这段路程所经历的时间 t,然后,由平均速度的定义式 $v = s/t$ 计算求出。为测量当地的重力加速度,可以采用单摆装置,直接测出单摆的摆长 L 及摆动周期 T,而依单摆的周期公式求出: $g = 4\pi^2 L/T^2$。

在实验中,为了确定实验手段或方法的可行性、检验实验仪器或装置的稳定性和重复性、判断实验结果的可靠性、验证物理规律的正确性,对间接测量量,往往不仅应该在宏观条件基本相同的情况下进行多次重复测量,还需要人为地改变环境条件、变更测量仪器、变换测量方法、重选实验参量乃至调换观测者,反复测量多次。

3. 等精度测量

对某一物理量进行多次测量,每次测量的条件都相同(如同一观察者、同一组仪器、同一种测量方法和在同样的环境条件下测试等等),测得的数据为 $x_1, x_2, \cdots, x_n$,尽管各次测得的结果不完全相同,但我们没有任何充足的理由来判断哪一次更为精确,只能认为这几次测量的精确程度是相同的,于是将这种具有同样精确程度的测量称为等精度测量,并且把这样一组测量数列称为测量列。

4. 非等精度测量

在不同条件下对同一物理量进行的多次测量。即在观察者、测量仪器、测量方法和测量环境等测量条件中,只要有一个发生变化,这时所得到的测量结果的可靠性会有所不同。因此,这样的测量就是非等精度测量。

严格说,在实验过程中保持对同一物理量进行多次测量的测量条件完全相同是极其困难的。但当某一条件的变化对结果的影响不大,甚至可以忽略时,仍可将此种测量视为等精度测量。在这一章里,除了特别指明外,我们都作为等精度测量来讨论。

(二) 测量的单位

一个物理量的大小是客观存在的,选择不同的单位,相应的测量数值就有所不同。单位愈大,测量数值愈小,反之亦然。

根据第 26 届国际计量大会 2018 年 11 月 16 日通过的"修订国际单位制"决议,正式更新了包括国际标准质量单位"千克、安培、摩尔、开尔文" 4 项基本单位定义。新国际单位体系于 2019 年 5 月 20 日世界计量日起正式生效。我国以国际单位制(SI 制)为国家法定计量单位,即以米、千克、秒、安培、开尔文、摩尔、坎德拉作为基本单位(见表 1.1.1)。

人们依据这些标准制成按一定单位刻度的工具、仪器或仪表,以便定量测量。

表 1.1.1　国际制(SI) 基本单位、辅助单位

物理量		单位名称	单位符号	定　　义
基本单位	长度	米 metre	m	光在真空中 1/299792458 秒时间间隔内所传播的距离
	质量	千克 kilogram	kg	普朗克常数为 $6.62607015 \times 10^{34}$ J·s 时的质量单位。1kg 数值上等于 1.4755214×10^{40} 个具有 ^{133}Cs 原子基态两个超精细能级共振频率的光子所具有的能量。
	时间	秒 second	s	1 s 相当于 ^{133}Cs 原子基态两个超精细能级之间跃迁所对应辐射的 9.192631770×10^9 个周期的持续时间。
	温度	开[尔文] Kelvin	K	对应玻尔兹曼常数为 1.380649×10^{-23} J·K^{-1} 的热力学温度
	电流	安[培] (Ampere	A	当导线中每秒通过的电子数量为 $(1/1.602176634) \times 10^{19}$ 的时候,所产生的电流强度为 1 安培。
	物质的量	摩[尔] mole	mol	1 摩尔将定义为"精确包含 6.02214076×1023 个原子或分子等基本单元的系统的物质的量"。
	光强度	坎[德拉] candela	cd	在压力 1.01325×10^5 N/m^2 下,处于铂凝固点的黑体 1/600000m^2 光滑表面在垂直方向上的发光强度为 1cd。
辅助单位	平面角	弧度	rad	1rad 是一圆内两条半径之间的平面角,这两条半径在圆周上所截弧长与半径相等。
	立体角	球面度	sr	球面度是一立体角,其顶点位于球心,它在球面上所截取的面积等于以球半径为边长的正方形的面积。

(三) 误差及其分类

　　测量的最终目的都是要得到物理量的客观真实值。由于认识能力不足和科学技术水平的限制,仪器制造不可能十分精确;外界环境条件的干扰,仪器的使用条件不易得到完全满足;观测者的测量方法和技能技巧程度的影响;物理量本身客观存在值发生变化;理论公式抽象和简化等原因,使得实际测量都是在比理想模型复杂得多的客观环境中进行,从而使测量所得到的值与物理量的真值之间不可避免地产生差异。

　　我们把测量值 x 与真值 μ 之差叫做误差(error),用 δ_x 表示。表示为

$$\delta_x = x - \mu \qquad (1.1.1)$$

　　真值(true value)是指物理量的客观存在值,是在一定时间内被测物理量不发生变化的真实值的大小,是一个理想的概念。误差 δ_x 反映了测量值偏离真值的大小和方向,故称为绝对误差(absolute error)。绝对误差与测量值具有相同的量纲,其值可正

可负($x>\mu,x<\mu$)。误差 δ_x 的绝对值越小,说明测量结果越接近真值。

对于大多数测量来说,被测量的真值是不知道的,常用多次测量的算术平均值 $\bar{x}$ 近似代替真值来计算误差,并用 Δx 表示测量的绝对误差。

一般情况下,测量的绝对误差不能全面衡量一组测量结果的优劣,当被测量量不同时,对于测量结果的优劣进行评估,还必须同时考虑被测物理量量值的大小。为了区分或评价测量结果的优劣,引入相对误差(relative error)概念。把被测量 x 的测量绝对误差与其近真值之比称作相对误差,用 E_x 表示。据定义有

$$E_x = \frac{\Delta x}{x} \times 100\% \tag{1.1.2}$$

有的被测物理量有理论值或公认值,我们把被测物理量的测量最佳值与其理论值(或公认值)的相对误差称作百分误差。即

$$E_x = \frac{|测量最佳值-公认值|}{公认值} \times 100\% \tag{1.1.3}$$

相对误差是一个纯数值,无量纲。

由于自然界中的一切物体和物质都处于永恒运动中,因此,测量过程自始至终都无法知道被测物理量的真值。在物理实验中的真值一般是某种理论、某种模式的推演结果,或用准确度足够高的测量值作为该量的约定真值(conventional true of a quantity)。有如下三种类型:

(1) 理论值或定义值:如三角形的三内角和等于 $180°$ 等等。

(2) 计量学约定真值:国际计量大会决议的七种标准。

(3) 标准器相对真值:高一级标准器的误差与低一级标准器或普通计量仪器的误差相比,为其 $1/5$(或 $1/3 \sim 1/20$) 时,则可以认为前者是后者的相对真值。如 0.1 级电压表的电压值相对于 0.5 级电压表的电压值而言是真值。

综上所述,真值是未知的,误差也是无法计算的,误差存在于一切测量过程的始终。这一事实已为一切从事科学实验的人们所公认,故称之为误差公理。

测量与误差形影不离。随着科技水平的不断提高,测量误差可以被控制得越来越小,但一般不会是零。

测量误差作为一个整体决定于所有的误差源。为了研究方便,可根据误差的性质及产生原因将它们分为两大类:系统误差和随机误差。

1. 系统误差(systematic error, determinate error)

系统误差是测量误差的系统部分,被定义为:在相同条件下多次测量同一量时,误差的绝对值和符号恒定,或在条件改变时按某一确定规律变化的误差。

所谓确定的规律是指这种误差可以归结为某一个因素或某几个因素的函数,这

种函数一般可以用解析公式、曲线或数表来表达。例如：某些电量是频率的函数，度盘偏心引起的角度的测量误差按正弦规律变化，尺长是温度的函数等等。由于变化规律的不同又可分为：恒定系统误差（它包括恒正系统误差和恒负系统误差）和未定系统误差（线性系统误差、周期系统误差和复杂规律系统误差等等）。

系统误差主要来源于以下几个方面：

（1）仪器误差：这种误差是由于仪器的制造公差或未按规定条件使用所致。例如天平两臂不严格相等，米尺刻度不均匀，水银温度计毛细管内径不均匀，螺旋测微计零点不准，放大器的非线性等。仪器的规定使用条件是指外界影响因素对仪器的计量特性影响不大的一个允许范围。如果仪器应有的水平或垂直度得不到保证、超出了仪器对温度、湿度、气压的允许范围、不按照规定的电源电压及频率供电、就会导致新的测量误差（附加误差）。如规定 20℃ 使用的标准电池在 30℃ 时使用等。

（2）方法理论误差：它是由于测量所依据的理论公式本身的近似性，或测量条件不能满足理论公式所规定的要求，或测量方法有缺点所带来的误差。例如：单摆的周期公式 $g = 4\pi^2 L/T^2$ 成立的条件是摆角趋于零，实际实验中却不能达到，在小角度下也只是一个近似公式，如用该式测定重力加速度，则必然带来测量误差。又如，在测量空气比热容的实验中，要求其放气过程为准静态绝热过程，但实际上却不能实现。再如，在量热实验中要求系统与外界绝热，这实际上也不可能做到。

（3）个人误差：它是由观测者本身缺乏经验或心理、生理上的特点所致。例如：使用停表计时，由观测者的反应速度引起不同程度的提前或滞后的趋向给测量带来的误差；对标度读数时由观测者坐姿不正、或有习惯性的偏向而引起读数视差；用温度计测温时，由观察者的分辨能力以及心理因素引起的读数差异等。

（4）环境误差：由于环境（如温度、湿度、大气压、电磁场等）的影响而产生的误差。如在流体静力称衡法实验当中，由于水的温度的变化，引起水的密度发生改变导致被测物体密度的误差。

（5）装置误差：由于测量设备、仪器的安装、调整不当带来的误差，或因电路布置不当及电路中导线、电阻、开关等剩余电阻引入的误差。例如：在磁聚焦法测量电子荷质比的实验中，当仪器的螺线管与地磁场方向不平行时，就会使得即使在偏转电压为零时，聚焦的电子束仍偏离荧光屏的中心，造成测量误差。在电磁学一类实验中，经常需要考虑磁电的屏蔽和良好的接地问题，以减少测量的系统误差。

由系统误差的特点及来源不难看出，相同条件下多次重复测量的方法不能减弱或消除系统误差，但是它有可能帮助人们发现那些由于外界因素影响而导致的系统误差。改变实验条件进行反复测量，然后根据测量结果和实践经验进行分析，不仅可以发现系统误差的存在、找到产生这种误差的原因，而且还能尽量减弱以至消除某些系统误差对测量结果的影响。

2.随机误差

测量误差的随机部分称为随机误差，它被定义为：在相同条件下多次测量同一量时，误差时大时小，时正时负，无规则地涨落，但是对大量测量数据而言，其误差遵循统计规律。

随机误差主要来源于不确定或无法控制的随机因素，是由大量微小的涨落性的个别扰动累积而成的。如：

（1）测量仪器的工作状态的随机变化。

（2）待测物体的物理量本身的随机变化。

（3）实际测量环境参数的随机涨落。

（4）观察者分辨能力和读数上的随机变化等等。

这些外界因素的微小扰动，使单个测量值的误差毫无规则，从而导致它们在大量测量中产生正负相消的机会。可见，相同条件下多次测量的算术平均值比单个测量值的随机误差小，所以增加测量次数可以减少随机误差。

在任何一次测量中，一般系统误差和随机误差是同时存在的。测量结果的总误差应该是系统误差和随机误差的合成。由于系统误差和随机误差的性质不同，来源不同，所以处理方法亦应不同，在精确测量时应该加以区别，分别处理。如果只是为了说明总误差的限度，就可以不严格加以区分。如许多不太精密的仪器，其最大允许误差就是既包含有系统误差，又包含有随机误差。

因操作不当、仪器故障、设计错误、读数错误或实验条件未达到预想的指标（如温度未达到要求）而匆忙实验造成的测量错误，叫粗大误差（gross error）或过失误差。粗大误差或过失误差是人为原因造成的，只要测量者采取严肃认真的态度，就可以避免，不应称为测量误差。在数据分析和处理的过程中，被确定为含有粗大误差的原始测量数据，必须作为坏值予以剔除。

3.误差的相互转换性

误差的性质是可以在一定的条件下相互转化的。如尺子的分度误差，对于制造尺子来说是随机误差，但将它作为基准尺来测量或检定成批尺子来说，该分度误差使得测量结果始终长些或短些，这又成为系统误差了。这类来源于随机误差的系统误差常称为双向系统误差（或系统性随机误差，或前次随机误差等）。又如，度盘在某一分度线具有一个恒定的系统误差，但所有各分度线的误差却有大有小，有正有负，对整个度盘的分度线的误差，总体来说具有随机性质。如果用度盘的固定位置测量定角，则误差恒定;如果用度盘的各个不同位置测量该角,则测量误差时大时小,时正时负,随机化了,从而使测量平均值的误差能够得到减小,这种办法常称之为随机化技术。在实际的科学实验和测量中,人们常利用这些特点,以减小实验结果的误差。

4.精密度、准确度和精准度及其与误差的关系

应该明确,凡是提到精密度和准确度时,都是对某一具体的对象来说的,而且是定性概念。测量的精密度和准确度是对测量结果而言的,而仪器的精密度和准确度是对仪器而言的。

(1)测量的精密度、准确度和精准度与误差的关系。

精密度(precision)是指在相同条件下多次测量结果相互吻合的程度,它表示了测定结果的再现性。精密度的大小用偏差(deviation)来表示,偏差越小,说明测量结果的随机误差小,则称测量精密度高。

准确度(accuracy)是指测量结果与真实值接近的程度。误差的大小是衡量准确度高低的尺度。误差越小,说明系统误差小,测量结果的准确度高;反之,则说明系统误差大,测量结果的准确度低。

精准度(trueness)是对各测量结果的再现性(或重复性)及测量结果与真值接近程度的综合评定。测量结果中系统误差和随机误差两者均小时,则称测量精准度高,表明测量结果集中在真值附近的概率大。

对于实验或测量来说,精密度好的准确度不一定好,准确度好的精密度不一定好,但精准度好则要求精密度和准确度都要好。如图 1.1.1 中,(a) 表示系统误差小随机误差大,即准确度好而精密度差;(b) 表示系统误差大而随机误差小,即准确度差而精密度好;(c) 系统误差和随机误差都小,即准确度和精密度都好。在科学实验和测量中,我们希望得到精准度好的结果。

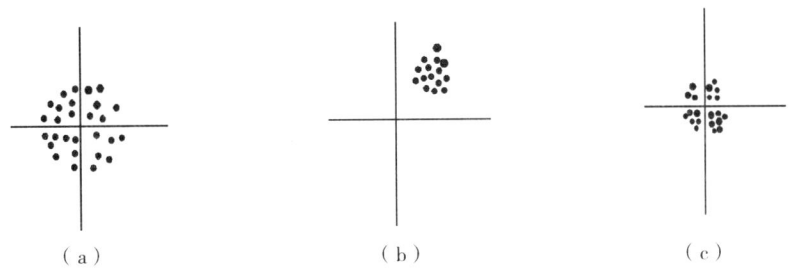

(a)　　　　　　　　(b)　　　　　　　　(c)

图 1.1.1　测量中的三种情况示意图

(2)仪器的精密度、准确度与仪器误差。

仪器的精密度是指仪器所能分辨物理量的最小值。一般它与仪器的最小分度值一致,分度值愈小,仪器的精密度愈高。如螺旋测微计的最小分度值为 0.01mm,可以

认为其精密度为 100 刻度 /mm。

仪器的准确度是反映测量值与准确值的相对误差的大小,相对误差愈小准确度愈高。仪器的准确度级别通常是由制造工厂和计量机构使用更精准的仪器、量具,检定比较后给出,标注在仪器上,它代表该仪器的基本误差的百分数,级别数越小,准确度愈高。

仪器的准确度等级定义为:

$$\alpha\% = \frac{\Delta_{仪}}{仪表量程} \times 100\% = 级别\ \%$$

它表示,在全量程内正常使用条件下,仪表可能出现的最大绝对误差。式中 $\Delta_{仪}$ 为仪表基本误差的最大值,α 为仪表的准确度等级。仪表的准确度越高,则其基本误差越小,仪表的读数与被测量的实际值相符合的程度越好。

根据《中华人民共和国国家标准》规定:电表的准确度等级划分为 0.1,0.2,0.5,1.0,1.5,2.5 及 5.0 七级。在正确使用仪器的条件下,其测量的极限误差为

$$\Delta_{仪} = \pm\ 量程 \times 准确度等级\ \%$$

例如:用量程 1A 的 1.0 级电流表测量电流时,$\Delta_{仪} = \pm 1 \times 1.0\% = \pm 0.010A$,表明测量值的绝对误差不大于 0.010A。

(3) 仪器误差。

仪器误差比较复杂,大体可划分为三个方面,即仪器的基本误差、附加误差及示值变差。还包括仪器的随机变化成分。他们都与仪器的精密度和准确度有关系。

① 仪器的最大误差。

仪器的最大误差 $\Delta_{仪}$ 是指在正确使用仪器的条件下,测量结果和被测量的真值之间可能产生的最大误差。显然,仪器和量具的出厂公差给我们提供的是仪器和量具的最大误差 $\Delta_{仪}$。因为合格的仪器和量具的误差不允许大于这个数值。例如,常用的钢卷尺的出厂公差是 $\pm 0.8mm/m$,表示从尺钩内侧算起的第 1 米的最大误差为 $\pm 0.8mm$。另一方面,用出厂公差作为仪器和量具的误差,常常是偏大一些,如上例的钢卷尺产品中,误差只有 $\pm 0.4mm$ 或 $\pm 0.6mm$ 的钢卷尺同样是符合出厂公差标准(小于 0.8mm)的合格产品,准予出厂提供给测量者使用。因此,常常在测量中用仪器的出厂公差来表示仪器最大误差 $\Delta_{仪}$。

② 仪器的标准误差。

仪器误差也包含系统误差和随机误差两部分。如多次测量一个固定的被测量,测量值都相同或基本相同,这并不表示随机误差为零,而是因为误差较小,仪器的灵敏度较低,不能反映其微小差异。级别较高的仪器一般主要表现为随机误差,级别低的仪器主要表现为系统误差。实验室常用的仪表(如 0.5 级)随机误差和系统误差都有,

且数值相近。

那么,如何确定仪器的标准误差呢?一般仪器误差的概率密度分布函数遵从均匀分布,如图 1.1.2 所示。所谓均匀分布是指在其误差范围内,各种误差(不论大小和符号)出现的概率都相同,而在区间外的概率则为零。例如游标尺的量具误差、指零仪表的判断平衡时的误差、仪器刻度盘或其它传动齿轮的回程差产生的误差、级别较高

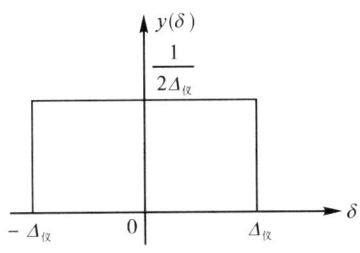

图 1.1.2 均匀颁布的概率密度曲线

的仪器和仪表的误差、数据截尾引起的舍入误差、示波器实验中调整李萨如图的不稳定引起的频率测量误差、电子计数器或数字仪表的量化误差(即 ±1 误差)等等都属于均匀分布。

对于这种分布,其概率函数为

$$y(\delta) = \begin{cases} 1/(2\Delta_{仪}) & \delta \in \left[-\Delta_{仪}, +\Delta_{仪}\right] \\ 0 & 其它 \end{cases}$$

可计算出服从均匀分布仪器的标准误差为

$$\sigma_{仪} = \Delta_{仪} / \sqrt{3} \tag{1.1.4}$$

测量的目的就是为了得到物理量的最佳值,为了使测量结果正确、可靠,必须对测量误差进行分析,作出正确的估计和评价,这包括对随机误差的估计,对系统误差的发现、消除及处理,对粗差的剔除等。下面我们对随机误差和系统误差的估计作简单的介绍。

二、随机误差的估计

(一) 随机误差的统计规律

为提高测量的可靠程度,常常对同一物理量进行多次测量,得到一系列的值,即一测量列。由于各种原因,用同一仪器在相同条件下测量同一物理量,每次不可能完全相同,而是在某一中间值附近变化。这种现象称为数据的散布。

例如:以十分度游标卡尺对标称直径 $x = 3.01\text{cm}$ 的钢球进行 $n = 150$ 次测量,所得测量值 x_i 及对应次数 k_i 列于表 1.1.2。如以 δ_i 为横坐标,k_i 为纵坐标作图(如图 1.1.3),即可发现随机误差的如下四个特征:

① 单峰性:绝对值小的误差比绝对值大的误差出现的次数多。

② 有界性:在一定条件下的有限次测量中,其误差的绝对值不会超过一定的界限。有时将随机误差的最大值 δ_m,称为极限误差或称随机不确定度。

表 1.1.2　游标卡尺测钢球直径

区间序号	测量值 x_i (cm)	误差 $\delta_i = x_i - \mu$ (cm)	出现次数 k_i	相对次数 f_i	区间序号	测量值 x_i (cm)	误差 $\delta_i = x_i - \mu$ (cm)	出现次数 k_i	相对次数 f_i
1	2.95	-0.06	4	0.027	8	3.02	0.01	17	0.113
2	2.96	-0.05	7	0.047	9	3.03	0.02	12	0.080
3	2.97	-0.04	9	0.060	10	3.04	0.03	12	0.080
4	2.98	-0.03	11	0.073	11	3.05	0.04	10	0.067
5	2.99	-0.02	14	0.093	12	3.06	0.05	7	0.047
6	3.00	-0.01	20	0.133	13	3.07	0.06	4	0.027
7	3.01	0.00	23	0.153	平均值	3.01	0	$\Sigma = 150$	$\Sigma = 1$

③ 对称性：绝对值相等的正误差与负误差出现的次数大致相等。

④ 抵偿性：由随机误差的对称性可以推知：当测量次数 $n \to \infty$ 时，由于正、负误差相互抵消，误差的代数和将趋于零，即

$$\lim_{n \to \infty} \sum_{i=1}^{n} \delta_i = 0 \qquad (1.1.5)$$

抵偿性是随机误差最本质的统计特性。凡是具有抵偿性的误差，一般均可按随机误差进行处理。

（二）测量结果的最佳值

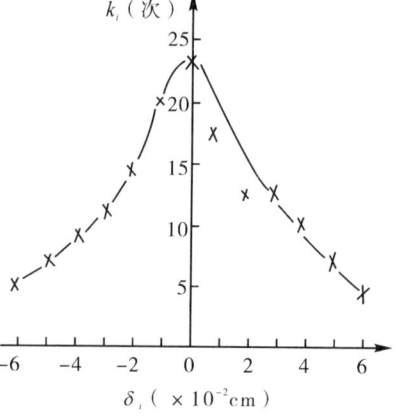

图 1.1.3　测量误差的分布

我们可以利用随机误差的特性来确定一组等精度测量结果的最佳值。

由误差定义 $\delta = x - \mu$，对于有限次等精度测量，有

$$\frac{1}{n} \sum_{i=1}^{n} \delta_i = \frac{1}{n} \sum_{i=1}^{n} (x_i - \mu)$$

即

$$\frac{1}{n} \sum_{i=1}^{n} \delta_i = \frac{1}{n} \sum_{i=1}^{n} x_i - \mu$$

上式表示等精度多次测量的算术平均值的误差等于各次测量误差的算术平均值。

可以证明，当测量次数无限多时，$\lim\limits_{n \to \infty} \sum\limits_{i=1}^{n} \delta_i = 0$，算术平均值将无限接近真值。在

数学上,称下式为数学期望值。

$$<x> = \lim_{n \to \infty} \frac{1}{n} \sum_{i=1}^{n} x_i \tag{1.1.6}$$

对于有限次测量,测量结果的平均值会随着测量次数的不同而改变,也会因不同列的测量数据而稍有差别。因此只能"期望"诸测量值的算术平均值为最可信赖值或最佳值。

1.直接测量结果的最佳值 —— 算术平均值

设对物理量 x 进行等精度重复测量,得到一测量列:$x_1, x_2, \cdots, x_n$。测量列的算术平均值(arithmetic mean)

$$\bar{x} = \frac{1}{n} \sum_{i=1}^{n} x_i \tag{1.1.7}$$

最接近真值,因此,我们把 $\bar{x}$ 称为测量的最佳值。

2.间接测量结果的最佳值

对于间接测量值 $w = f(x, y, \cdots)$,它由诸直接测量值 $x, y, \cdots$ 所确定。当多次测量时,有两种可能的情况:① 各直接测量值分别独立地进行测量,且测量条件变化幅度很小;② 每次都是差不多同时或同一条件下对各量测量一遍,而每次测量之间又都是相互独立的。严格说来,在不同的情况下计算间接测量算术平均值的方法是不同的。

对情况 ①,各直接测量值 $x, y, \cdots$ 是相互独立地进行测量的。因此,首先分别求出它们各自的算术平均值,$\bar{x}, \bar{y}, \cdots$ 然后将其代入函数关系式 $w = f(x, y, \cdots)$ 中求得 w 的测量值。

$$\bar{w} = f(\bar{x}, \bar{y}, \cdots) \tag{1.1.8}$$

对于情况 ②,每一次测量,得一组 $x_i, y_i, \cdots (i = 1, 2, \cdots, k)$,相应地有 $w_i = f(x_i, y_i, \cdots)$,然后以其多次测量算术平均值 $\bar{w}$ 作为测量值。

$$\bar{w} = \sum_{i=1}^{k} w_i / k = \sum_{i=1}^{k} f(x_i, y_i, \cdots,) / k \tag{1.1.9}$$

通常,当测量条件没有大幅度变化时,两种计算方法所得到的结果是极其相近的。所以,除了测量幅度过大时必须采用式(1.1.9)外,不论何种情况,都可以采用较简单的式(1.1.8)来计算。

(三) 标准误差

通常由微小因素引起的随机误差都遵从正态分布(normal distribution)(或高斯分布),其概率分布密度可以由下列正态分布函数来表示

$$y(\delta) = \frac{1}{\xi \sqrt{2\pi}} e^{-\delta^2/2\xi^2} \quad (|\delta| < 1) \tag{1.1.10}$$

式中 δ 为绝对误差, ξ 为一个与具体的测量条件有关的正数, $y(\delta)$ 表示在一个测量列中, 误差 δ 出现的概率。函数 $y(\delta)$ 的图解曲线如图 1.1.4 所示, 称为正态分布曲线。

从图 1.1.4 不难看出, 正态分布函数具有随机误差的有界性、对称性、单峰性和抵偿性等特点, 完好地描述了随机误差的客观规律。

虽然大量的误差服从正态分布, 随着科学技术的发展, 还发现不少误差并不服从正态分布, 如均匀分布、三角分布、梯形分布、反正弦分布等等。

我们把正态分布曲线上的拐点对应的横坐标 $\xi = \sigma$ 值, 称作标准误差。取不同的 σ 值的正态分布曲线如图 1.1.5 所示。

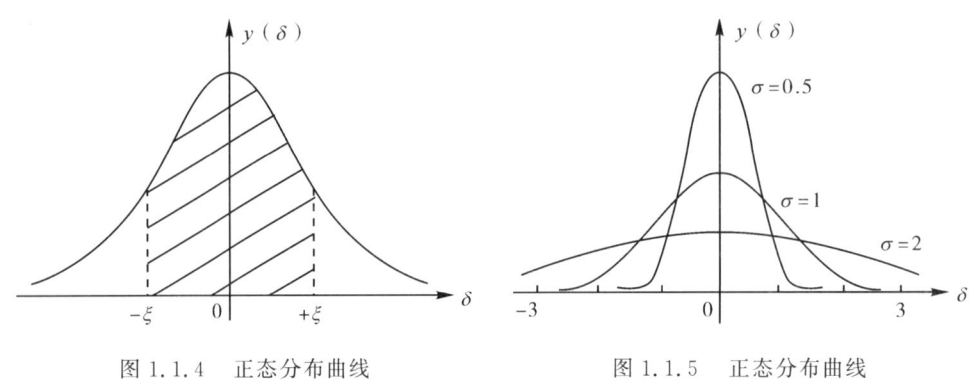

图 1.1.4　正态分布曲线　　　　图 1.1.5　正态分布曲线

由图可见, σ 值愈小, 分布曲线愈尖锐, 说明随机误差比较集中, 绝对值小的误差占优势, 亦即测量值的离散性小, 重复性好; σ 值越大, 曲线越扁平, 绝对值大的误差出现的概率大, 说明测量值的离散性大。因而 σ 的大小成为测量结果精密度的标志。

无论 σ 的值是多少, 作正态分布函数从 $-\sigma$ 到 $+\sigma$ 的积分, 即为测量值 x 的误差出现在区间 $[-\sigma, +\sigma]$ 内的概率 P 为

$$P = \int_{-\sigma}^{+\sigma} y(\delta) \mathrm{d}\delta = \int_{-\sigma}^{+\sigma} \frac{1}{\xi \sqrt{2\pi}} \mathrm{e}^{-\delta^2/2\xi^2} \mathrm{d}\delta = 0.683$$

这就是说, 任何一次测量值出现在 $\bar{x} - \sigma$ 到 $\bar{x} + \sigma$ 范围内的概率为 68.3%。如图 1.1.4 中的阴影部分所示。这就是 σ 的统计性意义。

应用正态分布函数, 我们还可以计算出任何一次测量值的误差出现在 $[-2\sigma, +2\sigma]$ 区间内的概率为 95.4%、出现在 $[-3\sigma, +3\sigma]$ 区间内的概率为 99.7%。这意味着, 误差超出 $\pm 3\sigma$ 的概率只有 0.3%, 这在一般有限次测量中是几乎不可能出现的。

在误差理论中, 我们把 σ 称作一倍标准差, 2σ、3σ 分别称作二倍、三倍标准差。这些区间称为置信区间, 误差在相应区间出现的概率称为置信概率(confidence probability)。

从以上讨论不难看出，置信概率随置信区间的增大而增大。当置信区间增大到对应的置信概率接近 100％ 时，说明误差一定出现在该区间内。把它称为极限误差，简称误差限。

（四）标准误差的计算

1. 单个测量值的标准误差

在相同条件下对物理量 x 进行多次测量，得到测量列 $x_1, x_2, \cdots, x_n$，其误差为：$\delta_1, \delta_2, \cdots, \delta_n$，其中 $\delta_i = x_i - \bar{x}$，又称为偏差（deviation）或残差，统称为误差。由于单个的误差可大可小，为了表明该条件下的测量精确度，我们引进标准误差。

标准误差是各个误差的平方和的算术平均值再开方，即

$$\sigma_x = \sqrt{\sum_{i=1}^{n} \delta_i^2 / (n-1)} = \sqrt{\sum_{i=1}^{n} (x_i - \bar{x})^2 / (n-1)} \tag{1.1.11}$$

常称（1.1.11）式为贝塞尔（Bessel）公式。σ_x 是一个与单次测量无关的常数，它只与测量条件有关。可是实际上由于测量次数 n 只能取有限的值，这时按贝塞尔公式计算出来的必将是一个与单次测量有关的随机变数，只是标准误差的近似值。这样计算仍反映了测量列中各测量数据的离散程度，只要测量次数 n 不是太少（例如不少于 10 次），测量列中任一测量值 x_i 的误差落在 $[-\sigma_x, +\sigma_x]$ 区间内的概率仍在 68.3％ 附近。

值得注意的是，标准误差 σ 与绝对误差 δ_i 是有完全不同的含义的。δ_i 是实在的误差值，亦称真误差；而 σ 并不表示一个具体测量值的误差，它表示在相同条件下进行多次测量后的随机误差概率分布情况，是按一定置信率给出的随机误差变化范围的一个评定参量，只具有统计性的意义，是评定所得测量列精密度高低的指标。

2. 算术平均值的标准误差

在实际上，人们往往关心的不是测量列的数据散布特性，而是测量结果即算术平均值的离散程度。我们设想进行了有限的 n 次测量后，得到一个最佳值 $\bar{x}$，这一测量列中任一次测量值 x_i 的误差落在 $[-\sigma_x, +\sigma_x]$ 区间内的概率为 68.3％。如果继续增加测量次数（例如 $n+m$），则可得到另一个最佳值 $\bar{x}'$ 和相应的标准误差 $\sigma_{x'}$，$\bar{x}$ 与 $\bar{x}'$、σ_x 与 $\sigma_{x'}$ 一般不会相同，也是一个随机变量。显然，$\bar{x}$ 肯定要比测量列中的任一测量值更可靠。那么，随着 n 的增加，算术平均 $\bar{x}$ 本身的可靠性如何呢？算术平均值的标准误差 $\sigma_{\bar{x}}$ 又如何表示呢？

由误差理论可以证明，算术平均值 $\bar{x}$ 的标准误差 $\sigma_{\bar{x}}$ 为

$$\sigma_{\bar{x}} = \frac{\sigma_x}{\sqrt{n}} = \sqrt{\frac{\sum_{i=1}^{n} (x_i - \bar{x})^2}{n(n-1)}} \tag{1.1.12}$$

即算术平均值的标准误差是单个测量值标准误差的 $1/\sqrt{n}$ 倍。

与单个测量值的标准误差 σ_x 的统计含义一样,$\sigma_{\bar{x}}$ 反映了算术平均值 $\bar{x}$ 的离散性(即各个测量列的平均值的离散性)。由于测量次数趋于无限,算术平均值将无限接近真值,此式也表示了算术平均值接近真值的程度。它表示了算术平均值 $\bar{x}$ 的误差落在 $[-\sigma_{\bar{x}},+\sigma_{\bar{x}}]$ 区间内的概率为 68.3% ,也可以说真值落在 $[\bar{x}-\sigma_{\bar{x}},\bar{x}+\sigma_{\bar{x}}]$ 区间内的概率为 68.3% 。

(五) 测量次数很少时的置信区间的确定 —t 分布(学生分布)

在上面讨论的有限次测量的误差计算中,我们依据的是正态(高斯)分布理论,它所要求的测量次数还是很大的。而测量次数很少(例如 $n<10$)时,总体标准偏差是不知道的,只能用样本标准偏差来估计测量数据的分散程度。这时必然引起正态分布的偏离,这时用 t 分布来处理。

按照 t 分布的方法,即用置信概率和置信限(区间)来表示测量结果的误差限,是对测量次数少时标准误差表示的补充,即 t 分布常用来计算测量平均值的误差限,并用于统计分析和统计检验。

理论证明,可以由 t 分布提供一个系数因子,简称为 t 因子,用 t 因子乘以算术平均值的标准误差来估计测量结果误差。表 1.1.3 中列出不同置信概率下不同测量次数的 t 因子的值。

表 1.1.3   不同置信概率 P 下的 t 因子和测量次数 n 的关系

P \ n	3	4	5	6	7	8	9	10	15	20
0.90	2.92	2.35	2.13	2.02	1.94	1.90	1.86	1.83	1.76	1.73
0.95	4.30	3.18	2.78	2.57	2.46	2.37	2.31	2.26	2.15	2.09
0.99	9.93	5.84	4.60	4.03	3.71	3.50	3.36	3.25	2.98	2.86
0.683	1.32	1.20	1.14	1.11	1.09	1.08	1.07	1.06	1.04	1.03

有时直接用式(1.1.12)的 $\sigma_{\bar{x}}$ 来评价实验结果。应当注意,这和以上讨论的算术平均值的标准误差 $\sigma_{\bar{x}}$ 的实际意义不同,式(1.1.12)可以粗略地看成是算术平均值 $\bar{x}$ 的最大误差。

(六) 关于随机误差估计的几点注意

1.测量次数的讨论

算术平均值是一系列等精度测量的最佳值。由式(1.1.12)可知,$\sigma_{\bar{x}}$ 随着测量次数 n 的增加而减小,这似乎就是说,算术平均值的精度与测量次数 n 密切相关,n 愈大,算术平均值愈接近真值,测量精度愈高。但是,测量精度主要还取决于所用测量仪器的精度、测量方法、环境和观察者等因素。测量时应当把这些条件所能达到的精度体现出来，超出这些条件单纯地去追求测量次数是没有必要的。当然，必要的测量次数是需要的，特别对比较精密的测量来说，没有一定的测量次数就不可能得到应有的可信赖值。那么，实际测量次数到底取多少较为合适呢？我们作 $\sigma_{\bar{x}} \sim n$ 的曲线如图1.1.6。由曲线可以看到，随测量次数 n 增加，$\sigma_{\bar{x}}$ 逐渐减小，但在 $n > 10$ 以后，$\sigma_{\bar{x}}$ 减小极慢。因此，实际测量次数不必很多，一般 10 次左右即可。

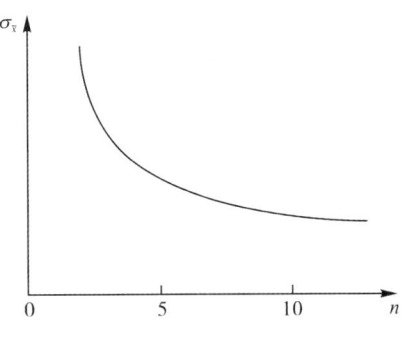

图 1.1.6　标准误差与测量次数的关系

2. σ_x 和 $\sigma_{\bar{x}}$ 使用条件的讨论

在实际评定误差时，何时使用 σ_x 和 $\sigma_{\bar{x}}$ 呢？一般有：

A. 被测量对象稳定不变，仪器变动，则算出的 σ_x 就表征测量仪器的重复性或分散性。

B. 被测对象变动，仪器不变，则算出的 σ_x 就表征被测对象的波动性或稳定性。

C. 被测对象和仪器都变动时，计算的 σ_x 是两者变动的综合效应，此时，它们各自变动多少一时难以确定，应尽力改善和避免。不可避免时，需用特殊的计算方法处理。

只有当被测对象是稳定的时候，适当的增加次数，用测量的算术平均值 $\bar{x}$ 作为被测对象的估计值时，这时给出的平均值的标准误差 $\sigma_{\bar{x}} = \sigma_x / \sqrt{n}$（或它的若干倍）才可以用于描述测量结果的精确度。

当被测对象是不稳定的时候，它没有确定的真值，我们只须报导最佳值 $\bar{x}$ 和 σ_x。例如，测量一个钢球的直径 d，由于钢球本身不可能是理想的球体，从各个方向测量所得的值只代表了钢球直径的平均效应，σ_d 表征钢球的波动性，多次测量并不能减小这种波动性，因此，我们可以不必计算 $\sigma_{\bar{x}}$。只有当被测对象是稳定的时候，例如物理常数等的测量，其测量误差是纯粹由随机误差引起的，具有抵偿性，因此，此时的算术平均值更接近于被测对象的真值，其算术平均值的标准误差 $\sigma_{\bar{x}}$ 才会小于单个测量值的标准误差 σ_x。

（七）粗差的判别和剔除

粗差是由于在测量过程中某些不正常因素，如外界干扰、测量条件的意外变化，或由于测量者的疏忽大意等造成与其他大多数误差相比偏大的误差。对实验中的"异常"数据须按一定的统计原则来进行处理或剔除。

1. 莱因达准则

我们知道,对于某一测量列,如果各测量值仅含随机误差,则根据随机误差的正态分布规律,其绝对误差 δ_i 落在 $\pm 3\sigma$ 范围以外的概率仅为 0.3%。于是可以认为,这样的数据实际上是不可能发生的。因此,我们可以将所有 n 个测量数据进行计算,求出 σ,逐个检验数据的绝对误差 δ_i,若有

$$|\delta_i| > 3\sigma \tag{1.1.13}$$

则将其剔除;然后再将余下的 $n-1$ 个数据进行计算,求出 σ' 再进行判别,…… 直至所有的绝对误差 $|\delta_i'| < 3\sigma'$ 为止。这种判别法称为莱因达准则或极限误差判别法。值得注意的是,这一判别法实质上是建立在 $n \to \infty$ 的前提下的。当 n 是有限时,特别是当测量次数 n 较小时,极限判别法就不十分可靠。

2. 肖维纳准则

在实际应用和参考文献中,还有很多判别可疑数据取舍的有效方法,它们一般都是以检验数据是否偏离正态分布为基础而建立的。那么偏离到什么程度才能认为可以剔除,这就需要个带有主观的人为设立的假设条件。目前被广泛采用的判别法是肖维纳准则。同上,对于某一测量列,当逐个检验数据的绝对误差 δ_i,若有

$$|\delta_i| > \omega_n \sigma \tag{1.1.14}$$

则剔除坏值 x_i,式中 ω_n 称为肖维纳系数,可由表 1.2.4 中查出。

其他还有如 t 分布检验法、格拉布斯法等等都是常用的方法,有兴趣的同学可以参阅有关的参考书。

表 1.1.4　肖维纳系数 ω_n 数值表

n	ω_n	n	ω_n	n	ω_n	n	ω_n	n	ω_n	n	ω_n
3	1.38	11	2.00	19	2.22	7	1.80	15	2.13	40	2.49
4	1.53	12	2.03	20	2.24	8	1.86	16	2.15	50	2.58
5	1.65	13	2.07	25	2.33	9	1.92	17	2.17	100	2.81
6	1.73	14	2.10	30	2.39	10	1.96	18	2.20	500	3.20

三、系统误差的发现与估计

在许多情况下,系统误差是影响测量结果准确度的主要因素,稍有疏忽,就可能对测量结果带来严重影响。因此,及时发现系统误差,尽可能地减弱以至消除它对测量结果的影响,当无法消除时则正确地估计其可能的范围,是实验误差分析的重要内容之一。

下面我们简单介绍系统误差的分类、发现、消除和处理方法等一般知识。

（一）系统误差的分类

系统误差按照它服从的规律，可以分成恒定系统误差和可变系统误差两种类型。

1. 恒定系统误差（又称已定系统误差）

它的特点是在测量条件变化时，误差的大小和符号始终保持不变。根据符号的不同，又可分为恒正系统误差和恒负系统误差。如千分尺、电表等的调零误差，量规和其他形式的标准件的误差等，它们对每一测量值的影响均为一定的常量。对于这类系统误差原则上是可以发现、分离和消除的。

2. 变值系统误差（又称未定系统误差）

它的特点是在测量条件随某一个或某几个因素变化时，误差的大小和符号按确定的函数规律变化。也就是说，它是可以用某因素的函数规律来表示的系统误差。变值系统误差的种类很多，有的还比较复杂，通常将此类系统误差分为：

（1）线性变化的系统误差。

在整个测量过程中，随着测量值或时间的变化线性地递增或递减的系统误差，称为线性变化系统误差。如测量长度用的米尺一般是按 $20℃$ 时来标定的。每一刻度间的实际长度1mm，当温度增加时，由于钢的热膨胀，在温度 t 时，则变成 $(1+at)$mm，存在一个刻度线的误差 at mm。在这一温度时，测量 Lmm 长度的物体，就变成 $L = L_0(1+at)$，式中 L_0 是 $20℃$ 时的长度。这就是说，由于测量用米尺的热胀冷缩，使得被测物的长度有一误差 L_0at，如图 1.1.7 中（a）所示的线性变化的规律。

（2）周期性变化的系统误差。

在整个测量过程中，随着测量值或时间的变化而呈正弦曲线变化的系统误差，称为周期性变化的系统误差。如分光计的刻度盘中心与望远镜转轴中心（即角游标中心）有偏心 e，则指针在任一转角 φ 的读数误差，即为周期性系统误差，可表示成

$$\delta = e\sin\varphi$$

如图 1.1.7 中曲线（b）所示。

（3）复杂规律变化的系统误差。

在整个测量过程中，这一类误差是按一定比较复杂的规律变化的系统误差。如图 1.1.7 中的曲线（c）。这些复杂规律，可能是某些初等函数形式，如对数、幂指数、指数

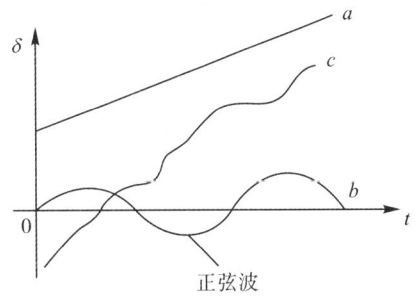

图 1.1.7　复杂规律系统误差示意图

函数等形式,也可能是经验曲线的形式。对于按复杂规律变化的误差,一般可以将它展开成代数多项式或三角多项式来分析它与某因素的关系。

我们在实验中遇到的测量仪器误差的大部分是属于未定系统误差。它们虽然具有系统误差的特征,但在大多数情况下,其本身的规律比较复杂,修正比较麻烦。

(二) 系统误差的发现

系统误差产生的原因很多,它可以来自各测量要素。因此,要发现系统误差,除应具备系统的理论知识外,尚需丰富的实验经验。认真推敲理论公式推导过程中所要求的条件,仔细分析测量方法或步骤的每一个环节,校准测量仪器并检查仪器的使用条件以及全面考虑各物理因素可能对实验带来的影响等,这些都是发现系统误差的出发点。现将常用的几种发现系统误差的方法介绍如下:

1.理论分析法

(1)分析理论公式所要求的条件与实际实验条件的差异。如在气垫导轨上测定滑块的瞬时速度时使用公式 $v = \mathrm{d}s/\mathrm{d}t$,理论要求 $\mathrm{d}s$ 及 $\mathrm{d}t$ 均趋于零,而实际实验中只能做到二者均较小,即 $v' = \Delta s/\Delta t$;又如用单摆测重力加速度时使用公式 $T = 2\pi\sqrt{l/g}$,理论要求摆角 $\theta \to 0$,摆球半径 $r \to 0$,且不计空气阻力,而实际实验中则均不能保证,等等。

(2)分析仪器所要求的使用条件与实际实验条件的差异。如测定杨氏模量时要求伸长仪铅直,而实际实验中样品伸长方向可能与重力作用方向之间有一倾角 θ;又如气压计在 $0℃$ 方可读出准确的气压,而在实验时环境温度为 $20℃$,水银的密度及刻度尺均可发生变化,等等。

2.实验分析方法

(1)实验数据分析法。相同条件下多次测量同一物理量时,若不存在可变系统误差,则数据应遵从一定的统计分布规律。如果发现实验数据不遵从这一确定规律,则可能存在可变系统误差。如测单摆周期研究测量数据的统计规律时,发现数据不遵从正态分布,则说明实验过程中有周期性或随时间而单调变化的系统误差,或实验过程中不慎改变了仪器装置的相对位置而产生了系统误差。

(2)改变测量条件进行分析对比。

① 与标准仪器或准确度等级较高的仪器进行对比测量,能发现仪器是否存在系统误差。

② 采用不同方法测量同一物理量,将所得结果进行分析对比,若它们在随机误差所允许的范围内不重合,则说明至少有一组测量中存在系统误差。如用单摆、自由落体及斜面实验同测当地的重力加速度;用流体静力称衡法、比重瓶法或根据定义式测

定同种物质在同一温度下的密度等。

③ 有意识地改变实验参量的数值,可以发现某些系统误差。如改变摆角测周期,可以从中发现摆角大小对周期的影响;选择不同的初、末温,可以发现量热实验中系统与外界的热量交换对实验带来的影响,等等。

④ 不同观测者进行对比可以发现个人误差。

⑤ 改变测量位置可以发现仪器结构不对称产生的系统误差。如改变初始位置进行测量,可以发现尺子刻度不均匀而存在的系统误差;采用左称和右称法可以发现分析天平臂长不等而存在的系统误差;度盘转 180° 读数可以发现度盘偏心而存在的系统误差。

应该指出,要发现系统误差往往是很困难的,但却是十分重要的。如果仔细研究所有的测量要素,那么,原则上可以预言在重复测量中系统误差如何,使人们确信在测量误差中不存在最危险的、考虑不到的组成部分,这对于以后的类似测量中,估计、减弱或消除系统误差是很重要的。

(三) 减弱或消除系统误差的方法

下面简单介绍几种减弱或消除某些系统误差的常用方法。

1. 找出修正值,对测量结果进行修正

(1) 零点误差:待测量为零时仪器的示值 δ_0 称为零点误差。由定义,当待测量输入后仪器示值为 x' 时,测量值 x 应为

$$x = x' - \delta_0 \tag{1.1.15}$$

δ_0 可正可负。只要在测量前读出仪器的零点误差,即可由(1.1.15)式将其完全消除。

(2) 用标准或准确度高的仪器对实验仪器进行校准,得到修正值或校准曲线,并由此对测量值进行修正。

(3) 根据已知理论规律求出修正值。如尺长随温度的变化可由材料的线膨胀系数 α、尺子规定的使用温度 t_0 及实验时的真实温度 t 求出,若以 l_0 表示温度 t_0 时的刻度即读数值,l 表示温度 t 时的真实长度,则

$$l = l_0 \cdot (1 + \alpha t)/(1 + \alpha t_0)$$

所以,因尺的线膨胀而产生的系统误差为

$$\delta_l = l_0 - l = -l_0\alpha(t - t_0)/(1 + \alpha t_0)$$

又如,量热实验中系统与外界的热量交换可由牛顿冷却定律求出,等等。

2. 消除系统误差产生的根源

(1) 确保仪器装置满足规定的使用条件,使测量结果中只含有仪器装置的基本误

差,而不引入附加误差.这包括建立合适的环境温度、湿度及气压,对仪器进行必要的热流屏蔽、电磁场屏蔽,仪器安放位置恰当及免受振动,电子仪器应有的预热及接地,等等.

(2)采用符合实验实际的理论公式.例如,当摆角较小时,可利用其周期公式 $T = 2\pi\sqrt{L/g}$ 测定重力加速度;而摆角 θ 较大时,则必须采用由振动理论导出的公式

$$T = 2\pi\sqrt{L/g}\left[1 + \sin^2(\theta/2)/4 + 9\sin^4(\theta/2)/64 + \cdots\cdots\right]$$

又如,用落球法测定液体的粘滞系数时,当球很小、且在各个方向都无限宽广的液体中下落时,可采用斯托克斯公式,即粘滞阻力 $f = 3\pi d\eta v$.但当球直径 d 较大,而待测液体粘度不太大时,由于雷诺数 $R = \rho v d/\eta$ 较大,所以就必须采用奥西恩-果尔斯公式

$$f = 3\pi d\eta v\left[1 + 3R/16 - 19R^2/1080 + \cdots\cdots\right]$$

3.采用恰当的测量方法可以减弱或消除某些系统误差的影响

(1)量热实验中,选择系统的初、末温分布在环境温度的两侧,若实验过程中系统与外界净交换的热量为零,则因散热引起的系统误差可以消除,这种方法称为散热修正的抵偿法.

(2)对称测量法可以减弱某些系统误差的影响.这种方法是将测量中的某些条件人为地进行相互交换,使产生系统误差的原因对测量结果起相反作用,从而抵消某些系统误差.因此有时又称为交换抵消法或称对立影响法.例如分析天平的复称法;测定杨氏模量时,在增、减砝码过程中测伸长量的方法;从分光仪度盘相隔 $180℃$ 的两处读数取平均来消除偏心差的对径测量方法等.

(3)替代消除法.这种方法是在其他测量条件不变的情况下,用某已知量替代待测量,以达消除系统误差之目的.例如,为消除天平臂长不等产生的系统误差,可以先找一平衡物 M 与待测质量 m 平衡,然后取下 m,使砝码 m_0 与 M 再度平衡,则 m_0 即为待测物的质量,即 $m = m_0$,此测量结果可消除臂长不等带来的系统误差.又如,以已知量替代待测量,使电桥重新达到平衡的测量方法,可消除桥臂带来的系统误差等.

(4)线性观测法可以消除与测量时刻呈线性关系的线性系统误差.具体作法是每隔相等时间轮流测标准量和待测量,若两次测标准量 a_1 及 a_2 之间测待测量 x,则其平均值 $a = (a_1 + a_2)/2$ 应与待测量 x 相对应.在仪器仪表的校准中经常采用线性观测法,这是因为许多系统误差都随时间而变化,且在短时间内均可认为是线性变化,即使按照复杂规律变化的误差,其一级近似仍为线性误差.

(5)随机化方法.这种方法是改变实验条件测量多次以减小系统误差的一种观测

方法。它是使被怀疑为引起系统误差的因素按随机方式而变化，从而使该因素的作用由系统性的转变为随机性的，由此减小结果的系统误差。例如，我们怀疑米尺刻度不均匀，就可以随机地改变起点测量多次，然后按随机误差的理论处理数据以减小系统误差。

必须指出，任何对系统误差的修正或消除方法，都是相对的，所谓消除系统误差的影响是指将其影响减小到小于随机误差的程度。

四、测量结果的表示与不确定度评定

从前面的讨论可以清楚地看到，任何一个物理量的测量所获取的量值并不是一个简单的数字，而是包括与该获取过程相伴随的系统误差、随机误差以及数据分析处理等诸多因素。也就是说，这个数字中包含着不确定因素和估计成份。因此，在报道实验的测量结果时，应该用不确定度来综合评价测量结果。

（一）测量结果的表示

对某物理量 x 进行测量，依据国家计量技术规范（JJF1059-1999），测量结果表示中应包括：测量（最佳）值、不确定度、测量单位和置信概率，同时还应给出测量相对不确定度。即

$$\begin{cases} x = \bar{x} \pm \Delta_{\bar{x}} \text{（单位）} \\ E = \dfrac{\Delta_{\bar{x}}}{x} \times 100\% \end{cases}$$

（二）测量不确定度的概念

"不确定度（Uncertainty）"这个术语是指"不肯定"，从广义上讲，"测量不确定度"是指测量结果的不肯定程度。VIM 93《不确定度表示指南》中定义为：测量不确定度是与测量结果相关联的参数，表征合理地赋予被测量值的分散性。注：① 该参数可以是标准偏差（或其倍数），或置信区间的半宽度。② 测量不确定度一般由许多成份组成，一些成份可以由测量列结果统计分布估计，由实验标准偏差表征。另一些也可用标准偏差表征的成份是基于实验或其它信息的概率分布来估计。③ 测量结果应理解是被测量值的最佳估计，全部不确定度成份，包括那些由系统效应，如与修正值、参考计量标准有关联的成份均贡献于此分散性。

基于此，我们把测量结果的不确定度简化归纳为两类：

A 类：它是由统计方法求出的相互独立的分量，记为 S_i，A 类不确定分量的全部集合 $\sum S_i$ 即为 A 类（标准）不确定度，用 u_A 表示。所运用的统计方法除了正态分布以外，还有一些非正态分布，如均匀分布、三角形分布等等。A 类不确定度与随机误差不一定存在简单的对应关系。

B 类:一般是由系统效应导致的。它由不同于 A 类分量的其他非统计方法得到的分量,记为 u_j;B 类不确定度分量的全部集合 $\sum u_j$ 即为 B 类(标准)不确定度,用 u_B 表示。B 类不确定度与系统误差也不一定存在简单的对应关系。要完整、准确地评定 B 类不确定度是一件复杂的需要经验的工作。概略的说,应对测量方法的理论依据及局限、测量仪器的可能误差范围、前人的相关测量及有关的数据等有充分的了解。

1. 标准不确定度

若已分别计算出 A、B 两类标准不确定度,且两类分量互不相关,则标准不确定度:

$$\Delta_{\bar{x}} = \sqrt{u_A^2 + u_B^2}$$

学生实验只考虑各分量不相关的简单情况,按上式计算标准不确定度。由上式可看出,当某一分量比另一分量大三倍以上时,小的分量可忽略不计。若只考虑了不确定度的 A 或 B 类分量,就将该分量作为结果表达式中的不确定度。

2. 扩展不确定度

评价不确定度除用标准不确定度 u 外,还常用扩展不确定度 U。扩展不确定度通常由标准不确定度乘以一个大于 1 的包含因子 K 而得到。不同的评价方法算出的不确定度的数值不一样,所表达的结果的置信概率也不一样。本实验室规定学生实验采用标准不确定度(K 一般取 1、2 或 3,其中 2 和 3 要注明)。

3. 相对不确定度

为了更直观地评价测量结果的精确度,常采用相对不确定度的概念。我们认为相对不确定度较小者测量准确性较高,其定义为:

$$E_{\bar{x}} = \frac{\Delta_{\bar{x}}}{x} \times 100\%$$

按国家标准规定,不确定度保留 $1-2$ 位有效数字,相对不确定度最多保留两位有效数字并以百分数表示。

值得注意的是,测量结果不确定度不能与测量误差混为一谈。测量误差是被测量的真值与测量结果之差,可正可负,也可能几乎接近于零,显然是未知的。测量的不确定度表示由于测量误差的存在,被测量值不能确定的程度,它反映了可能存在的误差分布范围,即随机误差分量和未定系统误差分量的联合分布范围,它总是一个不为零的正数。乃是作为一种估计值,用来表述一种客观存在的可能性。

(三) 直接测量结果的不确定度估计

1. 单次测量结果的不确定度估计

单次测量大体发生在这样的情况:第一,仪器精度较低,随机误差很小,多次测量读数相同,不必进行多次测量;第二,对测量结果的准确程度要求不高,只测一次就够了;第三,因测量条件的限制,不可能进行多次测量,如测量热敏电阻的电阻-温度特性实验中,温度的测量只能是一次性,相应的电阻也只能是一次性的。

单次直接测量结果的误差主要是由仪器误差及测量时具体环境条件影响所引起的变差。由于已定系统误差可以作为修正值加入测量值中,所以只需估计其随机误差和未定系统误差。于是单次测量结果的不确定度由仪器和量具的标准误差 $\sigma_{仪}$ 作为估计,即

$$\sigma_{仪} = \Delta_{仪} / \sqrt{3}$$

(1) 当测量仪器的准确度等级 α 给出时,$\Delta_{仪} =$ 仪表量程 $\times \alpha\%$。

(2) 当测量仪器的准确度等级没有给出时,$\Delta_{仪}$ 需参考仪器的分度值进行估计。在多数情况下,对于连续读数的仪器,$\Delta_{仪}$ 可取仪器分度值的 $1/2$。非连续读数的仪器,$\Delta_{仪}$ 取仪器的最小分度值。

例如,用最小分度值为 0.01 秒的电子秒表计时,可取 $\Delta_{仪} = 0.01\text{s}$;用 50 分度的游标卡尺测长度,取 $\Delta_{仪} = 0.02\text{mm}$。又如,读数显微镜的最小分度值为 0.01mm,可取 $\Delta_{仪} = 0.005\text{mm}$,物理天平的分度值或感量为 0.020g,在规定条件下使用,相应的仪器误差 $\Delta_{仪}$ 可取为 0.010g。

应该指出,即使在规定条件下使用仪器,由于被测对象不甚稳定或观测者的主观原因,也还会引入新的测量误差(包括随机误差及系统误差)。例如,以米尺测量弦线上驻波波长时,由于波节位置的确定不易准确,加之测量时容易造成较大视差,因此,应根据实验的具体情况而定,如可取米尺的分度值(0.10cm)等。再如,以停表测量时间间隔时,则应考虑观测者的反应时间产生的个人误差,因为一般认为"启动"和"止动"停表时均可造成 0.1s 的误差,而且超前或推后的可能取决于观测者的反应速度、当时的心理状态、注意力集中程度等,所以,粗略估计误差时可取 0.20s。

2. 多次测量结果的误差估计

在物理实验中,我们经常对同一测量对象 x 进行多次测量。在这些测量中,往往采取一些必要的措施消除系统误差,使得系统误差减小到最低程度或可进行修正。在这种情况下,我们可以认为仪器和量具的标准误差 $\sigma_{仪}$ 即为不确定度的 B 类分量,而测量结果的算术平均值的标准误差 $\sigma_{\bar{x}}$ 即为不确定度的 A 类分量。则测量结果的综合不确定度 $\Delta_{\bar{x}}$ 可以由下式计算

$$\Delta_{\bar{x}} = \sqrt{(\sigma_{仪})^2 + (\sigma_{\bar{x}})^2} \tag{1.1.16}$$

测量结果表示为

$$\begin{cases} x = \bar{x} \pm \Delta_{\bar{x}} \,(单位) \\ E = \dfrac{\Delta_{\bar{x}}}{\bar{x}} \times 100\% \end{cases} \tag{1.1.17}$$

在大学物理实验中常根据系统误差和随机误差对测量结果的影响程度作简化处理。

（1）随机误差为主的情况。

实验中的系统误差已修正到可以忽略的程度,或是在某些实验中,不要求进行系统误差的分析处理。此时,基本上按纯粹的随机误差用统计方法处理。对多次测量结果,可先剔除粗差,然后求算术平均值 $\bar{x}$ 及平均值的标准误差 $\sigma_{\bar{x}}$,测量结果表示为

$$x = (\bar{x} \pm \sigma_{\bar{x}}); E_x = \frac{\sigma_{\bar{x}}}{x} \times 100\% \tag{1.1.18}$$

（2）系统误差为主的情况。

相对而言,在这种情况下,随机误差可以忽略不计,主要考虑系统误差。如对已定系统误差修正后的测量值为 x_0,所用测量仪器的最大误差限为 $\Delta_{仪}$,则测量结果可以表示为

$$x = \left(x_0 \pm \frac{\Delta_{仪}}{\sqrt{3}}\right); E_x = \frac{\Delta_{仪}}{x_0\sqrt{3}} \times 100\% \tag{1.1.19}$$

（四）间接测量结果的不确定度合成

间接测量结果是由一个或几个直接测量值经过公式计算得到的。直接测量值的不确定度要传递给间接测量结果,这就是不确定度的传递与合成问题。

若某量 w 是由独立取得的直接测量结果 $x,y,z,\cdots$ 计算出来的,即

$$w = f(x,y,z,\cdots)$$

这时可以分别计算由 x 的不确定度 Δ_x 引起的 w 的不确定度 $(\Delta_w)_x$,由 y 的不确定度 Δ_y 引起的 w 的不确定度 $(\Delta_w)_y$,$\cdots$ 然后用"方和根"的方法合成起来作为 w 的总不确定度 Δ_w。

单考虑 x 的不确定度 Δ_x 的影响可写成

$$(\Delta_w)_x \approx \left(\frac{\partial w}{\partial x}\right) \cdot \Delta_x$$

单考虑 y 的不确定度 Δ_y 的影响可写成

$$(\Delta_w)_y \approx \left(\frac{\partial w}{\partial y}\right) \cdot \Delta_y$$

等等。w 的总不确定度

$$\Delta_w = \sqrt{\left(\frac{\partial w}{\partial x}\right)^2 \cdot \Delta_x^2 + \left(\frac{\partial w}{\partial y}\right)^2 \cdot \Delta_y^2 + \left(\frac{\partial w}{\partial z}\right)^2 \cdot \Delta_z^2 + \cdots} \tag{1.1.20}$$

w 的相对不确定度

$$\frac{\Delta_w}{w} = \sqrt{\left(\frac{\partial \ln w}{\partial x}\right)^2 \cdot \Delta_x^2 + \left(\frac{\partial \ln w}{\partial y}\right)^2 \cdot \Delta_y^2 + \left(\frac{\partial \ln w}{\partial z}\right)^2 \cdot \Delta_z^2 + \cdots} \quad (1.1.21)$$

常用函数的不确定度传递和合成公式如表 1.1.5。

以上关于不确定度传递关系既适用于标准不确定度也适用于高概率的不确定度,但要注意统一。所有直接测量值都用标准不确定度表达时,传递的间接测量结果的不确定度也是标准不确定度,即置信概率仍保持在 68.3% 左右。所有直接测量值都用高概率不确定度表达时,经传递后仍然是高概率的不确定度。

由表 1.1.5 可以看到:若函数是加减法的表达形式,则不确定度的传递和合成用绝对误差平方和;若函数是乘除法的表达形式,则不确定的传递和合成用相对误差平方和并且全部都取正号。归纳起来,求间接测量结果的不确定的传递和合成的步骤为:

(1) 对函数求全微分(对加减法),或先取对数再求全微分(对乘除法)。

(2) 合并同一分量的系数,合并时,有的项可以相互抵消,从而得到最简单的形式。

(3) 将微分号变为误差号,求平方和。注意各项都用"+"号,然后再开方。

表 1.1.5　常用函数的不确定度传递和合成公式

函数表达式	不确定度的传递公式
$w = x \pm y$	$\Delta_w = \sqrt{\Delta_x^2 + \Delta_y^2}$
$w = xy$	$\frac{\Delta_w}{w} = \sqrt{\left(\frac{\Delta_x}{x}\right)^2 + \left(\frac{\Delta_y}{y}\right)^2}$
$w = \dfrac{x^k y^m}{z^n}$	$\frac{\Delta_w}{w} = \sqrt{k^2\left(\frac{\Delta_x}{x}\right)^2 + m^2\left(\frac{\Delta_y}{y}\right)^2 + n^2\left(\frac{\Delta_z}{z}\right)^2}$
$w = kx$	$\Delta_w = k\Delta_x ; \dfrac{\Delta_w}{w} = \dfrac{\Delta_x}{x}$
$w = e^x$	$\Delta_w = e^x \Delta_x ; \dfrac{\Delta_w}{w} = \Delta_x$
$w = \sqrt[k]{x}$	$\dfrac{\Delta_w}{w} = \dfrac{1}{k}\dfrac{\Delta_x}{x}$
$w = \sin x$	$\Delta_w = \cos x \cdot \Delta_x$
$w = \ln x$	$\Delta_w = \Delta_x / x$

例 1.1.1　一个铅质圆柱体,用分度值为 0.02mm 的游标卡尺分别测其直径和高度 10 次,数据如下:

d(mm)　20.42,20.34,20.40,20.46,20.44,20.40,20.40,20.42,20.38,20.34

$h(\text{mm})$　41.20,41.22,41.32,41.28,41.12,41.10,41.16,41.12,41.26,41.22

用称量500g的物理天平测其质量 $m = 152.10\text{g}$，求铅的密度及不确定度。

解: 铅质圆柱体的密度 ρ

直径 d 的算术平均值

$$\bar{d} = \frac{1}{10} \sum_{i=1}^{10} d_i = 20.40(\text{mm})$$

高度 h 的算术平均值

$$\bar{h} = \frac{1}{10} \sum_{i=1}^{10} h_i = 41.20(\text{mm})$$

圆柱体质量

$$m = 152.10(\text{g})$$

铅质圆柱体的密度

$$\bar{\rho} = \frac{4m}{\pi d^2 h} = \frac{4 \times 152.10}{3.1416 \times 20.40^2 \times 41.20} = 1.129 \times 10^{-2}(\text{g/mm}^3)$$

直径 d 的不确定度

A 类评定　$\sigma_{\bar{d}} = \sqrt{\dfrac{\sum\limits_{i=1}^{10}(d_i - \bar{d})^2}{n(n-1)}} = \sqrt{\dfrac{0.0136}{90}} = 0.012(\text{mm})$

B 类评定

游标卡尺的示值误差为 0.02mm，按近似均匀分布

$$\sigma_{仪} = 0.02/\sqrt{3} = 0.012(\text{mm})$$

d 的合成不确定度

$$\Delta_{\bar{d}} = \sqrt{(\sigma_{\bar{d}})^2 + (\sigma_{仪})^2} = \sqrt{0.012^2 + 0.012^2} = 0.017(\text{mm})$$

高度 h 的不确定度

A 类评定　$\sigma_{\bar{h}} = \sqrt{\dfrac{\sum\limits_{i=1}^{10}(h_i - \bar{h})^2}{n(n-1)}} = \sqrt{\dfrac{0.0496}{90}} = 0.023(\text{mm})$

B 类评定　$\sigma_{仪} = \dfrac{0.02}{\sqrt{3}} = 0.012(\text{mm})$

h 的合成不确定度

$$\Delta_{\bar{h}} = \sqrt{(\sigma_{\bar{h}})^2 + (\sigma_{仪})^2} = \sqrt{0.023^2 + 0.012^2} = 0.026(\text{mm})$$

质量 m 的不确定度

从所用天平检定证书上查得，称量 1/3 量程时的合成不确定度接近高斯分布，这时有

$$\Delta_m = 0.013 \, (\text{g})$$

铅密度的合成不确定度

$$\Delta_{\bar{\rho}} = \sqrt{\left(2\Delta_{\bar{d}}\right)^2 + \left(\Delta_{\bar{h}}\right)^2 + \left(\frac{\Delta_m}{m}\right)^2}$$

$$= \sqrt{\left(\frac{2 \times 0.017}{20.40}\right)^2 + \left(\frac{0.026}{41.20}\right)^2 + \left(\frac{0.013}{152.10}\right)^2} = 0.18\%$$

$$\Delta_{\bar{\rho}} = 1.129 \times 10^{-2} \times 0.18\% = 0.002 \times 10^{-2} \, (\text{g/mm}^3)$$

铅密度的测量结果表示为

$$\rho = (1.129 \pm 0.002) \times 10^{-2} \, (\text{g/mm}^3), E_\rho = 0.18\% 。$$

1.2　有效数字及其运算法则

在对物理量的测量过程中,我们经常要从仪器或仪表的刻度上读数,那么,应该读到哪一位才算合适?在数据处理过程中,要进行数值计算,常常会遇到位数越算越多或除不尽的情况,能否适时进行恰当地取舍,以利于提高运算效率而又不影响测量结果的精度?有些参数如圆周率 π、电子电量 e 和普朗克常数 h 应该取几位数?还有,测量结果应该保留多少位等等,这些问题都是有效数字所要研究的课题。

一、有效数字的概念

(一) 有效数字的组成

正确有效地表示测量和运算结果的数字称为有效数字(significant figure)。普遍认为,有效数字由准确(可靠)数字和一位欠准确(可疑)数字组成。例如,用米尺测量物体 AB 的长度如图 1.2.1 所示。待测物 A 端与零点对齐,而 B 端则落在 11 与 12mm 之间,因此,读数的准确数字应的为 11mm,据读数规则,其超出整刻度部分应进行估读,因 B 端约对应 11 至 12mm 间一个分度值的 3/10,故可将 AB 的长度记为 11.3mm。

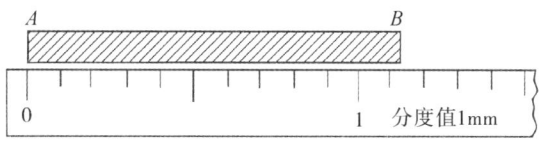

图 1.2.1　以米尺测长度

显然"3"是估计数字,是欠准确,但它却在一定程度上反应了客观实际,表明 AB 之长度可能在 $11.2 \sim 11.4$mm 之间的某一数值。由于观测者的分辨能力,在估计读数中可能会产生 ± 0.1mm 的误差。

一切测量或运算结果一般都是由准确数字及最后一位欠准数字组成,因为这些数字都是在测量或计算中得到的有实际意义的结果。有效数字的个数称为有效数字的位数。例如,11.3mm 是三位有效数字。

(二) 有效位数与测量准确度的关系

测量结果的有效位数,粗略的表明了测量的准确度。测量值的有效位数越多,测量的相对误差越小,测量越准确。有效位数取决于被测物本身的大小和所使用的仪器精度,对同一个被测物,高精度的仪器,测量的有效位数多,低精度的仪器,测量的有效位数少,例如,长度约为 2.1cm 的物体,若用分度值为 1mm 的米尺测量,其测量数据可能为 21.0mm、21.1mm、20.9mm 等,若用螺旋测微器测量(最小分度值为0.01mm),其测量值为可能为 21.000mm、21.002 等,显然螺旋测微器的精度较米尺高很多,所以测量结果的位数较米尺的测量结果多两位数。反之用同一精度的仪器,被测物大的测量结果的有效位数多,被测物小的测量结果的有效位数少。

既然测量值有效数字位数与测量精确度有关,实验者在测量、记录实验数字时,一定要学会客观地表示量值的大小,以正确地反映测量的精确程度。

(三) 与有效数字概念有关的几个问题

(1) 测量值不同于数学上的纯数,它既包含物理量的大小,也包含测量的精度。例如,数学上的 1.56 不等于测量值 1.560。因此说一切测量值必须用有效数字来表示,当测量值与仪器整刻度对齐时,其应有的估计数字"0"不得随意弃舍。

(2) 在十进制单位中,有效数字的位数与单位变换无关,即与小数点的位置无关。如 $l = 11.3$mm $= 1.13$cm $= 0.0113$m $= 0.0000113$km 均为三位有效数字。由此也可看出:用以表示小数点位置的"0"不是有效数字,或者从第一位非零数字算起的数字才是有效数字。在非十进制单位中,测量结果进行单位变换时要以误差来确定有效数字的位数。如 $t = (1.5600 \pm 0.0048)$s $= (0.02600 \pm 0.00008)$min。

(3) 当测量的数量级很大,不易表示出有效数字的位数,或数量级较小易造成不必要的书写麻烦时,常采用科学计数法,即以 $a \times 10^n$ 表示。其中 a 在任何情况下均可准确地表示出测量结果的有效数字位数,其数量级必须是个位数(即其小数点前只保留一位有效数字);10^n 用以表示测量结果的数量级,有时则可以把它归为十进制的单位中去。例如:$l = 1.13 \times 10^4 \mu$m $= 1.13 \times 10^{-5}$km;$t = (2.600 \pm 0.008) \times 10^{-2}$min 等。

(4) 常数 2、$1/2$、$\sqrt{2}$、π 及 e 等的有效数字位数可以认为是无限的。

二、实验数据的有效数字确定

实验的原始数据是直接从仪表或量具上读出的,读取原始数据时,一般要充分反映仪表或量具的准确度。因为仪器的可读程度取决于采用模拟显示的仪表和观测者两个因素,所以,对观测者提出正确的读数要求时,应区别不同仪器。现分述如下:

(1) 对于一般线性刻度的仪器仪表(连续式的),若是 1 分度的,应估读至其分度值的十分之几;若是 1/2 分度的,应估读至其分度值的五分之几。

例如米尺的分度值为 1mm,读数时则应估读至十分之几毫米。这是因为,在生产此类仪器时,所允许实现的最小分度值应略大于该仪器的不确定度,一般约为 1 ~ 2 倍。另一方面,这种规定也容易为正常人眼睛的分辨能力所接受。此外,实际上它包括了对于那些刻度较密、指针又较粗或被观测对象与刻度容易造成视差的仪器可读至其分度的 1/2 之规定,但又不排除可以对其估计得更仔细些。本规则不推荐估读至其分度值的 1/4、1/3 等做法,因为它会带来不必要的麻烦。

在一些特殊情况,一次测量的有效数字根据具体条件加以确定。如在测量较长距离、或量具无法贴近被测物时,测量误差显然大于仪器或量具的最小分度值,其结果的有效数字位数应按实际测量误差来估算。

(2) 对于游标类量具,例如游标卡尺、分光计方位角的游标度盘、椭偏仪上的角游标等,其游标与主尺的滑动配合存在间隙,测量时由于两侧压力不均,可使其间产生角误差,而游标卡尺的内卡及外卡量爪均不满足阿贝(Abbe)原则(即测量点的工作线应位于线纹尺的延长线上),由此产生的不确定度已经与其分度值相比拟。所以,读数到游标分度值的整数倍,读数的最后一位与仪器误差对齐。

(3) 对于下列几种类型的仪器仪表,一般不进行或不可能估读。

① 对于非线性刻度的仪器仪表一般不要求估读。例如热电偶真空计的计示压力读数。

② 对于示值产生跳变的仪表(不连续式的),读数时不可能进行估计。例如:数字显示仪表,只能读出其显示器上所记录的数字;当该仪表对某稳定的输入讯号表现出不稳定的末位显示时,则表明该仪表的不确定度可能大于末位显示的 ±1,此时可记录一段时间间隔内的平均值。又如:机械停表摆轮的擒纵叉是突变的,无论何时启动或止动停表,由齿轮驱动的指针示值终将与摆轮半周期的整数倍所代表的时间相对应,而设计表盘分度时又必须与摆轮的半周期相吻合,所以,对机械停表只能读出其分度值。电子停表的分度值与其交流电源的半周期相对应,因此也只能读出其分度值等。

应该指出,掌握读数规则可以避免因少读数而损害测量的准确度,因多读数而作无用功,更重要的是,通过后面的讨论将会发现:仪器、仪表读数的末位即是读数误差所在的一位。

例如:对于 0.1 级量程为 100mA 的电流表,指针在 82mA 与 83mA 之间:读为 82.﹡ mA,指针正好在 82mA 读为 82.0mA。

例如:对于 1.0 级量程为 100mA 的电流表,$\triangle_仪 = 100mA \times 1.0\% = 1mA$;指针在 82mA 与 84mA 之间,可读为 82mA、83mA 或 84mA;指针正好在 82mA 上,读为 82mA。

三、有效数字的修约

为使计算简化,在不影响最后结果有效数位的前提下,可以在运算前按需要对数据进行修约,最后计算结果也应该按有效数字的定义进行修约。

(一) 误差的修约规则

规定:绝对误差的有效数字一般取一位(如果首数是 1 或 2,可保留两位有效数字);相对误差的有效数字取两位。按照"宁大勿小"原则,误差"只入不舍"。以保证其置信概率水平不降低。

由有效数字的组成可知,测量结果的有效数字位数,最终将取决于测量误差所在位,应遵从与误差末位取齐的原则。

由误差取位原则的规定可知,当测量误差取一位时,用以表示测量结果的末位数字为有效数字;当测量误差取两位时,测量结果的末位数字为参考数字。

例如:$L = (3.010 \pm 0.004)cm$,测量结果的有效数字是四位。$L = (3.010 \pm 0.013)cm$,其中末位的"0"为参考数字,测量结果的有效数字是三位。

(二) 尾数的修约规则

为了使运算过程简单或准确地表示有效数字,往往需要对不应保留的尾数进行舍入。四舍五入是通常采用的舍入规则,但这种见五就入的规则使入的几率大于舍的几率,易造成大的舍入误差。为了使尾数严格平分五的舍入误差产生正、负相消的机会,所以应当重新规定较合理的舍入规则,即:小于五舍,大于五(或等于五,且五以后尚有其他非零数字)入,等于五且五以后没有其他非零数字时则把尾数凑成偶数。

例如:4.1968 取四位有效数字为 4.197;3.14159 取四位有效数字为 3.142;1.64501×10^{12} 取三位有效数字为 1.65×10^{12};1.60500 取三位有效数字为 1.60;1.625001 取三位有效数字为 1.63 等。

(三) 有效数字修约应一次到位

例如:要使 2.5491 保留到两位有效数位,不可以先修约为 2.55,再修约到 2.6。而应当一次修约成 2.5。

四、有效数字的运算法则

我们知道,直接测量的有效数字是从仪器或量具上直接获取的,对于间接测量,其结果的有效数字位数的确定是要遵从一定的法则运算方可得到。有效数字运算的基本原则是:可靠数字与可靠数字进行运算,结果仍为可靠数字。可靠数字与可疑数字或可疑数字之间进行运算,结果为可疑数字。

本小节仅介绍了加(减)法、乘(除)法、乘方、开方运算及简单基本函数的有效数字运算法则。对于其他比较复杂的函数一般可以考虑按级数展开,或用误差的大小来决定测量结果的有效数字位数。

(一) 加减法运算法则

由误差传递公式可知,和或差的绝对误差总是大于或至少约等于最大的分误差。所以,加减运算对应以末位最高的那个数据的尾数为准,运算过程中其余各量的尾数均比它再低一位,结果的尾数则与它取齐。简记为:加减运算采取"尾数取齐"的法则。

例 1. 2. 1　已知 $w = a + b + c - d$,且 $a = 38.206$, $b = 13.248$, $c = 161.2$, $d = 1.3242$,求 w。

解:显然,a、b、c、d 中,c 之绝对误差最大,且知其尾数在十分位,计算时均将其余三数保留至百分位即可,于是有:

$$w = 38.21 + 13.25 + 161.2 - 1.32 = 211.34 = 211.3$$

若以计算器计算。其它数据均不舍入,亦可得到同样结果:$w = 211.3298 = 211.3$。

(二) 乘除法运算法则

由误差传递公式可知,乘除法的相对误差总是大于或至少等于各分量中最大的相对误差,而测量值相对误差的大小即可大体上决定测量值的有效数字位数。考虑到绝对误差首数小于 3 时取两位的规定,加之相对误差与有效数字位数的对应关系是大体上的,并不十分确定,因此,为慎重起见,我们规定:

乘法运算的结果应比参与运算的分量中有效数字位数少的测量值多取一位。把它简记为"多取一位"的法则。

例 1. 2. 2　已知 $w = ab/c$,且 $a = 562.312$, $b = 1.21$, $c = 232.23$,求 w。

解:a、b、c 三数中,b 之位数最少,三位,因此,a 及 c 在运算时均可取四位,即:$w = 562.3 \times 1.21/232.2 = 680.4/232.2 = 2.930$

例 1. 2. 3　已知 $a = 9.81$, $b = 16.24$,求 $w = ab$。

解:按 a 是三位有效数字,结果应取三位有效数字,但因为 9.81 的首位数是 9,可将 9.81 算作 4 位数,所以 $w = 9.81 \times 16.24 = 159.3$,

除法运算时以各测量值中有效数字位数最少的为准,运算过程中其余各量的位数均比它多一位,运算结果则与有效数字位数最少的保留相同位数。例如,$4.5254 \div 5.47 = 0.827$。

(三)四则混合运算法则

四则混合运算则应按照运算顺序,先确定括号内计算结果的位数(包括繁分数的分子或分母),然后确定乘除运算结果的位数,最后确定括号外加减运算结果的位数。

(四)函数运算的有效数字法则

对于三角函数、开方运算、对数函数及指数函数等函数运算,一般必须先根据误差传递公式求出误差,然后由误差大小决定运算结果的有效数字位数。现举例说明如下:

三角函数

例 1. 2. 4   已知 $w = \sin x$,且 $x = 18°30' \pm 10'$,求 w。

解:$\because \Delta_w = \cos x \cdot \Delta_x = 0.94832 \times 0.0029 = 0.0028$

$\therefore w = \sin 18°30' = 0.31730 = 0.3173$

由误差可知 w 应取三位有效数字,并保留一个参考位。

开方运算

例 1. 2. 5   已知 $w = x^{1/n}$,且 $x = 8.35 \pm 0.05$,$n = 12$ 为常数,求 w。

解:$\because \Delta_w = \dfrac{x^{1/(n-1)}}{n} \cdot \Delta_x = \dfrac{8.35^{1/(12-1)}}{12} \cdot 0.05 = 0.0006$

$\therefore w = 8.35^{1/12} = 1.19346 = 1.1935$ 可见 w 应取五位有效数字。

对数函数,由误差传递公式可以推知,x 的对数 $\ln x$ 或 $\lg x$ 的有效数字位数可以这样确定,其小数点以后所保留的位数应与真数 x 的有效数字位数相同或多一位。例如:$\ln 85.2 = 4.445$,小数点后三位,有效数字四位;$\lg 9.6 = 0.982$,小数点后三位(比 9.6 多一位),有效数字亦三位。

指数函数,由误差传递公式可知,指数函数 e^x 及 10^x 的有效数字位数可以这样确定:当把运算结果写成科学表达式时,a 的尾数与 x 的尾数取齐即可。例如:$\mathrm{e}^{0.00215} = 1.00818$;$10^{3.16} = 1.45 \times 10^5$ 等。

(五)参与运算的非测量常量的有效数位

(1)物理公式中有些数值,不是由实验测量出的,例如,圆柱体的体积公式 $V = \pi d^2 h/4$ 中的 $1/4$ 不是测量值,在确定 V 的有效字位数时不必考虑 $1/4$ 的位数。

(2)对于近似常数(如 $\sqrt{2}$,$1/3$,π,e 等)参与运算时,一般应比测量值多取 $1-2$ 位数字,以免因过多截取而引入新的附加误差。例如,利用单摆的周期公式 $g = 4\pi^2 L/T^2$ 测量重力加速度,若摆长 $L = 1.0032\mathrm{m}$,测得周期 $T = 2.059\mathrm{s}$,则 π 应取 3.1416。

(六) 运算的中间过程的有效数位

有多个数值参加运算时,在运算中应比有效数字运算规则规定的多保留一位,以防止由于多次取舍引入计算误差,但最后结果仍应按有效数字运算规则取舍。

例 1.2.6　计算 $3.144 \times (3.615^2 - 2.684^2) \times 12.39$ 的值。

解：
$$3.144 \times (3.615^2 - 2.684^2) \times 12.39$$
$$= 3.144 \times (13.068 - 7.2039) \times 12.39$$
$$= 3.144 \times 5.864 \times 12.39$$
$$= 228.43$$

需要说明的是,由于测量及运算的次数及繁复程度不同,所采用的运算工具不同,运算法则的规定也不是一成不变的。以上有效数字运算法则或有关结论,在一般情况下是成立的,不排除有特殊情形。在表示测量结果时,准确的方法应该是先计算出测量结果的不确定度,最后用不确定度来确定测量结果的有效数字位数。

1.3　数据处理的基本方法

数据处理方法是实验方法不可分割的一部分,它以一定的物理模型为基础,以一定的物理条件为依据的。数据处理贯穿在整个物理实验之中,包括数据记录、整理、计算、作图、分析等方面。

本节主要介绍几种数据处理的基本方法:列表法、作图法、逐差法及用最小二乘法求经验方程。

一、列表法

在记录和处理数据时,将数据列成表格形式,是一种科学的工作习惯。列表不仅简单明了,有条不紊,还有助于看出物理量间的对应关系,或发现实验中存在的问题。如果表格设计得当,则可能使数据的计算比较方便,提高处理数据的效率。

使用列表法处理数据时,要求做到:

(1) 表格设计要注意数据间的联系、计算顺序,还要注意数据处理的要求及所采用的计算工具,应做到简明、齐备又有条理。

(2) 表格内主要包括测得的原始数据及计算过程中的一些中间结果或最终结果。与其他量关系不大的个别数据可以不列入表格,而写在表格的顶端或下方。

（3）物理量的单位统一写在各物理量名称或其代表符号的栏目内,不应写在每个测量数据之后。若表内单位一致,则可在表格的右上方统一标出表中数据的单位,或注明所采用的单位制,但表内数据一定要与该单位制相符。

（4）表中数据书写应注意整齐统一。同一列的数据,可只在第一行写出全部数据,下面则只写出不重复数位,尤其当有效数字位数较多、测量数据较多的情况下更应如此。

二、作图法

为了形象、直观地表达物理量之间的关系,可以把实验所得到的一系列测量数据用图形表示出来,研究图形,并找出各量之间的变化规律。我们把这种研究方法称作作图法。

作图法是求经验公式的常用方法之一,用它也可求某些物理参数。作出一张正确、规范、实用的数据关系图,是实验技能训练的基本要求。

（一）作图规则

（1）作图一律用坐标纸:包括直角坐标纸、极坐标纸、单对数坐标纸、双对数坐标纸及正态概率纸等。

（2）坐标纸的大小及坐标轴分度取决于测量数据有效数字的需要。原则上,可靠数据在图中应该是可靠的,可疑数据在图中也应是估计的。不能因作图不当而引入附加误差。

（3）标明曲线名称、坐标轴名称(或符号)及所选用单位。

（4）坐标轴分度应合理。这包括:两坐标轴比例恰当,使曲线对称美观;分度结果应使坐标轴上的最小分度代表易读出的数字,这样既易描点,又易在曲线上读出对应读数;一般情况下坐标轴上只标均匀的分度数值,而不必标出实测点所对应位置的数值;分度值上应标明曲线的精度,例如:若取每厘米格代表物理量的 1 个单位,则在坐标轴上应标为:1.00、2.00 等,这是因为坐标轴上可分辨的最小单位 0.1mm 代表该物理量的 0.01 个单位。

（5）充分利用整个坐标纸以提高曲线的精度,实测点的位置可分别以"○"、"×"、"•"、"+"、"△"、"□"及"※"等表示。

（6）除校准曲线应以折线表示外,其余均应平滑连接(直线或曲线),如图 1.3.1 及图 1.3.2 所示。连线时不必通过所有实测点,但要求实测点应能均匀、对称地分布在曲线两侧。如实测点中存在坏值(即明显偏离曲线走向的测点),则只标出该点的位置(或予以说明),曲线连接方式则不受其影响。

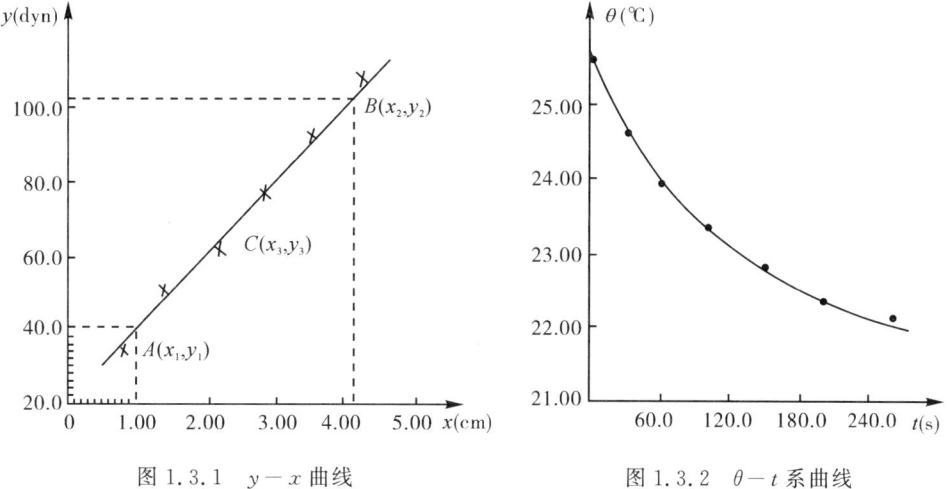

图 1.3.1　$y-x$ 曲线　　　　　图 1.3.2　$\theta-t$ 系曲线

(二) 作图的优点和用途

(1) 通过作图,可能发现或帮助推断物理量之间的函数关系。

(2) 通过作仪器的校准曲线,可以发现仪器在任一点的示值误差,便于修正。

(3) 通过作图,可以发现个别的测量错误,利于剔除粗差(数据处理中,如发现某测量数据 x_i 和平均值之差大于标准误差 σ_x 的三倍,即 $|x_i - \bar{x}| > 3\sigma_x$,则将 x_i 作为坏值予以剔除)。对于物理量间的已知函数关系,则容易发现测量的系统误差。

(4) 对于未经实测的点可以进行内插或外推。

(5) 采用变数置换的方法可以将某些较复杂的函数关系用直线表示出来,称为曲线改直。曲线改直后易于判断测量数据的正确性。

如:$PV = C$,即 $P = C/V$,$P \sim 1/V$ 图为直线。

$y = ax^b$,即 $\ln y = \ln a + b\ln x$,$\ln y \sim \ln x$ 为直线。

$y = ab^x$,即 $\ln y = \ln a + x\ln b$,$\ln y \sim x$ 为直线。

$s = v_0 t + at^2/2$,即 $s/t = v_0 + at/2$,$s/t \sim t$ 为直线等。

(6) 可以求直线的斜率和截距,以求物理量之值。

如,直线 $y = a_0 + a_1 x$ 在求其斜率 a_1 时,一般不应选原实测点,而应在直线上相距较远(但一般应在原实测点范围内)处任选易于准确读出数值的两点 $A(x_1, y_1)$ 及 $B(x_2, y_2)$,(如图 1.3.1) 然后由下式

$$a_1 = (y_2 - y_1)/(x_2 - x_1) \qquad (1.3.1)$$

求取。

求截距 a_0 时,可直接取 $x = 0$ 时的 y 值,即:$a_0 = y(0)$。但有时为使曲线分布合理、美观、对称,坐标轴交点不为原点,即不能从曲线上直接读出 $y(0)$ 之值。此时,可

在直线上再选一点 $C(x_3, y_3)$，然后以点斜式求出 a_0，即

$$a_0 = y_3 - (y_2 - y_1)/(x_2 - x_1) \cdot x_3 \tag{1.3.2}$$

显然，由上述方法及曲线改直方法，即可求出较复杂关系中的系数，如前所述的初速度 v_0 及加速度 a 等。

三、逐差法

在普遍情况下，如果一元函数能够写成多项式形式，即

$$y = a_0 + a_1 x$$

或

$$y = a_0 + a_1 x + a_2 x^2$$

或

$$y = a_0 + a_1 x + a_2 x^2 + a_3 x^3$$

$$\cdots\cdots$$

而且自变量 x 是等间距变化的，则可以用逐差法处理数据。如果将相对应的各个自变量 x_i 的函数值 y_i 逐项相减（逐差），其差值为常量，即说明 y 是 x 的一次函数（线性函数）；如果相减两次（二次逐差）得一常量，即说明 y 是 x 的二次函数；其余类推。

对于已经线性化的非线性函数如：$\ln y = \ln a + (\ln b) \cdot x$ 亦可以通过逐差的方法检验函数关系、求出关系式中的系数，即物理量的值。

(一) 运用逐差法时可以人为地选择自变量 x 等差变化间隔

逐项相差：

为验证 y 和 x 是否成线性关系，可以等差地改变自变量 x，进行多次测量，得出相应的 y 值，若满足线性关系，则可得到如下几个方程

$$\left.\begin{array}{l} y_1 = a_0 + a_1 x_1 \\ y_2 = a_0 + a_1 x_2 \\ \cdots\cdots \\ y_{n-1} = a_0 + a_1 x_{n-1} \\ y_n = a_0 + a_1 x_n \end{array}\right\} \tag{1.3.3}$$

这种线性方程组中，只有两个未知数（a_0 及 a_1），方程的个数 n 大于或远大于未知数的个数，类似这种测量称为符合测量。

按 y_n 和 y_{n-1}，y_{n-1} 和 y_{n-2}，$\cdots$，y_2 和 y_1 逐个相减后可得下述 $n-1$ 个方程

$$\left.\begin{array}{l} \delta_{y1} \equiv y_2 - y_1 = a_1(x_2 - x_1) \equiv a_1 \delta_{x1} \\ \delta_{y2} \equiv y_3 - y_2 = a_1(x_3 - x_2) \equiv a_1 \delta_{x2} \\ \delta_{yn-1} \equiv y_n - y_{n-1} = a_1(x_n - x_{n-1}) \equiv a_1 \delta_{x_{n-1}} \end{array}\right\} \tag{1.3.4}$$

因实验中选定 $\delta_{x1} = \delta_{x2} = \cdots = \delta_{x_{n-1}} \equiv \delta_x$，所以，若 1.3.4 式左端，即 δ_{y1}、δ_{y2}、$\cdots$、$\delta_{y_{n-1}}$，在实验误差范围内为"恒量"，则证明 y 与 x 成线性关系。

但是,由于对(1.3.4)中诸式求平均时有

$$\delta_{\bar{y}} = \sum_{i=1}^{n-1} \delta_{yi}/(n-1) = (y_n - y_1)/(n-1)$$

$$\delta_{\bar{x}} = \sum_{i=1}^{n-1} \delta_{xi}/(n-1) = (x_n - x_1)/(n-1)$$

所以,$a_1 = \delta_{\bar{y}}/\delta_{\bar{x}} = (y_n - y_1)/(x_n - x_1)$。可见,中间 $n-2$ 组数据均未用上。因此,以逐项相差求斜率 a_1 及截距 a_0 的方法达不到多次测量取平均的目的。这只能局限于验证 y 和 x 之间的函数关系。

隔项相差:

为了充分利用全部测量数据,减小所求系数 a_1 及 a_0 的测量误差,令测量次数 $n = 2l$,(1.3.3) 式变为如下的 $2l$ 个方程

$$\left. \begin{array}{l} y_1 = a_0 + a_1 x_1 \\ \cdots\cdots \\ y_i = a_0 + a_1 x_i \\ \cdots\cdots \\ y_l = a_0 + a_1 x_l \\ y_{l+1} = a_0 + a_1 x_{l+1} \\ \cdots\cdots \\ y_{l+i} = a_0 + a_1 x_{l+i} \\ \cdots\cdots \\ y_{2l} = a_0 + a_1 x_{2l} \end{array} \right\} (2l \equiv n) \qquad (1.3.5)$$

将(1.3.5)式表述的方程平均分为两组,然后依前后两组的顺序,对应相减求差如 y_1 和 y_{l+1},y_i 和 y_{l+i} 等,这种隔项相差方法称为逐差法。求差后,有

$$\delta_{yi} \equiv y_{j+i} - y_i = a_1(x_{l+i} - x_i) \equiv a_1 \delta_{xi} \quad (i = 1,2,\cdots,l) \qquad (1.3.6)$$

(1.3.6)式中,对每一个 δ_{yi} 和 δ_{xi} 可求出一个 a_1,对 l 个 a_1 求平均 $\bar{a}_1$,即对(1.6.6)式所表述的 l 个方程求和后再除以 l

$$\bar{a}_1 = \delta_{yi}/\delta_{xi} = \Big[\sum_{i=1}^{l}(y_{l+1} - y_i)/l\Big] / \Big[\sum_{i=1}^{l}(x_{l+1} - x_i)/l\Big] \qquad (1.3.7)$$

(1.3.7)式即为逐差法求斜率的计算公式。因为 $\delta_{\bar{x}} = \delta_{xi} \equiv \delta_x$ 为等差值,故不存在随机误差。当 δ_x 为常数时,由(1.3.7)式的误差传递公式可求出斜率的测量误差,即

$$\sigma_{a1} = \sigma_{\delta_{\bar{y}}}/\delta_{\bar{x}}$$

且　　　　　　$$\sigma_{\delta_{\bar{y}}} = \Big\{ \sum_{i=1}^{l} (\delta_{y_i} - \delta_{\bar{y}})^2 / [l(l-1)] \Big\}^{1/2} \qquad (1.3.8)$$

将 $\bar{a}_1$ 代入(1.3.5)式表述的 n 个方程,用同样方法可求出直线的截距 $\bar{a}_0$,即

$$\bar{a}_0 = \bar{y} - \bar{a}_1 \cdot \bar{x} = \left(\sum_{i=1}^{n} y_i - \bar{a}_i \cdot \sum_{i=1}^{n} x_1 \right)/n \tag{1.3.9}$$

由(1.3.9)式可见,a_0 与原测量值 (x_i, y_i) 有关,所以,一般情况下不需求出 $\bar{a}_0$。当在特殊情况下,必须求出 a_0 时,可由(1.3.9)式求出 $\bar{a}_0$ 的误差传递公式。考虑到每个 y_i 值使用相同仪器均测一次,故可将其误差估计为单次测量的误差,即 $\sigma_{y_i} = \sigma_{仪}$。若仍假定 x_i 不存在误差,则

$$\sigma_{a0} = (\sigma_{仪}^2 + \bar{x}^2 \sigma_{a1}^2)^{1/2} \tag{1.3.10}$$

至此,我们用逐差法处理数据求出了 y 与 x 间的定量关系,即得到如下经验公式

$$y = \bar{a}_0 + \bar{a}_1 x \tag{1.3.11}$$

对于形如 $y = a_0 + a_1 x + a_2 x^2$ 的二次多项式,可再令 $l \equiv 2m$ 进行二次逐差。逐差后,类似上述方法即可顺序求出 $\bar{a}_2 \to \bar{a}_1 \to \bar{a}_0$。由于结果的误差往往很大,所以,很少使用逐差法求二次多项式中的 a_1 及 a_0。

(二) 用逐差法处理数据的优点

(1)用逐差法处理数据可充分利用多次测量的数据,具有对数据取平均的效果。

(2)通过逐差,将 $2l$ 个量值为 δ_x 的变化,转化为 l 个量值为 $l\delta_x$ 的变化,这不仅可以使测量误差大为减小,而且这种变化量往往是在实际实验中所不能实现的。

(3)通过逐差,可以绕过一些具有定值的物理量(如 a_0),而直接求出实验所需的结果 a_1。

(三) 平均点作图

当满足逐差法处理数据的条件时,将(1.3.1)式变为

$$\bar{a}_1 = \left(\sum_{i=1}^{l} y_{i+l}/l - \sum_{i=1}^{l} y_i/l \right) / \left(\sum_{i=1}^{l} x_{i+l}/l - \sum_{i=1}^{l} x_i/l \right) = (\bar{y}_B - \bar{y}_a)/(\bar{x}_B - \bar{x}_A)$$

$$\tag{1.3.12}$$

(1.3.12)式中,$\bar{x}_A = \sum_{i=1}^{l} x_i/l, \bar{y}_A = \sum_{i=1}^{l} y_i/l$,及 $\bar{x}_B = \sum_{i=1}^{l} x_{i+l}/l, \bar{y}_B = \sum_{i=1}^{l} y_{i+l}/l$,称为 A 和 B 的平均点坐标,而 $A(\bar{x}_A, \bar{y}_A)$ 及 $B(\bar{x}_B, \bar{y}_B)$ 则称为平均点。于是,用平均点作图可描述为,把测量数据分成数目相等的前后两组,求出平均点 A 和 B,然后,通过 A 和 B 两点作直线即为所求。

由上所述,平均点作图的运用条件可不限于逐差法处理数据的条件,只要 $y \sim x$ 间满足线性关系,即可采用。而且当实测点数为奇数时,如果将其中间的一组测量数据平均分成两份,也可以采用平均点作图。

平均点作图的优点在于:直线惟一确定及可以充分利用全部测量数据。

四、用最小二乘法求经验方程 —— 方程的回归

(一) 相关关系和方程的回归

1. 相互关联的变量间的关系有两类

① 函数关系 —— 确定的函数关系是指 y 与自变量 x 或 $(x_1, x_2, \cdots, x_n)$ 具有一一对应关系。② 相关关系 —— 变量间虽有关联,但由于多种随机因素的影响,使变量间的联系存在不同程度的不确定性,无一一对应关系;然后从统计的意义上讲,变量间又存在着规律性的联系,即,对随机变量 x 的每一个可能的取值,另一随机变量 y 都有一个确定的条件分布。变量间的这种关系称为相关关系。

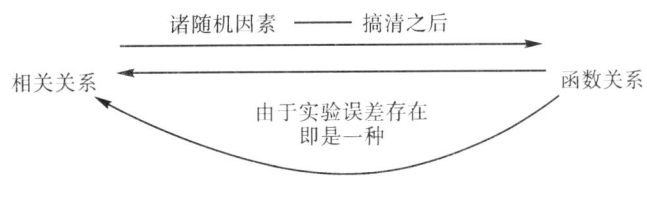

图 1.3.3 相关关系和函数关系

2. 相关关系和函数关系之间的联系和相互转化

在一定条件下,如果各种随机因素都一一搞清楚了,相关关系就可以成为某种确定的函数关系;相反,在实际测量中,由于实验误差的存在,一些本来存在函数关系的变量之间又会呈现一定的不确定性,即表现为相关关系;应当指出,函数关系也是一种相关关系。二者之间的联系和相互转化可以由图 1.3.3 清楚地说明。

3. 方程的回归

所谓方程的回归,即是用最小二乘法求经验方程,它是以数理统计的方法去处理相关关系,找出变量间合适的数学表达式,即以某种函数的形式表示相关关系。它与前述用作图法求直线的斜率和截距,以及用逐差法求经验公式的方法一样,都是利用测量数据,进行直线或曲线的拟合,寻求变量之间函数关系的一种方法。因为这种方法是以数理统计为依据,所以在精密度方面优于逐点标绘作图法及逐差法。

欲求回归方程,必须首先确定函数的形式,而函数形式一般应根据理论推断或依实验数据的变化趋势(例如作图) 推测。当函数形式被确定之后,方程的回归问题就归结为:依实验数据来确定方程中的待定常数。不仅应求出方程,而且应该清楚变量之间存在这种函数关系的置信概率,若置信概率很小,则说明前述推断或假设不能成立。即,虽求出方程,但变量间并不满足这种函数关系,应该重新考虑其他的函数关系形式。

(二) 用最小二乘法进行一元线性回归

1. 回归方程系数的确定

一元线性回归方程为

$$y_1 = a_0 + a_1 x_1 \tag{1.3.13}$$

最小二乘法一元线性回归的原理是:若能找到一条最佳的拟合直线,那么各测量值与这条拟合直线上各对应点的值之差的平方和,在所有拟合直线中应是最小的。

利用最小二乘法就是要由一组实验数据 $x_i, y_i (i = 1, 2, \cdots, k)$ 找出一条最佳的拟合直线来,也就是要求出回归方程的系数 a_0 和 a_1 的值。

在回归分析中,总是假定:

① 自变量 x_i 没有测量误差,是准确的。

② 因变量 y_i 是通过等精度测量得到的含有随机误差的测得值。

③ 在 y_i 的测得值中,粗大误差和系统误差已被排除。

在实际应用中,要把相对来说误差较小的变量作为自变量,实验过程中不要改变测量方法和条件,如果测量存在粗差,首先进行剔除,存在系统误差要对测得值进行修正。这样就能满足上述假定的要求。

式(1.3.13) 表示的是一条直线,如图 1.3.4 所示,由于 y_i 存在的测量误差,实验点不可能全部重合在该直线上。对于与某个 x_i 相对应的测量值 y_i,与用回归法求得的直线式(1.3.13) 在 y 方向的偏差为

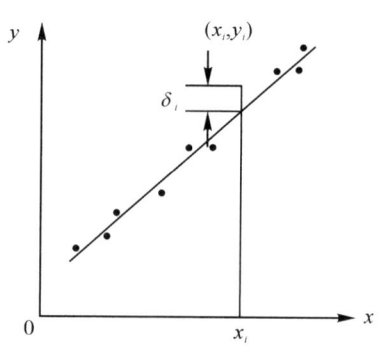

图 1.3.4　线性拟合

$$\delta_i = y_i - y = y_i - (a_0 + a_1 x_i) \tag{1.3.14}$$

δ_i 的正负和大小表示实验点在直线两侧的离散程度。δ_i 的值与 a_0、a_1 的取值有关。为使偏差的正值和负值不发生抵消,且考虑到全部实验值的贡献,根据最小二乘法原理,应当计算 $\sum\limits_{i=1}^{k} \delta_i^2$ 的大小。如果 a_0 和 a_1 的取值使 $\sum\limits_{i=1}^{k} \delta_i^2$ 最小,将 a_0 和 a_1 的值代入式(1.3.13),就得到这组测量数据所拟合的最佳直线。

由式(1.3.14) 得

$$\sum_{i=1}^{k} \delta_i^2 = \sum_{i=1}^{k} (y_i - a_0 - a_1 x_i)^2 \tag{1.3.15}$$

为求其最小值,把式(1.3.15) 分别对 a_0、a_1 求一阶偏导数,并令其等于零,即

$$\left.\begin{array}{l} \dfrac{\partial}{\partial a_0}\Big(\sum_{i=1}^{k}\delta_i^2\Big)=-2\sum_{i=1}^{k}(y_i-a_0-a_1x_i)=0 \\[3mm] \dfrac{\partial}{\partial a_1}\Big(\sum_{i=1}^{k}\delta_i^2\Big)=-2\sum_{i=1}^{k})(y_i-a_0-a_1x_i)x_i=0 \end{array}\right\} \tag{1.3.16}$$

整理后写成

$$\begin{aligned} \bar{x}a_1+a_0&=\bar{y} \\ \overline{x^2}a_1+\bar{x}a_0&=xy \end{aligned} \tag{1.3.17}$$

式 (1.3.17) 中

$$\left.\begin{array}{l} \bar{x}=\dfrac{1}{k}\sum_{i=1}^{k}x_i \\[3mm] \bar{y}=\dfrac{1}{k}\sum_{i=1}^{k}y_i \\[3mm] \overline{x^2}=\dfrac{1}{k}\sum_{i=1}^{k}x_i^2 \\[3mm] \overline{xy}=\dfrac{1}{k}\sum_{i=1}^{k}x_iy_i \end{array}\right\} \tag{1.3.18}$$

式 (1.3.17) 的解为

$$a_1=(\bar{x})^2=\frac{\bar{x}\cdot\bar{y}-\overline{xy}}{(\bar{x})^2-\overline{x^2}} \tag{1.3.19}$$

$$a_0=\bar{y}-a_1\bar{x} \tag{1.3.20}$$

可以证明，$\sum_{i=1}^{k}\delta_i^2$ 对 a_0、a_1 的二阶偏导数均大于零，即由式 (1.3.19) 和式 (1.3.20)

计算出的 a_0 和 a_1 对应于 $\sum_{i=1}^{k}\delta_i^2$ 的极小值，即就是拟合的最佳直线的斜率和截距的估

计值。

为了计算和书写方便，引入符号

$$L_{xx}=\sum_{i=1}^{k}x_i^2-\frac{1}{k}\Big(\sum_{i=1}^{k}x_i\Big)^2$$

$$L_{yy}=\sum_{i=1}^{k}y_i^2-\frac{1}{k}\Big(\sum_{i=1}^{k}y_i\Big)^2$$

$$L_{xy}=\sum_{i=1}^{k}x_iy_i-\frac{1}{k}\Big(\sum_{i=1}^{k}x_i\Big)\Big(\sum_{i=1}^{k}y_i\Big)$$

于是式 (1.3.19) 可表示为

$$a_1=L_{xy}/L_{xx} \tag{1.3.21}$$

由式 (1.3.17) 可以看出，最佳直线通过 $(\bar{x},\bar{y})$ 点，因此，在用作图法画直线时，应

将 $(\bar{x}, \bar{y})$ 坐标点标出,将作图用的直尺以这点为轴心来回转动,直到各数据点与直尺边线的距离最近,而且左右分布匀称为止。这时,沿此边线用铅笔画一直线,即为所求的直线。

2. a_0 和 a_1 的标准误差

因为 y_i 含有较明显的随机误差,导致由式(1.3.19)和式(1.3.20)计算出的 a_0 和 a_1 也含有误差。y 的标准误差 σ_y 为

$$\sigma_y = \sqrt{\frac{\sum_{i=1}^{k}(y_i - a_0 - a_1 x_i)^2}{k-2}} \tag{1.3.22}$$

需要注意,式(1.3.22)根式中分母是 $k-2$,其意义是在两个变量 (x_i, y_i) 的情况下,有两个方程就可以解出结果,现在多了 $k-2$ 方程,所以自由度是 $k-2$,有两个自由度受约束。也可以理解为有两个数据点就可以确定一条直线,这两点的 $\delta_i = 0$,现在有 k 个数据点,其自由度当然是 $k-2$ 了。

由误差传递公式可以导出 a_0 和 a_1 的标准误差 σ_{a_1} 和 σ_{a_0}

$$\sigma_{a_1} = \frac{\sigma_y}{\sqrt{k(\overline{x^2} - \bar{x}^2)}} = \frac{\sigma_y}{\sqrt{L_{xx}}} \tag{1.3.23}$$

由式(1.3.23)可见,σ_{a_1} 不仅与 σ_y 有关,还与 L_{xx} 的大小有关。L_{xx} 的大小反映了 x_i 间距的大小,L_{xx} 大,x_i 的间距大,取值较分散范围较大;反之,x_i 取值比较集中,取值范围比较小。为了提高 a_1 的准确度,在实验条件允许的情况下,应当尽量增大 x_i 的取值范围。

$$\sigma_{a_0} = \sqrt{\frac{\overline{x^2}}{L_{xx}}} \cdot \sigma_y = \sqrt{\overline{x^2}} \cdot \sigma_{a_1} = \sqrt{\frac{\sum_{i=1}^{k} x_i^2}{k}} \cdot \sigma_{a_1} \tag{1.3.24}$$

式(1.3.24)表明,a_1 的标准误差直接影响 a_0 的标准误差,且 x_i 的数值越大,这种影响越严重。就是说,在 L_{xx} 相同时,x_i 离坐标原点越远,截距 a_0 的标准误差较大。

如果 $\sigma_{a_0} > a_0$,即 a_0 的标准误差的数值大于截距的数值,便可以认为在一定程度上(对高斯分布置信概率为 68.3%)拟合的直线通过坐标原点。

3. 线性相关系数

为了定量描述 x、y 变量之间线性相关程度的好坏,引入相关系数 r,其定义是

$$r = \frac{L_{xy}}{\sqrt{L_{xx} \cdot L_{yy}}} \tag{1.3.25}$$

与式(1.3.21)比较,因 $L_{xx}L_{yy} > 0$,故 r 与 a_1 的符号相同。即 $x > 0$,则 $a_1 > 0$,拟合直线的斜率为正;$r < 0$,则 $a_1 < 0$,其斜率为负。若 $r = 0$,表示 x、y 之间完全没有线性相

关的关系。$|r| = 1$，表示 x_i 与 y_i 全部都在拟合直线上，即完全相关。

图 1.3.5 表示 r 取不同数值时数据点的分布情况。需要说明的是图 1.3.5(e) 所示的情况，

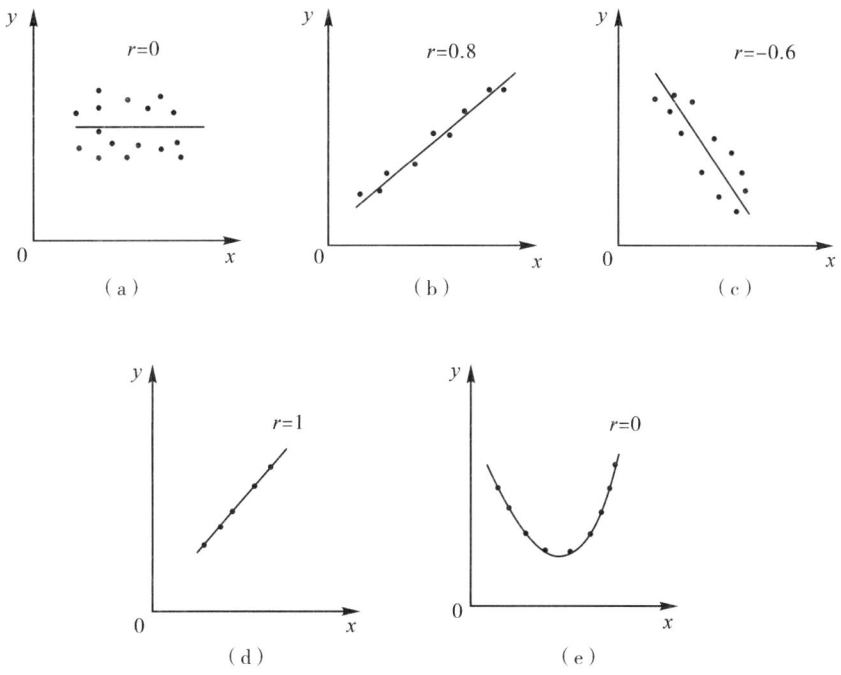

图 1.3.5 　不同相关系数的数据点分布图

实验点呈开口向上的抛物线状，说明 y 是 x 的二次函数，但相关系数却为零。所以线性相关系数 r 只表示变量间线性相关的程度，并不表示 x、y 之间是否存在其他相关关系。为了实际使用的方便，可导出

$$\sigma_y = \sqrt{\frac{(1 - r^2 L_x)}{k - 1}} \tag{1.3.26}$$

$$\frac{\sigma_{a_1}}{a_1} = \sqrt{\frac{\frac{1}{r^2} - 1}{k - 2}} \tag{1.3.27}$$

式(1.3.27) 表示由 r 及 k 就可以方便的确定拟合直线斜率的相对误差。

对于一个实际问题，只有当 $|r|$ 大于某一数值时，方能认为变量之间存在着线性相关关系。因而需要给出一个检验标准，记作 r_0。当 $|r| > r_0$ 时，变量间线性相关的程度是显著的。数理统计的理论证明，r_0 的大小与实验数据的个数 k 和显著性水平 α 的值有关。$\alpha = 0.05$ 表示线性相关关系判断错误的概率为 5%。α 越小，显著性标准就越

高。表 1.3.1 列出了 $\alpha=0.05$ 和 $\alpha=0.01$ 两种情况 r_0 的数值。

表 1.3.1 相关系数检验表

r_0 $k-2$	α 0.05	0.01	r_0 $k-2$	α 0.05	0.01
1	0.997	1	16	0.468	0.59
2	0.95	0.99	17	0.456	0.575
3	0.898	0.959	18	0.444	0.561
4	0.811	0.917	19	0.433	0.549
5	0.754	0.874	20	0.423	0.537
6	0.707	0.834	25	0.381	0.487
7	0.666	0.798	30	0.349	0.449
8	0.632	0.765	35	0.325	0.418
9	0.602	0.735	40	0.304	0.393
10	0.576	0.708	50	0.273	0.354
11	0.553	0.684	60	0.25	0.325
12	0.532	0.661	70	0.232	0.302
13	0.514	0.641	80	0.217	0.283
14	0.497	0.623	100	0.195	0.254
15	0.482	0.606	200	0.158	0.181

例 1.3.1   在测定金属导体电阻温度系数的实验中,得到如下测量数据:

t(℃)	24.8	37.0	40.9	45.2	49.0	56.1	61.0	65.8	70.0	74.9	80.6	85.4
R(Ω)	38.83	40.83	41.42	42.26	42.63	43.74	44.44	45.10	45.79	46.45	47.44	48.11

用线性拟合法计算 a_1 和 a_0 的值,σ_{a_1} 和 σ_{a_0} 的值;电阻温度系数 α 和 0℃ 时的电阻 R_0 的值;相关系数 r 的值;写出直线方程,评价相关程度。

解:金属导体的电阻与温度的关系为

$$R=R_0(1+\alpha t)$$

式中 R_0 是 0℃ 时的电阻,α 是电阻温度系数。从测量数据可以看出,R 是四位有位数字,t 是三位有效数字,R 的测量准确度较高,据回归分析的假定要求,R 作为自变量,上式改写为

$$t=-\frac{1}{\alpha}+\frac{1}{\alpha R_0}R$$

用 x_i、y_i 分别表示 R、t 的测量值,根据一元线性回归的计算方法,编制程序,由计算机运算处理,将主要结果抄录如下:

$$\bar{x} = 43.92, \bar{y} = 57.56, \overline{x^2} = 1936$$

$$L_{xx} = 87.67, L_{yy} = 3843, L_{xy} = 580.1$$

$$\sigma_{a_1} = 0.063, \sigma_{a_0} = 2.8, r = 0.9995$$

所以

$$a_1 = 6.62 \pm 0.06, a_0 = -233 \pm 3$$

$$\alpha = \frac{-1}{a_0} = 4.29 \times 10^{-3}/℃, R_0 = -\frac{a_0}{a_1}35.2\Omega$$

根据误差传递的合成法,α 和 R_0 的标准误差分别为

$$\sigma_\alpha = \alpha \frac{\sigma_{a_0}}{|a_0|} = 5.1 \times 10^{-1}/℃$$

$$\sigma_{R_0} = R_0 \sqrt{\left(\frac{\sigma_{a_0}}{a_0}\right)^2 + \left(\frac{\sigma_{a_1}}{a_1}\right)^2} = 0.53\Omega$$

α 和 R_0 的测量结果为

$$\alpha = (4.29 \pm 0.05) \times 10^{-3}/℃, E_\alpha = 1.2\%$$

$$R_0 = (35.2 \pm 0.5)\Omega, E_{R_0} = 1.4\%$$

直线方程为

$$R = 35.21(1 + 4.29 \times 10^{-3}t)$$

取判断的显著性水平为 $0.01, k = 12$,查表1.6.1得 $r_0 = 0.708, r > r_0$,说明线性相关程度很高。

五、用计算机处理实验数据

计算机技术已经得到了极大的进步,利用计算机软件可大大提高实验数据处理得效率和速度,特别是对一些具有大量数据的实验,如果不借助计算机,靠人工完成数据处理难度很大。利用计算机可以完成数值计算、作图、实验数据曲线拟合、误差计算、粗大误差数据剔除等工作,可大大减轻实验人员的负担。另外,还可利用计算机进行虚拟仿真实验,对于一些在真实操作中较难完成或危险系数较高的实验,比如元素放射性研究实验、高温高压实验等均可借助计算机虚拟技术完成。

目前基于常用得 Windows 操作系统的具有实验数据处理功能的软件很多,比如 Microsoft Excel、Origin、MatLab、Mathematica、Maple、MathCad、Visual Studio 等,这些软件用法各不相同,功能各有特色。读者可根据自己的需求选用其中的一款或几款来进行实验数据的处理。本节仅对 Microsoft Excel、Origin、MatLab 三款最常用的软件做简单介绍,具体使用的细节请读者自行查阅相关资料。

（一）Microsoft Excel

Microsoft Excel 的可视截面如图1.3.6所示，主要有三大功能，分别是电子表格、图表制作和数据库管理。在电子表格中允许输入多种格式的数据，并可对数据进行编辑、格式化，利用公式、函数对数据进行复杂的数学分析及报表统计。Microsoft Excel 提供了十几种图表类型，包括柱形图、折线图、饼状图、条形图、面积图等，可将表格中的数据以图形的形式显示，使用者可根据自己的需要选用合适的图标类型。Microsoft Excel 还能够以数据库管理方式管理表格中的数据，如对表格中的数据进行排序、检索、筛选、求和、求平均值、汇总等，还可与其它软件交换数据。

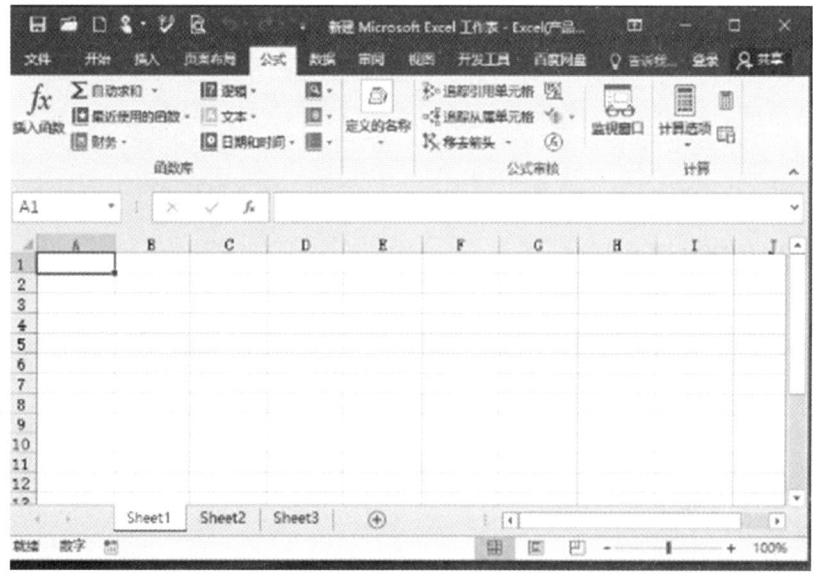

图 1.3.6　Microsoft Excel 的可视界面

（二）Origin

Origin 是 OriginLab 公司开发发行的一款数据处理、分析和作图软件，是科研人员常用的制图工具。Origin 简单易学、操作灵活、功能强大，可以用作普通的制图工具，也可以用作高级数据分析、函数拟合的工具。

Origin 主要有两个功能：数据制图和数据分析。Origin 的制图是基于它所提供的几十种二维和三维模板来完成的，并且还允许用户自己定义模板。Origin 对图线的控制度很高，只需双击需要修改的部分即可完成操做，同时其输出图线精度高，满足各种专业的科研杂志对图形的要求。Origin 的数据分析包括排序、计算、拟合、平滑、频谱分析等，进行数据分析时，只需选中所要分析的数据，再选择相应的菜单命令即可。

Origin 的可视化界面如图如图 1.3.7 所示,是一个具有电子数据表前端的图形化界面。Origin 的工作表是以列为对象的,每一列具有相应的属性,使用者可以自定义每列的属性。

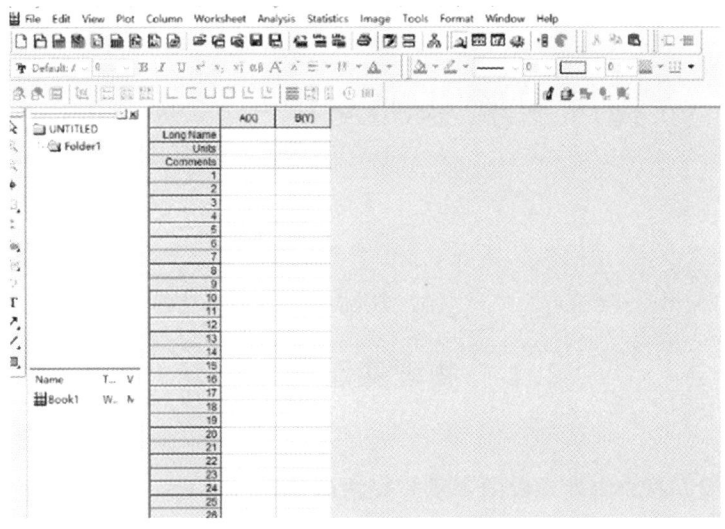

图 1.3.7　Origin 的可视界面

(三)MatLab

MatLab 是美国 Math Works 公司开发的大型高性能数值计算和图示化软件,具有强大的矩阵处理功能和绘图功能。其主要功能包括:数值分析、矩阵运算、数字信号处理、建模、系统控制和优化等。软件提供了 600 多个科学和工程中常用的运算函数以及许多专业的工具包,同时还提供了编译器,能全面兼容 C 及 FORTRAN 两种语言,是科学研究和实验数据处理中常用的软件工具。

第 2 章　　物理实验基础知识

2.1　物理实验基本方法

　　物理实验是探求自然现象的本质与规律的重要方法之一,它的任务是在一定条件下再现要研究的物理过程,并通过对现象的观察和定量测试,得出科学结论。然而,理想的物理过程实质上是一种物理模型,它所要求的条件往往是无法满足的。在实际观测中,我们只能在近似的条件下对物理模型进行模拟,因而所获得的观测结果也只能是近似的。

　　如何选择实验仪器,如何进行数据采集,通过何种手段将误差减小,或者采用何种方法把不可测的量转化为可测的量?作为一个实验,必定有一套相应的方法去测量与之相关的物理量。我们把对某个物理量的测定方法叫做测量方法,把在各实验中通用的方法叫做实验方法。同时,把一些在选用实验方法、进行实验设计、安排实验或者在实验中进行调节、测量时具有普遍意义的思想称之为实验思想。本节主要介绍一些基本的常用的实验方法和测量技术。

一、数量级估计法

　　实验物理学家在着手准备精确测量之前,为选择合适的仪器和测量方法,常常需要对各种物理量的数量级先作一番估计。掌握特征量的数量级,往往是研究一个物理问题时切入正题的关键。一个实验经验很丰富的人,必然会对数量级有直觉的感知,一眼就能估计出这个实验的精度有多高,即哪些因素会影响实验结果,要提高测量精度,应如何改变测量条件,采取何种测量方法等。这些经验需要一个日积月累的过程。因此,我们在一开始学习物理和学做物理实验时,就应该经常练习对各种事物的数量级作出快速反应,粗略地估计其数量级范围,留心尺度大小改变时所产生的影响,各参变量之间的关系,相互作用的影响,有意识地将这种作法养成习惯,久而久之,可以加深我们对物理现象的感知,从而增进我们对事物本质的洞察力。

1.通过数量级的分析,抓住主要影响量

在每一个物理实验中,都有数不清的因素会对实验过程的各个环节带来影响。这些因素对实验结果的影响程度有很大差异。通常我们要抓住对实验有较大影响的主要因素,抛开(或忽略)那些与主要因素相比影响要小得多的次要因素。

例如在单摆实验中,理想的单摆,应该是一根没有质量、没有弹性的线,系住一个没有体积的质点,在真空中纯粹由于重力作用,在与地面垂直的平面内作摆角趋于零的自由振动。而这种理想的单摆,实际上是不存在的。实际的单摆实验,悬线是一根有质量、有弹性的线,摆球是有质量有体积的刚性小球,而且又受空气浮力的影响。如图 2.1.1 所示。单摆周期的公式为:

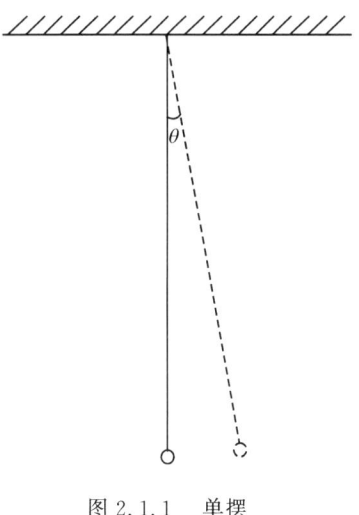

图 2.1.1 单摆

$$T = 2\pi \sqrt{\frac{l}{g}} \left[1 + \frac{d^2}{20l^2} - \frac{m_0}{12m} \left(1 + \frac{d}{2l} + \frac{m_0}{m} + \frac{\rho_0}{2\rho} + \frac{\theta^2}{16} \right) \right]$$

式中 T 是单摆的振动周期,l、m_0 是单摆的线长和质量,d、m、ρ 是摆球的直径、质量和密度,ρ_0 是空气密度,θ 是摆角。设:$m = 33.0\text{g}, m_0 = 0.1\text{g}, l = 80.0\text{cm}, d = 2.00\text{cm}, \rho = 7.8\text{g/cm}^3, \rho_0 = 1.3 \times 10^{-3}\text{g/cm}^3, \theta = 5°$。

摆球几何形状对 T 的修正量为:$\dfrac{d^2}{20l^2} \approx 3 \times 10^{-5}$;

摆的质量的修正为:$\dfrac{m_0}{12m} \left(1 + \dfrac{d}{2l} + \dfrac{m_0}{m} \right) \approx 2.6 \times 10^{-4}$;

空气浮力的修正为:$\dfrac{\rho_0}{2\rho} \approx 8 \times 10^{-5}$;

摆角的修正为:$\theta = 5°$ 时 $\quad \dfrac{\theta^2}{16} \approx 4.8 \times 10^{-4}$

$\theta = 3°$ 时 $\quad \dfrac{\theta^2}{16} \approx 1.7 \times 10^{-4}$

实验精度要求在 10^{-3} 内,这些修正项都可忽略不计。若要求更高的精度,则这些因素就不可忽略。

2.通过数量级分析,确定基本误差和减少不确定因素

上面单摆的例子是针对某一个因素或某一物理量来讲的,实际上各个因素之间

是相互联系的,并互相制约。如果在一个实验中有一个误差很大的因素,那么,其他量测量得再精确也是毫无意义的。例如在比热实验中,温度与质量的测定就采用了不同的测量精度。

由于各种不可制约的随机因素的影响(例如实验条件和环境),或仪器分辨能力的局限,或观测者感觉灵敏度(分辨率和反应能力等)的限制,每个实验都存在基本误差。基本误差是指在一定条件下实验误差的最低限度,一般是给出一个数量级或给出一位数。对于各种仪器和各学科中的各类实验,在不同的环境条件下进行,各人的测量,其基本误差的大小是不同的。例如用石英晶体振荡器定标的计时器,一般情况下基本误差为 10^{-4} 至 10^{-5} 秒;在恒温条件下为 10^{-6} 秒;而作为时间测量标准用,经过精密加工的石英晶体配合精密的辅助电路,在训练有素的科技人员的测量中,基本误差却可小于 10^{-9} 秒。

对一个实验的基本误差有所了解以后,就可以以此去衡量实验中其它因素的影响。数量级远小于基本误差的因素就可以不予考虑。但还有一点要注意,随着实验方法、实验技巧或仪器装置的改进,构成实验基本误差的因素也可以转变和减小。例如吴健雄教授在设计验证弱相互作用宇称不守恒的实验时,为减少分子不规则运动的影响,而将测量放到低温下去进行。再如普通物理实验中,当空间杂散的分布电容是构成实验基本误差的主要因素时,可用屏蔽的方法来解决;若构成实验基本误差的因素是随机性的,可用适当增加测量次数的方法来减少这种误差……。在许多情况下,基本误差是一个综合的效果。

3.利用数量级的分析作为实验的判断

有时,实验结果得不到正确的解释,往往是由于没有从数量级上进行分析。事实证明,有时仅从数量级的分析就可以作出判断。查德威克发现中子的过程就是一个很好的例证。当时居里夫妇已经观测到用 α 粒子轰击铍(Be)和硼(B)时会产生一种中性辐射,这种辐射能够从含氢的物质中打出速度相当大的质子。在他们的实验中,用 α 粒子轰击铍所产生的辐射通过一个薄窗口进入装有常压空气的电离室中,当他们把石蜡或含氢物质放在这个室的窗前时,电离室中空气的电离量就增加了,甚至是成倍地增加,他们把这看做是由于质子被打出造成的。进一步的实验证明这种质子具有 $3 \times 10^9 \mathrm{cm/s}$ 的速度。他们认为,能量是通过类似于电子的康普顿效应的某个过程,从这种中性辐射传递给质子的,并估计这种中性辐射的量子能量为 $50 \times 10^6 \mathrm{eV}$。于是矛盾产生了。根据克莱因—仁科公式所算出的质子散射频率,比观测到的结果小了三个数量级。此外,很难解释一个 Be 核与一个动能为 $5 \times 10^6 \mathrm{eV}$ 的 α 粒子相互作用,竟能产生一个 $50 \times 10^6 \mathrm{eV}$ 的量子。这样的矛盾引导查德威克用"中子"—— 一种质量近似于质子而不带电的新粒子来解释。中子的发现使查德威克荣获了 1935 年的诺贝尔物理奖。

二、相互转换法

各物理量之间存在着千丝万缕的联系，它们相互关联，相互依存，在一定的条件下亦可相互转化。因而，寻求物理量之间的关系，是探索物理学奥秘的主要方法之一，也是物理学中常见的课题。

寻求物理量之间的相互关系，可以分为定性描述和定量测量两类。定性描述以实验观察为主，旨在了解各相关物理量间相互依赖、相互转化的物理现象的过程或变化规律等。定量描述则是在此基础上，不仅要观察物理现象和变化规律，还需要精确测量各物理量之间的变化，经过数学和逻辑推理过程，用数学公式表达出来，使之具有普适性。在定量寻求中，又可以分为直接寻求和间接寻求两类。

(一) 直接寻求

探求两个物理量之间关系时，可以直接改变其中某一物理量，测量另一物理量随前一物理量的变化值。

探求多个物理量之间的关系时：

(1) 可以先固定某个或某些物理量，而求出两个主要变化量之间的关系。

(2) 先固定某个或某些物理量，两两地求出相互关系，再综合分析。

(3) 先找出影响各物理量变化的主要物理量。改变这一物理量，同时测量多个变量，然后用某种方法进行处理，并找出各物理量之间的关系。

(二) 间接寻求

在设计和安排实验时，有的物理量有时不能直接测量或求出，这就需要采用迂回的方法，先从容易突破的环节入手，再通过特殊的手段解决问题，这也是一种解决问题的途径和方法。

1.把不可测的量转换成可测的量(即变量转换法)

在设计和安排实验时，当预先估算不能达到要求时，就需另辟蹊径，把一些不可测量的物理量转换成可测量的物理量。例如质子衰变实验。长期以来，物理学家们都没有观察到质子的衰变，故认为它是一种稳定的粒子，其寿命是无限的。但根据弱电统一理论预言，质子的寿命是有限的，其平均寿命约为 10^{38} 秒，即大约 10^{31} 年。10^{31} 年这是一个多么漫长的时期，简直是一个无法测量的时间。因为地球的年龄才大约 10^9 年，谁也无法预料 10^{31} 年后，世界会变成什么样子。因此在很长一段时间，人们无法揭示质子寿命的奥秘。但是当人们把思考的着眼点变换一个角度，把时间的测量转换为空间几率的测量，整个事件就发生了戏剧性变化。假如我们观察 10^{33} 个质子(每吨水中约有 10^{29} 个质子)，则一年之内可能有 100 个质子衰变。这样使原来根本无法观察和测量的事物,变成可以测量了。又如关于引力波的实验,根据爱因斯坦关于引力波的理论,任何作相对加速运动的物体都可以发射引力波。因而,双星体ζ可能是引力波源。而目前实验室中引力波天线的灵敏度和分辨率都无法满足既能够直接测量宇宙内的引力波讯号,同时又能够排除电磁辐射干扰的要求。于是,物理学家们就把着眼点放在双星座引力辐射阻尼上,即测量双星座轨道周期由于辐射引力波而导致的减小量来检验引力波的存在。

中国古代曹冲称象的故事也是一个变量代换的很好范例,把当时不可测量的大象重量变换成为可测量的石头重量。

2. 把测不准的量转换成可测准的量(亦是一种变量转换法)

(1) 有时某些物理量虽然可以测定,但要精确测量却不容易,或是由于所需要的条件太苛刻,或是由于所需测量仪器复杂、昂贵等。但是换个途径,事情就变得简单多了,而且能够较精确地测量。因为,在实际测量工作中,可以改变的条件很多,于是我们可以在一定范围内找出那些易于测准的量,绕开那些不易测准的量,实行变量代换。这方面最经典的例子便是利用阿基米德原理测量不规则物体的体积或密度。

① 由不易测准的不规则物体的体积转化为测量易测准的液体体积,只需一个有较精密刻度的量筒就行(有的同学在中学就可能做过该实验)。

物体体积 = 物体全部浸入液体中排开液体的体积。

② 由不易测准的不规则物体的体积转换成易精确测准的质量。

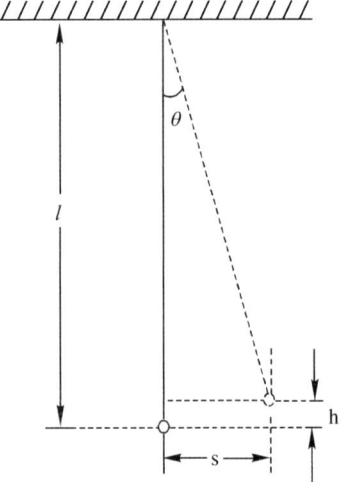

物体全部浸入已知密度的液体中排开的液重 = 物体在液体中所受的浮力。

例如测量单摆由静止到达平衡位置时的瞬间速度。根据机械能守恒原理,测量 h,便可由 $v = \sqrt{2gh}$ 求出速度,但因为 h 很小,不易测准,于是1613年英国科学家马斯登首先利用测定水平位移 s 及摆长 l 的公式来替代,如图 2.1.2 所示,即有

$$v = \sqrt{\frac{g}{l}} s \left[1 + \frac{1}{4} \left(\frac{s}{l} \right)^2 + \frac{1}{16} \left(\frac{s}{l} \right)^4 + \cdots \right]$$

当 $l \gg s$ 时,高次项可略去,有

$$v \approx \sqrt{\frac{g}{l}} s \quad (\because l \gg s \gg h)$$

图 2.1.2　马斯登实验原理图

(2) 有时利用能量相互转换的规律把某些不敏感的物理量转换成敏感的易于测

量的物理量,也是物理实验惯用的手法,而且随着各种新型功能材料的不断涌现,如热敏、光敏、磁敏、压敏、声敏、气敏、湿敏材料等以及这些材料性能的不断提高,形形色色的敏感器件和传感器也就应运而生,为科学实验和物理测量方法的改进提供了很好的条件。考虑到电学参量具有测量方便、快速的特点,电学仪表易于生产,而且常常具有通用性,所以许多能量转换法都是使待测物理量通过各种传感器或敏感器件转换成电学参量来进行测量的。

最常见的有:

① 光电转换:利用光敏元件(如:光敏二极管、光敏三极管、光电倍增管、光电管、光电池等),将光信号转换成电信号进行测量。

② 磁电转换:利用磁敏元件(如:霍尔元件、巨磁阻元件等)或电磁感应组件,将磁学参量转换成电压、电流或电阻的测量。

③ 热电转换:利用热敏元件(如:半导体热敏元件、热电偶等),将温度的测量转换成电压或电阻的测量。

④ 压电转换:利用压敏元件或压敏材料(如:压电换能器、压电陶瓷、石英晶体等)的压电效应,将压力转换成电信号进行测量。反过来,也可以用某一特定频率的电信号去激励压敏材料使之产生共振,来进行其他物理量的测量。

⑤ 几何变化量与电学参量的转换:利用电学元件的参量(如:电感、电容、电阻等)对几何变化量敏感的特性,来进行长度、厚度或微小位移等几何量的测量。

3.用测量改变量代替测量物理量

把测量物理量变换成测量物理量的改变量,是一种行之有效的实验方法。

例如,用拉伸法测量杨氏弹性模量,就是把直接测量拉伸量 ΔL 变为分别测量 L_0 及 $L(\Delta L = L - L_0)$,并用光杠杆把变量放大。

又如,非平衡电桥实际上就是一种显示变化值的方法。可以证明,在平衡点附近,平衡指示器的变化量与某一个臂数值的变化是成正比的。19 世纪末,兰利在测量热辐射能量时,就利用四个臂为细铂丝的惠斯通电桥作非平衡测量,可以从灵敏电流计上测出 $1 \times 10^{-5} \, ℃$ 的温度变化。如果直接测量铂丝电阻随 T 的变化(因为铂的电阻温度系数为 3.9×10^{-3}),为要达到可检测 $1 \times 10^{-5} \, ℃$ 的温度变化,对电阻的测量精度要达到 $0 \sim 4 \times 10^{-8}$。这在当时是不可能的。即使是现在,所需条件和设备要求也是很高的。

4.把单个测量点的计算方法,改变为多个测量点的作图法或回归法

把不易测的物理量放到截距上,而把要测的物理量放在斜率中去解决,亦是物理实验中常用的简便方法之一。

什么条件下才能采用相互转换法,第一,能否找到一种与被测属性相同(物理量),而数值在与被测量对应的范围内可以连续变化的量或者实体。这里应强调说明的是只要求两者在被测量的被测属性方面完全一致,例如可以是电阻值、热量值、时间量及压力量等等,至于这个转换量本身的其他属性,如是固态还是液态,是金属还是非金属等,则无关紧要。第二,能否找到一个中间载体,把两者联系起来,以便于进行比较。如船可以把被称的大象和转换量 —— 石块联系起来。第三,能否找到一个达到相应精度要求的指示仪器,以判别其替代的等效性,如称象时船上的吃水线等。这个指示仪器所测量的可以是和被测量不同的物理量,这一点正是转换法的核心问题,也是第三个条件的实质所在。

三、比较测量法

比较测量法亦称相对测量法,是利用已知其精确数据的标准样品或标准点,在同样条件下与待测样品进行对比实验,这样做可以消去一些已知或未知的系统误差。比较测量法包括把待测样品与标准样品直接对比,这称作直接比较测量法。而在同样条件下,对两个物理量进行对比测量,不一定要求其中有一个是标准样品,这称为间接比较测量法。

1.直接比较测量法

所谓直接比较测量,是指不必对与被测量有函数关系的其他量进行测量,便能直接得到被测量的测量方法。它有如下的特点:

(1)同量纲:标准量和被测量的量纲相同。如用米尺测量长度。

(2)直接可比:通过标准量和被测量直接比较就可以得到结果。如用天平称量物体的质量,只要天平平衡,砝码的示数就是被测量的值。

(3)同时性:标准量和待测量的比较是同时发生的,没有时间的延迟或滞后,亦即不需经时间变换效应参与比较过程。

标准量的选择是进行比较测量的前提。由于被测量的不同,对标准量的要求就会不一样。同样的被测量,测量的精度不同,所选用的标准量也会出现差异。例如要测量一段金属丝的长度和直径,设其长度约为1m,直径约为0.8mm,对测量精度的要求是其相对误差均不大于1%,由于两个被测量的值相差很大,选用同一个标准量是不合适的。对于其长度的测量,如果以分米(dm)为标准量,仪器的额定误差可选取标准量的一半,即为0.5dm,那么长度的测量结果应该为

$$L_1 = 10.0\text{dm}$$

$$\Delta_{L_1} = 0.5\text{dm}$$

$$E_{L_1} = \frac{0.5}{10.0} = 5\%$$

显然这个结果超出误差允许的范围。如果换用厘米(cm)为标准量,仪器误差仍为标准量的一半,即为 0.5cm,则长度的测量结果应为

$$L_2 = 10.0 \text{dm}$$

$$\Delta_{L_2} = 0.5 \text{dm}$$

$$E_{L_2} = \frac{0.5}{100.0} = 0.5\%$$

这时所产生的相对误差小于规定的值,显然选用厘米为标准量是合适的。但对直径而言,如果也选用这个标准量来进行测量,由于被测量的值小于这个标准量,直接比较是困难的。如果一定要进行比较,那么它的结果是

$$d = 0.1 \text{cm}$$

$$\Delta_d = 0.5 \text{cm}$$

误差已无法计算。就是选用毫米(mm)为标准量,由于仪器误差产生的 Δ_d 已经是 0.5mm,那么

$$E_d = 63\%$$

这个相对误差也是绝对不允许的。进一步减小标准量,若选定 0.01mm,那么它的测量结果一般可能为

$$d = 0.800 \text{mm}$$

$$\Delta_d = 0.005 \text{mm}$$

$$E_d = \frac{0.005}{0.800} = 0.63\%$$

这个结果小于测量要求允许的误差,当然是可行的。根据上述分析,可以得出如下结论:对于给定长 1m 直径 0.8mm 的金属丝的测量,在各被测量之相对误差小于 1% 的条件下,用直接比较法测量,其标准量应分别选用厘米和 0.01mm,而与这种标准量对应的量具分别为厘米分度的直尺和螺旋测微计。把上述结论和第一章介绍的有效数字对应来看,所谓标准量,就是量具的最小分度,它和有效数字的最小一位可靠数字对应,而有效数字的存疑位,正好是标准量的最高估计位。这点正是根据实验任务要求来选择量具(或仪器)的根据之一。

用直接比较测量法测定某些物理量的方法,可以说是一般实验和测量的基础。所以,它虽然非常简单,但必须仔细研究,认真掌握。

2. 间接比较测量法

在比较法测量中,仅仅做到同量纲,对基本量和常用导出量,还是比较容易实现的。但要求进行直接比较和同时比较,往往有一定的困难。例如,在高温下测量物体的长度,在真空条件下测量某些物理量,以及历史上有名的曹冲称象等,在"直

接"和"同时"的要求上,都难以做到。通常用的电流表,它可以测量电流,而且表盘上标出的是电流值,似乎可以认为它是同量纲,但它的测量过程的本质仍然是用被测电流的安培力效应和标准电流的安培力效应借助指针和表盘刻度进行比较,显然这种比较既不是直接比较,也不是同时比较。对于上述问题,我们通常可以借助一个中间量,或者将被测量进行某种变换,来间接地实现比较测量,这种方法叫做间接比较测量法。

基于上述原因,间接比较的标准量,常常根据实际情况进行变换,这就出现了一个新的中间量并用它来做标准量。在 SI 中,电流强度是一个基本量,它的定义是用每米导线的受力情况来描述的。但力是两个物体相互作用的表征,它本身是不可见的,不能直接形成标准量,而只能用力的效果来表现。在电流表中就是借助安培力对线圈产生的力矩使指针偏转一定的角度,并用这个几何量作为一个间接的标准量,而被测电流也是以它的安培力矩产生的转角和标准量相比较,在间接标准量和间接被测量之间,实现了同量纲直接比较。因而就其本质来说,是否说电流表测量的不是电流值而是角度值更恰当呢?因为磁电系电表都是建立在关系式 $\theta = S_L I$ 或 $I = k\theta$ 的基础上,所以可以得出这样的结论:预先选定电流的标准量,借助于上式,在 k 为常数的条件下,电流 I 的标准量变换为角度 θ 的标准量;当被测电流所产生的中间被测量 θ 出现时,两个角度直接可比,实现了直接比较测量;再借助上式就等效地比较出被测电流是标准量电流的倍数,从而得到测量结果。这种思想方法是重要的,因为它是许多近代实验方法的思想基础。

由于这种测量方法多了一个中间量,因而它的应用有了一定的局限性。又由于多了一个量,显然引起误差的因素也增多了。恰当地选取中间变化量并力求使用最简单的函数关系是极为重要的。如果选取的中间量是经过了某些中间媒质,则还要充分考虑到它的稳定性,因为间接比较一般是不能保证同时性的。例如使用水银温度计测量温度,是借助中间媒质水银随温度变化而引起体积变化来标定温度的。一定量的水银,在一定温度下有确定的体积。温度(标准量)变化一个单位,引起水银的体积变化 ΔV,这个 ΔV 就变成中间媒质所表征的中间标准量,并据此定标。相应的被测温度引起的中间媒质体积增量 $\Delta V'$,就成了中间待测量。实用的温度计为了简化比较将 ΔV 转换为面积一定的毛细管的高度,这样就又把 ΔV 与 $\Delta V'$ 的比较,变成同面积条件下高度 h 与 h' 的比较。所以,就本质而言,水银温度计测量的不是温度而是长度。从上述过程可以清楚地看出,整个测量过程借助了中间媒质和中间标准量,标准量和待测量的比较不能做到同时性,因此,中间媒质和中间标准量的稳定性,就直接影响着测量结果。之所以选用水银做中间媒质就是因为它有较好的化学稳定性和物理稳定性。另外,中间标准量 ΔV 又要求毛细管直径具有均匀性和稳定性,实际制造过程不可能保证做到这一点,特别是玻璃管壁的热应力所造成的形变,这就极大地影响了水银温度计的精度。同样,电阻温度计也有以电阻元件为中间媒质和以电阻值为中间标准量的问题,也常常以各项性能比较稳定的金属电阻丝为工作物质,充分利用它在一定温度范围内电阻温度系数为常数的特性,来保证达到一定的测量精度。

综上所述,间接比较测量亦是最常用的测量技术之一。正确地使用它,关键是恰当地选择中间媒质及中间标准量,尽可能建立简单的函数关系,最好是线性关系,这对实现间接测量和提高测量精度是有益的。

最后要指出,比较测量法必须保证使相应的测量在相同的条件下进行。其测量结果的精确程度取决于作为标准的物理量的精确度、保持实验条件相同的程度及测量过程中测量人员判断的准确度。

四、积累放大法

把实验中测量的微小物理量或把待测的物理量进行选择,积累或放大有用的部分,相对压低不需要的部分,以提高测量的分辨率和灵敏度,这是物理实验中最常用的方法之一。

1. 直接放大

对于很小的物体,要想看清它的精细结构,可以借助放大镜或显微镜,只要把标准量和被测量放到对应位置,就可以进行比较。这时,被测量和标准量同时被放大,放大的倍数取决于放大镜或显微镜。不用这种光学的方法,借助于数学手段或机械方法来放大,就更加直观。对于一根直径很细的金属丝,用普通的米尺对其直径 d 进行测量是不可能的。但是如果在一根光滑的长直圆柱体上将其密绕 100 匝,测其密布的长度,可以得到三位有效数字 10.0mm,那么测得的金属丝直径 $d = 10.0\text{mm}/100 = 0.100\text{mm}$。这样做是把 d 放大 100 倍然后再进行测量。另外与此类似的方法有测量单摆周期的实验,一般都是测 n 个周期的总的时间,然后除以 n,就可以得到周期的值,这在实质上是把周期值放大 n 倍之后再进行测量。它和测量直径的概念一样,都基于单个被测量在整个放大系统中(如 100 匝之内或 n 个周期内)是稳定不变的。另外在天平的使用中,完全的平衡是很难做到的,而实际差异又非常小,用肉眼直接观察横梁的不平衡程度是非常困难的。常用的办法是在横梁中心(与刀口重合)垂直于横梁装一指针,若指针足够长,那么横梁的微小不平衡,在指针的尖端就会产生一个较大的弧长,再配以标尺,就可以精密地测量,这也是一种机械放大装置。

上述种种放大,都是对被测量本身,通过光学或机械的方法直接放大。这些方法简单易行,其测量值亦能得到足够的置信度,所以在一般测量中,得到较普遍的采用。

直接放大测量的误差分析,由于放大方法的不同,要结合具体问题来进行。对于采用光学放大手段来实现的,如果将被测量和标准量同时放大(如给比较测量的读数部分加放大镜,这时被测量和标准量同时放大),对光学放大装置的要求可以不必太严格。但如果只将被测量放大(如测量显微镜),而标准量仍用螺旋测微机构读数,则光路的微小差异,都会使被测量产生明显的畸变,影响测量结果的精度。利用密绕 n 匝的办法来测量金属丝直径的办法,它是使被测量 n 次出现并对其累积结果进行测量(采用多次摆动计时测量单摆周期的办法亦属此例)。由于只是被测量自身的多次重复出现而没有引入其他间接量,所以没有附加误差成分,又由于它是多次重复的累积效应,所以这个测量结果本身又包含了平均值意义,对减少测量误差是有利的。这种思路和方法,实际上已在测量技术中被广泛应用着,如测量电流或其他电学量的电表中,它的线圈都是由铜线多匝密绕制成的。

2.间接放大

许多被测量往往是难以直接放大的。一根金属棒在受到拉力或在温度改变时,它的长度会发生微小的变化,对这个量直接放大是困难的。为了实现对这种微小量的测量,可以借助一套中间装置来完成。例如,光杠杆镜尺法就是测量这种微小长度变化的常用手段之一。如图2.1.3所示。M_0 为平面反射镜,M' 为偏转 θ 角后反射镜的位置,b 为光杠长度,Δl 为微小伸长量,D 为平面镜中心到标尺的距离,l' 为标尺上偏转读数。平面镜与待测系统连接在一起,当它们转动了 θ 角时,来自某处的入射光线被镜面反射后,偏离了 2θ 角,于是物体转动角被放大了两倍。同时,还可将角度测量转换为长度测量,由三角函数关系,$\mathrm{tg}\theta = \Delta l / b$,所以角度 θ 的测量变成 Δl 和 b 的测量。若测量放大量 D 和 l',则在使用同样的量具时,其相对误差大为减小,这是由于 $\mathrm{tg}\theta = l'/2D$,因此在一定范围内 D 越大测量精度越高。

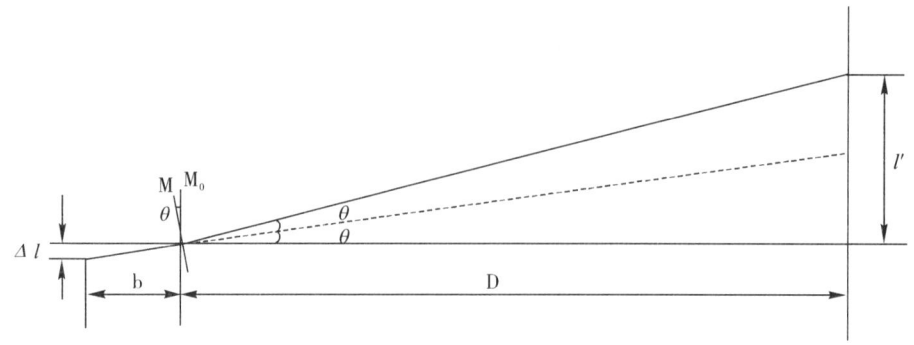

图 2.1.3　光杠杆放大原理图

再如,以体积的变化来描述对应液体的温度变化而制造的测温仪器叫做液体温度计。在液体温度计内,作为工质的液体的量是不变的,因此一定的温度增量 ΔT 引起的体积增量 ΔV 是一定的。由于 $\Delta V = S \Delta h$,在 ΔV 一定的条件下,容器的截面积和液面升高的增量 Δh 成反比,就是说减小截面积 S,可以增加液面高度的增量 Δh,这又是间接放大的一个实例。实际的温度计,也正是考虑到这一点,精度愈高,最小分度(标准量)愈小的温度计,它的毛细管的截面积也就愈小。

从广义来说,根据安培力的原理制成的磁电系电表,只能是测量微弱电流或微小电压的一个电表,俗称表头,要测量大的电流或电压,通常采用的办法就是给这个表头并联一个分流器或者附加倍压电阻。根据直流电路的分流公式,设 I_g 为电表流过的电流,R_g 为表头内电阻 R_f 为与电表并联的分流电阻,I 为流过表头和分流电阻的总电流,由于 R_g 和 R_f 并联,所以有

$$I_g = \frac{R_f}{R_g + R_f} I$$

如果要测量电路的较大的工作电流,用 I_g 来表示 I,显然上式变为

$$I = \frac{R_g + R_f}{R_f} I_g = K I_g$$

式中 K 为大于 1 的常数,也就是说电流表的读数是由表头的读数被放大了 K 倍标出的。至于线圈采用多匝密绕而使 I_g 多次重复出现,已属直接放大,在前面已经介绍。因此这个电表,实际上已经经过多次放大了,而且这些放大都是简单的线性放大。

五、补偿法

测量过程就是通过仪器来检测被测系统的真实参数,与之相关的实验方法和测试手段应以不改变或尽量少改变(在任务要求限度内)系统的原始状态为原则。而完全不改变在许多实验过程中是难以做到的。用米尺测量长度是极普通的事情,但是如果要求精确度极高,当被测工件和米尺二者的温度不同,那么在"密切接触"的比较测量中,由于温差产生的误差,将可能超出允许值;用电流表测量电路中的电流,将电流表串联在电路之中,这是公认的方法,但电流表的电阻不可能为零,因此一旦串联在被测电路中,原电路参数将必然要改变,这样所测的电流值将不可能是待测电路中的原始电流;有些实验要求在环境参数不变的条件下进行,如恒温、静止、无摩擦或无限大等等,所有这一切都是不可能完全做到的。然而这其中的一部分,如电表的接入电阻的影响和温度变化的影响等,可采用一种叫做补偿的方法来解决。它的基本思路并不是消除这些影响,而是另外设计一种方法,产生一个新的量,用以补偿那个变化了的量,这就是实验中常说的补偿法。

下面举两个列子来说明。

1.伏安法测电阻电路的补偿原理

伏安法测电阻是电路实验的基本内容，是分别用电压表和电流表测得电阻两端的电压值和电流值，如图2.1.4所示。R_x 是被测电阻，测量电路根据 R_x 的大小不同，有(a)、(b)两种接线方式，它们分别叫做电流表外接和电流表内接。由于电流

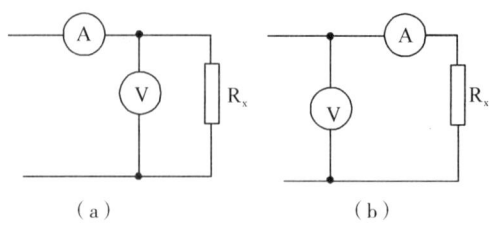

图2.1.4 伏安法测量电阻电路

表内阻不可能等于零，电压表内阻也不可能无穷大，所以电表的测量结果，就没有排除电表本身带来的误差，电压和电流总有一个值是不准确的。如图2.1.4(a)，电压表读数为电阻 R_x 两端之电压，而电流表则除了流过 R_x 中的电流（被测量）外，还有流过电压表的电流，这都反映在示值之中，这也就构成所谓的系统误差。同样道理，对于图(b)，电流值正确，而电压值因含有电流表两端之电压而变得不正确。设法尽量减小电流表内阻和增加电压表内阻，可以使它们的分压和分流降低到最小限度，为测量误差所允许。但只要采用这种电路和方法，就不能避免这些误差。

从图2.1.4(a)可以看出，无论怎样增加电压表内阻，只要电压表工作，就一定要分流。既然如此，能否从另外一个电路向电压表提供电流以满足它工作的需要，又同时实现对 R_x 进行电压测量的要求呢？根据电场中等电位的两点之间无电荷流动的概念，引入一个辅助电路是可行的，如图2.1.5所示。

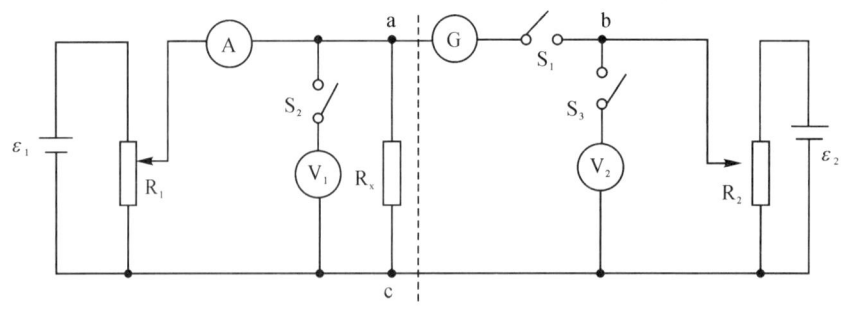

图2.1.5 补偿法原理图

图中的虚线左侧，如 S_2 闭合，就是电压表内接的伏安法测电阻之电路图。在 $\varepsilon_2 \geqslant \varepsilon_1$ 的条件下，调节虚线右侧电路中分压电阻 R_2 之阻值，使得电压表 V_2 的数值从零到 ε_2 变化（此时 S_3 闭合）。由于 $\varepsilon_2 \geqslant \varepsilon_1$，所以在 R_2 调节过程中，一定会出现电压表 V_1 的读数和电压表 V_2 的读数相等的状态，此时表明 c 为参考点，a 与 b 两点等电位。闭合 S_1，电流计 G 中将无电流流过（指针不偏转）。如果断开 S_2，由于电压表 V_1 不再分流，

U_{ac} 将有微小变化,使得 ab 两点不再等电位,电流计 G 中将有电流流过。此时若微调分压电阻 R_2,重新使电流计中无电流通过,即又恢复 a 与 b 两点等电位,$U_{ac} = U_{tx}$ 成立,那么就在 V_2 上得到待测电阻 R_x 两端的电压 U_{ac}。由于此时电流计中无电流通过,根据基尔霍夫定律,对节点 a 来说电流表中流过的电流与 R_x 中流过的电流相等,电压表 V_1 不再分流。这样既达到了测量电压的目的,又消除了电压表分流带来的系统误差。

由上述分析可以看出,尽管测量过程常常不可避免地改变实验系统的原始状态,使得被研究对象或被测的量发生一些不希望出现的变化而形成附加的系统误差,但我们可以有目的的补充一些条件来补偿这些影响,使系统保持原始的(或理论规定的)状态。这就是补偿原理的基本思想,该方法就叫做补偿法。

应该强调指出,从理论上讲,补偿法可以达到完全补偿的目的,如图 2.1.5 中,$U_a = U_b$ 是完全可以实现的。但在实际工作中,所谓 $U_a = U_b$,总是借助一定的仪器来判定,这样仍然会引进误差。如图中所用的电流计 g,如果电流计的偏转因数为 $1\mu\text{A}/$ 格,以正常人的视力目测分辨能力 0.1 格计,当目测电流计读数为零时,仍存在十分之一格的误差,即电流计中还可能有 $0.1\mu\text{A}$ 的电流。若电流计电阻为 500Ω,好么 U_a 和 U_b 之间还可能存在的电位差为

$$U_{ab} = I_g R_g = 0.1 \times 10^{-3}\,\text{mA} \times 500\Omega = 0.05\text{mV}$$

设电压表 V_2 测得的待测电阻 R_x 上的电压降为 5.00V,那么这个电压值所可能出现的相对误差(不含电表本身误差)为

$$E_U = \frac{0.05 \times 10^{-3}}{5.00} \times 100\% = 0.001\%$$

这个值显然是非常小的,这就保证了比较精密的测量。跟一般伏安法测量可能出现 $E_U = 1\%$ 来比较,当然可从忽略不计。如果能够换用灵敏度更高的检流计,如偏转因数为 $1\text{nA}/$ 格,那么它的相对误差还可以减小三个数量级。

2. 电位差计

在上述分析中,显然存在一个矛盾,这就是由于采用了补偿法,使得由电路连接与原理的差异造成的相对误差,确实得到极大的减少,但是测量数据使用的电表,其最高精度也只是 0.1 级,即相对误差不大于 0.1%,这实质上是达不到精密测量要求的。充分考虑金属电阻的稳定性和能制成高精度电阻的可能性,借助于欧姆定律,如果设法使该电阻流过一个高稳定度、高精度的已知电流,那么电阻值与流过电流之积就是一个高精度的电压值。将这一思路用于图 2.1.5 中的分压电阻 R_2,在给定已知电流的条件下,电阻 R_2 的值就可以直接以电压值标出,从而取代电压表 V_2。由于电流的高精度和电阻的精细,用电阻值 R_2 标出的电压值,就可以比电压表 V_2 测得的值精密

得多。新的问题是高精度的电流如何获得？

将图2.1.5中的R_2部分作适当的改进，如图2.1.6所示。将R_2换用两组高精度的金属丝电阻器，在ε_2回路中串联一个特别的电阻R_s和一般可调电阻R_p，与标准电阻R_s并联一个由高灵敏度检流计G、按钮开关S和一个特制的标准电池R_s组成的串联支路。由于ε_s可以提供一个高达六位有效数字的高精度标准电动势，如果要在由$R_{21}R_{22}R_s$构成的回路中得到10.0000mA的工作电流，只要给定一个R_s的值，且满足

$$R_s = \frac{\varepsilon_s}{10.0000}$$

即可。那么，电路接通后，调节R_p，使得检流计G无电流通过，这时ε_2工作回路中的电流就达到10.0000mA，从而保证了高精度工作电流的获得。一旦达到ε_2回路中规定的工作电流，把R_{21}和R_{22}对应的不同阻值根据欧姆定律变换为电压示值的标度全部等效，调节R_{21}和R_{22}的滑动触点，就可以得到从零到某一最大值的连续示值的电压读数，从而实现了高精度的电位差测量。

进一步分析可以看出，电位差计之所以能够用于高精度的测量，在于它采用了补偿原理，同时还采用了高精度的比较测量和高精度的比较鉴定 —— 零位测量法。而上述所有高精度的关键是ε_2回路保持有稳定的规定电流。这个电流是由ε_2提供的，显然ε_2的稳定与否乃是这种方法成败之关键。当然采用高稳定度的ε_2是最理想的，然而这有时是不必要的。在实际使用中，只要采用具有一定容量或一定稳定度的电源就可以实现。关键是每次测量之前，先接通按钮开关，并同时调节R_p，使检流计示值为"0"就可以了。通

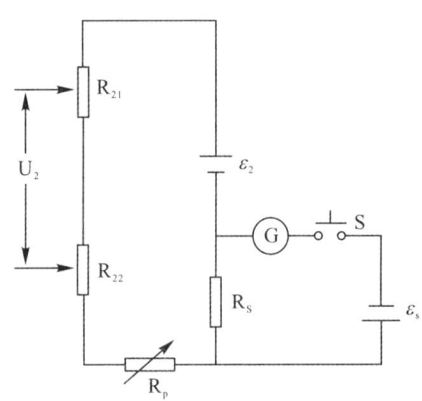

图2.1.6　补偿电路的校正电路

常这一步叫做电位差计的校正。经过校正的电位差计应立即进行测量，测量完毕后应再次进行校正，如检流计无变化，说明补偿电路正常，前述测量数据有效，否则又要重校重测。不这样做所测量的数据是无意义的。

3.补偿法的应用

由于补偿法在一定范围内可以使实验条件达到理论上的要求，有效地提高实验的精度，所以被广泛应用到许多领域。在光学实验或测量中，常常要求光程相等或光程差保持某一定值。在设计和调整光路时，很难达到上述要求。通常的办法是在光路的某一部分加上一个可调的光路补偿器，以期达到预期的光程要求。

电子技术中用到许多半导体器件，其参数对温度非常敏感。当温度变化时，它的

参数明显变化,从而使预先设计好的工作点产生偏离,改变了工作状态。在实际工作中,温度不变是不可能的,或者说如果一定要保持温度不变,所花的代价太大。如果对温度变化比较敏感的部件,或者对电路中参数变化影响突出的局部电路或元件,采用一定的温度补偿,将是非常有效的。例如两个互补工作的元件,当信号变化时,一组是正信号,电流增加,另一组是负信号,电流减少。发热情况下,因电流将产生明显变化,元件的性能也将会变化。如果将这两个元件设法做在一个片基上,这样容易做到元件参数一致,更重要的是由于温度的变化对两元件参数的影响是一样的,从而保证了元件参数的对称性。

在交流电路中,常常使用一些感性元件,如电动机和各种带线圈的器件。根据交流电路的知识,感性电路将使线路中流过的电流落后于电压一个相位角 φ,从而使得电路的功率因数($\cos\varphi$)有较大地降低。这样线路的电流值和电压值虽然很大,但输出的有功功率却很低,无谓地增加了线路的损耗。为了解决这个问题,通常的办法是在感性负载集中的地方,并联一组电容器,利用容性电路中电流超前于电压的特性,使得感性电路得到补偿,线路传输的功率因数得到提高。这种电容器就专门用来对线路的参数进行补偿,所以叫做补偿电容器。

补偿法的思路在上述各例中得到较好的说明,即它不是努力去消除或改变实验过程中自然出现的某些误差因素,而是采取相应的措施去抵消掉它所产生的客观效果,从总体上来消除这些误差,这种思想方法是非常重要的。

六、零位测量法(示零法)

零位测量法多用于定性地检验物理规律或者作为一种判断的手段。在零点、平衡点或是相互抵偿的状态附近,实验会保持原始的条件,将免去一些附加的系统误差,而且观测往往会有较高的分辨率和灵敏度。

平衡状态是物理学的一个重要概念。因为在这种状态下,许多非常复杂的物理现象可以比较简单地描述,一些复杂的函数关系变得非常简明,从而容易实现定性和定量的分析。例如,用天平称量物体的质量,如果天平没有平衡,只要横梁可以保持相对静止,还是可以通过一系列的计算,求出待测物体的质量,但显然问题就比较复杂。如果指针是准确地停止在零位,此时称天平平衡,根据等臂天平两侧质量相等的原理,就可以很简单地直接得出待测质量。再如处于不断的热运动状态的一定容器内的大量气体分子,一般来说这容器内气体各处的压力、温度是在变化着的,特别是在状态发生变化时尤其如此。但是如果这个封闭系统在环境条件相对稳定,并保持了相当长的时间之后(严格地说是当时间趋于无穷时),它就达到了平衡状态,这时容器内处处压力和温度相等,由此可导出分子物理学的诸多定律和方程。又如在电路中,由四个电阻以四边形组成的电路,当给一个对角线接上电源,则在另一对角线的两点出现电位差,这种电路通称桥式电路。当改变电阻值的时候,有可能使得这个电位差为零,这叫电桥平衡,四个电阻表现为简单的比例关系。总之,由于平衡状态可以使许多复杂的问题简化,有利于问题的解决,因此以这种方法来处理问题就日益被人们所重视。

所谓平衡状态,就其本质来说,就是各量之间的差异逐步减少到零。以桥式电路为例,如图 2.1.7 所示,为了检查电桥是否平衡,可以用电压表直接测量各个电阻上的电压,当 $U_{bd} = U_{cd}$ 时,则认为电桥已经平衡。显然,这样测量的精度受到电压表精度的限制,其相对误差不可能小于 0.1%。如果用一个可以测量 $10\mu A$ 的 1.0 级的电流表来检测 bc 两点之间电位差,设电流表内阻 $R_g = 500\Omega$,电流表的最小分度为 $1\mu A$,那么当目测电流计指针为"0"时,它可能出现的误差为 $0.1\mu A$,则由此产生的 U_{bc} 最大误差为

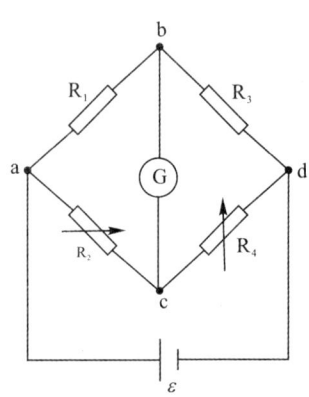

图 2.1.7   桥式电路

$\Delta_{U_{bc}} = 0.1 \times 500 \times 10^{-6} = 0.05 \times 10^{-3} V$,也就是说,它可能产生的误差为 $0.05mV$,而直接用电压表测量 U_{bd} 或 U_{bc},若使用的电压表其量程是 $5V$,精度为 0.1 级(最高级),它的最大误差为 $\Delta_V = 5 \times 0.1\% = 0.005V = 0.05 \times 10^{-1} V$,也就是说它产生的相对误差比用 1.0 级的微安表测量的相对误差还要大两个数量级。前者的思路是测量电位的差值,这就是零位测量法的基本思想。

概括地说,在实验中,不是研究某个被测量本身,而是让它与一个已知量或相对参考量进行比较,通过检测并使这个差值为"0",再用已知量或相对参考量描述被测量。这种方法就叫做零位测量法,或称零示法。

天平平衡,表示已知砝码和被测物体的质量在同一重力场中对天平支点的力矩相等(对等臂天平而言),因而两者质量相等,此时指针显示其力矩的不平衡量为"0",指针指在分度盘"0"位,或左右等幅摆动。

电位差计平衡,表示比较两点相对于同一参考点之电位差为"0",检流计示值为零,此时用标准电动势表示待测电动势。

电桥平衡,表示对应点电位差为零,电桥对应边成比例,即

$$U_{zb}U_{cd} = U_{ac}U_{bd}$$

或

$$R_1/R_3 = R_2/R_4$$

综上所述,零位测量法有下述之共同特点:

（1）都有一个指零仪器或装置，用以判别待测系统是否达到一种特殊状态 —— 平衡状态。这个指零器本身可以不表征任何测量结果。真正的测量结果，都要通过一个简单函数关系，用另外一个或一组标准量来表示。

（2）指零器所表征的量和被测量可以是完全不同的量纲，它只承担状态指示任务。

（3）指零器不改变待测系统的工作状态，即从理论上它不产生系统误差，所以说可以实现高精度测量。

（4）对指零仪器和装置本身要求并不很高，即一般的示零仪器都可以使用，比较容易达到较高的测量精度。

由于上述特点的存在，零位测量法在精密测量和微小变化量的测量中，具有重要的意义，它常常是提高测量精度的首选方法。如何巧妙地组合标准量和被测量的关系，使其差值最敏感，并适当地选取示零仪器，以期达到最理想的效果，这正是设计和实验工作者的用心之处。

这里还应指出，由平衡概念引出的零位测量法已发展到不平衡测量。因而只简单地认为桥式电路或其他平衡测量电路都必须达到"零"指示的概念，应予修正。仍以桥式电路为例，将被检测元件置于电桥中之一臂，并调节电桥平衡，这时在输出点 —— 平衡指示点无信号。如果被测试元件状态改变，或者参数发生变化，平衡系统被破坏，在平衡指示点就有信号输出，这常常可以用来检测微弱信号的变化。这仍然属于"零位测量法"，只不过它的测试形态发生了一些变化。这种思想在非电量的电测技术中，得到广泛应用。

七、模拟法

模拟法是以相似性原理为基础，从模型实验开始发展起来的一种研究物质或事物物理属性或变化规律的实验方法。在探求物质的运动规律和自然奥秘，或在解决工程技术问题时，常常会遇到一些特殊的、难以对研究对象直接测量的情况。例如，被研究的对象非常庞大或非常微小（巨大的原子能反应堆、同步辐射加速器、航天飞机、宇宙飞船、物质的微观结构、原子和分子的运动 ……），非常危险（地震、火山爆发、发射原子弹或氢弹 ……），或者是研究对象变化非常缓慢（天体的演变、地球的进化 ……）。根据相似性原理，可人为地制造一个类似于被研究的对象或运动过程的模型。

模拟法可以按其性质和特点分为以下几种类型。

1. 几何模拟

顾名思义，几何模拟是将实物按比例放大或缩小，对其物理性能及功能进行试验。如流体力学实验室常采用水泥造出河流的落差、弯道、河床的形状以及一些不同形状的挡水状物,用来模拟河水流向、泥沙的沉积以及沙洲、水坝对河流运动的影响。或用"沙堆"研究泥石的变化规律。再如研究建筑材料及结构的承受能力时,可将原材料或建筑群体的设计按比例缩小几倍到几十倍,进行实验模拟。

2. 动力相似模拟

我们知道,物理系统常常是不具有标度不变性的。即一般说来,几何上的相似并不等于物理上的相似。因而在工程技术中作模拟实验时,如何使得缩小的模型与实物在物理特性上保持相似是个关键问题。为了获得模型与原型在物理性质或规律上的相似性或等同性,模型的外形往往不是原型的缩型,例如1943年美国波音飞机厂用于试验的模型飞机,其外表根本就不像一架飞机,然而风速对它翼部的压力却与风速对原型机翼的压力相似。又如,在航空技术研究中,人们不得不建造用压缩空气作高速循环的密封型风洞来作为模型试验的条件,使实验条件更符合实际自然的状态。

3. 替代或类比模拟

利用物质材料的相似性或可比性进行实验模拟,它可以用别的物质、材料或者别的物理过程,来模拟另一种物质、材料或另一种物理过程。例如用电流场模拟静电场;用超声波代替地震波,用岩石、塑料、有机玻璃等做成各种模型,来进行地震模拟实验。

更进一步的物理之间的代替,就导致与原型试验和工作方式都改变了的特殊模拟方法。应用最广的就是电路模拟。因为在实际工作中,要改变一些力学量不如改变电阻、电容、电感来得更容易。

例如在设计研究汽车底盘和弹簧选配中,要使之既有弹性,又省料,并且避免发生有害的共振,可利用力学振动系统的微分方程与电荷的运动微分方程的相似性进行代换。假设质量为 m 的物体,在弹性力 k_x,阻尼力 $a\mathrm{d}x/\mathrm{d}t$ 和驱动力 $F_0\sin\omega t$ 的作用下,沿 x 方向振动的微分方程为

$$m(\mathrm{d}^2x/\mathrm{d}^2t) + a(\mathrm{d}x/\mathrm{d}t) + kx = F_0\sin\omega t$$

而在 RLC 串联电路中加上交流电压 $U_0\sin\omega t$ 时,电荷 Q 的运动微分方程为

$$L(\mathrm{d}^2Q/\mathrm{d}^2t) + R(\mathrm{d}Q/\mathrm{d}t) + Q/C = U_0\sin\omega t$$

比较上边两式,我们可以找到力 —— 电代换的对应关系(表2.1.1)。

动力相似模拟,物理量之间的替代以及用电路模拟等方法,都是为求得在物理量、物理性质或物理规律之间相似的物理模拟。运用物理模拟要注意两个问题,一是要找到对应的物理量或物理规律;二是注意一定的物理条件。例如,在地震模拟试验中,模型的介质是均匀的,而地球的结构是不均匀的。当用两种或两种以上介质模拟时,它们之间某些物理量关系的比例(如密度、波速)是否可以与实际相比拟?还有,模

型的界面是规则的,而实际的反射界面是不规则甚至是不明显的,这些,都可能造成与实际结果的偏离。

表 2.1.1 力 —— 电代换的对应关系

力学系统	电路系统
质量 m	电感 L
阻力系数 α	电阻 R
弹簧的倔强(弹性恢复)系数 k	电容 C 的倒数 $1/C$
策动力 F_0	外电压幅值 U_0
振动角频率 $\omega = \sqrt{k/m}$	振动角频率 $\omega = \sqrt{1/(LC)}$
品质因素 $\theta = \sqrt{k/m}/\alpha$	品质因素 $\theta = 1/R \cdot \sqrt{L/C}$

4. 数学模拟

把一个特制的电阻,通常叫做电阻应变片,贴在一个标准试件上,将这个试件埋入待研究的实体内(如钢梁或水泥桥墩),让它和这个实体同样受力变形,就会引起电阻片阻值的变化。引起阻值变化的因素可以是力、位移等非电阻量,它与诸量之间都有严格的数学关系,如

$$R = \rho \frac{l}{S} = Kl = f(l)$$

$$F = kl = \psi(l)$$

由于力可以产生形变 l(根据胡克定律),而形变可以引起电阻的增量,这种不同的物理量(力、位移、电阻)依赖于数学形式的相似性而进行的模拟,叫做数学模拟。

数学模拟有以下特点:

(1)可以对不同的物理量(即量纲不同)进行模拟。

(2)允许有完全无关的中间量或中间环节。

(3)有相似的数学函数表达式。

5. 在计算机上做实验 —— 计算机模拟

计算机进入自然科学领域以后,物理实验的面貌有了迅速的变化。计算机在物理实验中可以用于数据处理、通过模 — 数和数 — 模转换来控制实验过程、通过计算机模拟演示物理现象和物理过程、用计算机辅助实验和进行实验的辅助设计等。这可纳入计算机模拟实验的范围或者部分地与计算机模拟有关。计算物理 —— 当前认为其重要性可能能与实验物理和理论物理并驾齐驱,成为物理学的第三个支柱 —— 的某些方面也可以同计算机模拟相沟通。

用计算机模拟物理过程并在屏幕上显示,如模拟显示分子的扩散过程、布朗运动、物体间的热交换过程、爆炸瞬时过程、电磁场分布等等,是计算机模拟方法的一种类型。在显示过程中还可以改变各种参量,就好像进行实验中条件成分的改变一样。

用计算机对物理过程作数值模拟已经成为普遍采用的一种模拟方法,它可以定量地给出不同条件下的实验结果。例如,抛体运动的抛射距离、运动轨迹与抛射角 α、抛射初速度 v_0、阻尼力 F_α、海拔高度以及抛射点与着陆点的高度差 h 等有关。而阻尼情况又与阻尼模式、抛射体运动速度、空气粘滞阻力、风速、抛射体的形状等有关。这些参量都可以用计算机模拟。在计算机的键盘上改变数值或指令,就会得到不同结果,并在屏幕上画出图形,迅速、直观又准确,参看图 2.1.8。

在科学研究工作中,常根据实验数据确定几个点,然后假设一定的理论模型,再用计算机模拟方法进行内插和外推,并改变参量,作为计算机辅助实验。

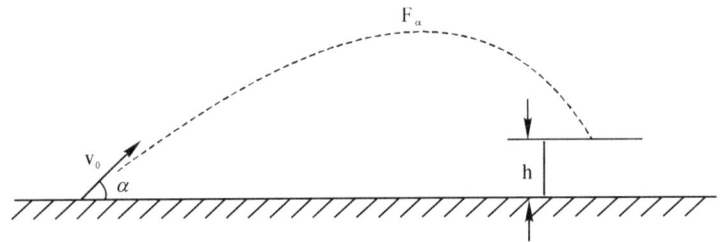

图 2.1.8   抛射体运动

在计算物理中,有一类问题是:对应于某种类型的数学物理方程,就有一定的数值解。不同的物理问题相应于改变对应的物理量,不同的边界条件就相应于改变对应的参量数值。这样,也好像是在模拟实验的过程。例如热传导方程

$$c\rho\,\frac{\partial u}{\partial t} = \nabla \cdot \lambda \nabla u$$

$$\nabla = \vec{i}\,\frac{\partial}{\partial x} + \vec{j}\,\frac{\partial}{\partial y} + \vec{k}\,\frac{\partial}{\partial z}$$

其中 $u(x,y,z,t)$ 是物体在 x、y、z 处及 t 时刻的温度,是 x、y、z 处的热传导系数,c 和 ρ 是物体的比热容和密度。

上式是非均匀各向同性体的热传导方程。如果物体是均匀的,则有

$$\frac{\partial u}{\partial t} a^2 \left(\frac{\partial^2 u}{\partial x^2} + \frac{\partial^2 u}{\partial y^2} + \frac{\partial^2 u}{\partial z^2} \right)$$

其中 $a^2 = \dfrac{\lambda}{c\rho}$。

计算机模拟的优点是迅速、方便、形象,许多情况下都可以把图形显示出来。声学实验中,还能发声。特别是在多参量的情况下,可以免去为了改变条件进行实验的巨大工作量。

模拟方法在物理学研究的各个领域中已被普遍使用。但是,有两点是必须强调的,一是模拟方法不能完全替代实际的物理实验。模拟实验的结果要经过实际的检验;模拟参量变化的可能范围要经过实际实验予以确定;模拟实验的模拟模式(包括物理模拟和计算机模拟)及参量类比(物理模拟)也要通过实际的实验检验,而且,在参量值的不同范围内可能会有不同模式。例如,上述的抛体运动,当运动物体的速度大小不同时,阻尼的模式就不同。在确定参量数值时要符合实际情况,也常常要在几个点上做实验,或以实测数据资料为依据,然后用模拟方法插入参量变化的数值。二是模拟法有一定的条件和范围,不能随意推广,否则会得到荒谬的结果。例如,几何模型不能任意缩小,温度条件不可无限地往高温段或低温段扩展,压力条件也不能无限增减等等。尤其要注意,一些物理上的临界条件显然是不能逾越的。

八、其他方法

1. 交替测量法

把测量对象的位置相互交替,是交替测量方法中的一种。米歇尔扭秤实验就是把一对直径是 8 英寸的重锤先放在 W 位置,测量它们对一对直径是 2 英寸的铅球 m 的引力;然后再放在 W' 位置,测量从相反方向对 m 的引力,如图 2.1.9 所示。这样的位置交替,可以抵消装置结构不对称引起的误差。

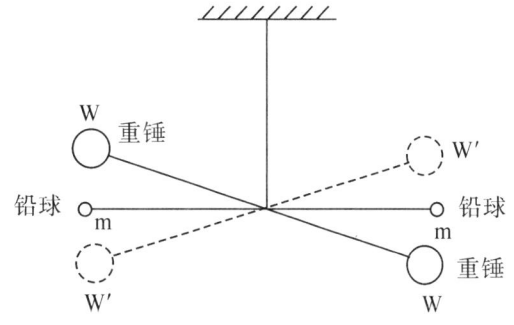

图 2.1.9 米歇尔扭称示意图

使用等臂天平时,复称法也是位置的交替,以此消除天平的不等臂误差,如图 2.1.10 所示,即为把砝码与待测物交换位置的实验。待测物体的质量

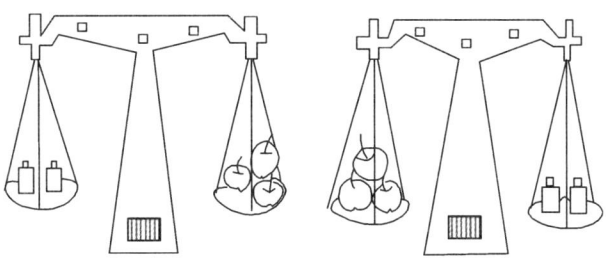

图 2.1.10 天平称衡示意图

当 $M_1 \approx M_2$ 时, $M \approx (M_1 + M_2)/2$。

用等臂($R_1 = R_2$)平衡电桥测定阻抗的数值时,也可以用"复称"法,如图 2.1.11 所示,把 R_x 与 R 交换位置,R 是待测电阻,R_{x1} 和 R_{x2} 分别是 R 把与电阻箱 R_x 互换时 R_x 的示值,则这样可以消除 R_1 与 R_2 不精确相等的不等臂误差。复称法的误差取决于标准元件的精确度以及判断平衡的指示灵敏度。

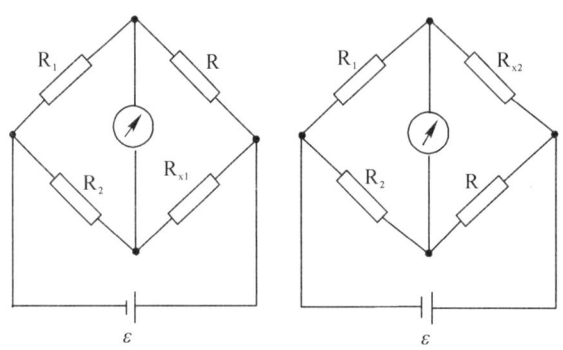

图 2.1.11   平衡电桥

将测量反向进行也是交替测量的一种。霍尔效应实验中,在测量霍尔电压时,将电流反向、磁场反向或用交流电测量,可以将一些横向的效应抵消或减小。

2. 定点测量法

当测量的工作点变化时,往往会引起一些附加的误差。例如,天平的灵敏度只有在理想情况下才与负载无关,实际上是随负载而变化的。于是,我们可以把天平的称衡都在同一个负载下进行,这样就可以避免灵敏度随负载变化而带来的误差,也免去了每次称衡要重新调整或测定灵敏度的麻烦。习惯做法是常常选全负载、半负载或这次实验中最大称衡质量为定负载。在天平的一盘中放以定负载值的砝码,另一盘中除放待测物外,换加以砝码补足,两盘中所加砝码之差即为待测物体的质量。

3. 量纲分析法

用量纲分析法去寻求物理量之间的联系,并建立物理方程,亦是物理实验中常用的方法之一。在物理学中,仅仅靠量纲分析,也可以得到某些重要结论,虽然不是每一个问题都可能得到完全的定量结果,但往往与它只差一个无量纲的未知函数或未知系数。有时,借助于量纲以及其他来源的知识和推理(如已知的特例或实验规律等),还可以不太难地进一步获得未知系数的特征,甚至将它完全确定下来。当然最终的结果还需依赖实验的检验。

九、实验装置的基本调整

通常情况下,多数仪器都要求在"水平"或"铅直"的条件下工作,例如天平,福廷气压计、光具座等等,只有满足了"水平"或"铅直"的条件,用它们测量获得的结果,才能在误差范围以内,其结果才是有效的。而通常条件下,仪器的水平和铅直状态,又互相依存,能够做到同时满足。例如,天平的底座是要保持水平的,只要做到这一点,它就一定能保证立柱是铅直的,否则底座的水平就失去意义了。但有的仪器水平和铅直的调整相互独立。为了学习和使用的方便,这里分别介绍。

1. 水平调整

(1) 准备工作。

选择一个良好的基础平面是非常重要的。普通的实验桌面只要光滑平整,就可以使用,但必须放置平稳,不产生摇动。这就要求其有一定的强度和刚度,在承载条件下,不影响水平调整。

检查一下仪器或装置的水平调节缧丝是否转动灵活是必要的,过紧或过松都会影响调节工作的正常进行。检查完毕,把所有的调节螺丝都旋在适中位置,以使调节时有足够的升降余地。

有些仪器的调节螺丝下面有一衬块,这决不是多余的,它将充分保证调节装置的稳定性。如果没有配备这类衬块则应给调节螺丝下面垫一个有一定刚度的垫块,这不仅可以使调节方便灵活、稳定,且对保护工作台面,也是很有好处的。

(2) 调节方法。

根据三点决定一个平面的几何学原理,所有的调节水平装置都由三个支承点构成。过去的装置多数是三个点都可调节,较新的装置大多改成两点调节,另一点固定为参考点。因为一般情况下,只要调节两个点就可达到水平调节的目的,所以,就是对三点可调的装置,一般来说,调节时还是有　点固定不动为宜。

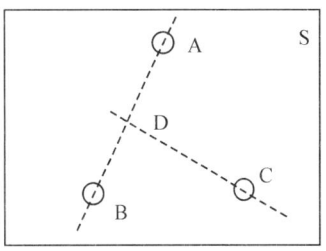

以图 2.1.12 为例,被调面 S 由 A、B、C 三点支承,其中 A 点固定不动,为参考点。先将水平仪沿 AB 连线放置,调节 B 螺旋,使气泡停在水准仪中间位置,此时说明 AB 连线已经水平,再将水准仪垂直于 AB 放置,最好放在三角形 ABC 的 C 点的高线上,再调节 C 螺旋,至水准仪之气泡到中点,说明 CD 线也已水平。一般来说,此时平面 ABC 已达水平状态。为了精确调节,可再分别将水准仪放至 AB 和 CD 连线上并反复调节,直到将水准仪在平面上任意放置,气泡均在水准仪的中央为止。

图 2.1.12　水平调节示意图

还有一种圆形的平面气泡水准仪,它是以气泡与内圆同心来检查水平状态的。如果技术比较熟练,可以同时调节 BC 两个螺旋,使气泡静止于水平仪内圆之中心,这是比较方便的。

另外有些仪器,如常用的物理天平,它是靠仪器上装好的一根悬线上吊着的重锤和底座上固定的锥体上尖对正来判断底座水平的。这种装置的悬线一般是固定在一个可调的螺丝上,一般是先将底座调节水平,然后调节悬线位置,使上下锥尖对正,然后将悬线螺丝固定,以后再调节时,只要调底座螺丝,重新使上下锥尖对正就行了。

(3) 注意事项。

要保证调节达到预定的效果,放置水准仪是重要的,也就是说,放置水准仪的平面必须平整,否则上述调节工作是没有意义的。

对于使用悬吊重锤为判据的水平调节装置,事先必须检查悬线的固定螺丝是否紧固。如果已经松动,它就失去作为判据的价值,必须重新从底座调整且要另选水准仪作为检测仪器。

对已调好的平面,必须将水准仪在平面上任意放置,做到均能达到要求方可。

2. 铅直调整

对于具有一定的高度且在垂直方向上放置测量部件的仪器或装置,这一步骤是重要的,如自由落体仪、福廷气压计、焦利秤等。

这类装置的共同特点是常常由固定在一个可调底座上的一根或多根长立柱构成。检测标准也常用看一根悬线是否与立柱平行来判断,如图 2.1.13(a) 所示。调节底座螺丝就可以改变立柱的垂直角度,当悬线和立柱完全平行,就可认为立柱已经达到铅直状态。这里特别要强调指出的是,判断立柱和悬线平行,一定要从两个方向去观察,如从 A、B 两个方位去观察。因为当立柱与悬线为异面直线,如图 2.1.13(b),则从 A 方向看立柱与悬线似乎平行,实行上从 B 方向看它们之间根本不平行。显然如果立柱已达铅直,则无论从 A 方位还是 B 方位看,立柱和悬线都是平行的。

3. 仪器零点的校正

使用任何仪器,必须事先检查其初始状态是否正常。对异常情况应作出判断和调整,以期达到该仪器正常使用条件下应该达到的精度。

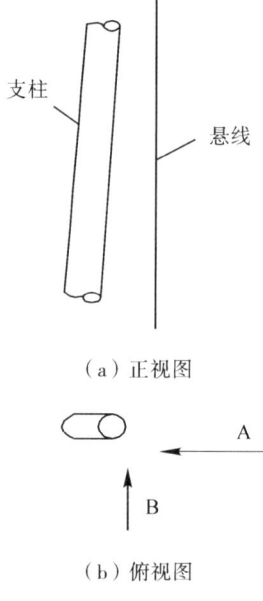

支柱

悬线

(a) 正视图

A

B

(b) 俯视图

图 2.1.13

铅直调节示意图

(1) 游标卡尺的校验。

无论哪种分度的游标卡尺,在钳口清洁的条件下,将钳口并紧,此时游标的零刻线应该和主尺的零刻线对正,游标的最后一条刻线和主尺的某条刻线对正,而整个游标内的所有刻线与主尺刻线,无一条对正,否则可将游标之紧固螺钉松开,轻轻移动游标,达到上述要求,此游标卡尺方可使用。如差别不是太大且调整困难,一般也可把这个值当作初读数记录下来,从测量结果中减去。

（2）螺旋测微计的校验。

在保证测量端面清洁条件下,旋转摩擦帽使两测量面密切接触(应该听到摩擦帽弹簧的滑跳声响若干次之后停止旋转),这时微分筒上的"0"线应和主尺的标志线(即平行于轴线的一根长直线)重合。否则应用盒内配备的专用扳手轻轻旋转主轴套筒,至两线对齐为止。为了保护螺旋测微计,这种调节不宜经常进行,一般差别不大的情况下,可作为初读数记录下来。

（3）物理天平的校正。

在完成对天平的水平调整和横梁的平衡调整之后,可轻轻举盘若干次,看其指针是否停在同一位置,否则就应该复查天平和横梁的平衡。然后移动游码使其读数为该天平的感量值,看其指针偏转大小,一般应为一小格,过大或过小都是不好的。这时可以调节指针上的平衡重锤,使其上下移动,直到达到感量要求。

如果在举盘操作时,发现横梁有轻微的转动,尤其在空载时更容易观察到这种现象,说明天平调节不合格,应重新调整。若两锥尖已对正,则可能悬线位置移动,故应另用水准仪检查。因为水平调节不好,将使立柱倾斜,天平主刀口与刀承不能同时呈线状接触,所以横梁才会出现扭动,还有可能就是刀口松动,这对使用时间很久的天平是有可能发生的,这时就要请熟练的人员来维修,自己不要轻易动手。

（4）指针式电表零点校正。

尽管这类电表的指针(含转动机构)在设计时都已考虑到整个系统的平衡问题,但由于它的结构比较精密,使用一段时间后,特别是经受偶然的过电流冲击后,难免要产生一些影响,使得不带电时指针偏离零位。调整时,首先要将电表按规定的使用状态(水平或垂直)放置稳定,然后在不带电条件下(如已接入电路,应从线路中分离出来),仔细观察指针的位置,若不在"0"位置可用宽度合适的螺丝刀,轻轻旋转电表中心的调零螺丝,使之回到预定的"0"位,然后将电表竖起或轻轻摇动,指针应能自由摆动,再将电表按原位放好,指针应还回到已调好的"0"位置。若不能复位,则可能是轴尖在轴承内松动,这时只能请专门维修人员来调整。

值得指出的是指针式电表的上述调零工作,通常叫做机械零位调整。这个调零螺丝是可以360°连续旋转的,它调整的范围很有限,如果偏离太多,这种方法就不行了。

（5）悬丝式电表的调零。

这类电表的共同特点是没有刚性的机械轴,其线圈是用一根叫做"悬线"的极薄的金属带吊装在磁场中。悬丝的中部固定有一个很小的反射镜,借助光的反射,在线圈转动时带动小镜旋转使光标移动来进行读数。因此,这类仪表没有固定的"0"点,任何两次读数的差值,就是电流的增量。它的调零和使用对仪器的放置要求很高,调整前,必须把它放在一个非常稳定的水平台面上,因为悬丝总是垂直悬吊于空间,若仪器不水平,则线圈和磁场将要错开原始设计位置,这不仅零点调整困难,而且整个测量数据都将失去意义。先接通光路电源,则在标尺上可以看到光标,将端子的短路线断开,光标应自由地摆动,待基本稳定后,缓慢旋转机械调零旋钮,就可看到光标在标尺上移动,直到移到"0"位或任意选定的位置就行了。由于这种机构调零比较困难,有的电表上(如 AC15 系列)给标尺装了一个微调柄,当光标距"0"线相差不大时,可调节标尺位置,使光标正好指到零位就可以了。

以上仅介绍了几中常用的物理实验的基本思想和方法,而物理实验的思想和方法是非常丰富的,由于同学们现有的基础和本书篇幅所限,不可能作详细全面的介绍。随着科技的进步,物理实验的思想方法也是在不断发展的,希望上述简介能起到一点入门指导的作用。同时我们还应清楚地认识到,在实际的学习和科学实验中,遇到的问题是复杂和多变的,并非哪一种方法都能奏效,因而需要实验者深刻理解各种实验方法的特点及局限性,并在实践中认真运用和体会。只有通过长期实验工作的经验积累,才可能使自己的实验能力不断得到提高。

2.2   物理实验设计基础

一般而言,科学实验的全过程由如下几个阶段组成:

(1)确定研究课题,即确定研究的内容和所要达到的指标。

(2)查阅文献资料,掌握国内外科学技术的进展情况。

(3)制定研究方案及技术线路。

(4)实验装置与仪器设备的选择与准备。

(5)进行实验,获得实验测量结果和各种观察记录。

(6)分析和处理实验结果,作出判断和结论。

(7)撰写科学实验报告或论文。

从以上科学实验过程所包含的内容可以看到,初学者往往主要进行的是上述过程中第(5)、(6)、(7)项的基本训练。作为对学生进行三项基本训练和良好的实验素质的培养,它们无疑是必需的。但作为科学研究工作,其核心的部分应该是上述研究过程中的前半部分。科学实验发展史早就证明，优秀的科研成果是以杰出的物理构思和研究方案为前提的。因而，从对学生科学实验能力的更深层次的训练出发，通过设计性实验这种形式，使学生受到科学实验全过程的训练将是十分有益的。

本节主要介绍实验设计的基础知识和基本方法。

一、确定实验方案与物理模型

对于一个特定的物理现象，通常可以找到若干种与之相应的物理过程来描述。深入研究科学实验的任务和要求，透彻分析各种物理过程的特征及内涵，这是确定实验方案与物理模型的基础。

例如要研究某一温度场的性质、特征及与之相关的过程，其对象可能是气态、液态、固态等不同的物相，表征它们的物理量有压力、温度、体积、热量、功等各种参数，而反映它们之间关系的模型（函数表达式）也各不相同。根据任务的要求，应初步判断温度变化的范围（如超低温、低温、中温及高温等），慎重地分析各变量间的关系，才能恰当地选取其中一种或几种参量来进行测量和比较。又如测量重力加速度，要研究的物理过程可以直接利用自由落体，也可以用单摆的近似谐振动过程，还可以选择斜面上光滑无摩擦的下滑运动。广义地说，凡含有被测因子的数学表达式（函数方程），都可以作为选择对象加以分析和比较。

为了尽可能真实地再现被观测过程，应当综合分析与这个过程相关的诸多物理量，从中选出适合于当时条件的物理模型。既要突出物理概念，又要尽可能使实验简单易行。

初步构思形成后，应当进一步典型化即确定试样。因为几乎所有的物理学原理都是建立在理想条件下的，例如要求无穷大（或无穷小）、刚体、质点、均匀、平衡、连续等一系列理想条件，这在实验中是根本无法实现的。所以必须深刻理解原理所要求的条件，参考设计

思考各种基本假设体，比较其差别，在误差允许范围内确定一个具体的模型。例如要研究一个温度场，要求其均匀、平衡，我们只要考虑其容器（或环境）所存在的空间，在有限的时间内保持"均匀、平衡"即可。这里有两条思路可考虑，一是可以使系统"稳定"相当长的时间，使其自然达到"准平衡"状态，这当然需要经过一定的测试，直到确定各点状态一致；二是可以有效缩短测试时间，使其相对于全过程来说，Δt 趋向于无穷小，则可以认为此时的系统状态不变。思路不同，则模型或样品也不一样。质点、刚体、光滑无摩擦，都可以按照这种思路，只要其量值达到误差要求，且不影响物理过程的性质，就可以近似认为达到了理论要求。这种方法在确定样品和建立模型时是非常有效的。

以测量重力加速度为例。物体从某一高度自由下落,满足运动方程

$$h = h_0 + v_0 t + \frac{1}{2} g t^2 \tag{2.2.1}$$

t 是计时时间间隔,h_0 是 $t = 0$ 时刻的初始位置,v_0 是 $t = 0$ 时刻试样在铅直方向的初速度,h 是 t 时刻试样所在位置。若为了方便和简化运算,以 t_0 时刻的 h_0 为坐标原点,则有 $h_0 = 0$;同时,相对于地球半径而言,h 和 h_0 的差别可以忽略,也就是说 h_0 和 h 处的 g 有相同的值,或者说在 h 变化过程中 g 是一个常数,则有

$$g = 2 \frac{h - v_0 t}{t^2} (h_0 = 0) \tag{2.2.2}$$

精确地测定 h、v_0、t 三个参数,就可以求出重力加速度值。

单摆是大家熟悉的一种谐振动模型。在摆角很小的条件下,摆的周期表达式为

$$T = 2\pi \sqrt{\frac{l}{g}} \tag{2.2.3}$$

在确定的实验点,摆动周期只和摆长及当地的重力加速度有关,从而导出

$$g = \frac{4\pi^2 l}{T^2} \tag{2.2.4}$$

仔细地测定摆长和周期,就可以测得当地重力加速度 g 的值。

上述实例中有一个共同的问题,即要求空气的阻力要小到可以忽略不计的程度。这就要求试样的体积小、质量足够大,所以自由落体通常用小钢球,单摆的摆锤最好是铜质的流线型体。对单摆来说,还应要求摆线适当的加长,以使 $\theta \approx \sin\theta \approx \mathrm{tg}\theta$,且摆线应是较细、较轻的绳弦。至于到底选用哪个装置测定重力加速度,则应由实验者视当时具体情况而定。

在选择方案时,若采用落球法且保证 $v_0 = 0$ 的条件,这时两种方案的测量量都变成了两个参数(l 和 T 与 h 和 t),表面上看来似乎一样,但实际做起来,单摆要优越的多。这是因为:

第一,自由落体要做到 $v_0 = 0$ 且能准确判定 h 值并不容易,而计时测量似乎只能用光电计时器,手控是很困难的。而单摆则没有这么复杂,l 易测而 T 用停表就行。

第二,自由落体只能测一个单程,以 h 为 2m 计,它的时间不过在 0.6s 多一点,计时精度要求很高。若用单摆,因为可以测 n 个周期的累计时间 $n \cdot T$,当 $n = 50$ 时,对 $l = 1\text{m}$ 的单摆来说,$T = 2\text{s}$,若累计 $50T$,则计时间隔达到 100s 左右,显然这个时间测量要简单,而且比较容易准确测量。

考虑上述因素,选择并确定方案就明确了。

总之,无论是实验过程,还是单个物理量的研究,都应该根据有关原理进行综合

分析,列出几种可行的方案进行比较,最后选择确定。

二、选择测量方法和实验仪器

1.测量方法的精度分析

实验开始前,首先需要分析某一测量方法或仪器的精度,以确定该方法是否能达到实验目的所提出的要求。

例如,测量电阻有多种方法,不同的测量方法所能达到的精度是不相同的。伏安法测电阻由于必须使用直读仪表 — 电压表和电流表,而实验用电表的准确度一般不超过 0.5 级,这就使得电阻测量误差总在 1% 以上;用电桥法(箱式或自组电桥)测电阻,则避开了精度难于提高的直读仪表,而是在平衡条件下进行电阻比较来测量电阻。由于指零仪表可以有足够高的电压灵敏度,而作为比较用的标准电阻都有很高准确度(最一般的电阻箱误差也可控制在 0.1%),从而使得电桥法测电阻能保证测量精度达到 0.1% ～ 0.3% 或更高。对箱式电桥,当被测电阻值在 $10 \sim 10^5 \, \Omega$ 范围,测量准确度最高可达到万分之几。用电位差计借助标准电阻来测量电阻也同样可达到万分之几的精度。

分析清楚各种测量方法或仪器的精度,就很容易根据实验目的所提要求作出比较合理的测量方法选择。

2.实验装置的安排或设计

实验装置也是决定实验成功的关键因素。例如,用单摆测量重力加速度,需要有支架、悬线、小球,在选定实验装置时必须符合模型的要求,摆线要长,且在运动中长度不能变化,可用 1m 的弦线;小球体积要小,材料密度要大,可用直径约 2cm 的铜球,支架要能显示摆动的角度等。

再比如测量粘度较大的静态液体的粘度,方案的最佳选择是落球法,它依据的原理是斯托克斯公式,成立的条件要求液体是无限广延和静止的。实际上无限广延是不能实现的,能够做到的只是小球的直径 d 比容器的内径小很多。解决的方法有两种,一是考虑管壁对小球运动的影响,在斯托克斯公式中加入修正项;二是用一组不同内径 D 的圆管,让小球分别在各个管中下落相同的距离,记录所用的时间 t,再以 $\dfrac{d}{D}$ 为横坐标,以对应的时间 t 为纵坐标,将测试数据作成图线。将这条直线延长与纵轴相交,其截距就是无限广延条件下小球运动相同距离所需要的时间,因为截距的横坐标 $\dfrac{d}{D}$,亦即是 $D \to \infty$。如果采用多管落球法测液体的粘度,可以设计一组不同内径(1 ～ 5cm)的 5 ～ 7 根圆管,长约 20cm,每根管子上下两端相距 15cm 处作出记时标记。各管应垂直于底板安装,底板能调节水平,以使各管铅直。记时器选用机械停表,实验结果可以得到三位有效数字。

3.测量仪器的选择

标志仪器性能的两个重要参数是它的准确度和分辨率,仪器的分辨率可定义为仪器能够检测出的被测量的最小值,而准确度则限定了测量时的相对误差。

仪器的准确度和分辨率有时是相互独立的,有时又是紧密相关的。一般地说,对同一类型的仪器和仪表,其分辨率是与仪器的准确度正相关的。例如,0.1级电桥的分辨率就比0.05级电桥的分辨率低。但对不同类型的仪器和仪表就不一定了,例如测量滑动试验的磨损,可采用放射性示踪技术或分析天平来测定磨损下来的材料的重量,放射性示踪技术有非常好的分辨率,能检测小到 10^{-10} g 的磨损,但其准确度低,即使磨损很大,如 1g,准确度也不高于 3%;分析天平的分辨率相对来说很差,最小检测重量为 10^{-4} g,其准确度为 0.01% 。对磨损的测量,通常是选用这种分辨率好而准确度低的放射性示踪技术方法,因为测量仪器和测量方法的选择应与被测对象的特征和要求相适应。总之,为了不同的实验目的、测量内容和测量要求,经常只对其中之一(准确度或分辨率)提出要求。

4.测量方法的选择

实验方案、实验装置及测量仪器确定后,根据研究内容的性质和特点,有时还要选择一个测量对象。细心确定被测对象也很重要,因为在保证测量准确度的前提下,巧妙地选择测量对象可以简化测量工作。例如,测金属材料的杨氏模量,在选定静态拉伸法的方案后,被测对象均选用细金属丝而不选粗金属棒,这是因为在同样的载荷下,长金属丝的变形大,从而降低了测量变形的难度,同时提高了测量的准确度。而对于某些实验课题,选择测量仪器和被测对象要一并考虑,巧妙地选择被测对象是不容忽视的问题。

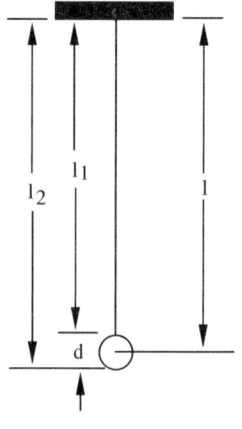

实验仪器和被测对象确定后,还需要考虑和确定具体的测量方法。因为测量某一物理量时,往往有好几种测量方法可以采用,此时应选取测量误差最小的一种。例如,对单摆摆长 l 的测量,如图 2.2.1 所示,选择的量具是分度值为 1mm 的钢直尺和分度值为 0.1mm 的游标卡尺。可以用下面三种方法进行测量

$$l = l_1 + \frac{d}{2} \tag{2.2.5}$$

$$l = l_2 + \frac{d}{2} \tag{2.2.6}$$

$$l = \frac{1}{2}(l_1 + l_2) \tag{2.2.7}$$

图 2.2.1
测量方法的选择

用钢直尺测量 l_1、l_2，其结果分别为

$$l_1 = (100.1 \pm 0.2)\text{cm}$$

$$l_2 = (102.5 \pm 0.2)\text{cm}$$

用游标卡尺测量 d，结果为

$$d = (2.40 \pm 0.01)\text{cm}$$

三种方法测量 l 的不确定度分别为

$$\Delta_l = \sqrt{\Delta_{l_1}^2 + \left(\frac{\Delta_d}{2}\right)^2} = \sqrt{(0.2)^2 + \frac{1}{4}(0.01)^2} = 0.2\text{cm}$$

$$\Delta_l = \sqrt{\left(\frac{\Delta_{l_1}}{2}\right)^2 + \left(\frac{\Delta_{l_2}}{2}\right)^2} = \sqrt{\frac{1}{4}(0.2)^2 + \frac{1}{4}(0.2)^2} = 0.14\text{cm}$$

显而易见，采用第三处理方法误差最小，而且不使用游标卡尺，省去一种仪器，测量过程也较为简单。

前面讲过，对单摆周期的测量，可以采用数字毫秒计计时，也可以使用机械秒表用累计放大法计时，相比之下使用停表计时好处多些。因停表的操作较简单，价格较低，这是"手动"作的选择。如果要用"自动"进行实验，选用的测量方法和测量仪器就有可能不同。

这里有两点要注意，一是测量方法和测量仪器的选择常常是互相关联的，宜一并考虑。另外，在满足实验准确度要求的前提下，要尽量选用最简单、最便宜的仪器去实现它。

上面讨论的例子侧重于物性、力学内容，若对于热学、电学、光学等实验的设计，还有一些特殊问题需要考虑。例如电学实验在选择电表时，所用电表的量程应略大于被测量，也就是要让电表在接近满刻度处工作。如果有一待测电流是 8mA，选用准确度等级为 0.5、量程为 100 mA 的电流表。仪器的误差限为

$$\Delta I = 100 \times 0.5\% = 0.5\text{mA}$$

相对误差为

$$E = \frac{\Delta I}{I} = \frac{0.5}{8} = 6.3\%$$

如果选用准确度为 1 级、量程为 10mA 的电流表，那么测量的相对误差为

$$E = \frac{\Delta I}{I} = \frac{10 \times 1\%}{8} = 1.3\%$$

由此可见，在本例的条件下，用低准确度等级的电表测量误差较小，而用高准确度的电表测量误差反而较大，因而选择仪器时不要片面地认为仪器的准确度越高越好。高准确度仪器造价较高，也难于维护。

三、确定最有利测量条件

确定最有利测量条件是指：当测量结果与若干条件有关时，若这些条件的误差已知，应如何选择条件使误差达到极小。

设函数

$$y = f(x_1, x_2, \cdots, x_k) \tag{2.2.8}$$

若 x_i 的最大误差为 Δx，相应的 y 的误差为 Δy，为了使 $\left(\dfrac{\Delta y}{y}\right)$ 极小，则要求

$$\left.\begin{array}{l} \dfrac{\partial}{\partial x_1}\left(\dfrac{\Delta y}{y}\right) = 0 \\[3mm] \dfrac{\partial}{\partial x_k}\left(\dfrac{\Delta y}{y}\right) = 0 \end{array}\right\} \tag{2.2.9}$$

由此可定出最佳测量条件。

例 2.2.1   用线式电桥测电阻

$$R_x = R_0 \frac{l_1}{l_2} = R_0 \frac{l_1}{L - l_1}$$

式中 R_0 为已知标准电阻箱，l_1 和 l_2 为滑线两臂长，$L = l_1 + l_2$。问滑键在什么位置作测量时可使 R_x 的相对误差最小？

解： R_x 的相对误差

$$\frac{\Delta R_x}{R_x} = \frac{R_0}{R_0} + \frac{L}{l_1(L - l_1)}\Delta l_1 + \frac{1}{L - l_1}\Delta L$$

去掉与问题无关的因素，即假定 R_0 与滑线总长 L 为准确数。这时有

$$\frac{\Delta R_x}{R_x} = \frac{L \Delta l_1}{l_1(L - l_1)}$$

$$\frac{\partial}{\partial l_1}\left(\frac{\Delta R_x}{R_x}\right) = 0$$

$$l = L/2$$

这就是线式电桥测电阻的最有利测量条件。

例 2.2.2   已知复用电表的欧姆计档的偏转角 α_0 为

$$\alpha_0 = S_i \frac{U}{R + R_x}$$

式中 U 为内附电池的电压；S_i 为表头的电流灵敏度；R 为欧姆计档内阻；R_x 为待测电阻。

由上式可看出，当 $R_x = 0$ 时，$\alpha_0 = S_i U/R = \alpha_n$，电表达到全偏转；当 $R_x = R$ 时，$\alpha_0 = S_i U/2R = \alpha_n/2$，电表达到半全偏转，即指针指在表盘上标尺的正中；$R_x = \infty$ 时，$\alpha_0 = 0$，即电表指针不转。试问使用欧姆计档时，其偏转角为多大时测量误差最小？

解：由偏转角方程式求得

$$R_x = \frac{S_i U - \alpha_0 R}{\alpha_0}$$

则测量电阻的相对误差为

$$E_{R_x} = \frac{-S_i U}{\alpha_0 (S_i U - \alpha_0 R)} \Delta \alpha_0$$

由

$$\frac{\partial E_{R_x}}{\partial \alpha_0} = 0$$

得

$$\frac{\partial}{\partial \alpha_0} \left[\frac{S_i U}{\alpha_0 (S_i U - \alpha_0 R)} \Delta \alpha_0 \right] = S_i U \Delta \alpha_0 \frac{S_i U - 2R\alpha_0}{(S_i U - \alpha_0 R)^2 \alpha_0^2} = 0$$

故：

$$\alpha_0 = \frac{1}{2} \frac{S_i U}{R} = \frac{1}{2} \alpha_n$$

上式表明，当欧姆计的指针在标尺的中间位置时，测量的误差为最小。

四、确定误差分配

在进行一项测量工作前，应当按任务和精度要求选择方案，确定该方案中的误差来源并分配每项误差的大小，即进行误差分配，这样才可保证其精度指标。

设函数（间接测量量）由 k 个自变量（直接测量量）组成

$$y = f(x_1, x_2, \cdots, x_k) \tag{2.2.10}$$

若对函数的误差要求是 $\frac{\Delta y}{y}$，则应对各自变量的相对误差项按等影响原则分配误差要求，即认为各个局部误差对函数误差的影响相等。

考虑到问题本身的特点和要求，由误差传递公式有

$$\Delta y = \left| \frac{\partial f}{\partial x_1} \right| \cdot |\Delta x_1| + \cdots + \left| \frac{\partial f}{\partial x_k} \right| \cdot |\Delta_k| \tag{2.2.11}$$

这样会使得问题的分析和计算简便，同时也能满足教学和实际问题的要求。由此，可写出相对误差（最大）的表示式为

$$\frac{\Delta y}{y} = \left| \frac{\partial f}{\partial x_1} \frac{\Delta x_1}{y} \right| + \left| \frac{\partial f}{\partial x_2} \frac{\Delta x_2}{y} \right| + \cdots + \left| \frac{\partial f}{\partial x_k} \frac{\Delta x_k}{y} \right|$$

$$\sum_{i=1}^{k} \left| \frac{\partial f}{\partial x_i} \cdot \frac{\Delta x_i}{y} \right| = \sum_{i=1}^{k} \left| \frac{\partial f}{\partial x_i} \cdot \frac{x_i}{y} \cdot \frac{\Delta y}{y} \right| \tag{2.2.12}$$

按等影响原则，则有

$$\frac{\partial f}{\partial x_1} \cdot \frac{x_1}{y} \cdot \frac{\Delta x_1}{x_1} = \frac{\partial f}{\partial x_2} \cdot \frac{x_2}{y} \cdot \frac{\Delta x_2}{x_2} = \cdots$$

$$= \frac{\partial f}{\partial x_k} \cdot \frac{x_k}{y} \cdot \frac{\Delta x_k}{x_k} = \frac{1}{k} \frac{\Delta y}{y} \tag{2.2.13}$$

如果函数中的各自变量均为一次幂,且为简单的乘除关系,则函数的相对误差为各自变量的相对误差之和。即

$$\frac{\Delta y}{y} = \frac{\Delta x_1}{x_1} + \frac{\Delta x_2}{x_2} + \cdots \frac{\Delta x_k}{x_k}$$

$$\frac{\Delta x_1}{x_1} = \frac{\Delta x_2}{x_2} = \cdots \frac{\Delta x_k}{x_k} = \frac{1}{k}\frac{\Delta y}{y} \qquad (2.2.14)$$

按 (2.2.13) 式和 (2.2.14) 式来选配仪器的准确度指标是比较合理的。但是,由于测量的技术水平和经济条件的限制,按等影响原则分配到每个误差项的数值指标,有的可以达到,有的难于达到,还有的显得过于容易达到。因此,在处理具体问题时完全可以依据实际情况调整误差分配要求,对于难于完成的应适当放宽(即允许误差值大于 $\frac{1}{k}\frac{\Delta y}{y}$);对于过于容易完成的则应减小误差要求(即允许误差值小于 $\frac{1}{k}\frac{\Delta y}{y}$);对受测量条件限制、必须采用某种仪器测量某一项目时,则应先从给定的允许总误差中扣除掉,然后再对其余误差项进行误差分配。下面分析几个具体实验来说明仪器和测量条件是如何根据误差要求来选配的。

例 2.2.3　测定一薄钢带的体积 V。已知其长度 l 约为 200mm,宽度 b 约为 30mm,厚度 d 约为 3mm,现要求测量的相对误差不大于 1%,问测 l、b 和 d 各应选择什么量具?

分析:

(1) 列出函数计算式 $V = l \cdot b \cdot d$

(2) 导出相对误差

$$\frac{\Delta y}{y} = \frac{\Delta l}{l} + \frac{\Delta b}{b} + \frac{\Delta d}{d}$$

(3) 按等影响原则分配对各直接测量量的误差要求。

为了保证 $\frac{\Delta V}{V} \leqslant 0.1\%$ 的误差要求,可分别要求 $\frac{\Delta l}{l} \leqslant 0.3\%$,$\frac{\Delta b}{b} \leqslant 0.3\%$,$\frac{\Delta d}{d} \leqslant 0.4\%$。

由 $\frac{\Delta l}{l} \leqslant 0.3\%$ 的误差要求,可算出 $\Delta l \leqslant l \times 0.3\% \approx 200 \times 0.3\% = 0.6$mm,故可选用一级钢板尺(仪器误差为 ± 0.5mm)来测量。

由 $\frac{\Delta b}{b} \leqslant 0.3\%$ 的误差要求,可算出 $\Delta b \leqslant b \times 0.3\% \approx 0.09$mm,故可选用分度值为 0.05mm 的游标卡尺(仪器误差为 ± 0.05mm),也可选分度值为 0.02mm 的游标卡尺。

由 $\frac{\Delta d}{d} \leqslant 0.4\%$ 的误差要求,可算出 $\Delta d \leqslant d \times 0.4\% \approx 0.012$mm,故应选用千分

尺(仪器误差为 ± 0.004 mm 来测量。

例 2.2.4　用流体静力称衡法测固体密度 ρ，要求密度测量的相对误差 $\dfrac{\Delta\rho}{\rho} \leqslant 0.4\%$，问应选用何种测量仪器？

分析：

(1)测量计算 $\rho = \dfrac{m_1}{m_1 - m_2}\rho_0$

式中 m_1 和 m_2 是被测物在空气和浸没在水中称衡时的质量，ρ_0 为水的密度(可视为准确常数)。

(2)相对误差公式

$$\frac{\Delta\rho}{\rho} = \left| \frac{1}{m_1} - \frac{1}{m_1 - m_2} \right| \Delta m_1 + \frac{1}{m_1 - m_2} \left| \Delta m_2 \right.$$

$$= \frac{m_2}{m_1 - m_2}\left(\frac{\Delta m_1}{m_1} + \frac{\Delta_2}{m_2} \right)$$

现要求 $\dfrac{\Delta\rho}{\rho} \leqslant 0.4\%$，即要求

$$\frac{\Delta m_1}{m_1} + \frac{\Delta m_2}{m_2} \leqslant \frac{m_1 - m_2}{m_1} \times 0.4\%$$

由估计或粗测知，$m_1 \approx 50$g，$m_2 \approx 30$g，故有

$$\frac{\Delta m_1}{m_1} + \frac{\Delta m_2}{m_2} \leqslant \frac{50 - 30}{50} \times 0.4\% \approx 0.08\%$$

按选择仪器的等影响原则，保需要求

$$\frac{\Delta m_1}{m_1} \leqslant 0.08\% \text{ 和} \frac{\Delta m_2}{m_2} \leqslant 0.08\%$$

即可求出

$$\Delta m_1 \approx 40\text{mg}, \Delta m_2 \approx 24\text{mg}$$

由对 m_1 和 m_2 的测量误差要求知，本实验需要选用感量为 20mg 的物理天平来作测量。

例 2.2.5　用伏安法测量电阻，要求 $\dfrac{\Delta R}{R_x} \leqslant 1.5\%$，问应如何选配仪器和确定测量条件？

分析： 设伏安法测量电阻中两种仪表互相影响可能给测量带来的系统误差，由于选择了合适的测量电路而可略去不计，或考虑其影响而对测量结果作了必要的修正。无论是前者或是后者，推求相对误差公式时均可以从 $R_x = \dfrac{U}{I}$ 出发来推求，故有

$$\frac{\Delta R_x}{R_x} = \frac{\Delta U}{U} + \frac{\Delta I}{I}$$

为了保证$\frac{\Delta R_x}{R_x} \leqslant 1.5\%$的要求,只需使$\frac{\Delta I}{I}$及$\frac{\Delta U}{U}$均小于$0.75\%$。据此,可选择仪器和确定出测量条件。

为了满足$\frac{\Delta U}{U} \leqslant 0.75\%$的误差要求,应当选用$0.5$级电压表。设若实验所用电源为$9V$,电表量程根据实际情况选用$7.5V$,这样就可定出电压$U$的测量条件。

由电表级别误差的定义

$$\frac{\Delta U}{U_m} \leqslant f\% = 0.5\%$$

有 $\qquad\qquad \Delta U \leqslant 7.5 \times 0.5\% = 0.038V$

因而要求

$$U \geqslant \frac{\Delta U}{0.75\%} = 5V$$

即测量时必须使电压值在$5V$以上,才能保证$\frac{\Delta U}{U_m} \leqslant 0.75\%$的误差要求。

同理,为了保证$\frac{\Delta I}{I} \leqslant 0.75\%$的要求,电流表也应选用$0.5$级的。为了确定测量条件,应当估计被测电阻的约值,以便定出I的限值,从而确定电流表应选的量程。设R_x估测值为30Ω,则$I\max \approx 7.5/30 = 250mA$,故选用量程$300mA$。至于$I$的测量条件,则仍由

$$\frac{\Delta I}{I} \leqslant 0.75\%$$

定出,因$\Delta I \leqslant 0.5\% \times 300 = 1.5mA$,故

$$I \geqslant \frac{\Delta I}{0.75\%} = \frac{1.5 \times 100}{0.75} = 200mA$$

即测量时必须使电流$I \geqslant 200mA$,才能保证实验所规定的误差要求。

从以上几个例子,我们可以看到,根据对函数的误差要求来考虑测量仪器的选择与配合的具体方法是:

(1)推导出函数的相对误差公式。

(2)由相对误差公式,参照选择仪器的等影响原则,把对被测量(函数)的误差要求转移到对各直接测量量的误差要求上来。

(3)按各直接测量量的误差要求,根据被测量的约值(可由事先的粗测获得)来选定仪器的类型和准确度级别,在某些情况下尚需进一步确定测量条件。

进行误差分配时,还应当注意:

(1) 误差分配最后要提出对误差来源的要求。如某测量值

$$y = f(x_1, x_2)$$

则
$$\Delta y < \Delta_1 + \Delta_2 = \left| \frac{\partial f}{\partial x_i} \Delta x_1 \right| + \left| \frac{\partial f}{\partial x_2} \Delta x_2 \right| \qquad (2.2.15)$$

按等影响原则,分配误差给 Δ_1 和 Δ_2,而按可能性调整时,还须考虑 $\frac{\partial f}{\partial x_i}$ 即误差传递系数的影响。如

$$y = x_1 x_2^2$$

则
$$\Delta_1 + \Delta_2 = \left| \frac{y}{x_1} \Delta x_1 \right| + 2 \left| \frac{y}{x_2} \Delta x_2 \right|$$

故同样大小的 Δx_1 与 Δx_2 对总误差影响是不同的。

(2) 若预先已知测量中各误差,可用和方根法合成,则

$$\Delta y = \sqrt{\sum \Delta_i^2} \qquad (2.2.16)$$

于是等影响原则可对 Δ_i^2 进行,即若总指标的误差为 Δy,则每个误差先分配 $\frac{\Delta y}{\sqrt{k}}$,此后再按可能性调整。

五、实验程序的拟定

实验的操作、观察、测量与记录是一个完整的、有条不紊的过程,必须事先拟出合理的实验程序。尤其要分析实验中是否存在不可逆过程,以便作好妥当的安排。

开始前,首先要将实验装置和仪器调整到正常的使用状态,按照实验原理和仪器说明书的要求进行水平、铅直、零位等的调整。检查一下测试的环境条件,如温度、湿度、气压、电磁场等,是否在允许范围内,特别是电源提供的各类电压是否符合要求。

清楚了解不可逆过程十分重要,如加热蒸发、溶解、铁磁材料的磁化过程等。磁滞回线的测量不能违反外磁场逐渐循环变化的规律。对于有损检测,实验通常要进行到试件被破坏为止,如果试件的欲测参数在试件未破坏前没来得及测量或没有测准,那么试件破坏后实验将无法进行。

实验过程中,对各种物理量可能出现的极大值要有所限定,以防发生意外,导致仪器损坏或出现事故。例如,由于加热产生温升对环境的影响;物体受力运动可能出现的最大位移;加载后试样的最大变形及承载能力;各种电表,特别是电流计是否会超过量程,这些在安排实验时都要考虑。

准备就绪后,对于可以反复进行的实验过程,可先粗略地定性观察一下,是否与理论预想一致,如有差异应予以记录,以便实验时再仔细观察分析。观察各种物理量

的变化规律时,对非线性变化,应注意各个量的变化率,以确定正式实验时测量点的分布。测量点一般在线性部分可少作一些点,而在变化大的区域,测量点应尽量密一些。

参照上述各步工作,拟定实验步骤,列出数据表格,记录测试条件。特别对有些物理量的测量,如粘度、密度等,离开了测量时的温度,结果就毫无意义。

上列分析只是综合一般情况,不同实验的程序可有不同的安排。合理的实验程序是获得正确实验结果的保证,甚至关系着实验的成败。实验能顺利正常地进行,实验结果的可信度就可能保证。概括起来,设计实验程序应包含下列几个方面:

(1)按照物理学原理和已形成的实验构思,安排、调整仪器装置。

(2)对含有不可逆过程的实验内容应明确指出,在实验开始以前,必须完成相应的准备工作。

(3)限定实验过程中各个量的极限值。

(4)安排测试步骤,在允许粗测条件下,先进行粗测。

(5)设计数据表格,进行实验。

(6)收尾工作也是极其重要的。实验完后,恢复各仪器装置至初始状态,切断水源、电源,清理仪器(特别注意易受腐蚀、怕污染、潮湿的部分)。不常用的仪器应复原到存放状态。

一个好的实验设计,还要通过实践的具体检验。当所得到的数据、计算出的实验结果和误差(或不确定度)完全符合任务要求,各仪器在使用中运转正常时,设计才算完成。否则还需根据具体实践的反馈情况对设计进行修改、补充,使其完善。

由于物理实验的内容十分广泛,可以利用的实验方法和测量手段很多,在实际工作中,还要受到客观条件的制约及各种因素的影响,所以很难总结出一套完整的、普遍适用的实验设计的方法。本章只是作了一些原则性的介绍,在具体的实验中,学生还应根据具体情况来制定实验方案。只有通过大量实践,逐步总结,积累经验,才能真正掌握这方面的内容,才能不断提高科学实验的能力和素养。

2.3   主要物理量及其测量

一、长度基本物理量和测量工具

长度是一个基本物理量,是一个空间量。在物理实验或日常生活中常常要遇到长度的测量。在国际单位制(简称 SI)中长度的单位为米,是一个基本单位,单位符号为 m。

米的国际标准,从 1795 年法国实行米制以来一直在不断地完善。最早把米定义为从北极通过巴黎赤道的地球子午线长度的一千万分之一。但这受到测量子午线准确度的限制。1889 年第一届国际计量大会上规定了米原器,它是个实物,因此其长度要受到环境影响发生微小变化。1960 年第十一届国际计量大会规定:米等于氪-86 原子的 $2P_{10}$ 和 $5D_5$ 能级之间跃迁所对应的辐射在真空中的 1650763.73 个波长的长度。这个标准提高了测量的准确度,而且容易获得。但因受激原子跃迁时,总要受到外部磁场作用和其它干扰,影响了谱线标准的精确度。70 年代,一些国家在研究光速方面投入了很大的力量,当时时间频率测量精度已经比较高了,光速也能准确测量,这自然又提高了长度测量的精度,在 1983 年举行的第十七届国际计量大会上规定:米是光在真空中 1/299792458 秒时间间隔内所传播的距离。

在 SI 中,长度的单位除米(m)以外,还可以在米前加上词头作为长度单位,常用的有千米(km)、厘米(cm)、毫米(mm)、微米(μm)和纳米(nm)等。在其他一些专门领域中用到一些非 SI 的长度单位,如在国际航海上用于航程的海里,1 海里 = 1852m。还有在天文学和天体物理学中计量天体之间的距离常用"天文单位"和"光年"作为长度单位。1 天文单位就是地球和太阳之间的平均距离,等于 1.496×10^8 km。1 光年就是在真空中光一年时间所走过的路程,1 秒钟在真空中走过的路程约为 3×10^8m,所以,1 光年 = 9.46×10^{15}m。在长度测量中常用仪器有游标卡尺、螺旋测微计、测微目镜、读数显微镜等。

1. 游标卡尺

在普通的米尺上装上一个可以滑动的副尺,测量精度可提高 10 ~ 50 倍,这样的副尺通常叫做游标。设游标上每个分格的长度为 x,相应于主尺上的刻度值为 y,差值 $\Delta x = y - x$ 称为该游标卡尺的分度值,它是游标卡尺能读准的最小数值。常用的游标卡尺的分度值有 0.1mm、0.05mm 和 0.02mm 三种,分别把它们叫做十分、二十分和五十分游标。

如某种规格的游标卡尺如图 2.3.1 所示,主尺的分度值为 1mm,游标的 10 分格和主尺的 9 分格等长。若设该游标的一个分格长度为 x,则

$$10x = 9 \times 1\text{mm}, x = \frac{9}{10}\text{mm}$$

主尺和游标每个分格的差值为

$$\Delta x = y - x = 1 - \frac{9}{10} = 0.1\text{mm}$$

故此游标是十分游标,分度值为 0.1mm,它是该游标卡尺能测读的最小数值。

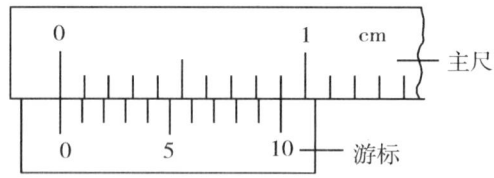

图 2.3.1　十分度游标卡尺

又如图 2.3.2,主尺的分度值仍为 1mm,游标的 20 个分格和主尺的 39 个分格等长,设游标的最小分格长度为 x,则 $20x = 39 \times 1mm$,$x = 1.95mm$,实际主尺上的 2 个分格的长度才和游标的一个分格相对应,即 $y = 2mm$,故该游标卡尺的分度值为

$$\Delta x = 2 - 1.95 = 0.05mm$$

即用它来测量长度可测读到 0.05mm,它是二十分游标。

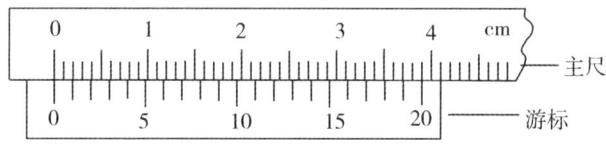

图 2.3.2　二十分度游标卡尺

五十分游标通常将游标的 50 个分格和主尺的 49 分格(每格长度为 1mm)等长,该游标卡尺的分度值为 0.02mm,用它来测长度可测读到 0.02mm。

游标卡尺的构造如图 2.3.3 所示。通常主尺按米尺刻度,内外量爪的左爪部分和主尺相联,而右爪部分和探尺与游标联在一起,游标紧贴主尺滑动。外量爪用来测物体的外径和高度,内量爪测量内径,探尺测量槽、洞的深度。不用时,将量爪闭合,游标的零刻线和主尺的零刻线应当对齐。

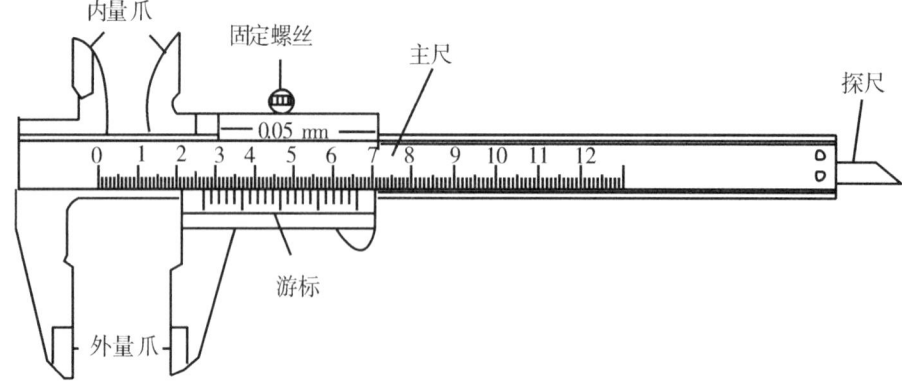

图 2.3.3　游标卡尺

　　游标卡尺的读数方法如下:物体长度的毫米整数部分由游标的零刻线(注意不是游标的前端边)左边最近的主尺刻度读数 l 直接读出,毫米以下的小数值由游标上读数。设游标上第 k 条刻线与主尺上某刻线对齐,则毫米以下的小数值为 $\Delta l = k\Delta x$,然后两部分相加 ,即得物体的长度

$$L = l + \Delta l = l + k\Delta x \qquad (2.3.1)$$

　　例如图 2.3.4 所示情况,游标卡尺的分度值 $\Delta x = 0.05\mathrm{mm}$,$l = 11\mathrm{mm}$,$k = 9$,故物体的长度 $L = 11 + 0.05 \times 9 = 11.45\mathrm{mm}$。

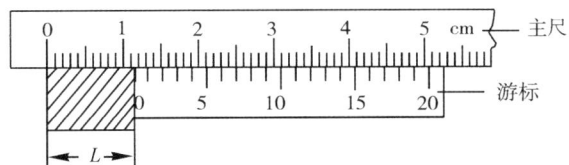

图 2.3.4　游标卡尺应用示例

　　一般说来,游标上往往都已标明第 k 条刻线的示值,所以游标部分的读数也可直接读出,这是很方便的。测量中,学生应当训练直接读数的能力。使用游标卡尺时,应首先判明它的量程和分度值;其次在刀口吻合时,检查主、副尺的零刻线是否对齐,若不对齐,应对测量结果作零点修正。保护量爪,夹物时勿用力过猛。

　　此外,在光学仪器中,如分光计、测量显微镜等,它们的角度测量装置上都附有角游标。图 2.3.5 所示角游标的分度值为 1 分,其中(a)读数为 $99°22'$,(b)读数为 $99°44'$。

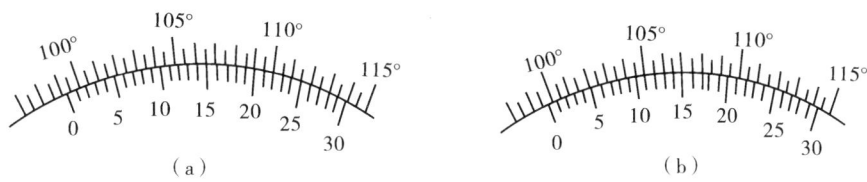

(a)　　　　　　　　　　　　　　(b)

图 2.3.5　角游标

2.螺旋测微计

　　实验室用的螺旋测微计如图 2.3.6 所示,其量程为 $0 \sim 25\mathrm{mm}$,分度值为 $0.01\mathrm{mm}$,测杆 C 的一部分是螺距为 $0.5\mathrm{mm}$ 的微动螺旋杆,和活动套管 B 联在一起,B 上一周刻有 50 个分格。当测杆 C 在固定的圆管 A 中转动一圈时,它就前进或后退 $0.5\mathrm{mm}$,相应 B 管转过 50 个分格,即 B 管每转过一个分格,表示 C 杆前进或后退 $1/50 \times 0.5 = 0.01\mathrm{mm}$。

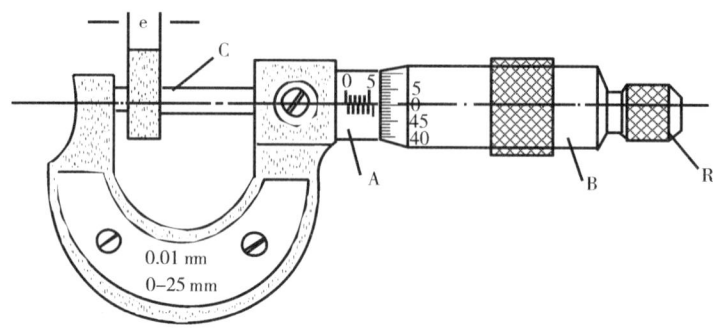

图 2.3.6   螺旋测微计

测量时，C 杆转动的整圈数由 A 管上直尺(间距为 0.5mm)读数，不足一圈部分由 B 管周边上刻度读出，然后两者相加。这样借助于螺旋的转动，将螺旋的角位移变为杆的直线位移，就可以进行精密的长度测量。

使用螺旋测微计测量时要防止读错整圈数，否则读数相差 0.5mm。图 2.3.7 示例正确读数应当是:(a)2.169mm,(b)2.676mm,(c)1.980mm,其次要注意零点读数校正，必须从测量值中减去零点读数(注意零点读数的正、负符号);正确操作仪器，当转动 B,钳口接近待测物但还未接触时，就必须停止转动 B,转动尾部的棘轮装置 R。当棘轮打滑并有响声时，即停止转动进行读数。这样可防止由于测量而把待测物夹得太紧，以致损坏待测物体和千分尺内部的精密螺纹。测量完毕，移去待测物后两钳口间要留有间隙，否则千分尺受热膨胀使钳口吻合过度而受损。

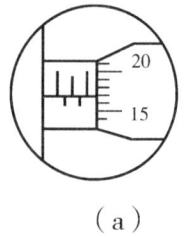

（a）

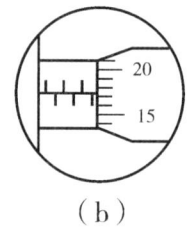

（b）

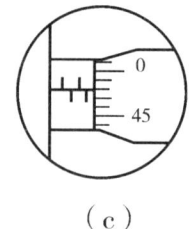

（c）

图 2.3.7   螺旋测微计应用示例

使用各种仪器时，即使都按照规定的正常工作条件进行，所测得的数值中仍包含有由于仪器本身制造工艺等原因引起的误差。通常都规定仪器的允许基本误差作为仪器示值误差。表 2.3.1 为游标卡尺的仪器示值误差，表 2.3.2 为螺旋测微计的示值误差。

表 2.3.1　游标卡尺仪器示值误差　　　　　单位:mm

示值误差 测量范围	分度值		
	0.02	0.05	0.1
0 ~ 300	± 0.02	± 0.05	± 0.1
300 ~ 500	± 0.04	± 0.05	± 0.1
500 ~ 700	± 0.05	± 0.075	± 0.1

表 2.3.2　一级螺旋测微计仪器示值误差　　　　　单位:mm

测量范围	0 ~ 100	100 ~ 150	150 ~ 200
示值误差	± 0.004	± 0.005	± 0.006

3.测微目镜

测微目镜亦称测微头,常作为精密光学仪器的附件。例如,在内调焦平行光管和测角仪上,均装有这种目镜。这种目镜亦可单独使用,直接测量非定域干涉条纹的宽度或由光学系统所成实像的大小等。其主要特点是量程小,准确度高。

(1)基本结构。

图 2.3.8是测微目镜的结构示意图。目镜筒1与本体盒2相连,利用固定螺丝8和接头套管7可将测微目镜固定在特定的支架上,亦可装在诸如内调焦平行光管、测角仪、生物显微镜等仪器上作可测量目镜用。目镜焦平面的内侧装有一块量程为 8mm的刻线玻璃标尺3,其分度值为1mm,在该尺下方0.1mm处平行地放置一块由薄玻璃片制成的分划板4,上面刻有斜十字准线和一平行双线(见图2.3.9)。分划板的框架与由读数鼓轮6带动的丝杆5通过弹簧相连。当读数鼓轮顺时针旋转时,丝杆便推动分划板沿导轨垂直于光轴向左移动,通过目镜就观察到准线交点和平行双线向左平移,此时连接弹簧伸长;当鼓轮逆时针旋转时,分划板在弹簧恢复力的作用下,向右移动,准线交点和平行双线亦向右平移。读数鼓轮每转动一圈,准线交点及平行双线便平移 1mm。在鼓轮轮周上均匀地刻有 100 条线,即分成 100 小格,所以鼓轮每转过 1 小格,平行双线及斜准线交点相应地平移0.01mm。当准线交点(或平行双线中的某一条)对准待测物上某一标志(如长度的起始点或终点)时,该标志位置的读数等于玻璃尺上最靠近准线交点(或平行双线中相应的一条)的整数毫米值,加上鼓轮上小数位的读数值,以 mm 为单位时,应取到小数点后 3 位。由于测得的结果为初读数和末读数之差,因此,在实际测量中,为方便计,常常以平行双线中的某一条为测量准线。

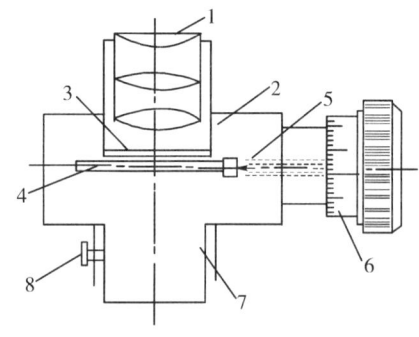 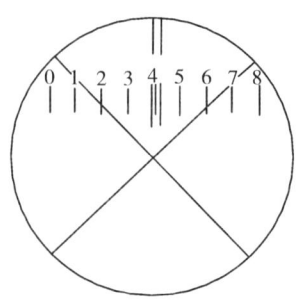

图 2.3.8   测微目镜结构   图 2.3.9   分划板示意图准线

（2）调节方法。

测量前应先调节目镜看清分划板上的测量准线（见图 2.3.9）。测量时，调节整个目镜与被测实像的间距（即调焦），使通过目镜观察到的待测像最清楚，且与准线间无视差，即两者处于同一平面上，当测量者上下或左右稍微改变视线方向时，两者间没有相对位移，这是测微目镜已调整好的标志。由于丝杆与螺母的螺纹间有空隙，所以在测量过程中，只能沿同一方向转动鼓轮，依次移动测量准线来进行测量，以免引入空程差。此外，在测量过程中，十字准线的交点（平行双线）移动范围必须控制在视场中的 $0 \sim 8\text{mm}$ 以内，否则会损坏读数机构。

4. 读数显微镜

显微镜一般是用来观察细小物体的光学助视仪器，加上对准和读数装置，即可用来精密测量微小样品的几何尺寸，构成读数显微镜。

（1）显微镜的结构和光路。

显微镜由目镜和物镜组成。图 2.3.10 是它的光路图。在放大原理上，它与一般的生物显微镜完全相同。被测物，即图 2.3.10 中的 AB 位于物镜 L_1 的物方焦点 F_1 的外侧附近，由 AB 发出的光线，经物镜后形成放大、倒立的实像 $A'B'$，它位于目镜 L_2 物方焦点 F_2 的内侧附近，此处正好装有十字准线分划板，像 $A'B'$ 再经过目镜的放大，便形成一个位于人眼明视距离（距人眼约 25cm）处的虚像 $A''B''$。显微镜的视角放大率等于物镜的横向放大率与目镜视角放大率的乘积。可以证明，显微镜的放大倍数为

$$M = -\frac{LH}{f_1' f_2} \tag{2.3.2}$$

其中 H 是显微镜的光学筒长，即物镜后焦点 F_1' 到目镜前焦点 F_2 的距离，近似等于显微镜筒长。f_1' 和 f_2 分别为物镜和目镜的像方焦距，L 为明视距离，一般为 25cm。

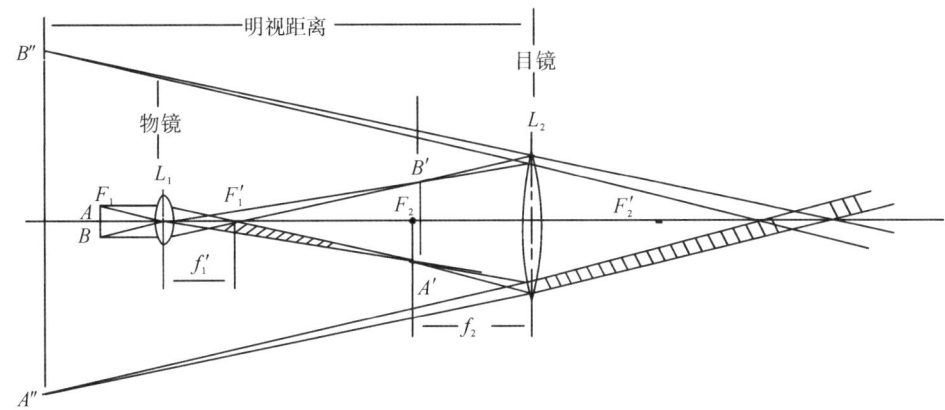

图 2.3.10　显微镜光路图

图 2.3.11 为实验室中常用的一种读数显微镜的结构示意图。按不同的测量要求，其量程、分度值及视角放大率等可具有各种不同的规格。读数装置由主尺 3 和读数鼓轮 4 组成。主尺刻有 50 个分度，每分度为 1mm，鼓轮刻有 100 个分度，分度值为 0.01mm，其量程为 50mm。当转动鼓轮时，载物平台即在垂直于镜筒轴线方向沿主尺移动。利用目镜筒内紧靠焦面内侧安装的一块十字（或单丝）准线分划板，即可对准待测物的测量点进行读数测量。

（2）调节方法。

① 目镜调节。调节目镜 1 与准线分划板的距离，直到测量者通过目镜看清读数准线为止。

② 对待测物调焦。将待测样品放在载物平台上，微调物镜与样品间的距离。调节时，为了保护样品和

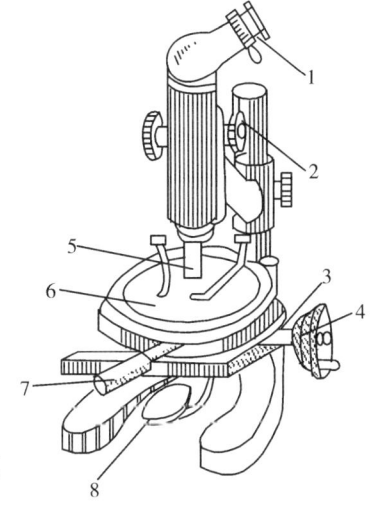

图 2.3.11　读数显微镜

物镜，总是先旋转调焦旋钮 2，将显微镜筒旋至样品上方最低位置，然后，再将显微镜筒自下而上升高进行调焦，直至看清待测物，并调节目镜使待测物与叉丝间没有视差。

③ 测量读数。转动读数鼓轮 4 使载物台作横向移动，转动纵向调节旋钮 7，让载物台作纵向移动，以使待测样品的像位于视场之中。此时再仔细旋转读数鼓轮，使读数准线依次对准待测部分像的两端，两读数之差，即为待测部分的线度。与测微目镜一样，在测量过程中，只能沿同一个方向转动鼓轮，而不能在一次测量中来回转动鼓轮，

以免引进空程差。

二、时间基本物理量和测量工具

时间是基本物理量之一,万物都在空间和时间中运动变化。在时间计量中涉及两类问题,一类是要测量某一物理现象发生的时刻,这在天文和地球物理研究中有它的意义(在日常生活中,使用手表也常涉及时刻问题);一类是涉及某一物理现象从开始到终了所经历的时间(或称时间间隔)或在过程中某两时刻之间的间隔。在物理实验中经常遇到的是时间的测定。

在 SI 中,时间的单位为秒,它是个基本单位,单位符号为 s。关于时间的标准,历史上经历了一系列的发展。早在古时候就把时间的单位分为时辰、昼夜(日)、月和年,直到钟表发明后,时间的最小单位才是秒。在 1960 年以前国际上把秒定义为 1 日的86400 分之一,1 日为太阳在头顶上连续两次出现的时间间隔。后来发现每一"日"并不相等,便取一年中的平均值,称为平均太阳日为准。不久发现地球自转并非均匀,又改为地球公转为基准。1960 年时间标准改为 1900 年的回归年,即 1900 年太阳从天空某一特定位置(所谓春分点)出发再回到同一点所经历的时间,并确定秒为回归年的31556925.9749 分之一。后来发现各回归年也不相等,所以在 1967 年,第十三届国际计量大会决定采用秒的新定义:秒是铯 - 133 原子基态的两个超精细能级之间跃迁所对应的辐射的 9192631770 个周期的持续时间。现代技术已使秒达到 10^{-14} 的精度,在所有基本量中,秒的复现精度最高。

时间的单位除秒外,还有秒的分数和倍数(非国际单位制的日、时、分),其关系如下:1d(日) = 86400s(秒);1h(时) = 3600s(秒);1min(分) = 60s(秒);1ms(毫秒) = 10^{-3}s(秒);1μs(微秒) = 10^{-6}s(秒);1ns(纳秒) = 10^{-9}s(秒)。

在时间测量方面,计时精度要求越来越高,随着电子技术的发展,出现了多种类型的电子计时仪器。如数字毫秒计,频率计时器,智能数字测时器和多用数字测试仪等。

1.电子秒表

电子秒表是较精密的一种电子计时仪器。它不仅能显示时、分、秒、日、月及星期,并可随时调校,又具有分度值为 1/100 秒的计数功能。如图 2.3.12(a)SE$_7$ - 1 型石英液晶电子秒表为例,它利用石英振荡器的振荡频率 32768 赫兹作为时间基准,采用六位液晶数字器显示时间,具有精度高、显示清楚、使用方便和功能较多的优点。电子秒表连续累计时间为 59 分 59.99 秒,最小测定单位为 1/100 秒,平均日差±0.5 秒每日。

SE$_7$ - 1 型电子秒表有三个按钮,S$_1$ 为起动 / 停止按钮,S$_2$ 为调整置位按钮 ,S$_3$ 为计时 / 复零按钮。平时,电子秒表呈现手表功能,屏上显示"时、分、秒"计时状态,在该

状态时按住 S_1,呈现月、日、星期显示,放松 S_1,自动恢复计时显示。若用圆珠笔头按一下 S_2,由计时进入调校状态,可调校时、分、秒;若先按 S_1,呈现"月、日、星期"显示,再按 S_2,可调校月、日、星期。

测量某一时间间隔时,用 S_1 和 S_3 两个按钮。方法是:

(1) 在"时、分、秒"计时显示时,按住 S_3 2 秒钟,即进入秒表状态,屏上显示如图 2.3.12(a) 所示,等待计数。

按一下 S_1,开始自动秒计数,再按 S_1,停止秒计数,屏上显示的数字即为要测量的时间间隔。再按一下 S_3,复零。

(2) 累计计时:按一下 S_1,秒计数开始,又按一下 S_1,秒计数停止,若再按一下 S_1,即累计计数。

(3) 若要恢复正常的计时显示状态,按住 S_3 2 秒钟即可。

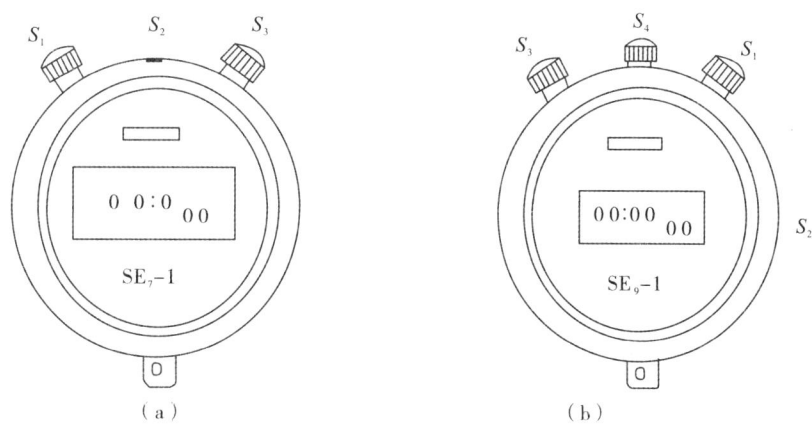

图 2.3.12　电子秒表

如图 2.3.12(b) 所示,$SE_9 - 1$ 型电子秒表也是实验室常用的,采用了八位液晶显示器。它比 $SE_7 - 1$ 型电子秒表多了一个按钮,S_2 按钮位置不在上侧,而在右侧,在原来 S_2 的位置上加了一个 S_4 按钮,为状态选择按钮,可选择"计时计历—闹时—秒表"三种功能状态。测量某个时间间隔时,先按 S_4,使电子秒表进入秒表状态。这时屏上应当出现秒表状态指示符号。计秒时,该符号不断闪烁,计数停止即停止闪烁。在进入秒表状态后,测量时间间隔的方法同 $SE_7 - 1$ 型电子秒表。

2.电子计时仪器

大学物理实验中有多种型号的电子计时仪器,计时原理是相同的,其原理框图如图 2.3.13 所示。

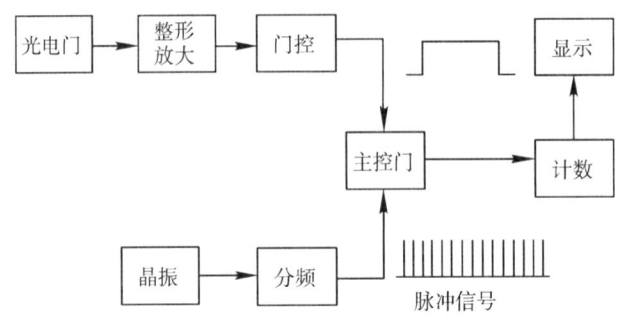

图 2.3.13　电子计时仪器原理图

晶体振荡器:石英晶体振荡器通常的频率为 1MHz 或 100kHz,其稳定度很高.计时器以其输出信号的周期作为标准时钟信号,即 1 微秒或 10 微秒.

分频电路:将上述时钟信号分频变成 10kHz、1kHz 等.对应输出 0.1 毫秒、1 毫秒等时标信号.

光电门:通常由红外发光二极管和光敏三极管组成.将光信号转换成电信号,由接插件送至整形、放大电路,信号经整形和放大后成为门控电路所要求的有一定幅度、前沿陡峭的矩形脉冲,作为"计"和"停"的触发信号.门控电路:是整机的指挥系统.对应不同的测试功能,产生各种不同方式的"计"和"停"门控信号.计时时,控制电路在来自整形、放大电路的"计"和"停"信号的触发下,会送出一个相应宽度的脉冲门控信号去控制主控门的开和关,还能对计数、记忆、译码、显示电路发出记忆指令,控制显示时间及输出复零脉冲.

主控门:由门控信号控制主控门的开和关,门控信号脉冲宽度即为主控门的开门时间.主控门开启,时标脉冲通过主控门进入计数器计数;主控门关闭时,计数停止.在这开门时间里,计数器计得的来自分频电路的脉冲数即为我们所要测的时间间隔.

计数记忆和译码显示电路:计算和记忆储存输入的脉冲数,转换成时间,最后由数码管以数字形式显示出来.

一般多用数字测试仪通过光电检测探头(光电门)能方便地测量运动物体的速度、加速度,振动物体的周期、次数和频率,转动物体的转速、角速度,电信号的频率、周期、脉宽等.

三、质量基本物理量和测量工具

在力学领域中,除了长度和时间这两个基本物理量之外,再引入一个基本物理量——质量,就可以构成一系列力学导出量,如密度、动量、动量矩、力、力矩、压力、粘度、功和能等.其中有一些力学量,在我们的物理实验中要进行测量,测量这些物理量都要涉及到质量的测量。质量是物质的基本属性之一。根据牛顿第二定律,同样的力作用在不同物体上,产生的加速度不同,加速度大的惯性小,质量小;反之加速度小的惯性大,质量大。这个质量叫做惯性质量。根据万有引力定律,地球上物体受地球引力(重力)作用,受引力大的物体质量大,受引力小的物体质量小。在地球表面附近,重力(重量)与质量的关系可表示成 $W = mg$,这个质量叫做引力质量。根据等效原理,引力质量和惯性质量是相等的。因此,质量的测量就有两种不同方法。第一种是利用牛顿第二定律关于质量的定义式 $m = F/a$,将一个已知的力作用在一个物体上,测出该物体的加速度,就可测得该物体的质量。测量原子的质量就是用的这种方法。而测量宏观物体的质量,测的是引力质量,是用与已知质量的物体进行比较来测定待测物体的质量,这是第二种方法。

国际单位制中,量度质量的单位是千克,单位符号为 kg。

质量的国际单位在历史上也经历了一个发展完善过程。1795 年后,把千克作为重量单位,当时还没有使用质量这个名词,它等于十分之一米长度的立方体($1dm^3$)的纯水在 4℃ 时的重量,并用纯铂制成了千克的基准器。随着测量技术的提高,经过反复地精确测量,发现重量为 1kg 的纯水,在 4℃ 时的体积并不是 $1dm^3$,而是 $1.00028dm^3$,即千克基准器的重量和理论千克的重量之间有差别。1889 年巴黎第一届国际计量大会规定千克是质量单位,质量的国际标准是一个直径和高度各为 39 毫米的铂铱合金圆柱体,称为国际千克原器,放在双层玻璃罩内的石英托盘上,保存在巴黎国际权度局。2018 年 11 月 16 日第二十六届国际计量大会通过的"修订国际单位制"决议,正式更新了"千克"的基本单位定义,将千克定义为普朗克常数为 $6.62607015 \times 10^{-34}$ J·s 时的质量单位。1kg 数值上等于 1.4755214×10^{40} 个具有 ^{133}CS 原子基态两个超精细能级共振频率的光子所具有的能量。

在 SI 中,质量的单位除千克(kg)外,还可以改变词头变为克(g),毫克(mg)和微克(μg)等。

凡是用来直接测量物体重量的仪器统称为秤。秤的种类繁多、结构形式各不相同,量程和精度也有很大差别,但其原理都是利用力或力矩平衡的规律制成的。其中有一种利用等臂杠杆力矩平衡原理制成的秤,叫做天平,能够精确地进行质量比较而称得质量。因为地球表面的同一位置上,任何只受重力作用的物体都以同一加速度下落,物体的重量就等于其质量与重力加速度的乘积。由此可见,如果在同一地点,两物体的重量相等,那么它们的质量也相等。等臂天平能较精确地调整物体的重量与砝码的重量相等,从而物体的质量严格地等于砝码的质量,其测量值与观测地点无关。

实验室常用的天平是电子天平,电子天平是用压力传感器原理进行测量的。常用的JY/YP系列电子天平如图 2.3.14 所示。

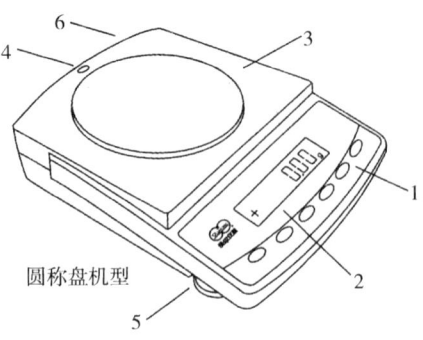

（1）天平使用方法。

首先将天平置于水平、稳定的工作台上,避免振动、阳光照射、气流、强电磁干扰和热源,调整水平调节脚,使水泡位于水平仪中心,将电源适配器插入天平后部电源插座,接通电源,按下开关,天平开始自检,等待几秒钟后稳定显示零位,进入称量状态。

图 2.3.14 JY/YP 系列电子天平
1.操作面板 2.显示屏 3.秤盘
4.水准器 5.水平脚 6.电源接口

① 称量。

置被称物于称盘,等数字稳定显示后,该数字即为被称物的质量值。

② 去皮重。

置容器于称盘上,天平显示容器质量,按去皮键,显示零,即去皮重,再置被称物于容器中,这时显示的是被称物的净重。

③ 累计称量。

用去皮重称量法,将被称物逐个置于称盘上,并相应逐一去皮调零,最后移去所有被称物,则显示数的绝对值为被称物的总质量值。

（2）天平的校准。

首次使用的天平或放置一段时间以及放置位置变更之后,应开机预热 30 分钟,使天平与周围环境温度一致后再进行校准,准备好校准砝码。

一点校准法:天平稳定后在显示零位的状态下按住校准键,几秒钟后天平显示"CRL"时既可松手,稍后闪烁显示校正砝码值,把相应值的砝码置于称盘上,显示"------"校准等待状态,稍后稳定显示"校准砝码值",取下砝码,天平恢复零位,校准完毕。如校准后称量还不准确,可重复校准几次。

多点校准法:如需天平的精确性更好,可进行多点校准。在零位状态下,先按住校准键直至闪烁显示"200.00g",再按住计件键直至闪烁显示"500.00g",放上 500g 校正砝码,显示"------"等待状态,稍后稳定显示"500.00g",取下 500g 砝码,稍后闪烁显示"200.00g",放上 200g 校正砝码,显示"------"等待状态,稍后稳定显示"200.00g",取下 200g 砝码,等待几秒钟,天平恢复正常称量状态,显示零位。

（3）天平使用注意事项。

① 容器和称物之质量和不得超过称量范围。

② 天平应保持清洁,谨防灰尘等物钻入天平。

③ 若称重不准,需用标准砝码对天平校准。

四、温度基本物理量和测量工具

在力学中,描述一个系统的运动规律,只需要长度、时间和质量三个基本量来表示就足够了。然而在有热现象的系统中,还要引入第四个基本量,这就是温度。

温度是表征处于热平衡的系统的一个状态参量,其微观本质是分子热运动的激烈程度,是物质分子平均平动动能的量度。从感觉上来说,温度表示物体的冷热程度。热量自发从温度高的物体传向温度低的物体。一切相互热平衡的系统具有相同温度。只要使温度计与待测系统接触并经过一段时间后达到平衡,则温度计的温度就等于待测系统的温度。

对于选作温度计用的物质(测温物质),通常总是选择它的一种随温度连续地、单值地变化且变化显著、便于测量的物理量(测温属性)作为温度的标志。例如通常温度计的液体体积,电阻温度计的电阻,热电偶温度计的温差电动势等。各种类型温度计的测温属性随温度变化的规律,有的是接近线性的,有的是比较复杂的。

温度的数值表示法叫做温标。建立温标,除了选择合适的测温物质的测温属性来标志温度外,还要选定固定温度点,并对测温物质的测温属性随温度的变化关系作出规定。例如,历史上的摄氏温标规定:在标准大气压下,冰水混合物的温度(冰点)为零度,水沸腾的温度(沸点)为 100 度。在 0 度和 100 度之间按温度计内液体体积随温度作线性变化来刻度。显然,由于不同测温物质或同一测温物质的不同测温属性随温度变化的关系不同,并不都是线性的,用它们建立的温标也将会不一致。为了使温度的测量统一,需要建立统一的温标,以它作标准来校准其他各种温标。

温标在历史上经过一系列的演变和发展。由于根据热力学第二定律和卡诺定理建立的热力学温标不受测温物质及其属性的影响,1967 年第十三届国际计量大会将热力学温标定为国际基本量之一的温度标准。热力学温标的热力学温度符号为 T,单位为开尔文,简称开,单位符号为 K。热力学温标选定的固定温度点为水的三相点(指水、水蒸汽和冰平衡共存状态),其热力学温度为 273.16K。那么开尔文的定义为:水三相点热力学温度的 1/273.16。2018 年 11 月 16 日第二十六届国际计量大会通过的"修订国际单位制"决议,将"开尔文"的定义更新为对应玻尔兹曼常数为 $1.380649 \times 10^{-23} J \cdot K^{-1}$ 的热力学温度。

开尔文也表示温度间隔的温度差。为了统一摄氏温标和热力学温标,1960 年第十一届国际计量大会对摄氏温标作了新的定义,规定它由热力学温标导出。摄氏温度 t 定义为

$$t = T - T_0$$

式中 $T_0 = 273.15K$，即规定热力学温标的 273.15K 为摄氏零度（冰点），摄氏温度的单位是摄氏度，单位符号为 ℃。单位摄氏度等于单位开尔文，但表示摄氏温度时，摄氏度是代替开尔文的一个专门名词。温度间隔或摄氏温度差可以表示为摄氏度，也可以表示为开尔文。在一些国家和地区还使用一种华氏温标，华氏温度符号 t_F，单位为华氏度，单位符号为 ℉，它与摄氏度的关系为

$$t_F = 1.8t + 32$$

上述三种温度的关系如表 2.3.3 所示。

表 2.3.3   摄氏、华氏和热力学温标之间的关系

温标	热力学	摄氏	华氏
温度单位	开尔文	摄氏度	华氏度
单位符号	K	℃	℉
水沸点	373.15	规定为 100	规定为 212
水的三相点	规定为 273.16	0.01	32.02
水冰点	273.15	规定为 0	规定为 32
固体 CO_2	195	-78.15	-108.67
氧沸点	90	-183.15	-297.67
绝对零度	0	-273.15	-459.67

温度的测量是热学实验中首要和基本的测量。随着科学技术的发展，测温的方法和仪器不断增多，准确度也逐渐提高，所测温度范围不断地向更高和更低延伸。这里仅介绍两种电测温度计的原理和使用方法。电测温度计是根据测温物质的电学量与温度的关系制成的。其中利用金属或半导体的电阻温度变化的规律来测量温度的温度计叫做电阻温度计；利用热电偶的温差电动势随温度的变化规律来测量温度的温度计叫做热电偶温度计。热电偶温度计的测温范围很大，从接近绝对零度到约 2000℃ 或更高。

1. 电阻温度计

大多数纯金属，当温度升高 1℃ 时，电阻值要增加 0.4％ ～ 0.6％。作为测温元件的金属材料其物理性质和化学性质要稳定，不易氧化；电阻温度系数要尽可能大；电阻温度关系的线性要尽可能好，在一定温度范围内满足 $R = R_0(1 + at)$；易于机械加工，可以拉成丝并绕成所需形状。铂、铜、钨和铁等材料都能较好地满足这些要求，其中以铂为最好。所以常常用一根很细的铂丝（尽可能是纯铂）在特制的绝缘架上绕制

成线圈,封在保护套管中构成电阻温度计的测温元件.测量时将其放入待测介质中,并用导线把它连接到测量电阻的仪器上,如惠斯通电桥上.根据已知的电阻与温度的关系,由测得的电阻值得到待测介质的温度(或者将电桥刻度值直接刻成温度).因为电阻测量可以达到很高的精度,所以电阻温度计是很精密的测温仪器.

半导体材料、金属氧化物、盐类的水溶液和酸类,在温度升高时,电阻值反而减小(即电阻温度系数为负值),但其变化率要比纯金属电阻大 4 ~ 9 倍,利用这些材料作测温元件,也可制成各种电阻温度计,但稳定性不如金属的好.

2.热电偶温度计

热电偶又称为温差电偶,是由两种金属材料制成的导线连成回路.若两个接点所处的温度环境不同,回路中会产生电动势 ε,该电动势称为温差电动势或热电动势.这种回路称为热电偶.ε 仅与两种导体的材料和两接点处的温度有关,而与导体的粗细、长短及两种导体的接触面积无关.

如图 2.3.15 所示,当组成热电偶的两种金属材料(A 和 B)给定时,温差电动势 ε 由 T_1 和 T_2 的差决定.如果使其一端温度 T_1 固定在已知温度 T_0,则另一端温度 T_2 就决定 ε,反之可由 ε 确定 T_2,ε 和 T_2 的关系一般是非线性的,使用前需采用标准温度计进行标定,这就是热电偶温度计的原理.当温差不大时,ε 和 ΔT 近似满足线性关系 $\varepsilon \approx a\Delta T$,式中 a 称为温差电系数,不同导体组成

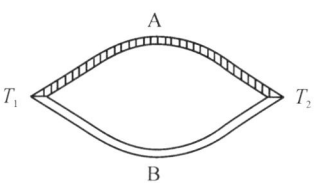

图 2.3.15　两种金属组成的热电偶

的热电偶,其 a 不同.实验室常用的一种铜铜镍(也称为铜康铜)热电偶在 $\Delta T = 100℃$ 时的 ε 约为 4.3mV.

用作热电偶温度计的材料,要有足够高的温差电动势灵敏度 $d\varepsilon/dT$,而且要物理、化学性能稳定,质地均匀,有良好的复现性,并易于加工.现在常用的热电偶金属材料有铂铑－铂,镍铬－镍铝,铁－康铜和铜－康铜等.它们用于不同的温度范围,测量 300℃ 以下的温度用铜－康铜热电偶;800℃ 以下用铁－康铜热电偶;1100℃ 以下用镍铬－镍铝热电偶;温度更高或测量范围更大,通常用铂铑－铂热电偶,它的适用范围从 －200℃ 至 1700℃;如果温度高达 2000℃ 以上,则用钨－钛热电偶.

商用的热电偶温度计已将电压值转换成温度值,使用者可直接读数而不需换算.热电偶温度计具有体积小、结构简单、种类多样、测温范围广、温度响应速度快,且输出为电压信号等特点,是目前应用最广泛的温度计之一.

五、电流基本物理量和测量工具

在电磁学中,为了描述电磁运动的规律,除长度、时间和质量三个基本物理量以

外,还须引入一个有关电磁现象的基本物理量,这就是电流。其余的电磁学量都为导出量。

在国际单位制中,根据电流的相互作用,规定了电流的单位为安培,符号为 A。2018 年 11 月 16 日,第二十六届国际计量大会通过"修订国际单位制"决议,将 1 安培定义为"1s 内(1/1.602176634)× 10^{19} 个电子移动所产生的电流强度"。

电流的测量是电磁测量中的基本测量之一。测量电流的方法和仪表是多种多样的,可以根据电流的各种物理效应制成多种测量电流的仪表以及与电流相关的测量和检测仪表。在这里着重介绍磁电式指示仪表、灵敏电流计、冲击电流计、万用表以及晶体管毫伏表等几种。

1. 磁电式指示仪表

磁电式指示仪表均是通过某种方法将待测的电学量转换为仪表活动部分的偏转角位移来测量的。磁电式指示仪表的结构如图 2.3.16 所示。它由固定和偏转两部分构成。固定部分包括永磁铁、铁芯、标度盘;活动部分则由线圈、指示器(指针或灯光反射镜)、转轴及游丝构成。其他还附有调零装置。当待测电流通过线圈时,处于磁场中的

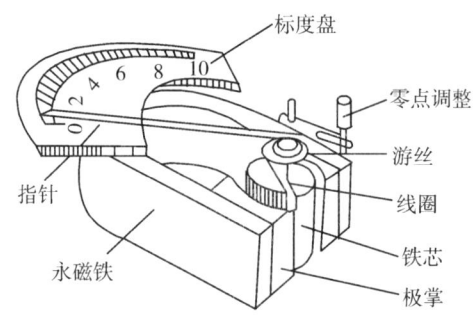

图 2.3.16   磁电式指示仪表的结构

线圈受到电磁力矩的作用而带动指针一起偏转。与此同时,游丝则随轴的偏转而引起扭转变形,产生阻止扭转的反作用力矩。当两者达到平衡时,其偏转的角度与待测电流成正比,所以可以在刻度盘上刻上与该偏转角相应的电流值,实现电流的测量。

不同量程的电压表和电流表均是由微安表头通过串、并联一定的电阻构成的。用电表测量电路中的电压或电流时,总的原则是尽可能减小因测量电表接入后对原电路状态的改变。因而,要求串接入电路的电流表其内阻应尽可能小,而并接入电路的电压表其内阻应尽可能大。因而,在选用测量电表时,内阻是需要认真考虑的一个参量。

(1)磁电式指示电表的性能指标。

① 为反映磁电式指示电表的结构特点和基本性能,应了解电表面板上的常用的标记符号和意义,现列于表 2.3.4 中,供查阅。

② 量程。指电压表或电流表所能测量的最大电压或电流值。实验室中使用较多的是多量程电表。

③ 电表的精度等级。作为测量仪表,其本身都存在某种程度的固有缺陷,例如轴承与轴尖的摩擦,游丝张力不均匀和铁芯磁场不均匀,刻度盘上刻度误差等。为反映

电表在规定的正常使用条件下,由于电表本身的不完善而引入的误差,常用精度等级来表示。设电表的量程为 I_m,在该量程测量中,可能引起的最大误差设为 ΔI_m,则下式

$$\frac{\Delta I_m}{I_m} \times 100\% = K\%$$

就反映该表的准确程度。称 K 为电表的精度等级。根据国家标准,共分为 0.1、0.2、0.5、1.0、1.5、2.5 和 5.0 七级。例如满量程为 1.0A 的 1.0 级电流表,其测量的基本误差即为:$1.0A \times 1.0\% = 0.01A$。

表 2.3.4　电表符号对照表

符号	名称	符号	名称
⌷	磁电式仪表	○	指示测量仪表
—	直流	Ⓖ	检流计
∼	交流	Ⓐ	电流表
≃	直流和交流	Ⓥ	电压表
⓪⑤	精度等级为 0.5	Ⓜ	微安表
⊥	仪表垂直放置	Ⓜ	毫安表
⊓	仪表水平放置	Ⓚ	千伏表
∠60°	仪表斜放:斜角 60°	Ω	欧姆表
☆	绝缘强度试验电压为 2kV	±	正端钮 负端钮
Ⅰ	Ⅰ 级防外磁场	↶	调零器
±	Ⅰ 级防外电场	⏚	接地端钮
Ⅱ	Ⅱ 级防外磁场	⊓	与外壳相连接的端钮
⚠	环境改变 ±10℃ 引起 $K\%$ 附加误差 K 为等级	✳	公共端钮(多量程仪表及万用表)

④ 内阻。指电表两个端钮之间的电阻。电流表的内阻一般较小,电压表的内阻则较大。且要注意不同的量程有不同的内阻。例如几百毫安的电流表内阻约为几欧姆,但几百微安的电流表内阻可达几百欧姆,甚至上千欧姆。电压表的内阻在表头上常用欧姆每伏,即(Ω/V)表示。例如对于量程为 $0 \sim 1.5V \sim 3.0V$ 的电压表,如每伏欧姆

数为 $500\Omega/\mathrm{V}$，则其两个量程的内阻分别为 $1.5\mathrm{V}\times500\Omega/\mathrm{V}=750\Omega$ 和 $3.0\mathrm{V}\times500\Omega/\mathrm{V}=1500\Omega$。

（2）使用要点。

① 应按电表面板上规定的放置方式放置。对于应水平放置的仪表，切不可把电表垂直放置读数，否则会造成附加的系统误差。

② 接线方法。测电流应将电流表串联接入待测电路，测电压则应将电压表并联接入待测电路。测量直流电流及电压时，应注意接线柱的正负。

③ 量程和内阻的选择。原则上电表的量程要比待测量略大，从减少相对误差考虑，读数最好接近满量程。在未知待测量大小时，应先用大量程预测，而后改用小量程。测量仪表内阻的选择应尽可能小地改变原电路的状态。例如测量一个大电阻两端的电压时，选用内阻小的电压表，就会产生大的系统误差。

④ 读数方法。眼睛应在指针的正上方读数。对于有镜子的刻度盘，应保持眼睛、指针及其在镜中的像重合时的读数才是准确读数。

2.灵敏电流计及冲击电流计

灵敏电流计的工作原理和磁电式电流计相同，但增加了动圈的匝数，并用悬丝悬挂动圈以克服轴尖轴承存在摩擦的缺点，从而提高了检测灵敏度。灵敏电流计按其显示方式分为指针偏转读数和光反射偏转读数两种方式，如图 2.3.17 和图 2.3.18 所示。后者在游丝上贴一小反射镜，把投射到镜上的光斑反射聚焦标尺上读数。如图 2.3.18 右图所示，使光斑多次反射，从而放大标尺读数。由于其灵敏度高，常用于检测电路中有无电流流过，故也常称检流计。

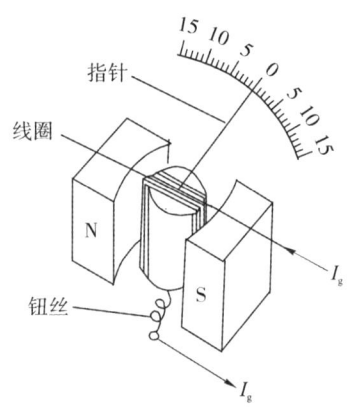

图 2.3.17　指针偏转读数电流计原理图

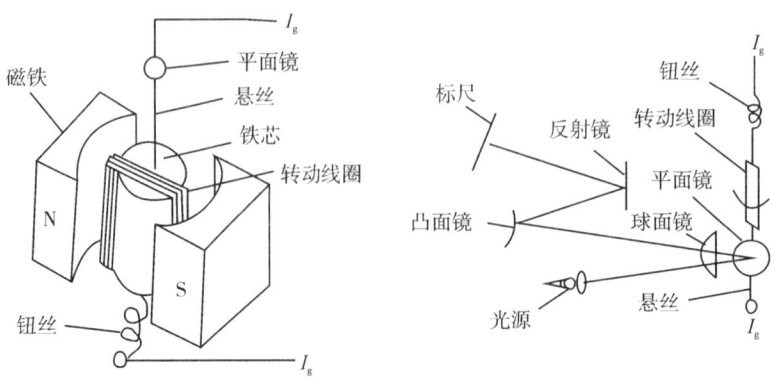

图 2.3.18　光反射式读数电流计原理图

当电流经悬丝流过转动线圈时,线圈受到磁相互作用而产生的力矩为:

$$M_1 = N \cdot S \cdot B \cdot I \tag{2.3.3}$$

式中 N 为转动线圈的匝数;S 为转动线圈的截面积;B 为空气隙中磁感应强度;I 为流过转动线圈的电流。与此同时,由于悬丝和钮丝被扭转后会产生一个反力矩,其大小与线圈的偏转角 θ 成正比,为

$$M_2 = -D\theta \tag{2.3.4}$$

式中 D 为悬丝和钮丝的反作用力矩系数。

当线圈达到平衡时

$$M_1 + M_2 = 0 \tag{2.3.5}$$

$$N \cdot S \cdot B \cdot I = D\theta$$

$$\theta = \frac{N \cdot S \cdot B \cdot I}{D} = K \cdot I \tag{2.3.6}$$

由于电流计的 D、N、S、B 值都是确定的,设为 K 常量,所以 θ 仅与 I 成正比关系,线圈的转角 θ 的大小即反映了电流 I 值的大小。常数 K 称为电流计的灵敏度。指针式电流计的灵敏度一般在 $10^5 \sim 10^6$ div·A^{-1} 左右;而光反射式电流计的灵敏度可达 10^8 $\sim 10^{11}$ div·A^{-1},常用来检测弱电流和低电压,并在精密电磁测量中作指零仪表。

（1）指针式检流计的使用方法。

如图 2.3.19 所示,检流计的刻度上方有一拨动开关,当开关拨向左边（红点）位置时,检流计内部线圈被短路,通常检流计在不使用时置于该状态,以防指针不必要的偏转。当检流计进行测量时,则将拨动开关置于右边（白色）,此时指针即会自由摆动,然后调节"零位调节"旋钮,使指针在自然状态下停在中间零位。以上的过程为检流计的零位校正。检流计上方的"+"和"—"为电流检测的输入端,当下方"电计"按钮开关按

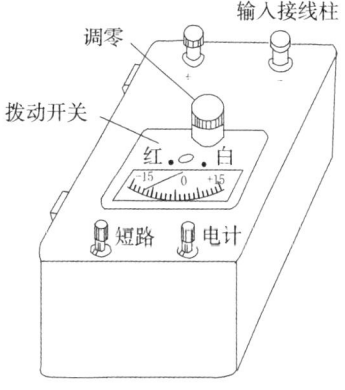

图 2.3.19　指针式检流计

下时,检流计即同外电路接通;若需要长时间的接通,则可将按钮按下后顺时针一转,检流计被接通锁住。另外,检流计上的"短路"按钮按下后,则表示检流计内部的线圈被短路,作用同拨动开关置于左边（红点）相同,该"短路"按钮通常是在测量中,遇到过大电流需要分流时或指针左右偏转需要使其快速稳定下来时使用的。

（2）光反射式检流计的使用方法。

如图 2.3.20 所示,当检流计背后"220V"电源插口接上 220V 交流电压时,检流计前面板上的电源开关置于"220V";而当检流计背后"6V"电源插口接上 6V 电压时,

检流计前面板上的电源开关应置于"6V"处。

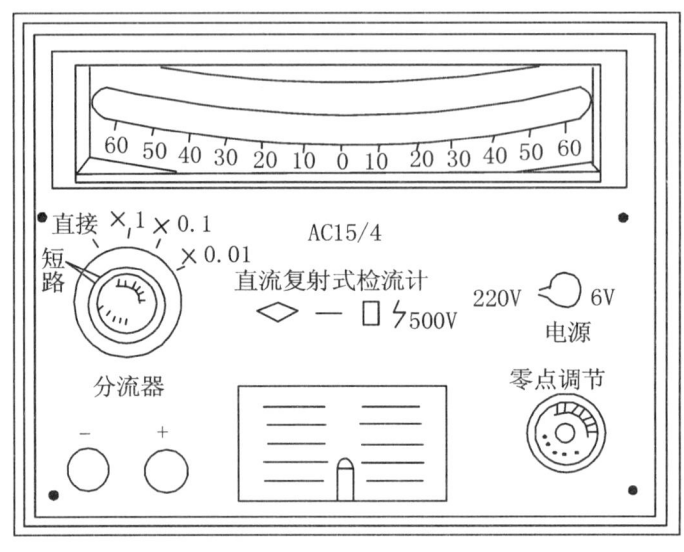

图 2.3.20 光反射式检流计

检流计装有零点调节器和标盘活动调零器。零点调节器为零点粗调,标盘活动调零器为零点细调。

检流计配有分流器,测量时应从检流计最低灵敏度 × 0.01 档开始,如偏转不大,则可逐步地转到较高灵敏度档测量。

为了防止检流计活动部分的悬丝、钮丝等由于机械振动而遭致破坏,需要时,可将分流器拨至短路档,即起到保护作用。"+"和"−"两接线柱是用来接外测量电路的。

（3）冲击电流计。

冲击电流计的活动部分具有较大的惯性,脉冲电流在通过冲击电流计时,它虽受到力矩的作用,但由于惯性较大,活动部分来不及偏转,当脉冲电流流过后,活动部分才偏转,并在到达最大偏转角 θ_m 之后,经过一段欠阻尼状态的运动过程,最后恢复到原来位置。

为了增大冲击电流计周期,可以增加其活动部分的转动惯量和减小悬丝的刚性、增加线圈的宽度和在线圈的下边附加重物等,都可以增加转动惯量。常用的两种结构形式是图 2.3.21 中的悬丝式冲击电流计和图 2.3.22 中的张丝式冲击电流计。悬丝式在动圈上安装的负荷件是用来增加转动惯量的。张丝式在测量机构动圈的两端并联一个大容量电容器,用来增大其自然振荡周期。

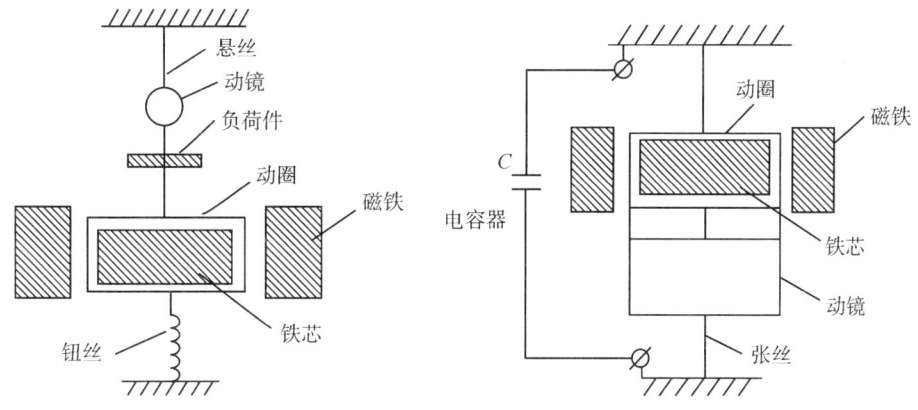

图 2.3.21　悬丝式冲击电流计　　　　图 2.3.22　张丝式冲击电流计

可以证明，当冲击电流计的自然振荡周期比被测脉冲电流通过的时间长得多时，它的第一次最大偏转角 θ_m 与脉冲电量 Q 成正比。由于冲击电流计在测量时得到的是光点偏移的弧距 d_m，所以它们之间的关系可写成 $\theta_m = d_m/2L$，其中 L 是标尺到小镜之间的距离，由此也可以说偏移距离 d_m 与电量成正比，即

$$d_m = S_Q Q, \quad S_Q = \frac{d_m}{Q}\left(\text{或 } K_Q = \frac{Q}{d_m}\right) \tag{2.3.7}$$

式中 S_Q 为冲击电流计电量灵敏度，单位为毫米每库仑；K_Q 为电量冲击常数，单位为库仑每毫米。在 S_Q 或 K_Q 确定之后，可利用冲击电流计来测电量、电容、绝缘电阻及磁场等。

3. 万用电表

万用电表是一种测量多种电参量的多量程仪表，可用来测量直流电压和交流电压、直流电流和交流电流、电阻、电容等参数。万用电表型号很多，其结构和原理基本相同，下面以常用的 VC890D/VC890C＋系列万用表为例简单介绍。

VC890D/VC890C＋系列仪表是一种性能稳定、用电池驱动的高可靠性数字万用表。仪表采用 28mm 字高 LCD 显示器，读数清晰、使用方便。面板如图 2.3.23 所示。

（1）外观结构。

1— 型号栏。

2— 液晶显示器：显示仪表测量的数值。

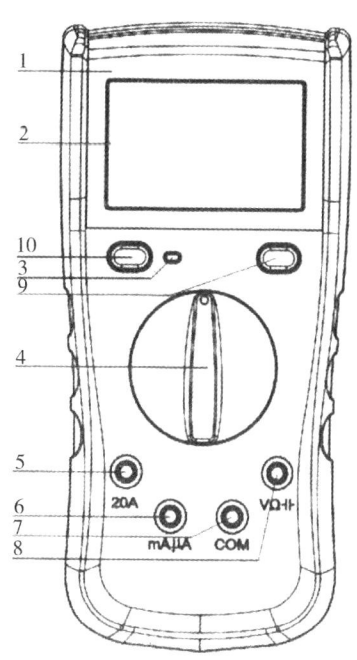

图 2.3.23　万用表面板

3— 发光二极管:通断检测时报警用。

4— 量程开关:用于改变测量功能、量程以及控制开关机。

5—20A 电流测试插座。

6—200mA 电流测试插座正端。

7— 电容、温度、"—"极插座及公共地。

8— 电压、电阻、二极管"+"极插座。

9— 三极管测试座:测试三极管输入口。

10— 显示保持 / 背光灯 / 功能转换 /APO 控制开关。

（2）使用方法。

此处仅以直流电压和直流电流测量方法为例予以说明。

① 直流电压测量。

将红表笔插入"$^{V\Omega\cdot\cdot\cdot}$"插孔,黑表笔插入"COM"插孔。将量程开关转至相应的 DCV 档位上,并将表笔跨接在被测电路上。红表笔所接点的电压与极性显示在屏幕上。

② 直流电流测量。

将红表笔插入 mA(最大为 200mA) 或 20A(最大为 20A) 插孔,黑表笔插入"COM"插孔。将量程开关转至相应的 DCA 档位上,并将表串联接入被测电路中。被测电流值及红色表笔所接点的电流极性显示在屏幕上。

（3）注意事项:

① 测量时选择正确的功能和量程,谨防误操作,各量程测量时,禁止输入超过量程的极限值。

②36V 以下的电压为安全电压,在测高于 36V 直流、25V 交流电压时,要检查表笔是否可靠接触,是否正确连接、是否绝缘良好等,以避免电击。

③ 换功能和量程时,表笔应离开测试点。

④ 在电池没有装好和后盖没有上紧时,请不要使用此表进行测试工作。

⑤ 在更换电池或保险丝前,请将测试表笔从测试点移开,并关闭电源开关。

4.晶体管毫伏表

晶体管毫伏表是一种专门用来测量正弦交流电压有效值的交流电压表。它具有输入阻抗大、电压测量范围广、工作频带宽、测量精度高、可靠性好、灵敏度高等特点。目前实验室常用的晶体管毫伏表是 UT620 系列双通道交流毫伏表。

UT622 型双通道交流毫伏表采用二个通道输入,由一只同轴双指针电表指示,可以分别指示各通道的示值,也可指示出两通道之差值,对立体声音响设备的电性能测试及对比最为方便,广泛用于立体声收录机,立体声电唱机等立体声音响测试,而且它还具有独立的量程开关,可作为两只灵敏度高、稳定性可靠的晶体管毫伏表使用。

UT621 交流毫伏表只有一个通道,其它功能与 UT622 完全相同。

UT622

UT621

图 2.3.24　UT620 系列交流毫伏表

(1) 技术参数

① 测星电压范围:$100\mu V - 300V$

仪器共分十二档量程:$1mV;3mV;10mV;30mV;100mV;300mV;1V;3V;10V;$ $30V;100V;300V$。

分贝量程:$-60dB;-50dB;-40dB;-30dB;-20dB;-10dB;0dB;+10dB;$ $+20dB;+30dB;+40dB;+50dB$。

② 测量电压的频率范围:$10Hz - 2MHz$。

③ 基准条件下的电压误差:$\pm 3\%$(400Hz)。

④ 基准条件下的频响误差:(以 400Hz 为基准)

频率 $20Hz - 100kHz$,误差 $\pm 3\%$;频率 $10Hz - 2MHz$,误差 $\pm 8\%$。

⑤ 在环境温度 $0℃ - 40℃$,湿度 $\leqslant 80\%$,电源电压为 $220V \pm 10\%$,电源频率为 $50Hz \pm 4\%$ 时的工作误差:

频率 $20Hz - 100kHz$,工作误差 $\pm 7\%$;频率 $10Hz - 2MHz$,工作误差 $\pm 15\%$。

⑥ 输入阻抗:$1mV-300mV$ 时,输入电阻 $\geqslant 2M\Omega$,输入电容 $\leqslant 50pF$;$1V-300V$ 时,输入电阻 $\geqslant 2M\Omega$,输入电容 $\leqslant 20pF$。

⑦ 噪声电压小于满刻度的 $\pm 3\%$。

⑧ 两通道隔离度:$\geqslant 110dB$(以 $10Hz - 100kHz$)

⑨ 仪器的过载电压

$1mV-300mV$ 各量程交流过载峰值电压为 100V,$1V-300V$ 各量程交流过载峰值电压为 660V。最大的直流电压和交流过载峰值为 660V。

（2）使用方法

① 通电前，调整电表的机械零位，并将量程开关置于 300V 档。

② 接通电源后，电表的双指针摆动数次是正常的，稳定后即可测量。

③ 若测量电压未知时，应将量程开关置最大档，然后逐级减小量程，直至电表指示大于三分之一满度时读数。

④ 若要测量市电或高电压时，输入端黑柄鳄鱼夹必须接中线端或地端。

（3）注意事项

仪器应在正常工作条件下使用，不允许在日光曝晒，强烈振动及空气中含有腐蚀性气体的场合下使用。

在使用本仪器之前，请检查机箱。如果仪器已经损坏，请勿使用。

2.4   常用物理实验仪器

一、信号源

信号源指能产生和发出信号的装置。实验室常用的是信号发生器，如 DG1000Z 系列函数／任意波形发生器。该系列函数／任意波形发生器是一款集函数发生器、任意波形发生器、噪声发生器、脉冲发生器、谐波发生器、模拟／数字调制器、频率计等功能于一身的多功能信号发生器。因其多功能、高性能、高性价比、便携式等特点，而广泛使用。其面板如图 2.4.1 所示。

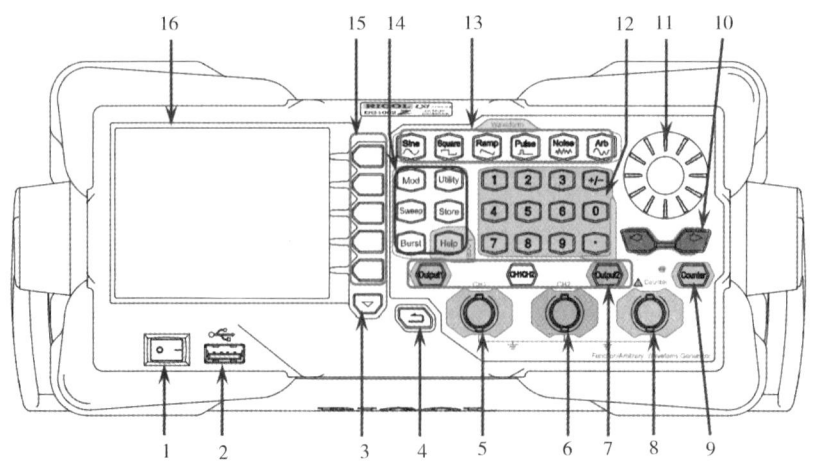

图 2.4.1   DG1000Z 系列前面板布局

（1）波形选择区。

该区域可以提供正弦波（Sine）、方波（Square）、锯齿波（Ramp）、脉冲波（Pulse）、噪声信号（Noise）、任意波（Arb）。

正弦波提供频率从 $1\mu Hz$ 至 $60MHz$ 的正弦波输出，可以改变正弦波的"频率／周期"、"幅值／高电平"、"偏移量／低电平"、"起始相位"。

方波提供频率从 $1\mu Hz$ 至 $25MHz$ 的方波输出，可以改变方波的"频率／周期"、"幅值／高电平"、"偏移量／低电平"、"起始相位"和"占空比"。

表 2.4.1　面板说明

编号	说明	编号	说明	编号	说明
1	电源键	7	通道控制区	13	波形键
2	USB Host	8	Counter 测量信号输入连接器	14	功能键
3	菜单翻页键	9	频率计	15	菜单软键
4	返回上一级菜单	10	方向键	16	LCD 显示屏
5	CH1 输出连接器	11	旋钮		
6	CH2 输出连接器	12	数字键盘		

锯齿波提供频率从 $1\mu Hz$ 至 $1MHz$ 的锯齿波输出，可以改变锯齿波的"频率／周期"、"幅值／高电平"、"偏移量／低电平"、"起始相位"和"对称性"。

脉冲波提供频率从 $1\mu Hz$ 至 $25MHz$ 的脉冲波输出，可以改变脉冲波的"频率／周期"、"幅值／高电平"、"偏移量／低电平"、"脉宽／占空比"、"上升沿"、"下降沿"和"起始相位"。

噪声信号提供带宽为 $60MHz$ 的高斯噪声输出，可以改变噪声信号的"幅度／高电平"和"偏移／低电平"。

任意波提供频率从 $1\mu Hz$ 至 $20MHz$ 的任意波输出，可以输出内建 160 种波形：Sinc、指数上升、指数下降、正切、余切、反三角和高斯等，并提供强大的波形编辑功能。可以改变任意波的"频率／周期"、"幅值／高电平"、"偏移量／低电平"和"起始相位"。

（2）旋钮。

在参数设置时，用于增大（顺时针）或减小（逆时针）当前光标处的数值。存储或读取文件时，用于选择文件保存的位置或用于选择需要读取的文件。在输入文件名时，用于切换虚拟键盘中的字符。在选择内建波形时，用于选择所需的内建任意波。

（3）方向键。

在使用旋钮设置参数时，用于移动光标以选择需要编辑的位。使用键盘输入参数时,用于删除光标左边的数字。在存储或读取文件时,用于展开或收起当前选中目录。文件名编辑时,用于移动光标选择文件名输入区中指定的字符。

（4）通道控制／输出端。

Output 用于开启或关闭通道的输出。BNC 连接器,标称输出阻抗为 50Ω,当 Output 打开时（背光变亮）,该连接器以通道当前配置输出波形。

（5）频率计。

用于开启或关闭频率计功能。按下该按键,背灯变亮,左侧指示灯闪烁,频率计功能开启。再次按下该键,背灯熄灭,此时,关闭频率计功能。

（6）模式／辅助功能键。

调制（Mod）可输出经过调制的波形,提供多种模式调制和数字调制方式,可产生 AM、FM、PM、ASK、FSK 和 PWM 调制信号。

扫频（Sweep）可产生"正弦波"、"方波"、"锯齿波"和"任意波"的扫频信号。支持"线性"、"对数"和"步进"3 种扫频方式和"内部"、"外部"和"手动"3 种触发源。提供频率标记功能,用于控制同步信号的状态。

脉冲串（Burst）可产生"正弦波"、"方波"、"锯齿波"、"脉冲波"和"任意波"的脉冲串输出。支持"N 循环"、"门控"和"无限"3 种脉冲串模式。噪声也可用于产生门控脉冲串。支持"内部"、"外部"和"手动"3 种触发源。

Utility 用于设置辅助功能参数和系统参数。选中该功能时,按键背灯变亮。

存储调出功能（Store/Recal1）,可存储／调出仪器状态或者用户编辑的任意波形数据。内置一个非易失性存储器（C 盘）,并可外接一 U 盘（D 盘）。

（7）菜单软键。

与其左侧的菜单一一对应,按下任意一软键激活对应的菜单。

二、示波器

示波器是现代科学技术领域中广泛应用的测试工具,它不仅可以定性的观察电路（或元件）的动态过程,而且可以定量测量各种电学量,如电压、电流、周期、波形的宽度及上升时间（或下降时间）等,还可以用来作其他显示设备,如晶体管特性曲线、雷达信号等。

按照信号的不同示波器分为模拟示波器和数字示波器。模拟示波器是利用示波管内电子束在电场（或磁场）中的偏转显示随时间变化的电信号的一种测量仪器。数字示波器则是通过数据采集,A/D 转换,软件编程等一系列的技术制造出来的高性能示波器。数字示波器的工作方式是通过模拟转换器（ADC）把被测电压转换为数字信息。数字示波器捕获的是波形的一系列样值,并对样值进行存储,存储限度是判断累计的样值是否能描绘出波形为止,随后,数字示波器重构波形。

1. 模拟示波器

模拟示波器的规格和型号很多,但不同规格和型号的模拟示波器主要由如图 2.4.2 所示的几个基本部分组成:示波管(又称阴极射线管,简写为 CRT),放大电路,扫描发生器,触发同步和供电电源等。

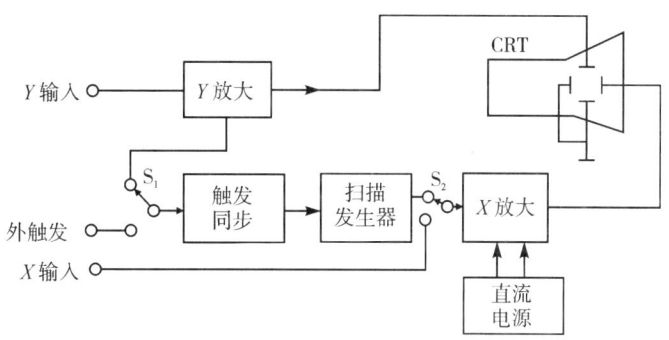

图 2.4.2　模拟示波器的原理框图

(1)示波管的基本结构。

示波管的基本结构如图 2.4.3 所示,主要包括电子枪,偏转系统和荧光屏三部分,全部密封在抽成高真空的玻璃壳内。

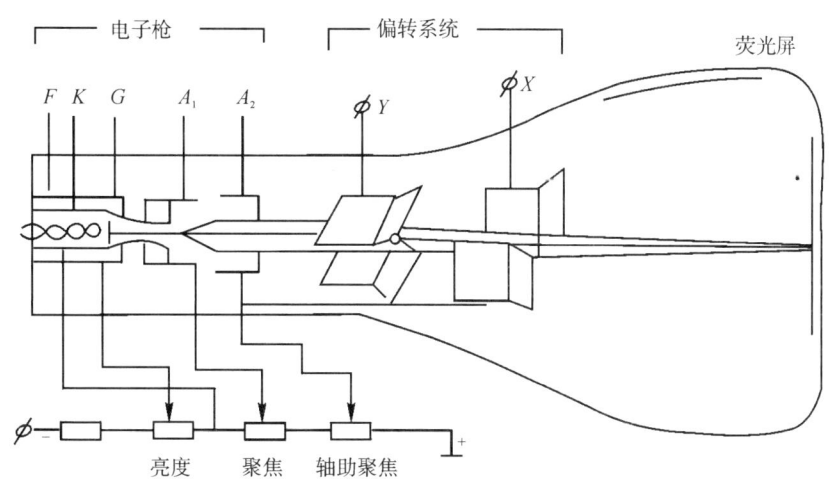

图 2.4.3　示波管结构简图

F－灯丝;K－阴极;G－控制栅极;A_1－第一阳极;

A_2－第二阳极;Y－竖直偏转板;X－水平偏转板

电子枪:由灯丝、阴极、控制栅极、第一阳极和第二阳极五部分组成。灯丝通电后,阴极被加热发射电子。控制栅极是一个套在阴极外面顶端带小孔的圆筒,其电位比阴极低,对阴极发射出来的电子起控制作用,只有初速度较大的电子才能穿过栅极顶端的小孔,在阳极加速下射向荧光屏,示波器面板上的"亮度"旋钮就是通过调节栅极电位以控制射向荧光屏的电子流密度,从而改变着屏上的光斑亮度。阳极电位比阴极电位高得多,电子被阳极产生的电场加速形成射线。当控制栅极、第一阳极和第二阳极之间电位调节合适时,电子枪内的电场对电子射线有聚焦作用,所以第一阳极也称聚焦阳极。第二阳极电位更高,又称加速阳极。面板上的"聚焦"旋钮,就是调节第一阳极电位使荧光屏上的光斑成为明亮、清晰的小圆点,有的示波器还有"辅助聚焦"旋钮,实际上是调节第二阳极电位的。

偏转系统:由两对互相垂直的偏转板组成,一对竖直偏转板,一对水平偏转板。在偏转板上加以适当的电压,电子束通过时,其运动方向发生偏转,从而使电子束射到荧光屏上的位置发生改变。电子束的偏转方向及位移与偏转板上所加电位的极性和大小有关。

荧光屏:荧光屏的内壁涂有荧光粉,电子打上去它就发光,形成亮点。荧光屏前有一块透明的带有刻度的坐标板,供测量光点位置用。

（2）扫描发生器。

当 X、Y 轴偏转板不加电压时,电子束无偏转地打在荧光屏的中心位置,当只给 Y 轴偏转板加一交变电压 U_y(如正弦电压),X 轴偏转板不加电压($U_x = 0$),则电子束在屏上的光斑只随 U_y 的变化在竖直方向来回运动,在水平方向无移动,当 U_y 频率较高时,在荧光屏上只能看到竖直方向的一条亮线。要显示 U_y 随时间变化的波形必须同时在水平偏转板加一随时间线性变化的电压,将光点在水平方向拉开,此电压称为扫描电压,因其波形是锯齿状的,故又称锯齿波电压,这样电子束在 Y 轴电压 U_y 和 X 轴扫描电压的共同作用下,荧光屏上将显示 U_y 随时间变化的波形,如图 2.4.4 所示,将 U_y 加到垂直偏转板上,锯齿波加到水平偏转板上,若两者周期相等 $T_y = T_x$,将一个周期分为四等分,各瞬时值以 0,1,2,3,4 各点表示。从图中可知在正弦波和锯齿波两电压共同作用下,光点在屏上合成运动的轨迹正好是正弦曲线。

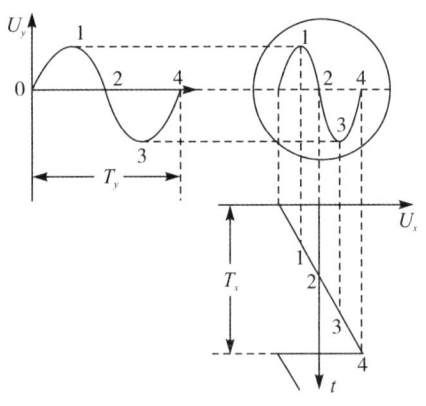

图 2.4.4　扫描原理图

（3）同步电路。

为了观察到稳定的波形,只有当扫描电压的周期 T_x 与被测信号周期 T_y 保持整数倍的关系,即 $T_y = nT_x$(其中 n 为整数 1,2,3……) 时,荧光屏上才会出现稳定的波形。如果不满足上述关系,波形将不会稳定。当 T_y 稍小于 nT_x 时,波形向左移动;当 T_y 稍大于 nT_x 时,波形向右移动。为获得稳定的波形,可通过"扫描微调"来调节扫描电压,使 U_y 和 U_x 同步变化。由于输入 Y 轴的被测信号与示波器内部的锯齿波电压是互相独立的,受环境或其他因素的影响,他们的周期(或频率)可能发生微小的改变,这时,虽然可通过调节扫描旋钮将周期调到整数倍关系,但过一会又变了,波形又移动起来,为此示波器内部装有扫描同步装置,即把 Y 轴输入信号接到锯齿波发生器电路中,使扫描电压的扫描起点自动跟着被测信号改变,即所谓同步(或整步) 作用。面板上的"电平"旋钮即为此而设,在使用中,有时需要让扫描电压与外部某一信号同步,因此面板设有"触发选择" 键,可选择外触发工作状态,相应地设有"外触发" 信号输入端。

(4) 水平轴与垂直轴放大器。

为了观察电压幅度不同的电信号波形,示波器内设有衰减器和放大器,对观察的小信号放大,大信号衰减,因此能在荧光屏上显示出适中的波形。通常示波器的垂直输入信号电压幅度值应不低于 $10 \sim 50\text{mV}$,因为输入信号的电压太小,一不能同步,二在荧光屏上呈一条横线失去示波的功能;也不要将几百伏甚至上千伏的信号直接输入到示波器,最好用分压器取得几伏左右的分压后再用示波器观察波形。此外,还有水平和垂直两个方向的位移调节旋钮,用来改变和选择波形的位置。

目前实验室中常用模拟示波器为固纬 GOS - 620 双踪模拟示波器,其面板图如图 2.4.5 所示,各部分的功能介绍如下:

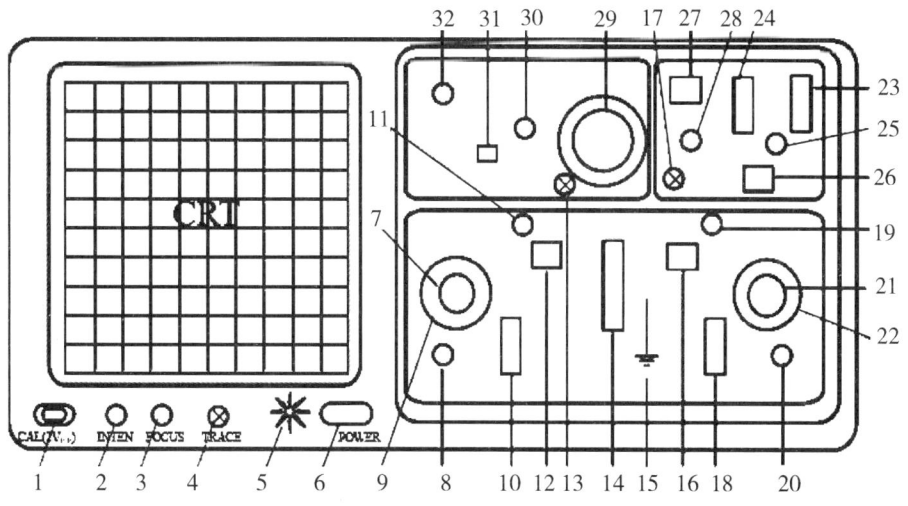

图 2.4.5　GOS - 620 模拟示波器前面板

CRT 显示屏

2 - INTEN:轨迹及光点亮度控制钮。

3 - FOCUS:轨迹聚焦调整钮。

4 - TRACE ROTATION:使水平轨迹与刻度线成平行的调整钮。

6 - POWER:电源主开关。

VERTICAL 垂直偏向

9、22 - VOLTS/DIV:垂直衰减选择钮,以此钮选择 CH1 及 CH2 的输入信号衰减幅度,范围为 5mV/DIV ～ 5V/DIV,共 10 档。

10、18 - AC - GND - DC:输入信号耦合选择按键组,AC:垂直输入信号电容耦合,截止直流或极低频信号输入;GND:选择此键则隔离信号输入,并将垂直衰减器输入端接地,使之产生一个零电压参考信号;DC:垂直输入信号直流耦合,AC 与 DC 信号一齐输入放大器。

8 - CH1(X) 输入:CH1 的垂直输入端,在 X － Y 模式下,为 X 轴的信号输入端。

7、21 - VARIABLE:灵敏度微调控制,至少可调到显示值的 1/2.5。在 CAL 位置时,灵敏度即为档位显示值。当此旋钮拉出时(×5MAG 状态),垂直放大器灵敏度增加 5 倍。

20 - CH2(Y) 输入:CH2 的垂直输入端,在 X － Y 模式下为 Y 轴的信号输入端。

11、19 - POSITION:轨迹及光点的垂直位置调整钮。

14 - VERT MODE:CH1 及 CH2 选择垂直操作模式,CH1:设定本示波器以 CH1 单一频道方式工作;CH2:设定本示波器以 CH2 单一频道方式工作;DUAL:设定本示波器以 CH1 及 CH2 双频道方式工作,此时并可切换 ALTCHOP 模式来显示两轨迹;ADD:用以显示 CH1 及 CH2 的相加信号;当 CH2 INV 键 16 为压下状态时,即可显示 CH1 及 CH2 的相减信号。

13、17 - CH1& CH2 DC BAL:调整垂直直流平衡点。

12 - ALT/CHOP:当在双轨迹模式下,放开此键,则 CH1&CH2 以交替方式显示(一般使用于较快速水平扫描),当在双轨迹模式下,按下此键,则 CH1&CH2 以切割方式显示(一般使用于较慢速水平扫描)。

16 - CH2 INV:此键按下时,CH2 的讯号将会被反向。CH2 输入讯号于 ADD 模式时,CH2 触发截选讯号(Trigger Signal Pickof)亦会被反向。

TRIGGER 触发

26 - SLOPE:触发斜率选择键,"＋":凸起时为正斜率触发,当信号正向通过触发准位时进行触发,"－":压下时为负斜率触发,当信号负向通过触发准位时进行触发。

24-EXT TRIG. IN:外触发输入端子;可输入外部触发信号,欲用此端子时,需先将 SOURCE 选择器 23 置于 EXT 位置。

27-TRIG. ALT:触发源交替设定键,当 VERT MODE 选择器(14)在 DUAL 或 ADD 位置,且 SOURCE 选择器(23)置于 CH1 或 CH2 位置时,按下此键,本仪器即会自动设定 CH1 与 CH2 的输入信号以交替方式轮流作为内部触发信号源。

23-SOURCE:内部触发源信号及外部 EXT TRIG. IN 输入信号选择器。CH1:当 VERT MODE 选择器(14)在 DUAL 或 ADD 位置时,以 CH1 输入端的信号作为内部触发源;CH2:当 VERT MODE 选择器(14)在 DUAL 或 ADD 位置时,以 CH2 输入端的信号作为内部触发源;LINE:将 AC 电源线频率作为触发信号;EXT:将 TRIG. IN 端子输入的信号作为外部触发信号源。

25-TRIGGER MODE:触发模式选择开关。NORM:当没有触发信号时,扫描将处于预备状态,屏幕上不会显示任何轨迹。本功能主要用于观察小于等于 25Hz 的信号;AUTO:当没有触发信号或触发信号的频率小于 25Hz 时,扫描会自动产生;TV-V:用于观测电视讯号之垂直画面讯号;TV-H:用于观测电视讯号之水平画面讯号。

28-LEVEL:触发准位调整钮,旋转此钮以同步波形,并设定该波形的起始点。将旋钮向"+"方向旋转,触发准位会向上移;将旋钮向"—"方向旋转,则触发准位向下移。

水平偏向

29-TIME DIV:扫描时间选择钮;扫描范围从 $0.2\mu S/DIV$ 到 $0.5\mu S/DIV$,共 20 个档位;X-Y:设定为 X-Y 模式。

30-SWP. VAR:扫描时间的可变控制旋钮,若按下 SWP. UNCAL 键(9),并旋转此控制钮,扫描时间可延长至少为指示数值的 2.5 倍;该键若未压下时,则指示数值将被校准。

31-×10MAG:水平放大键,按下此键扫描速度可被扩大 10 倍。

32-POSITION:轨迹及光点的水平位置调整钮。

其他功能

1-CAL(2Vp-p):此端子会输出一个 2Vp-p、1kHz 的方波,用以校正测试棒及检查垂直偏向的灵敏度。

15-GND:示波器接地端子。

2.数字示波器

数字示波器的型号很多,DS1000Z 型数字示波器是物理实验室较常用的一种,它是 100MHz 带宽级别数字示波器中功能较齐全的产品。以它为例简要介绍其功能和用法。

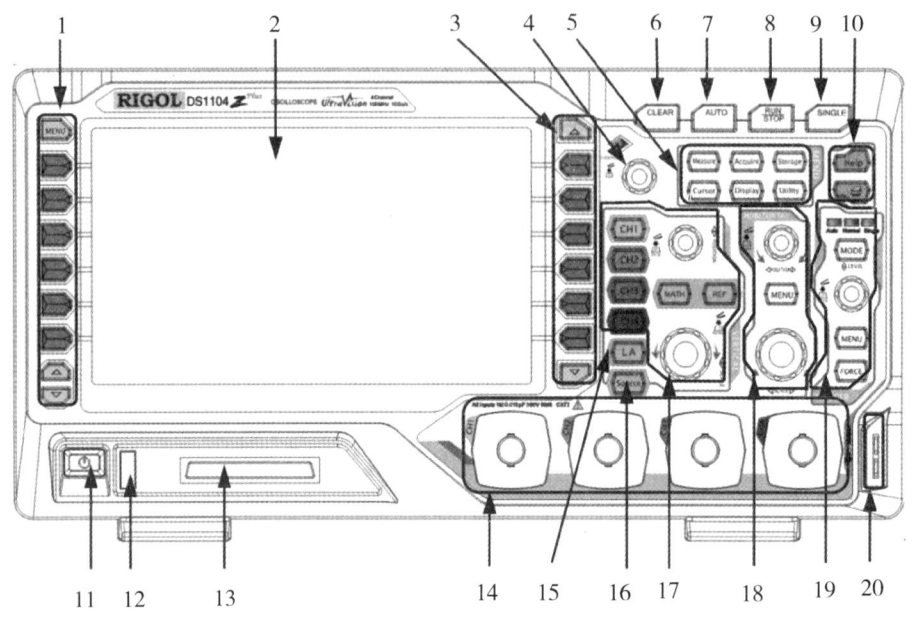

图 2.4.6　DS1000Z 型数字示波器前面板

表 2.4.2　前面板说明

编号	说明	编号	说明
1	测量菜单操作键	11	电源键
2	LCD	12	USB Host 接口
3	功能菜单操作键	13	数字通常输入
4	多功能旋钮	14	模拟通道输入
5	常用操作键	15	逻辑分析仪操作键
6	全部消除键	16	信号源操作键
7	波形自动显示	17	垂直控制
8	运行 / 停止控制键	18	水平控制
9	单次触发控制键	19	触发控制
10	内置帮助 / 打印键	20	探头补偿信号输出端 / 接地端

（1）垂直控制。

CH1、CH2、CH3、CH4：模拟通道设置键。4 个通道标签用不同颜色标识，并且屏幕中的波形和通道输入连接器的颜色也与之对应。按下任一按键打开相应通道菜单，再次按下关闭通道。

MATH：按 MATH 键可打开 A＋B、A－B、A×B、A/B、FFT、A&&B、A || B、

A˄B、!A、Intg、Diff、Sqrt、Lg、Ln、Exp、Abs 和 Filter 运算。还可以打开解码菜单，设置解码选项。

REF：按下该键打开参考波形功能。可将实测波形和参考波形比较。

垂直 POSITION：修改当前通道波形的垂直位移。顺时针转动增大位移，逆时针转动减小位移。修改过程中波形会上下移动，同时屏幕左下角弹出的位移信息实时变化。按下该旋钮可快速将垂直位移归零。

垂直 SCALE：修改当前通道的垂直档位。顺时针转动减小档位，逆时针转动增大档位。修改过程中波形显示幅度会增大或减小，同时屏幕下方的档位信息实时变化。按下该旋钮可快速切换垂直档位调节方式为"粗调"或"微调"。

（2）水平控制。

水平 POSITION：修改水平位移。转动旋钮时触发点相对屏幕中心左右移动。修改过程中，所有通道的波形左右移动，同时屏幕右上角的水平位移信息实时变化。按下该旋钮可快速复位水平位移（或延迟扫描位移）。

MENU：按下该键打开水平控制菜单。可打开或关闭延迟扫描功能，切换不同的时基模式。

水平 SCALE：修改水平时基。顺时针转动减小时基，逆时针转动增大时基。修改过程中，所有通道的波形被扩展或压缩显示，同时屏幕上方的时基信息实时变化。按下该旋钮可快速切换至延迟扫描状态。

（3）触发控制。

MODE：按下该键切换触发方式为 Auto、Normal 或 single，当前触发方式对应的状态背光灯会亮。

触发 LEVEL：修改触发电平。顺时针转动增大电平，逆时针转动减小电平。修改过程中，触发电平线上下移动，同时屏幕左下角的触发电平消息框中的值实时变化。按下该旋钮可快速将触发电平恢复至零点。

MENU：按下该键打开触发操作菜单。

FORCE：按下该键将强制产生一个触发信号。

（4）波形自动显示。

按下该键（AUTO）启用波形自动设置功能。示波器将根据输入信号自动调整垂直档位、水平时基以及触发方式，使波形显示达到最佳状态。

（5）全部清除。

按下该键（CLEAR）清除屏幕上所有的波形。如果示波器处于"RUN" 状态，则继续显示新波形。

（6）运行控制。

按下该键"运行"或"停止"波形采样。运行（RUN）状态下，该键黄色背光灯点亮；停止（STOP）状态下，该键红色背光灯点亮。

（7）多功能旋钮。

调节波形亮度：非操作时，转动该旋钮可调整波形显示的亮度。亮度可调节范围为 0％ 至 100％。顺时针转动增大波形亮度，逆时针转动减小波形亮度。按下旋钮将波形亮度恢复至 60％。也可按 Display → 波形亮度，使用该旋钮调节波形亮度。

多功能：菜单操作时，该旋钮背光灯变亮，按下某个菜单软键后，转动该旋钮可选择该菜单下的子菜单，然后按下旋钮可选中当前选择的子菜单。该旋钮还可以用于修改参数、输入文件名等。

（8）功能菜单。

Measure：按下该键进入测量设置菜单。可设置测量信源、打开或关闭频率计、全部测量、统计功能等。按下屏幕左侧的 MENU，可打开 32 种波形参数测量菜单，然后按下相应的菜单软键快速实现"一键"测量，测量结果将出现在屏幕底部。

Acquire：按下该键进入采样设置菜单。可设置示波器的获取方式、Sin(x)/x 和存储深度。

Storage：按下该键进入文件存储和调用界面。可存储的文件类型包括：图像存储、轨迹存储、波形存储、设置存储、CSV 存储和参数存储。支持内、外部存储和磁盘管理。

Cursor：按下该键进入光标测量菜单。示波器提供手动、追踪、自动和 XY 四种光标模式。其中，XY 模式仅在时基模式为"XY"时有效。

Display：按下该键进入显示设置菜单。设置波形显示类型、余辉时间、波形亮度、屏幕网格和网格亮度。

Utility：按下该键进入系统功能设置菜单。设置系统相关功能或参数，例如接口、声音、语言等。

三、箱式惠斯通电桥

惠斯通电桥，又称单臂直流电桥，它是一种用比较法测量电阻的仪器。其实质是将被测电阻与标准电阻进行比较来确定被测电阻值的。具有测试灵敏，准确度高，使用方便等特点，它不仅能够测量许多与电阻有关的电学量和非电学量，而且在自动控制中也得到了广泛的应用。主要用于测量中等阻值的电阻（$10 \sim 10^{6}\Omega$）。

QJ－24 型箱式电桥是常用的一种单臂直流电桥，图 2.4.7 是 QJ－24 型电桥的面板图，旋比例臂旋钮可以改变倍率 k 的数值，共有七档，即：0.001,0.01,0.1,1,10,100,1000。比较臂 R_0 相当于 1－9999Ω 的四旋钮电阻箱，G 外接可不接，将拨动开关打到内接,使用内部检流计,用法如下:将被测电阻接在 R_x 接线柱上,电源选择先打在 $3V$ 上,根据 R_x 的粗知值选置好 k 值钮位,将灵敏度调至最小,按 B 接通电源,按 G 接通检流计,调节 R_0,使检流计为零,再逐渐增大灵敏度反复调节 R_0,直到灵敏度最大,检流计为零。

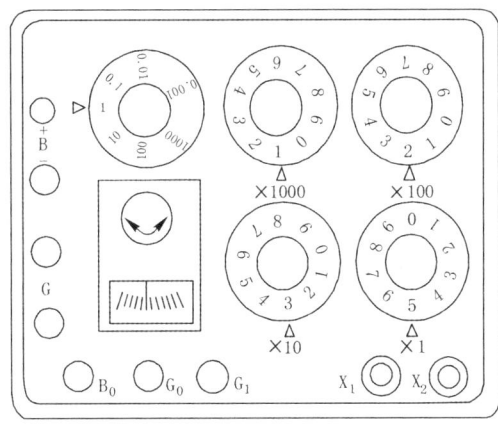

图 2.4.7　QJ－24 型电桥面板图

四、电位差计

电位差计是根据被测电压和已知电压相比较,利用补偿原理制成的高精度测量仪表。测量的结果仅仅依赖于准确度极高的标准电池、标准电阻以及高灵敏度的检流计。其测量准确度可达到 0.01% 或更高。由于上述优点,电位差计是精密测量中应用最广的仪器之一,不仅用来精确测量电池电动势、直流电压、直流电流和电阻等,还可用来校准精密电表和直流电桥等直读式仪表,在非电参量(如温度、压力、位移和速度等)的电测法中占有重要地位。

UJ1 型电位差计是常用的一种电位差计,其面板如图 2.4.8 所示。仪器的使用方法如下:

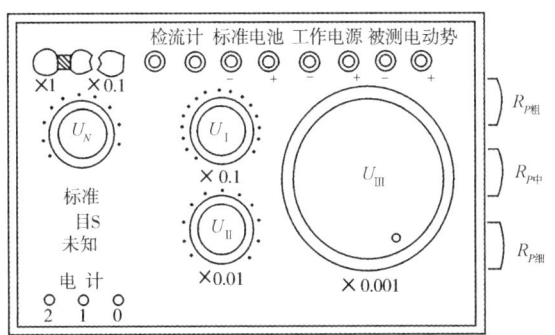

图 2.4.8　电位差计面板结构

（1）接线端钮有四组,分别接标准电池("标准"端钮),检流计("电计"端钮),电位差计工作电源("电池"端钮)以及待测电源("未知"端钮)。

（2）可变电阻 R_{P_1},R_{P_2},R_{P_3}(即在仪器右侧面的粗、中、细调)用来调节工作电路的工作电流。

（3）由于标准电池的电动势随温度有微小变化,为了保证电位差计中有固定的工作电流,在实验前,U_N 的数值必须随当时温度作相应的改变,在图 2.4.8 中,用 U_N 旋钮来调节。U_N 周围刻有标准电池不同的电动势值范围 $1.0166 \sim 1.0194$V。

（4）电阻 R 上的电压由三个读数转盘 Ⅰ、Ⅱ、Ⅲ 的示值来读取的,即当测量电路 R 两端电压与待测电动势补偿时,三个读数盘上所指示的读数之和即为待测电动势或电位差。

（5）当转换开关 S 打向"标准"位置时,电阻 R_N 两端电位差与外接标准电池的电动势相比较;当它打向"未知"位置时则可测量未知电动势 ε_x。

（6）电计按钮有"2""1""0"三个。不论校准或测量,在开始操作时均应按"2"键,这时检流计串接了一只保护电阻,以防止电路不平衡时流经检流计的电流过大。当电路接近平衡时,则用"1"按钮,此时无保护电阻,可增加检测的灵敏度。如果电路断开时检流计指针在零点两边不停地晃动,可在指针经过零点时按下"0"按钮,使它停止晃动。

（7）量程变换插孔有"×1""×0.1"两档,用铜插头插入"×1"孔内,表示电位差计的量程为 1.61V,插入"×0.1"孔内,量程为 0.161V 即 161mV。

五、阿贝折射仪

阿贝折射率计是根据全反射原理设计的,它有透射和反射两种使用方法,是用望远镜进行角度测量并直接读出折射率值的光学仪器,用其可以测量固体、液体的折射率 n_D、平均色散 $n_F - n_C$,还可以测量糖溶液含糖量的百分浓度。平均色散为色散的量度,一般规定用氢谱蓝线 $F(\lambda_F = 486.1$nm$)$ 的折射率 n_F 和氢谱红线 C（$\lambda_C = 656.3$nm$)$ 的折射率 n_C 之差表示。

（1）光学部分。

仪器的光学部分由望远系统与读数系统两部分组成,如图 2.4.9 所示。

进光棱镜（1）与折射棱镜（2）之间有一微小均匀的间隙,被测液体充满其间。当光线（自然光或白炽灯光）射入进光棱镜（1）时便在其磨砂面上产生漫反射,使被测液层内有各种不同角度的入射光,经过折射棱镜（2）产生一束折射角均大于临界角 i_0 的光线,由摆动反射镜（3）将此束光线射入消色散棱镜组（4）。此消色散棱镜组是由一对等色散阿米西棱镜组成,其作用是获得一可变色散来抵消折射棱镜对不同被测物体所产生的色散,再由望远物镜（5）将此明暗分界线成象于分划板（7）上。分划板上有十字分划线,通过目镜(8)能看到如图 2.4.10 上半部所示的象。

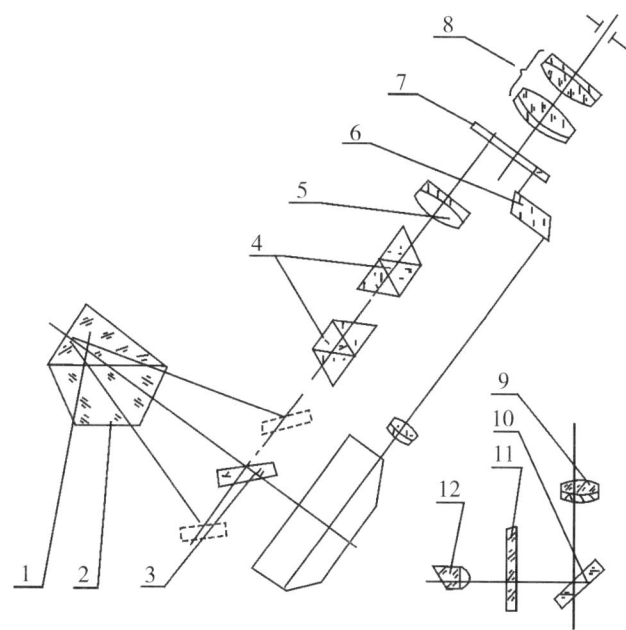

图 2.4.9 阿贝折射计光学系统图

光线聚光镜(12)照亮了读数盘(11),读数盘与摆动反射镜(3)连成一体,同时绕刻度中心作回转运动,通过反射镜(10)、读数物镜(9)、平行棱镜(6)将读数盘上不同部位折射率示值成象于分划板(7)上,见图 2.4.10 下半部所示的象。

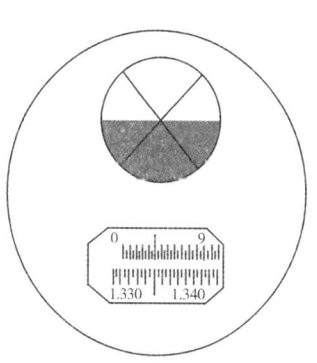

图 2.4.10 阿贝折射计中呈现的象

(2)结构部分。

如图 2.4.11。底座(14)为仪器的支承座,壳体(17)固定在其上,除棱镜和目镜以外全部光学组件及主要结构封闭于壳体内部。棱镜组固定于壳体上,由进光棱镜、折射棱镜以及棱镜座等结构组成,两只棱镜分别用特种粘合剂固定在棱镜座内。(5)为进光棱镜座,(11)为折射棱镜座,两棱镜座由转轴(2)连接,使进光棱镜能够打开和关闭,当两棱镜座密合并用手轮(10)锁紧时,二棱镜面之间的间隙充满被测液体。(3)为遮光板,透射法测量时打开,光线由此窗口进入进光棱镜。(18)为三只恒温器接头,(4)为温度计,(13)为温度计座,可用乳胶管与恒温器连接使用。(1)为反射镜,仅在反射法测量时打开,光线经此反射进入折射棱镜。(8)为目镜,(9)为盖板,(15)为折射率刻度调节手轮,(6)为色散调节手轮,(7) 为色散值刻度圈,(12) 为刻度盘照明聚光镜,(16) 为校准螺丝。

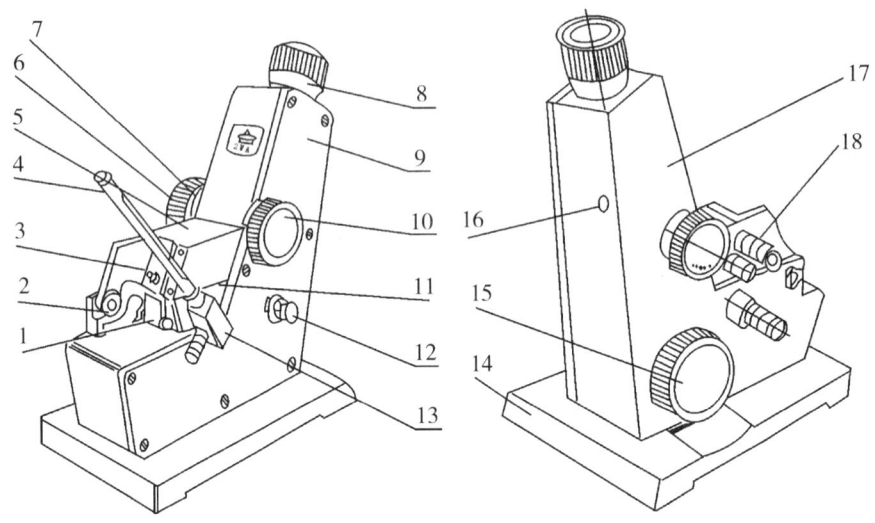

图 2.4.11　阿贝折射计外部结构

(3) 阿贝折射计的校准。

阿贝折射计可以用标准玻璃块或蒸馏水进行校准。若用标准玻璃块校准,先用乙醚酒精混合液(冬季乙醚与酒精之比为 3∶1,夏季为 5∶1)将折射棱镜和玻璃块的抛光面擦拭干净,涂以折射率大于玻璃块的溴代萘折射液($n_D = 1.66$),然后贴在折射棱镜上。折射液不宜过多,稍加压力使二接触面紧贴在一起,两面基本平行,中间不得有气泡。用透射法,调节刻度盘照明聚光镜(12),通过望远镜目镜看到整个明亮视场,转动色散调节手轮(6)使半明半暗分界线消色,再转动折射率刻度手轮(15)使分界线与目镜中分划线交点重合,从读数显微镜中读出折射率值,看其是否与标准玻璃块给出的折射率值相符,若数值不符,可用改锥调节望远镜筒上的校准螺丝(16),使读出值与标准值一致。

如用蒸馏水校准,先将进光棱镜和折射棱镜用混合液擦净,再用蒸馏水擦净,待干后,在折射棱镜上加注几滴蒸馏水,随即将两块棱镜合在一起,打开遮光板(3),通过望远镜目镜找到半明半暗分界线,用前述调节方法测出折射率值,看其是否与标准值(水的折射率 $n_D = 1.3333$)相符,如果不符,可调整螺丝(16)使之相符。

六、分光计

分光计是精确测定光线偏转角的仪器,也称测角仪。光学中的许多基本量如波长、折射率、光栅常数、光的色散率等都可以直接或间接的表现为光线的偏转角,通过对出射光角度的测量就可以得到这些基本量的信息。分光计可以单独使用或跟其他仪器配合使用,常用来完成反射、折射、衍射、偏振等实验。

分光计主要由平行光管、望远镜、载物台和读数装置、底座五部分组成,其结构如图 2.4.12 所示。平行光管用来产生平行光,望远镜用来接收平行光,载物台用来放置三棱镜、平面镜、光栅等物体,读数装置用来测量角度。

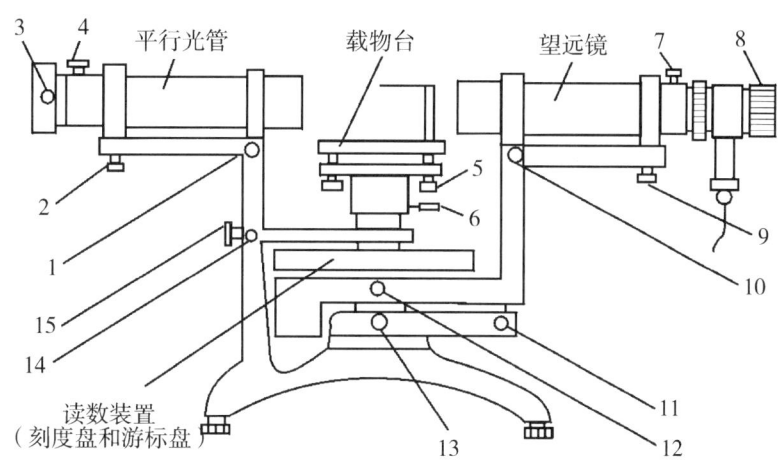

图 2.4.12　分光计结构示意图

分光计上有许多调节螺丝和手轮,它们的代号、名称和功能见表 2.4.3。

表 2.4.3　分光计各部件名称及其功能

代号	名称	功能
1	平行光管光轴水平调节螺丝	调节平行光管光轴的水平方位(水平面上方位调节)。
2	平行光管光轴高低调节螺丝	调节平行光管光轴的倾斜度(铅直面上方位调节)。
3	狭缝宽度调节手轮	调节狭缝宽度(0.02 ~ 2.00 mm)。
4	狭缝装置固定螺丝	松开时,调平行光;调好后锁紧,以固定狭缝装置。
5	载物台调平螺丝(3 只)	台面水平调节。(本实验中,用来调平面镜和三棱镜折射面平行中心轴。)
6	载物台固定螺丝	松开时,载物台可单独转动、升降;锁紧后,使载物台与游标盘固联。
7	叉丝套管固定螺丝	松开时,叉丝套筒可自由伸缩、转动(物镜调焦);调好后锁紧,以固定叉丝套管。
8	目镜视度调节手轮	目镜调焦用(调节 8,可使视场中叉丝清晰)。
9	望远镜光轴高低调节螺丝	调节望远镜光轴的倾斜度(铅直面上方位调节)。
10	望远镜光轴水平调节螺丝(在图后侧)	调节望远镜光轴的水平方位(水平面上方位调节)。

续表

代号	名称	功能
11	望远镜微调螺丝(在图后侧)	在锁紧 13 后,调 11 可使望远镜绕中心轴缓慢转动。
12	刻度盘与望远镜固联螺丝	松开 12,两者可相对转动;锁紧 12,两者固联,才能一起转动。
13	望远镜止动螺丝(在图后侧)	松开 13,可用手大幅度转动望远镜;锁紧 13,微调螺丝 11 才起作用。
14	游标盘微调螺丝	锁紧 15 后,调 14 可使游标盘作小幅度转动。
15	游标盘止动螺丝	松开 15,游标盘能单独作大幅度转动;锁紧 15,微调螺丝 14 才起作用。

(1)底座。

分光计基座上的中心轴线是分光计的转轴。望远镜、载物平台和读数盘可绕中心转轴转动,准直管装在与底座相连的立柱上。

(2)望远镜。

分光计中所采用的望远镜是一种自准望远镜,它由物镜、叉丝分划板和目镜(阿贝目镜)组成,它们分别装在三个套筒中,彼此之间可以相对滑动,以便调节,如图 2.4.13 所示。中间的一个套筒里装有一块分划板,其上刻有"十"形叉丝。分划板下方与全反射小棱镜一直角面紧贴着,在这个直角面上刻有一个透光的小"+"字,套筒侧面正对棱镜另一个直角面处开有一个小孔,孔内装有一小灯泡。点亮灯泡,光线经全反射小棱镜折射后照亮小"+"字,用这个小"+"字作为物来调节望远镜,若使其反射象落在叉丝 aa' 上(如图 2.4.13),便达到了调节要求。

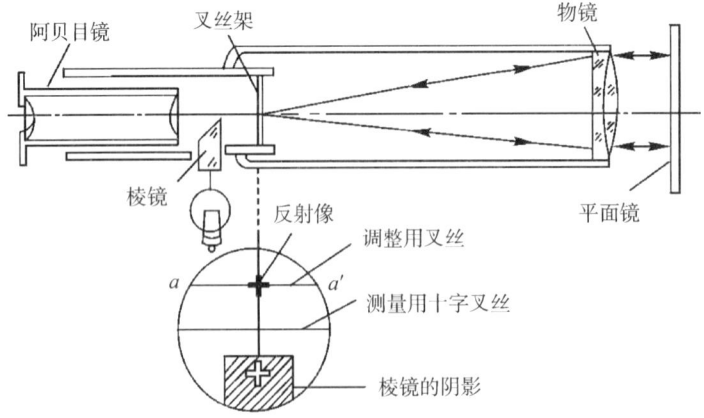

图 2.4.13 阿贝目镜式望远镜的结构和视场

（3）平行光管。

平行光管的作用是产生平行光，它的管筒固定在架座的一只脚上，管筒一端装有消色差的复合透镜组，另一端装有带可调狭缝的套管。用光源照亮狭缝，调节狭缝位置，使它位于透镜的焦平面上，即可产生平行光。

（4）载物平台。

载物平台的高度和倾斜度均可通过有关的螺丝来调节，并可绕分光计的主轴转动。

（5）读数装置。

读数盘有内外两层，外层是主刻度盘，上面有 $0 \sim 360°$ 的圆刻度，分度值为 $0.5°$。由于加工精度的影响，在生产分光计时难以做到使望远镜、刻度盘的旋转轴线与分光计中心轴完全重合。为了消除刻度盘中心与仪器转轴之间的偏心差，内盘为游标盘有两个相隔 $180°$ 的角游标，分度值为 $1'$。测量时，两个游标都应读数，望远镜的方位由刻度盘和游标确定。望远镜的方位角由每个游标两次读数的差，再取平均值。角游标的读数方法与游标卡尺的读数方法相似。如图 2.4.14 所示的位置，其读数如图。

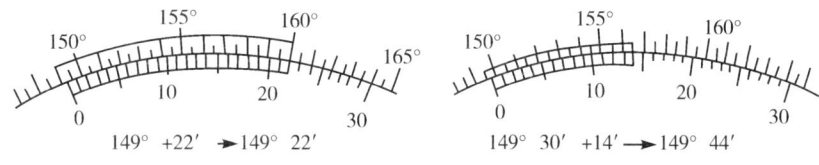

图 2.4.14　角游标的读法

七、迈克尔逊干涉仪

迈克尔逊干涉仪是 1881 年美国物理学家迈克尔逊和莫雷合作为研究"以太"漂移而设计制造出来的精密光学仪器，是一种典型的分振幅法产生双光束干涉的仪器，利用它能精确测量固体和气体的折射率，测量长度和长度的微小变化，研究光源的时间相干性及检验光学材料的均匀性等。

1.迈克尔逊干涉仪的光路

迈克尔逊干涉仪的光路如图 2.4.15 所示，从光源 S 发出的一束光射到一平行平面板 G_1 上。G_1 板的后表面镀有半反射膜，一般镀金属银。这个半反射膜将一束光分为两束光，一束为反射光（1），另一束为透射光（2），二者强度近于相等。光束（1）经 M_1 反射后透过 G_1，到达观察点 E；光束（2）经 M_2 反射后再经 G_1 的后表面反射后也到达 E，与光束（1）会合干涉。补偿板 G_2 的作用是保证在 $M_1 A$ 与 $M_2 A$ 距离相等时，光束（1）和（2）有相等的光程。图中的 M'_2 是 M_2 镜通过 G_1 反射面所成的虚像，因而两束光在 M_1 与 M_2 上的反射，就相当于在 M_1 与 M'_2 镜上的反射。这种干涉现象与厚度为 d

的空气薄膜产生的干涉现象等效。改变 M_1 与 M_2' 的相对方位,就可得到不同形式的干涉条纹。当 M_1 与 M_2' 严格平行时,产生等倾干涉条纹,当 M_1 与 M_2' 接近重合,且有一微小夹角时,得到的干涉条纹是等厚直条纹。

2.迈克尔逊干涉仪的结构

迈克尔逊干涉仪的结构如图 2.4.16 所示。

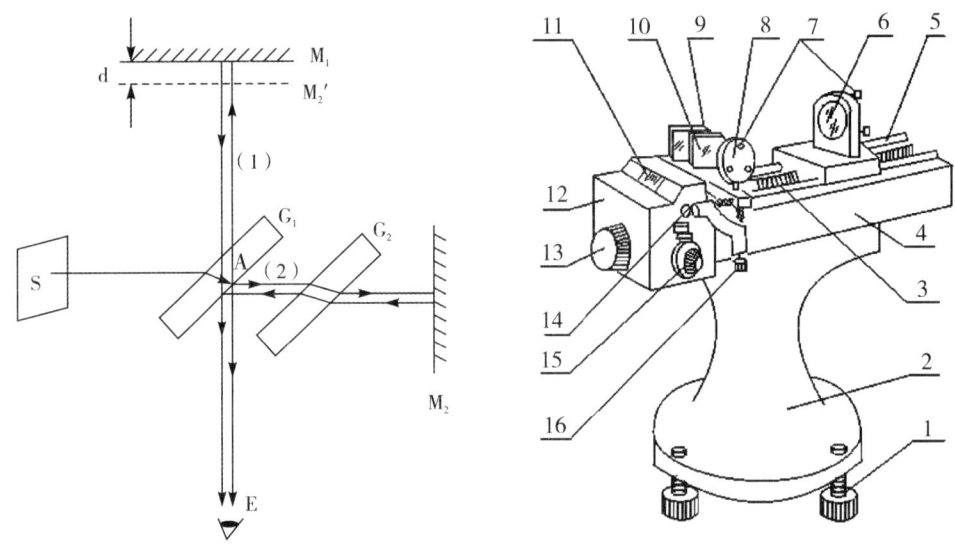

图 2.4.15   迈克尔逊干涉仪光路   图 2.4.16   迈克尔逊干涉仪的结构图

一个机械台面(4)固定在较重的铸铁底座(2)上,底座上有三个调节螺钉(1),用来调节台面的水平。在台面上装有螺距为 1 毫米的精密丝杠(3),丝杠的一端与齿轮系统(12)相连接,转动手轮(13)或微动鼓轮(15)都可使丝杠转动,从而使骑在丝杠上的反射镜 M_1(6)沿着导轨(5)移动。M_1 镜的位置及移动的距离可从装在台面(4)一侧的毫米标尺(图中未画出)、读数窗(11)及微动鼓轮(15)上读出。手轮(13)分为100 分格,它每转过 1 分格,M_1 镜就平移 1/100 毫米(由读数窗读出)。微动鼓轮(15)每转一周,手轮随之转过 1 分格。鼓轮又分为 100 格,因此鼓轮转过 1 格,M_1 镜平移 10^{-4} 毫米,这样,最小读数可估计到 10^{-5} 毫米。M_2 镜(8)是固定在镜台上的。M_1、M_2 二镜的后面各有三个螺钉(7),可调节镜面的倾斜度。M_2 镜台下面还有一个水平方向的拉簧螺丝(14)和一个垂直方向的拉簧螺丝(16),其松紧使 M_2 镜台产生一极小的形变,从而可以对 M_2 镜的倾斜度作更精细的调节。(9)和(10)分别为分束镜 G_1 和补偿板 G_2。M_1、M_2 两镜面都镀了银,G_1 的内表面为半反射面,也镀有银。各镜面必须保持清洁,切忌用手触摸,镜面一经玷污,仪器将受损而不能使用,因此,使用时要格外小心。精密丝杠及导轨的精度也是很高的,如它们受损,同样会使仪器精度下降,甚至使仪器不能使用。因此,操作时动作要轻要慢,严禁粗鲁、急躁。

在读数与测量时要注意以下两点:

(1) 转动微动鼓轮时,手轮随着转动,但转动手轮时,鼓轮并不随着转动。因此在读数前应先调整零点,方法如下:将微动鼓轮(15)沿某一方向(例如顺时针方向)旋转至零,然后以同方向转动手轮(13)使之对齐某一刻度。这以后,在测量时只能仍以同方向转动鼓轮使 M_1(6)移动,这样才能使手轮与鼓轮二者读数相互配合。

(2) 为了使测量结果正确,必须避免引入空程,也就是说,在调整好零点以后,应将鼓轮按原方向转几圈,直到干涉条纹开始移动以后,才可开始读数测量。

3.迈克尔逊干涉仪的调节

(1) 等倾干涉的调节与观察。

① 调节干涉仪底脚螺丝,使仪器基本水平。调节 M_2 镜座上的微调弹簧螺旋,使它处在弹簧适中的位置。

② 调节 $He-Ne$ 激光器,使激光束与 M_2 大致垂直,在激光束前放一小孔 P,如图2.4.17所示 ,调节 M_1 后面的三个螺丝,使由 M_1 反射的最亮点与小孔重合,再调节 M_2 后面的三个螺丝,使由 M_2 反射的最亮点也与小孔重合。此时

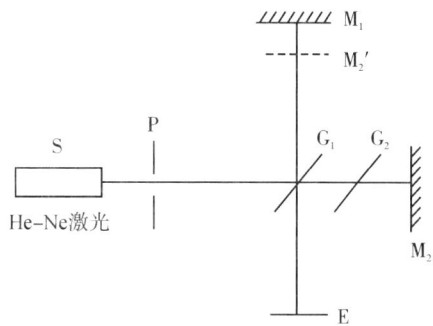

图 2.4.17　迈克尔逊干涉仪调节图

在小孔屏上能看到小范围的条纹,表明 M_1 与 M_2 镜已经互相垂直,干涉仪已基本调好。注意,调节 M_1 与 M_2 时,二个螺丝要适当调整,不能只拧某一个螺丝,不可将螺丝拧得过紧,也不可完全松开。

③ 拿掉小圆孔,放上短焦距透镜,使激光束充满 G_1,在毛玻璃观察屏上就可看到同心圆条纹。这就是点光源产生的非定域条纹。若干涉条纹的中心不在观察屏中心,可以调节 M_2 的一对垂直、水平微调弹簧螺丝,把圆心调到中间。

④ 转动手轮及微动轮,改变动镜 M_1 的前后位置,观察毛玻璃屏中心有条纹不断"冒"出来或"陷"进去的现象,判别 M_2' 与 M_1 的间距是在逐渐增大还是减小,判别 M_1 的位置处在 M_2' 的前面还是后面。

在缺少 $He-Ne$ 激光器的情况下,调整干涉仪可以采用低压汞灯或钠灯,方法如下:将低压汞灯或钠灯对准干涉仪,拿掉毛玻璃观察屏,人眼在迈克尔逊干涉仪的中心轴线位置 E 处直接向 M_1 看进去,观察汞灯灯丝或钠灯灯丝的两个不重合的虚像,仔细调节 M_2 后面的三个调节螺丝,使两个虚像重合在一起,这时在灯管虚像上就可

看到叠加着一些细密的条纹,微调 M_2 的螺丝,使条纹变疏些。然后在低压汞灯(或钠灯)与干涉仪之间放上毛玻璃,就可在视场中看到一圈圈同心圆条纹。仔细微调 M_2 的弹簧螺丝,将圆心调到视场中心,并当人眼左右移动时,条纹中心跟着改变,而直径不变,此时已调出等倾干涉条纹。在用钠灯做光源时,要注意使 M_1 与 M_2' 的间距小些,接近等光程位置,并转动微动轮,使干涉条纹清晰。上述调整,也可采用在汞灯或钠灯前加一针尖,仔细调节 M_2 后的三个螺丝,使 M_1 中的两个针尖像重合,同样可调出干涉条纹。

(2) 等厚干涉和白光干涉条纹的调节与观察。

① 用扩展光源照明 G_1,在 M_1、M_2' 大致重合的位置(圆条纹粗而疏时),调节 M_2 镜的拉簧螺丝,使 M_1 与 M_2' 有一很小夹角,转动粗调手柄,使弯曲条纹往圆心方向移动,在视场中将出现直线干涉条纹。干涉条纹之间的距离与 M_1 和 M_2' 的夹角成反比,当夹角太大时,干涉条纹很密,不利于观察干涉条纹(一般条纹间距约 $3 \sim 4$ mm 为宜)。移动 M_1 镜,观察干涉条纹从弯曲变直再变弯曲的现象。

② 在干涉条纹变直的附近,再加上白光光源(激光仍存在),使 M_1 镜继续沿原方向很缓慢地移动,直到视场中出现彩色条纹(白光干涉条纹)为止。彩色条纹的对称中心就是 M_1 与 M_2' 的交棱。记下此时 M_1 镜的位置,它就是 M_1 与 M_2' 的重合位置。注意由于白光的干涉条纹数很少,所以必须耐心细致地调节才能观察到。M_1 的移动要非常缓慢,否则,白光干涉条纹一晃而过不易找到。

③ 验证白光干涉条纹定域在镜面附近(给一焦距约为 16cm 的凸透镜,或者给一工作距离为 25cm 的特制显微镜)。

2.5　常用物理实验器件

一、波片

波片又称波晶片,是能使入射光互相垂直的两振动分量间产生附加光程差(或相位差)的光学器件。通常由具有精确厚度的石英、方解石或云母等双折射晶片做成,其光轴与晶片表面平行。一束平面偏振光垂直入射到波片后,其振动分解成垂直于光轴方向的寻常光(o 光)和平行于光轴方向非寻常光(e 光)。o 光和 e 光在波片中沿同一方向传播,由于传播速度不同(折射率不同),两垂直分量间就会产生一固定的光程差。光波经过一特定厚度的波片产生的相位差 $\Delta\phi$ 和光程差 δ 分别为

$$\Delta\phi = \frac{2\pi}{\lambda}(n_0 - n_e)d \tag{2.5.1}$$

$$\partial = (n_0 - n_e)d \tag{2.5.2}$$

式中 d 为波片厚度，n_0 和 n_e 为 o 光和 e 光的折射率。由式(2.5.1)可知，平面偏振光通过一定厚度波片，o 光和 e 光产生的相位差仅与波片厚度有关。对于某一特定波长的单色光通过不同厚度波片，产生相位差和光程差不同，根据光透过波片产生的相位差的不同，可将波片分为四分之一波片，二分之一波片和全波片，详见表 2.5.1。

表 2.5.1　常见波片类型及其对应的相位差和光程差

波片名称	光程差	相位差
四分之一波片	$(2k+1)\dfrac{\lambda}{4}$	$\Delta\phi = \pm(2k+1)\dfrac{\pi}{2}$
二分之一波片	$(2k+1)\dfrac{\lambda}{2}$	$\Delta\phi = \pm(2k+1)\pi$
全波片	$k\lambda$	$\Delta\phi = \pm 2k\pi$

从波片透射出来的 o 光和 e 光，是两束频率相同、振动方向不同、相位差恒定的线偏振光，它们将再次合成一束光，合成后的透射光将呈现不同的偏振状态，具体情况如下：

① 自然光通过任何波片后，透射光仍是自然光。

② 线偏振光通过全波片后，透射光仍是线偏振光。

③ 线偏振光以任意角 a 通过 $\dfrac{\lambda}{2}$ 波片后，透射光仍是线偏振光，但振动平面转过 $2a$ 角，a 角是入射线偏振光的振动平面与波片光轴的夹角。

④ 线偏振光以 a 角通过 $\dfrac{\lambda}{4}$ 波片后，透射光一般为椭圆偏振光；但当 $a = 0$ 或 $\dfrac{\pi}{2}$ 时，透射光仍是线偏振光；当 $a = \dfrac{\pi}{4}$ 时，透射光是圆偏振光。

⑤ 圆偏振光通过 $\dfrac{\lambda}{4}$ 波片后，透射光为线偏振光。

⑥ 椭圆偏振光入射到 $\dfrac{\lambda}{4}$ 波片上时，若椭圆主轴与波片光轴一致，则透射光为线偏振光，其它情况透射光仍是椭圆偏振光。

二、偏振片(偏振元件)

有些晶体(如电气石、人造偏振片)不但能产生双折射，而且对光的吸收性质也是各向异性的。对两个互相垂直的振动的电矢量具有不同的吸收本领，这种选择吸收性,称为二向色性.当自然光通过二向色性晶体时,它允许透过某一电矢量振动方向的光(此方向称为偏振化方向),而吸收与其垂直振动的光,透射光基本上成为平面偏振光.偏振片是用人工方法制成的薄膜,可分为玻璃偏振片和有机薄膜偏振片.玻璃偏振片是将含有卤化银的玻璃溶解,再经过热处理、延伸、研磨和还原工序而制成的偏光器件;有机薄膜偏振片是将具有网状结构的聚乙烯高分子化合物薄膜浸入碘溶液中,经过硼酸水溶液还原稳定后,再定向拉升 4 — 5 倍,使大分子定向排列,高分子结构由网状结构变成线状结构,碘分子被整齐的吸附在薄膜上而具有起偏和检偏作用.利用偏振片可以获得截面较宽的偏振光束,而且造价低廉,使用方便.缺点是有颜色,光透过率较低.

三、滤光片

在现代光学技术中经常需要从光源中分离出很窄范围的单色光,能从连续光谱中滤出所需波长范围的光学器件称为滤光片(optical filter, light filter).它是在塑料或玻璃基材中加入特种染料或在其表面蒸镀光学膜制成,用以衰减(吸收)光波中的某些光波段或以精确选择小范围波段光波通过,而反射(或吸收)掉其他不希望通过的波段.通过改变滤光片的结构和膜层的光学参数,可以获得不同特性的光谱,滤光片可以控制、调整和改变光波的透射、反射、偏振或相位状态.

滤光片的分类方法一般是按光谱特性、膜层材料、工作原理、应用特点等特性进行.(1) 根据光谱透射率,如图 2.5.1 所示,可分为窄带通滤光片(图(a))、宽带通滤光片(图 (b))、短波截止(或长波通)滤光片(图(c))、长波截止(或短波通)滤光片(图(d))、中性密度滤光片等.(2) 根据材质可分为玻璃滤光片、水晶滤光片、彩色玻璃滤光片等.(3) 根据工作原理,可分为干涉滤光片和非干涉滤光片,由于干涉滤光片具有良好的光学性能,在现代光学技术中得到广泛的应用.(4) 根据使用目的可分为光学滤光片和光学窗口.

四、薄透镜

透镜是组成显微镜、望远镜和照相机等多种光学仪器的最基本的光学元件,而焦距是透镜最重要的参数之一,透镜成象的位置及性质均与其有关,对于不同的光学仪器,由于使用目的的不同,会选择不同焦距的透镜(或透镜组).掌握测量透镜焦距的方法、熟知其成像规律、学会光路的调节技术可为日后正确使用光学仪器打下良好基础.透镜焦距的测量方法有多种,根据不同的透镜、不同精度的要求和具体实验条件选择合适的方法.介绍几种常用的透镜焦距测量方法,作为几何光学实验的基本练习.

透镜是具有两个折射面的简单共轴球面(或一面为平面)透明系统.如果透镜中

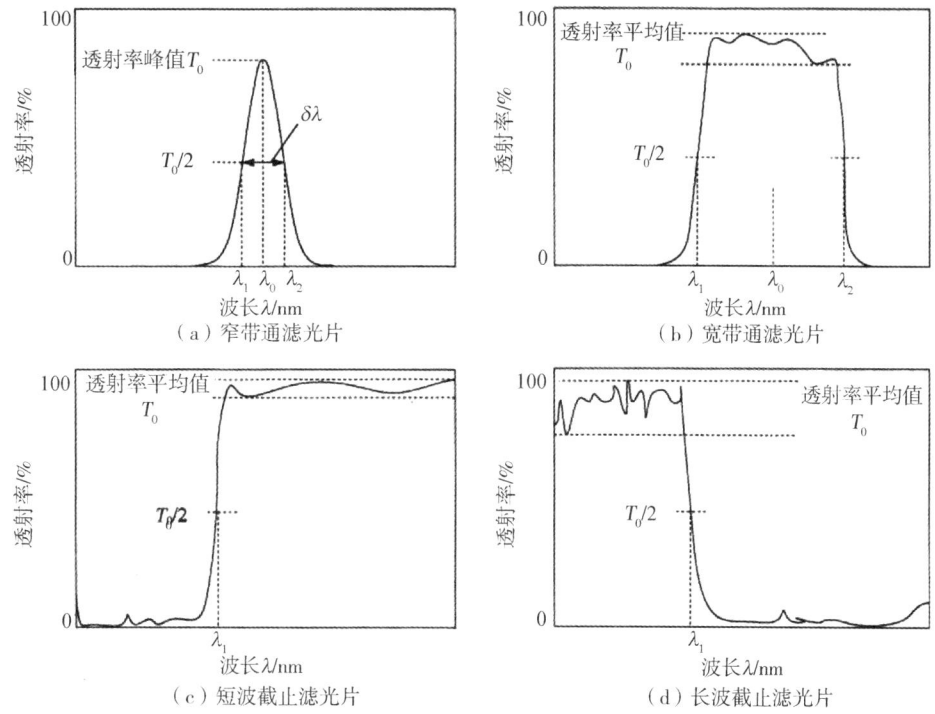

图 2.5.1 滤光片光谱透射率曲线

央的厚度比两折射面的曲率半径小得多,这种透镜就叫薄透镜。当中央的厚度大于边缘时叫凸透镜,凸透镜可使光线因折射而会聚,所以也称为会聚透镜。当中央的厚度小于边缘时叫凹透镜,凹透镜具有光束发散的作用,所以又称为发散透镜。

通过透镜中心并垂直于镜面的几何直线称作透镜的主光轴,平行于主光轴的平行光经凸透镜折射后会聚于主光轴上的一点 F,这一点就是该透镜的焦点,如图 2.5.2 所示。一束平行于凹透镜主光轴的平行光,经凹透镜折射后成为发散光,将发散光束反向延长交于主光轴上的一点 F,称之为凹透镜的焦点,如图 2.5.3 所示。对上述二透镜而言,从焦点到透镜光心 O 的距离就是焦距 f。在近轴光线的条件下,其成象规律为:

$$\frac{1}{u} + \frac{1}{v} = \frac{1}{f} \tag{2.5.3}$$

式中,u 表示物距,v 表示象距,f 为透镜的焦距,u、v、f 均是从透镜的光心 O 点算起沿主光轴的距离。物距 u 恒取正值,象距 v 的正负由象的实虚来确定,实象时 v 为正,虚象时 v 为负。凸透镜的 f 为正值,凹透镜的 f 为负值。

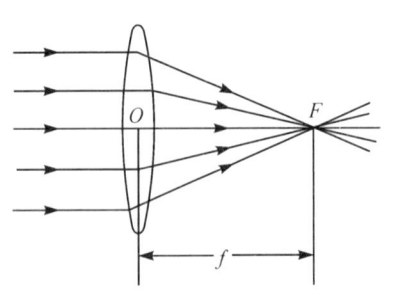 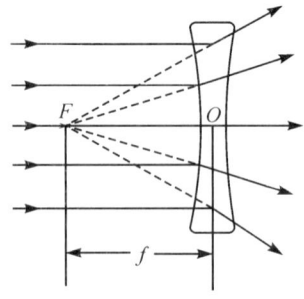

图 2.5.2　凸透镜的焦点和焦距图　　　图 2.5.3　凹透镜的焦点和焦距图

根据式(2.5.3),测定了物距 u 和象距 v,即可计算出透镜的焦距

$$f = \frac{uv}{u+v} \qquad (2.5.4)$$

焦距的倒数 $1/f$ 叫做透镜的焦度,如果焦距以 m 为单位,其倒数再乘 100,就是通常所谓眼镜度数。例如 200 度的近视镜,就是焦距为 $0.5m$ 的发散透镜。

五、平行光管

平行光管是一种能产生平行光束的仪器,是装校调整光学仪器的重要工具之一,也是光学量度的重要仪器。当配用不同的分划板和测微目镜时,可用来测量透镜或透镜组的焦距、分辨率等。

1. 结构

实验中使用的 CPG550 型平行光管,其光学系统相当于一个具有高斯目镜结构的测量望远镜。其结构见图 2.5.4。

由光源发出的光束经分光板 5 反射,照亮分划板 7。分划板处于物镜的焦平面上,因而由分划板上每一点发出的光经过平行光管物镜后,形成一束平行光。为了准确调整分划板的位置,在平行光管上附有高斯目镜和调整用的平面反射镜。550 型平行光管物镜的焦距 $f = 550\text{mm}$,口径 55mm,相对孔径 $D/f = 1/10$,高斯目镜焦距 $f = 44\text{mm}$,放大倍数 5.7。

① 十字分划板见图 2.5.5(a),用来调整平行光管。

② 分辨率板见图 2.5.5 (b),分 2 号和 3 号两种,每块板上有 25 个图案单元。对 2 号板,从第 1 单元到第 25 单元,每个图案单元中平行条纹的宽度由 $20\mu m$ 递减到 $5\mu m$;而 3 号板,则由 $40\mu m$ 递减到 $10\mu m$。

③ 星点板见图 2.5.5(c),星点直径为 0.05mm,通过被检验的光学系统后,得到该星点的衍射花样,根据花样的形状可以定性检查系统成像质量的好坏。

④ 玻罗板见图 2.5.5(d),在玻璃基板上用真空镀膜的方法镀有五对刻线,各线

对的间距分别为 1.000mm、2.000mm、4.000mm、10.000mm 和 20.000mm 将玻罗板与测微目镜配合,可用来测定透镜的焦距和玻璃基板的平行度。

2.调节方法

为了使平行光管的出射光束严格平行,以提高测量的精度,必须在使用平行光管前,对平行光管进行两方面的调节:(1)用自准法,使分划板严格处于物镜的焦平面上;(2)使十字分划板中心与平行光管光轴重合。

具体调节步骤如下:

① 按图 2.5.4 安装平行光管,分划板座上放十字分划板。

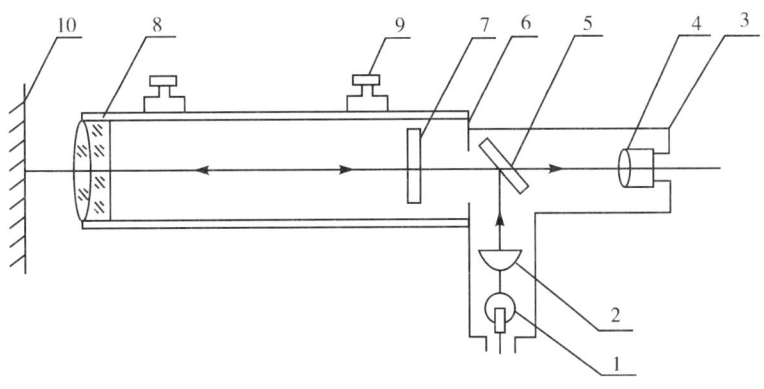

图 2.5.4　平行光管的结构图
1.光源;2.聚光镜;3.出瞳;4.目镜;5.分光板;6.光阑;
7.分划板;8.物镜;9.止动螺钉;10.调节用的平面反射镜

② 调节目镜,使目镜中能清楚地看到十字分划板。

③ 调节平面反射镜,使由平行光管射出的光束经平面镜反射后返回平行光管,在目镜中看到反射光斑和十字线的反射像。

④ 细心调节分划板座前后位置,使目镜中同时能清楚看到十字线和它的像,并且没有视差,这时分划板已基本调节在物镜的焦平面上。

⑤ 调节平面反射镜的垂直和水平调节螺旋,使分划板十字线与它的像重合。

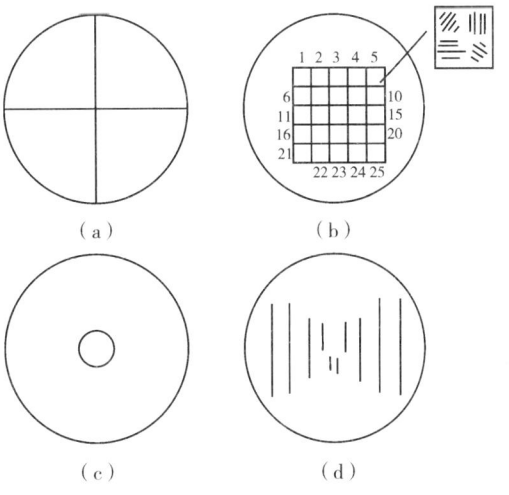

图 2.5.5　分划板

⑥ 松开平行光管座上的止动螺旋,将平行光管绕其光轴转过180°,如发现分划板十字线的物像不再重合,说明分划板十字线中心还没有与平行光管光轴重合。此时应分别调节平面反射镜及分划板座调节螺旋,两者各调节一半,使分划板十字线物像重合。

⑦ 重复上述步骤,反复调节,直到转动平行光管时,十字线物像始终重合。至此,平行光管调节完毕。

六、法布里—珀罗标准具

法布里—珀罗干涉仪($F-P$标准具)是一种多光束干涉装置,其干涉条纹细锐,分辨率极高,在研究光谱结构、精确测量等许多方面有广泛的应用。

$F-P$标准具是由两块平面玻璃板M_1、M_2组成,两玻璃板的内表面镀以高反射率的银或铝膜,镀膜面的平面度要求很高,当两表面严格平行时,由于光在这两个镀膜面之间空气层的反复反射,便形成多光束的等倾干涉圆环.为避免没有涂镀的表面反射光的干扰,两块平板通常做成楔形,楔角约$1' \sim 10'$,两块平板均安装在金属框内,其中一块固定,另一块可借三个调节螺钉调整两反射面的平行度及空气层的厚度d。

$F-P$标准具的光路图如图2.5.6所示,设单色平行光S以一个角度θ入射到M_1反射面上,当M_1与M_2镜平行时,入射光束会在M_1与M_2之间来回多次地反射,每次反射的同时,透出一部分光强,因而形成了一系列平行的透射光束1、2、3、……。设入射光振幅为A,两镜面的反射率为R、间距为d,则由M_2透出来的各束光的振幅分别为

$$(1-R)A,$$
$$R(1-R)A,$$
$$R^2(1-R)A,$$
$$R^3(1-R)A,$$
$$\cdots\cdots$$

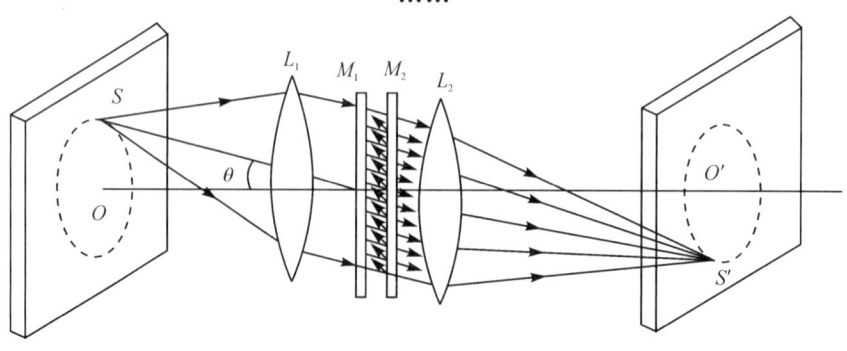

图2.5.6   法布里—珀罗干涉仪的原理图

这些透射光互相平行,它们的振幅以等比级数减小(分比为 R). 它们通过透镜 L_2 在焦平面上形成干涉条纹。每相邻光束到达该点有相同的光程差

$$\delta = 2d\cos\theta \qquad (2.5.5)$$

相应的相位差为

$$\Delta\varphi = \frac{2\pi}{\lambda} \cdot \delta = \frac{4\pi}{\lambda} \cdot d\cos\theta \qquad (2.5.6)$$

由多光束干涉原理可知,多光束透射光干涉的强度为

$$I_T = \frac{I_0}{1 + \dfrac{4R}{(1-R)^2}\sin\dfrac{\Delta\varphi}{2}} \qquad (2.5.7)$$

式中 I_0 为入射光强,当相邻两束光的位相差 $\Delta\varphi = 0$、2π、4π……时,光强 I 为极大值 I_0。当 $\Delta\varphi$ 为 π 的奇数倍时,光强 I 极小值

$$I_T = \left(\frac{1-R}{1+R}\right)^2 \cdot I_0 \qquad (2.5.8)$$

因此,反射率 R 越接近 1,条纹的极小值越接近零,则条纹的可见度越显明,$\Delta\varphi$ 与 $\dfrac{I_T}{I_0}$ 的关系曲线见图 2.5.7。当反射率 $R \to 0$ 时,透射光强 I_T 与 $\Delta\varphi$ 值无关,几乎均为 I_0。分不出极大与极小值。当 $R \to 1$ 时,在 $\Delta\varphi$ 为 π 偶数倍时出现极大值,在 $\Delta\varphi$ 稍偏离这些值时,光强就会很快下降为零。

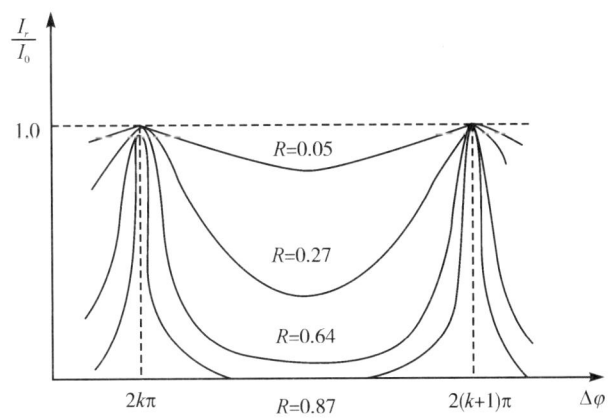

图 2.5.7　光强与相邻两光束相位差的关系

这里介绍表征 $F-P$ 标准具性能的两个重要的参量:自由光谱区和分辨本领。

(1) 自由光谱区 $\Delta\lambda_{FSR}$ 或 $\Delta\upsilon_{FSR}$(色散范围)。

自由光谱区(或色散范围)表征标准具所允许的不同波长的干涉花纹不重合的最大波长差,被研究的谱线波长差大于其色散范围时,两套花纹之间就要发生重叠或错

序。例如：若标准具间隔圈 $d = 5\text{mm}$，对 500nm 的波长而言，$\Delta\lambda_{FSR} = 0.025\text{nm}$。假设入射光波不是单色光，而是具有 λ_1 至 $\lambda_2 = \lambda_1 + \Delta\lambda$ 的波长区间。对于同一干涉序数 k，λ_1 和 λ_2 分别对应不同的入射角 $\theta_1 > \theta_2$，产生两套圆环花纹，即波长长的成分在里圈，如图 2.5.8 所示。如果 $\Delta\lambda$ 逐渐加大至 $\Delta\lambda = \Delta\lambda_{FSR}$，使得 λ_2 的 k 序数的花纹与 λ_1 的 $k+1$ 序数花纹重合，有 $k\lambda_2 = (k+1)\lambda_1$，即波长为 $\lambda_2 = \lambda_1 + \Delta\lambda_{FSR}$ 的第 k 级亮条纹和波长为 λ_1 的第 $k+1$ 级亮条纹发生重合。也就是说，如果 $\Delta\lambda < \Delta\lambda_{FSR}$，则各波长的第 k 级亮条纹按照波长大小的次序，分布在波长 λ 的第 k 级和第 $k+1$ 级亮条纹之间，反之，如果 $\Delta\lambda > \Delta\lambda_{FSR}$，就会发生不同级次的亮条纹相互重叠的现象。因此，波长区间 $\Delta\lambda_{FSR}$ 被叫作"自由光谱区（Free Spectral Range）"。由 $k\lambda_2 = (k+1)\lambda_1$，$\lambda_2 - \lambda_1 = \Delta\lambda_{FSR} = \dfrac{\lambda_1}{k}$，由于 k 是很大的数，可用中心花纹（$\theta \approx 0$）的序数替代，即用 $2nd = k\lambda$ 带入上式，并用 λ 替代 λ_1，得到：

$$\Delta\lambda_{FSR} = \frac{\lambda^2}{2nd} \tag{2.5.9}$$

用波数表示为：

$$\Delta\nu_{FSR} = \frac{1}{2nd} \tag{2.5.10}$$

（2）标准具的精细度 F（或叫分辨本领）。

精细度的物理意义是相邻两个干涉花纹之间能够被分辨的干涉花纹的数目。其定义式为：$F = \dfrac{\Delta\lambda_{FSR}}{\delta\lambda} = \dfrac{\pi\sqrt{R}}{1-R}$，其中，$\Delta\lambda_{FSR}$ 是标准具的色散范围，$\delta\lambda$ 是标准具能分辨的最小波长差，R 为反射面内表面的反射率。F 只依赖于反射膜的反射率，反射率越高，精细常数越大，仪器能够分辨的条纹数越多，也就是仪器分辨本领越高。

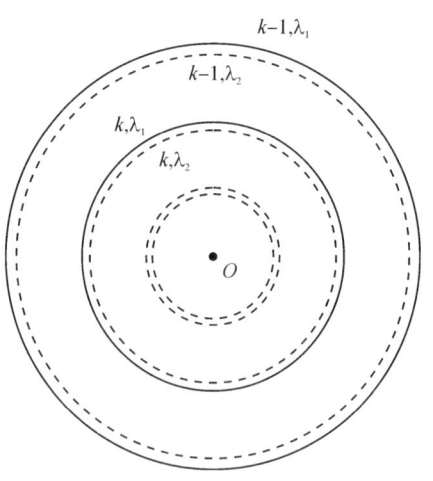

图 2.5.8　法布里－珀罗干涉环

七、常用光源

大学物理实验中常用的光源有白炽灯、汞灯、钠灯和氦氖激光器等。

1. 白炽灯

白炽灯是根据电流通过钨丝，使钨丝加热到白炽状态而发光的原理制成的。灯丝在将电能转变为可见光的同时，产生大量的红外辐射，使不少电能以热的形式损失掉。为了提高白炽灯的发光效率，就要尽可能提高灯丝的温度。虽然钨的熔点很高，为

3655K,但当温度很高时,钨在真空中很容易蒸发,从而降低灯丝的寿命。为提高钨丝灯的寿命和发光效率,通常在白炽灯内充入氩、氮等惰性气体,可以有效地控制钨的蒸发。但充气后,又会造成附加的气体热传导和对流的热损失,故普通钨丝灯的发光效率是不高的。尽管如此,由于这种灯泡性能稳定,使用方便,寿命又长,且在近红外和可见光区有很强的连续光谱,所以用途很广。实验室中常用作白光光源。其中钨带灯经过标准黑体校准后,还可作为光度测量中的标准灯。若在钨丝灯泡内加入微量的卤族元素碘或溴,就制成了碘钨灯和溴钨灯。从灯丝蒸发出来的钨会与卤族元素反应,形成卤钨化合物。当卤钨化合物扩散到炽热的灯丝周围时,又分解出卤族元素和钨,钨又重新沉积到灯丝上去。这样就可控制钨丝的蒸发,大大提高发光效率,也延长了使用寿命。碘钨灯和溴钨灯因体积小、亮度大,常被用作摄影和放映电影、幻灯,在光信息处理的实验中,被用来作强白光源。

2. 汞灯

又称水银灯,是利用汞蒸气在放电管内弧光放电而发光的光源,它在可见光范围内有十几条分立的强谱线。按工作时汞蒸气压高低可分为低压汞灯、高压汞灯和超高压汞灯三种。

(1)低压汞灯和低压水银荧光灯。

通常汞蒸气压在一个大气压以下的汞灯称低压汞灯。低压汞灯可用作紫外光源,它的辐射能量几乎集中在 253.7nm 这一谱线上。在可见光区仅有几根清晰的特征谱线:435.8nm、546.1nm、577.0nm、579.1nm。

若在低压汞灯的管壁内涂上一层荧光粉,灯点亮后汞蒸气发出的紫外线照射在荧光物质上,使其发射出波长较长的可见光。若选配适当的荧光物质,可使它发出的光色与白光相近,这种灯俗称日光灯。日光灯在可见光区辐射连续光谱,在此连续谱背景上仍明显叠加着汞的四根最强的特征谱线,所以除了作照明光源外,有时也可在光学实验中代替汞灯使用。

(2)高压汞灯。

增加汞蒸气压,可提高汞灯的发光效率与亮度,并且激发的线光谱也更多。当管内汞蒸气压增加到几个大气压(25 个大气压以下)时,称为高压汞灯。高压汞灯是实验室常用的标准光源。它的结构与工作电路见图 2.5.9。

在真空的圆柱形石英管两端各有一个主电极,在一个主电极旁有一辅助电极。两个主电极上涂有氧化物,管内充有汞和少量氩气,石英管外还有一硬质玻璃外壳,起保护作用。辅助电极(也称触发电极)通过一只 $40 \sim 60k\Omega$ 的高电阻 R 与不相邻的一个主电极相连接。当汞灯接入电路后,触发电极和相邻主电极之间加有 220V 电压,由于这两个电极靠得很近(仅 2~3mm),所以它们之间的气体极易被强电场击穿,产生大量的电子和离子。这些带电粒子在两主电极电场作用下,产生弧光放电。随着灯管温度增高,汞逐渐汽化,放电由辉光放电过渡到弧光放电。当汞全部蒸发后,管内汞蒸气压稳定,灯管正常发光。因此高压汞灯从启动到正常工作,需要 5~10 分钟预热点燃时间。同样,高压汞灯熄灭以后,也需要一段冷却时间,待汞蒸气凝结后,才能再次点燃。高压汞灯在紫外、可见和近红外区都有辐射,可见光区辐射的波长见表 2.5.2。

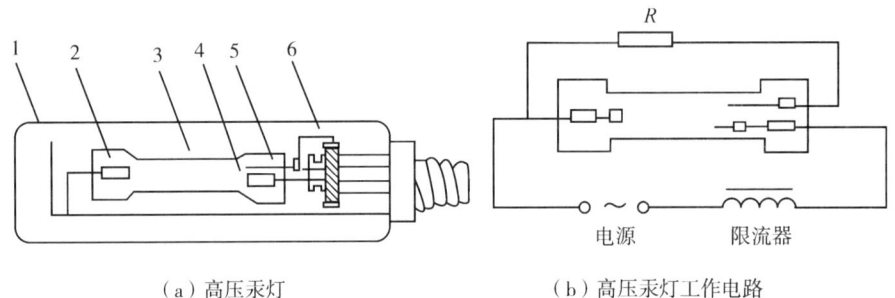

(a)高压汞灯 (b)高压汞灯工作电路

图 2.5.9 高压汞灯

1.外壳;2.主电极;3.石英管;4.主电极;5.辅助电极;6.电阻

表 2.5.2 可见光区常用光源波长表 单位:nm

光源	波长	光源	波长	光源	波长
氢灯	656.28	汞灯(Hg)	612.33	汞灯(Hg)	433.92
	486.13		607.26		407.78
	434.05		579.07		404.66
	410.17		576.96	氦氖激光	632.8
钠灯(Na)	589.59		546.07	红宝石激光	693.4
	589.00		496.03	氩离子激光	514.53
汞灯(Hg)	690.72		491.60		487.99
	671.62		435.84	氦镉激光	441.6
	623.44		434.75		

若在高压汞灯外壳的内表面涂上一层荧光粉,就成为高压水银荧光灯,光线柔和明亮,常用于街道和广场等处照明。

(3)超高压汞灯。

汞蒸气压高达 25 大气压以上的汞灯为超高压汞灯。随着汞蒸气压的提高,原子激发到高能级的概率增大,紫外辐射减弱,可见光区发射的线光谱展宽了,强度大大增加。这种灯在实验室中用得较少。

3. 钠灯

钠灯的工作原理和汞弧灯相似,都是金属蒸气弧光放电。钠灯分低压钠灯和高压钠灯两种,实验室常用的是低压钠灯。钠灯工作时,在可见光区域发射出两条极强的黄色谱线,波长分别为 589.0nm 及 589.6nm,通常取黄双线中心波长 589.3nm 作为钠黄光的波长。钠灯是实验室中常用的单色光源之一。

使用钠灯和使用汞灯一样,应注意:(1) 灯管必须经过扼流圈,才能和 220V 电源相连。低压汞灯的扼流圈可与低压钠灯的扼流圈混用,而高压汞灯的扼流圈则不可与低压钠灯的扼流圈混用。(2) 汞灯和钠灯开启后有预燃过程,熄灭后有冷却过程。熄后必须等灯管冷却后才能重新启动。切勿盲目地多次开关光源,以免降低灯管寿命。

4. 氢灯

氢灯也是一种气体放电光源。如图 2.5.10 所示,一根与大玻璃管相通的毛细管,管内充以氢,放电时发出粉红色的光。在可见光区氢原子有 H_α、H_β、H_γ、H_δ 四条线光谱。工作电流一般为几毫安,管压降为几千伏。使用时,220V 交流电通过调压变压器输入到霓虹灯变压器的输入端,霓虹灯变压器输出端接到氢灯两端,如图 2.5.11 所示。因为霓虹灯变压器次级线圈就是一个很大的电感,所以不需要另接镇流器。

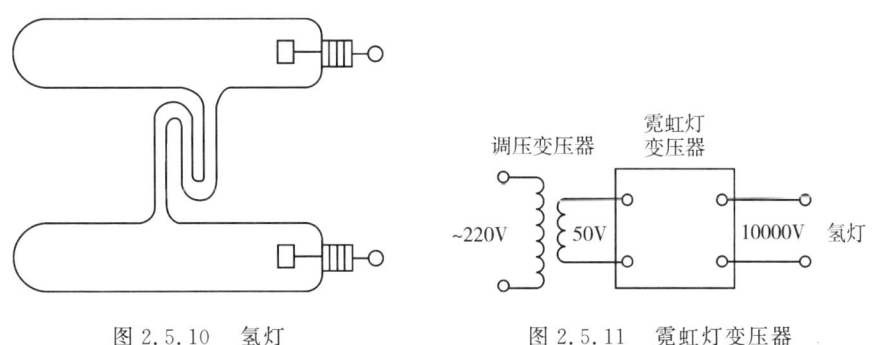

图 2.5.10　氢灯　　　　　图 2.5.11　霓虹灯变压器

5. 光谱管(辉光放电管)

光谱管是一种主要用于光谱实验的光源,大多在两个装有金属电极的玻璃泡之间连接一段细玻璃管,内充极纯的气体。两极间加高电压,管内气体因辉光放电发出具有该种气体特征光谱成分的光辐射。它发光稳定,谱线宽度小,可用于光谱分析实验作波长标准参考。使用时把霓虹灯变压器的输出端接在放电管的两个电极上。因各元素光谱管起辉电压不同,所以在霓虹灯变压器的输入端接一个调压器,调节电压到管子稳定发光为止。光谱管只能配接霓虹灯变压器或专用的漏磁变压器,不可接普通变压器,否则会被烧毁。光谱管工作电压一般在几百至几千伏之间,须注意人身安全。

每次换接光谱管之前,必须先拔下 220V 插头,以免触电。还要注意,升压不可过高,因为过高的电压会使光谱管寿命缩短,还会增加不需要的杂线干扰。

6. 氦氖(He-Ne) 激光器

激光器是 60 年代初出现的一种新型光源。它的发光机理与普通光源不同,普通光源是自发辐射发光,激光器则是受激辐射发光,具有方向性强、单色性好、空间相干性高的优点。氦氖激光器的构造见图 2.5.12。在一个抽成真空的玻璃管内固定一个充有氦氖混合气的毛细管,玻璃管两端封贴镀介质膜的反射镜,组成一个谐振腔。实验室用的 He-Ne 激光器管长一般为 250mm 左右,功率约为 2mW。有的 He-Ne 激光器的反射镜是安装在管外的,便于调节,且放电管的窗口与管轴成布儒斯特角,则发出的激光是线偏振光,见图 2.5.13 所示。

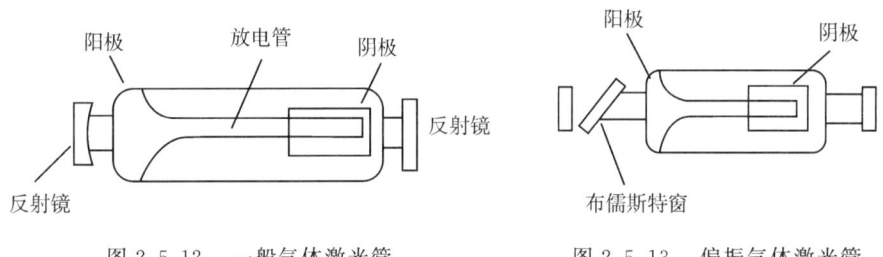

图 2.5.12   一般气体激光管   图 2.5.13   偏振气体激光管

使用激光器要注意安全,实验时在没有经过扩束器扩束前,不要让眼睛直视激光束,以免损伤眼睛。

光源的种类很多,各有其适用范围。实验时要合理选择,正确使用和精心维护,遵守操作规则,这样才能延长光源的使用寿命。

八、电阻器

电阻是电学中常用物理量之一,在国际单位制中,电阻的单位为欧姆,单位符号为 Ω。其规定为当导体中两点间的电位差为 1V 时,若流过导体这两点间的电流为 1A,则该段导体的电阻为 1Ω。表示较大的电阻常加上词头如千欧($k\Omega = 10^3\Omega$)和兆欧($M\Omega = 10^6\Omega$)。

通常把阻值在 $10 \sim 10^6\ \Omega$ 范围的电阻叫中等电阻,小于 10Ω 的叫低电阻,大于 $10^6\Omega$ 的叫高电阻。常用的电阻器是电阻箱和滑线式变阻器,分述如下:

1. 电阻箱

电阻箱是一种数值可调的精密电阻器件。它是由若干个阻值准确的固定电阻元件(用高稳定锰铜合金丝绕制)组合而成,通过四个(ZX36 型)或六个(ZX21 型)调节转盘,获得 1 ~ 9999 Ω 或 0.1 ~ 99999.9Ω 范围内各档电阻值。ZX21 型电阻箱的正面外形及内部接线示意图见图 2.5.14(a)、(b)。

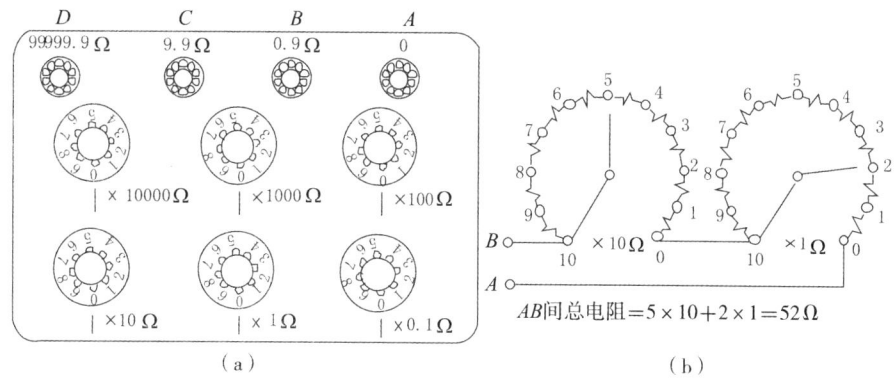

图 2.5.14　电阻箱

(1) 电阻箱的主要技术参数见表 2.5.3。

表 2.5.3　电阻箱技术参数

型号	ZX36				ZX21					
调节范围	$9(1+10+100+1000)\Omega$				$9(0.1+1+10+100+1000+10000)\Omega$					
零值电阻	≤0.02Ω				≤0.03Ω					
准确度等级	0.1 级				0.1 级					
最大允 许电流	×1	×10	×100	×1000	×0.1	×1	×10	×100	×1000	×10⁴
	0.5A	0.15A	0.05A	0.015A	1.5A	0.5A	0.15A	0.05A	0.015A	0.005A

(2) 电阻箱的基本误差。电阻箱的基本误差常用如下的公式计算

$$E=\left(a+b\frac{m}{R}\times100\right)\% \qquad (2.5.11)$$

式中 a 为电阻箱的准确度等级，R 为电阻箱的示值，m 为二引线端钮间实际使用的总转盘数，b 为与准确度等级有关的系数。如实验中常采用准确度等级为 0.1 的电阻箱，其 b 值为 0.002。公式中第二项误差是由于电阻箱转盘的接触电阻引入的。如取 $R=100.0\Omega$ 时，有

$$E=\left(0.1+0.002\times\frac{6}{100.0}\times100\right)\%=0.12\%$$

$$\Delta_R=100.0\times0.12\%=0.12\Omega$$

所以　　　　　　　　　　　$R=(100.00\pm0.12)\Omega$

(3) 使用时应注意：工作电流不能超过最大允许值。转动转盘时必须调节到位，使盘内弹簧触点的接触性能良好。

2.滑线变阻器

滑线变阻器的外形结构及在线路中的表示符号如图2.5.15所示。它是由粗细均匀的金属电阻丝密绕在瓷管上,两端分别与接线柱A、B点相联,电阻丝表面涂有绝缘层,使各圈电阻丝之间相互绝缘。在瓷管的上方另装有一根与之平行的铜棒,其中一端与接线柱C点相连,在铜棒上套有一金属滑动接触器,它被紧压在铜棒与电阻圈之间,在滑动范围内,接触器与电阻丝相接触部分的绝缘层被刮掉,以使接触器在滑动过程中,始终与电阻丝保持良好的导电性,并可以变化A、C或B、C之间的阻值,但A、B间的阻值是固定不变的。

滑线变阻器有多种规格,使用时要考虑阻值、额定电流及功率大小等因素。根据不同用途,变阻器在电路中常起限流或分压两种作用。

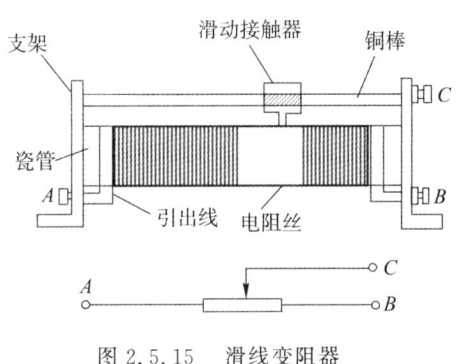

图2.5.15　滑线变阻器

(1)限流器作用。如图2.5.16所示,将滑线变阻器的A、B端串接在回路中,而C端可以与A相连,也可以与B相连,当滑动接触器(移动C点位置)时,可改变回路的总电阻,达到变化和控制回路内电流大小的目的。

(2)分压器作用。如图2.5.17所示,变阻器的两固定端A、B分别与电源的两极相接,滑动端C和任一固定端(图中为A)上引出两根线接于负载R_L,当滑动C点的接触器时,加在R_L上的电压V_{AC}将在$0 \sim V_{AB}$值之间变化,起到了分压的目的。在设计分压电路时,需要考虑滑线变阻器的阻值和额定电流,还应考虑到其阻值和负载电阻R_L间的比例关系,以期分压值V_{AC}随电阻变化时有较好的线性关系。

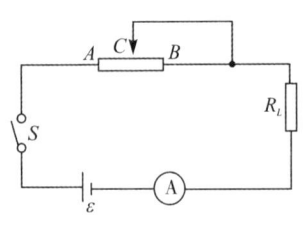

图2.5.16　限流电路图

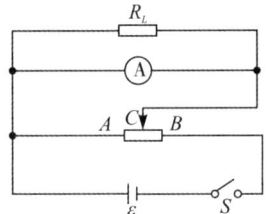

图2.5.17　分压电路图

九、电测量标准器件

1.标准电阻

标准电阻是复制电阻单位——欧姆的标准量具,一般用于对其他电阻或带电阻的器件进行校准。对标准电阻的要求是：准确度高，稳定性好，可靠性大。通常标准电阻是由锰铜导线绕制的，因为锰铜具有高的电阻系数、低的电阻温度系数，且与铜相接触时热电势小。标准电阻可以做成单个的固定电阻，也可以组合成可变电阻箱。固定标准电阻的名义值一般为 10^n 欧姆，n 通常是 -4 到 $+5$ 之间的整数。标准电阻分为直流标准电阻和交流标准电阻。

图 2.5.18 是固定标准电阻的结构图。在标准电阻铭牌上给出的电阻值是指温度为 20℃ 时的名义值。若在规定温度范围内的其他温度下使用这个标准电阻时，它的电阻值应按下列近似公式计算：

$$R_t = R_{20}\left[1 + \alpha(t - 20) + \beta(t - 20)^2\right]$$

(2.5.12)

其中，R_{20} 指温度为 20℃ 时的电阻值（标称值），R_t 是温度为 t℃ 时的电阻值，α、β 为该标准电阻的一次和二次项电阻温度系数。以上的 R_{20}、α、β 的数值都由制造厂在出厂时给出。

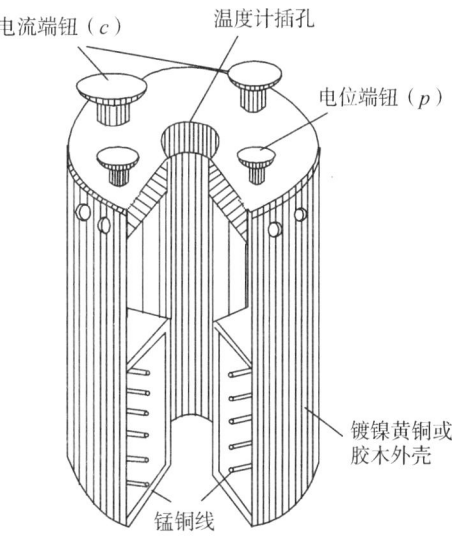

图 2.5.18　标准电阻

从标准电阻的结构图上可见共有四个端钮，这是因为当把电阻接入电路中时，接线端钮处的接触电阻就会影响到该支路的电阻。接触电阻的数值不稳定，约为 $10^{-3} \sim 10^{-5}$ 欧，这个接触电阻对于标准电阻，特别是对于电阻值低的标准电阻来说，是一个不准确的因素，难以实现精确的测量。所以实验用的标准电阻，往往采用四端引线的结构和接线法，见图 2.5.19 所示。C、C 端称作电流端钮，在实物上是较粗的（外侧）一对接线柱；P、P 端称作电压端钮，在实物上是较细的（内侧）一对接线柱，标准电阻的标称值是指 P、P 端。C、C 端的接触电阻是串联在电源回路中的，对 P、P 端没有影响，由于电阻两端的电压是取自于 P、P 端，所以

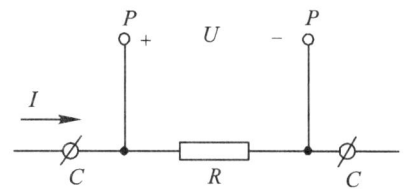

图 2.5.19　标准电阻接线方式

P、P 端的接触电阻相对于电压测量仪器或电压表的内阻通常将小到可以忽略，这是四引线接法用以消除接触电阻的基本原理。

2. 标准电池

标准电池是复制电压或电动势单位 —— 伏特的量具。标准电池产生的电动势并

不恰好是 1V,而是稍大于 1V,但这个数值准确、稳定、受外界影响小,也容易校正。

标准电池是一种化学电池,分为饱和式和不饱和式两种。饱和标准电池在一年中电动势的允许变化为几到几十微伏,级别较高;不饱和标准电池在一年中电动势的允许变化为上百微伏,级别较低。

两种标准电池的原理结构见图 2.5.20(a)、(b) 所示。各种化学物质都放在严密封闭的 H 型玻璃管内。饱和标准电池的正极是纯汞(Hg);负极是镉汞合金(CdHg);上面放着硫酸亚汞 Hg_2SO_4 作为去极化剂;再上面放着硫酸镉结晶 $3CdSO_4 \cdot 8H_2O$;负电极上面也放着硫酸镉结晶;在硫酸镉结晶体上面灌以硫酸镉饱和溶液 $CdSO_4$ 作为电解液;正负极的引出线均用铂丝制成。由于电池内有硫酸镉结晶体,所以在任何温度下,硫酸镉溶液均呈饱和状态。不饱和标准电池的结构和饱和标准电池的结构基本相同,不同之处在于这种电池内没有硫酸镉结晶体,因而其中的硫酸镉溶液的浓度处于不饱和状态。

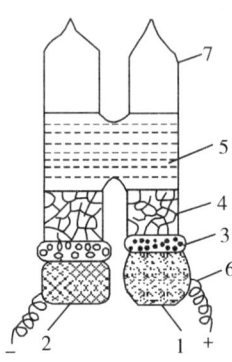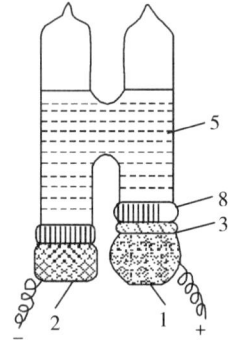

（a）饱和标准电池　　　（b）不饱和标准电池

图 2.5.20　标准电池

1. 汞 HG(电池正极);

2. 镉汞合金 CdHG(电池负极);

3. 硫酸亚汞 Hg_2SO_4(去极化剂);

4. 硫酸镉结晶体 $3CdSO_4 8H_2O$;

5. 硫酸镉溶液 $CdSO_4$;6. 铂引线;

7. 玻璃容器;8. 微孔塞片

标准电池在 20℃ 时的电动势 E_{20} 值,在出厂时已告知使用者,而当温度变化时,电动势也会变化,其实际数值 E_t 可通过以下修正公式计算得到

$$E_t = E_{20} - [39.94(t-20) + 0.955(t-20)^2 - 0.0090(t-20)^3] \times 10^{-6}$$

$$(2.5.13)$$

其中 t 为标准电池所处的温度(单位是 ℃)。

标准电池的准确度和稳定度与使用、维护的情况有很大关系。在使用和存放时必须遵守下列几点:

(1) 使用和存放地点的温度和湿度应符合标准电池说明书的要求,同时温度的波动应该尽量小。

(2) 应防止阳光照射及其他光源、热源、冷源的直接作用。

(3) 不能过载,通过标准电池的电流不得超过 $1\mu A$,严禁用伏特计或万用表直接测量其端电压。

（4）标准电池不能摇晃和震动，更不能倒置。

3. 标准电容

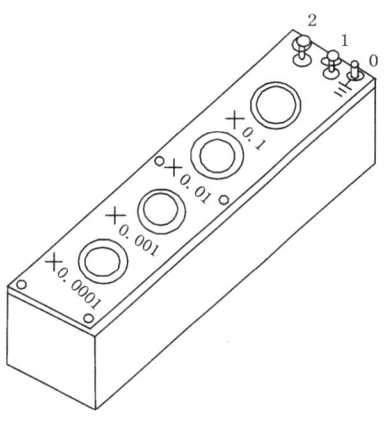

图 2.5.21 标准电容

标准电容是用于保存电磁单位制中电容单位 F（法拉）的量值的标准量具。其特点是电容非常准确稳定，电容一般为 1pF－1μF。有容量固定的和可调的两种，可调的有三个盘（0～0.999μF）和四个盘（0～0.9999μF）调节，通常以云母作为电介质，以便能达到较大的容量。实物见图 2.5.21，电容箱一般有三个接线柱，其中 1、2 是标准电容接线柱，0 为屏蔽接线柱，把 1 和 0（或 2 和 0）相连，标准电容即处在金属内胆屏蔽下，它的损耗电阻 r_∞ 在低频下可为零。

4. 标准电感

标准电感是用来保存电磁单位制中电感单位 H（亨利）的量值的标准量具，精确度可达到 0.01 级，用于校准电感或其他含有电感的器件，电感值通常在 $100\mu H － 10H$。标准电感包括标准自感和标准互感，见图 2.5.22 所示。内部有一骨架，是采用坚固的非金属、非磁性、膨胀系数小的材料（如大理石或陶瓷）做成，绕在外面的线圈是采用多股铜线，以减小趋肤效应。标准互感线圈的结构、要求与标准自感线圈相同，只不过它有两个互相绝缘的绕组。

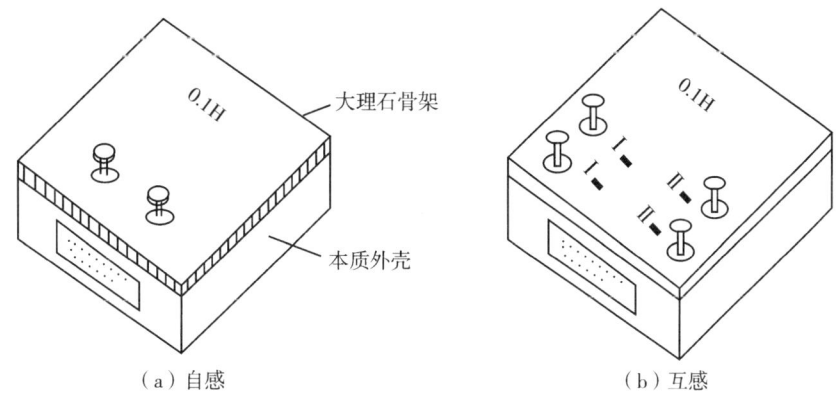

（a）自感 （b）互感

图 2.5.22 标准电感

使用标准电感时要注意它的电感值，准确度等级，使用频率范围，允许通过的电流，环境温度和湿度。通常在标准电感的外壳上有一铭牌，它会给出等级、内阻、额定功率及最大允许电流值等参数。

第3章　基础学习型实验

3.1　金属材料杨氏模量测量

物体在外力的作用下会产生形变,若外力撤去后形状能完全恢复,这种形变称为弹性形变。固体的弹性形变有多种,最简单的是长变和剪切。所谓长变指的是固体在外力的作用下沿纵向拉伸或压缩;所谓切变指的是当固体受到两个大小相等、方向相反、相距很近的两个平行力作用时,固体各横截面沿外力方向发生错动。固体发生弹性形变的难易程度用弹性模量来描述,长变对应的弹性模量称为杨氏模量,切变对应的弹性模量称为剪切模量。弹性模量是固体的基本属性,是由固体材料自身的性质决定的,它反映了材料形变与内应力之间的关系,是衡量材料受力后形变大小的重要参数,也是工程技术中机械构件选材时的重要依据。测量固体的弹性模量是材料科学中的重要问题之一。

本实验采用静态拉伸法测量金属的杨氏模量。除此之外,测量杨氏模量的方法还有很多,比如共振法、声速法、梁的弯曲法等,请同学们自己学习。

一、预习要点

(1) 杨氏模量的概念和常用测量方法。

(2) 光杠杆法测量微小长度变化量的原理。

二、实验原理

1. 杨氏模量

若一根均匀的金属棒长为 L,横截面积为 S,在棒的两端沿纵向施以作用力 F,其长度伸缩量为 ΔL。则 F/S 为单位横截面积上的作用力,称为应力,$\Delta L/L$ 是单位长度上的伸缩量,称为应变,根据胡克定律,在弹性限度之内,满足公式:

$$\frac{F}{S} = E\frac{\Delta L}{L}$$

式中比例系数 E 即为杨氏模量,其单位为 $Pa = N/m^2$。上式还可写为:

$$E = \frac{F}{S}\frac{L}{\Delta L} \qquad (3.1.1)$$

由(3.1.1)式可知,只要测出金属棒的原长 L、横截面积 S、受到的纵向作用力 F 和伸长量 ΔL 即可计算出该金属材料的杨氏模量。需要指出的是,固体材料杨氏模量虽然可由上式计算,但它的大小只与材料的结构、化学成份及制造方法有关,而与固体材料的形状及受力大小无关。上述四个量中,原长 L、横截面积 S、纵向作用力 F 均可用普通测量仪器直接测出,只有 ΔL 由于通常情况下非常小,不能用普通的长度测量仪器直接准确的测出。实验时为了更容易准确的测量 ΔL,通常将待测样品取为细长的金属丝,这样可以在同样大小力的情况下使 ΔL 尽可能大,但即便如此仍然需要采用特殊方法来测量 ΔL。通常可用光杠杆法和 CCD 成像法等,本实验中用光杠杆法来测量。

2. 光杠杆测量长度微小变量的原理

光杠杆由两部分组成,第一部分是光杠杆镜架部分,如图 3.1.1 所示,第二部分镜尺装置部分,请阅读本实验附录部分。

光杠杆镜架部分是一个带平面镜的支架,f、f' 是两前支点,e 是后支点。e 至 $\overline{ff'}$ 连线的垂线长为 b,M 为可绕平行于 $\overline{ff'}$ 的轴 OO' 转动的小平面镜。

光杠杆的测量原理如图 3.1.2 所示:若调节镜 M 与竖尺平行,又与 e 到 $\overline{ff'}$ 的垂线垂直,并调节望远镜轴线与镜 M 的法线重合。设金属丝被拉伸所受的初始力为 F_0、望远镜中的读数为 n_0,(n_0 是与水平叉丝重合的竖尺某刻度像的示值),当金属丝受的力为 F_1 时,光杠杆后足 e 下降一微小距离 ΔL,光杠杆就以 $\overline{ff'}$ 为轴以 b 为半径旋转一角度 θ,镜 M 亦转过 θ 角,镜 M 的法线同样转了 θ 角,而入射光线与反射光线之间为

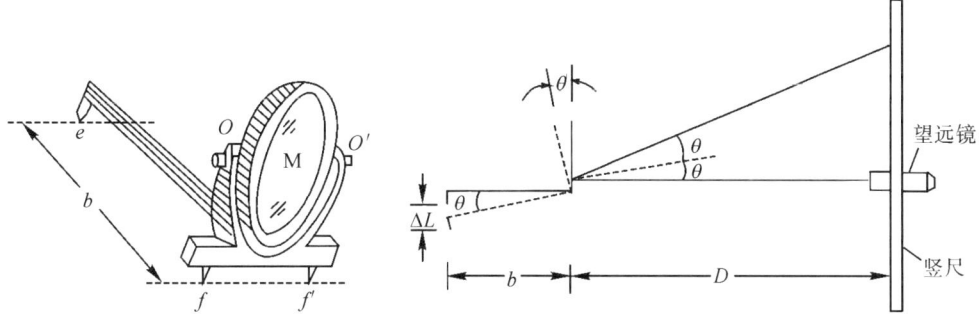

图 3.1.1　光杠杆　　　　　　图 3.1.2　光杠杆测量原理图

2θ 角。假定这时望远镜中的读数为 n_1，根据图中几何关系有

$$\Delta L = b \mathrm{tg}\theta$$

$$n_1 - n_0 = D \mathrm{tg}2\theta$$

式中 $n_1 - n_0$ 是竖尺上 n_1 和 n_0 间的距离，D 是竖尺到 M 镜面的距离。当 θ 角很小时，有

$$n_1 - n_0 = D2\theta$$

从上两式中消去 θ 得

$$\Delta L = \frac{b}{2D}(n_1 - n_0)$$

所以(3.1.1)式可写为

$$E = \frac{F}{S}\frac{L}{\Delta L} = \frac{2LD}{Sb}\frac{F_1 - F_0}{n_1 - n_0} = \frac{2LD}{Sb}k \tag{3.1.2}$$

式中 $S = \pi d^2/4$，d 为金属丝的直径

$$k = \frac{F_1 - F_0}{n_1 - n_0} = \frac{F}{n}$$

三、仪器用具及实验装置

杨氏模量仪，光杠杆和标尺望远镜，砝码，钢卷尺，螺旋测微计，游标卡尺，白炽灯。

四、实验内容

(1) 用伸长法测量钢丝的杨氏模量。

(2) 分别用作图法和逐差法处理数据。

(3) 计算测量结果的不确定度。

五、实验数据记录及其处理参考表格

(1) 增、减砝码时的标尺读数。

砝码数 (kg)	$F(\mathrm{N})$	标尺读数 $n(\mathrm{cm})$		
		$F_{增}$	$F_{减}$	平均值
1	9.80×1	n_1	n_1	$\bar{n}_1$
2	9.80×2	n_2	n_2	$\bar{n}_2$
3	9.80×3	n_3	n_3	$\bar{n}_3$
4	9.80×4	n_4	n_4	$\bar{n}_4$
5	9.80×5	n_5	n_5	$\bar{n}_5$
6	9.80×6	n_6	n_6	$\bar{n}_6$

（2）钢丝直径的测量。

d(mm)　　　荷重(kg)	$d_上$	$d_中$	$d_下$
1			
6			

$$L = \underline{\qquad}, D = \underline{\qquad}, b = \underline{\qquad}$$

附：标尺（尺读）望远镜（JCW－1 型）

1. 用途

JCW－1 型标尺望远镜是观测远处标尺读数的一种光学仪器，它常与光杠杆配套使用。

2. 结构

仪器外形如图 3.1.3 所示。仪器由底座 9、内调焦望远镜 5、可调毫米尺 7 等部分组成。内调焦望远镜结构如图 3.1.4 所示。望远镜由物镜和目镜组成，为便于调节和测量，在物镜和目镜之间有叉丝分划板和内调焦透镜。叉丝分划板固定在 B 筒上，内调焦透镜由微调手轮带动齿条，使其在镜筒 A 中沿轴线前后移动。目镜则装在 B 筒内，可沿筒前后移动以改变目镜与叉丝分划板间的距离。

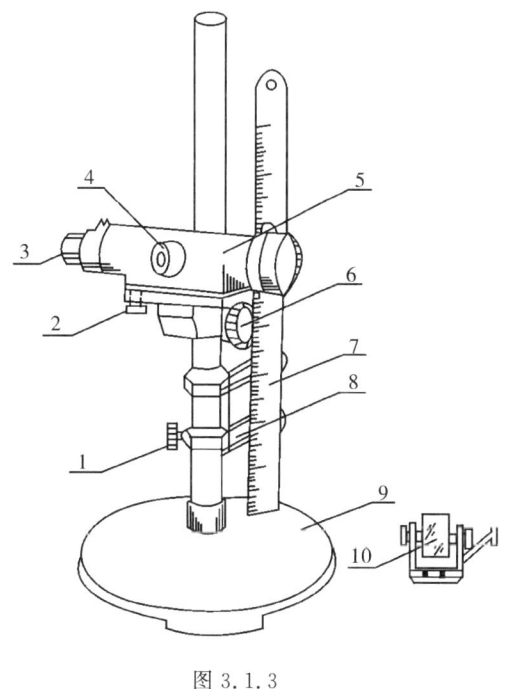

图 3.1.3

3. 主要参数

放大倍数	30 倍
物镜有效孔径	42mm
视场角	15°
最短视距 1000mm	（650mm）
视距常数	100

4. 使用方法

（1）将光杠杆反射镜的法线调到大致水平，用照明灯照亮标尺 7，在望远镜旁观察，

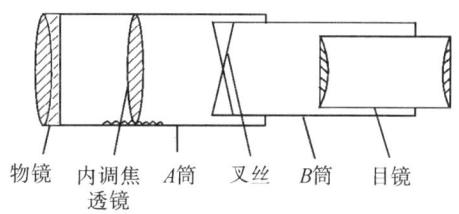

图 3.1.4　内调焦望远镜结构图

寻找反射镜中标尺的像,由于人眼对动目标捕获能力强,所以可用手在标尺前上下移动,观察手及标尺在镜中的像。若寻找不到,或手的位置偏高或偏低,则调节反射镜面的方位,移动标尺望远镜底座,使观察到手的位置处于标尺中部,刻度约 15cm 处。松开锁紧手柄 6,上下移动望远镜使望远镜筒与光杠杆镜面的中心部位等高,左右转动望远镜和调节仰角微调螺钉 2,使沿镜筒外的 V 形缺口和准星的视线在反射镜中能看到标尺的像,固定锁紧手柄。

(2) 调节目镜旋钮 3 使分划板叉丝清晰,且处于水平垂直状态,转动调焦手轮 4 进行调焦。若从望远镜中只看到杨氏模量仪的平台、或立柱、或钢丝等部分,则要细调望远镜的上下、左右位置。若调焦时只能看到反射镜的玻璃面,而继续旋转内调焦手轮仍找不到标尺的像,则要细心微调反射镜法线的方位,或平移标尺望远镜底座,直到从望远镜中观察,可从反射镜中清晰看到标尺上约 15cm 处的像与水平叉丝平行为止。若标尺像上下有一部分不清晰,则微调仰角螺钉;若左右有一部分不清晰,则稍微左右转动望远镜。

5.注意事项

(1) 注意保护物镜和目镜,与测量显微镜的要求相同。

(2) 调整仪器时,切记要用手托住望远镜的移动部分,然后再旋松锁紧手柄,以免望远镜沿立柱下滑与底座相撞。

(3) 各手轮及旋钮和可动部件如发生阻滞现象,应查明原因。在原因未查清前,切勿过分扭扳,以防损坏仪器。

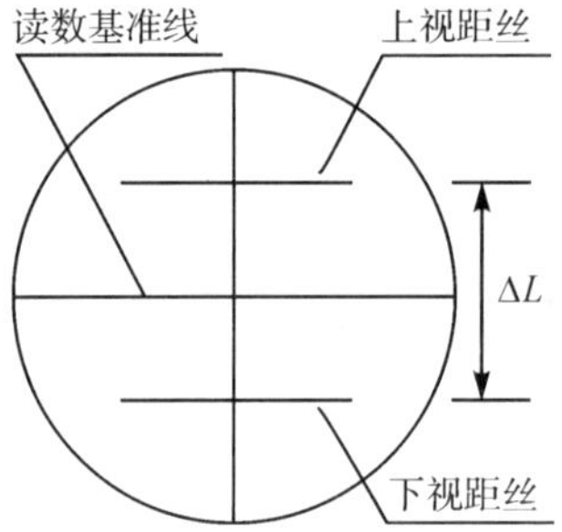

图 3.1.5 用视距常数测 D

6.用视距常数测量光杠杆镜面到望远镜标尺之间的垂直距离 D

如图 3.1.5 所示,分划板上的上、下视距丝是测距的基准,D 与 ΔL 有如下关系

$$2D = \alpha \Delta L$$

式中 α 为视距常数,JCW-1 型标尺望远镜的 $\alpha = 100$,所以

$$D = \alpha \Delta L/2 = 50\Delta L = 50(x_{上} - x_{下})$$

实验时,在增加砝码读 n 的过程中,同时读出 $x_{上}$、$x_{下}$,每增加一个砝码读一组数据,六组数据的平均值作为 $x_{上} - x_{下}$,然后算出 D 值。

3.2　空气中声速测量

声波是一种在弹性媒质中传播的机械波，频率低于 $20\,Hz$ 声波称为次声波；频率在的 $20\,Hz \sim 20\,kHz$ 声波可以被人听到，称为可闻声波；频率在 $20\,kHz$ 以上的声波称为超声波。声速的大小决定于介质的性质（密度和弹性模量）及状态因素，所以它是表征介质声学特性的一个参数。

声波在探测、通讯、侦查、测速、定位方面都有广泛的应用，例如海下舰船、无人潜航器等是通过声波来进行通讯的、通过声波在地下的传播速度，可以探测出地下矿产资源。因此测量声音的速度有很重要的实践意义。本实验中我们将测量声波在空气中的速度。

一、预习要点

（1）声波的相关知识。

（2）空气中声波的速度与温度的关系。

（3）共振干涉法和相位比较法测量声速的原理。

二、实验原理

由于声波的速度的大小取决于介质的性质，与声源的频率无关，因此在测量空气中的声速时可选择某已知频率的正弦（或余弦）声波，测量出它的波长，根据波速公式 $v = f\lambda$ 得到声波的速度。

通常测量声波波长的方法有共振干涉法（驻波法）和相位比较法（行波法）两种，下面分别简要介绍。

1.共振干涉法（驻波法）

一列沿着 x 方向传播的平面正弦波的波动方程可表示为：

$$y_1 = A\cos\left(\omega t - \frac{2\pi}{\lambda}x\right) \tag{3.2.1}$$

该列波在空气中传播，若在某接收平面上发生反射，反射波沿 x 的反方向传播，其波动方程可表示为：

$$y_2 = A\cos\left(\omega t + \frac{2\pi}{\lambda}x\right) \tag{3.2.2}$$

入射波与反射波在空间发生叠加，其合成波动方程为：

$$y = y_1 + y_2 = A\cos\left(\omega t - \frac{2\pi}{\lambda}x\right) + A\cos\left(\omega t + \frac{2\pi}{\lambda}x\right) = \left[2A\cos\frac{2\pi}{\lambda}x\right]\cos\omega t$$

$$(3.2.3)$$

合成波为驻波,其振幅为 $2A\cos 2\pi x/\lambda$,是位置 x 的函数,相邻波节或相邻波腹之间的距离均为 $\lambda/2$。只要测量出相邻两波节或相邻两波腹之间的距离,即可得到声波的波长。

图 3.2.1 为实验装置示意图。S_1、S_2 是两个压电换能器(压电陶瓷材料)。超声波综合设计实验仪(或者信号发生器)输出的低频电压信号(这里输出约为 40kHz)通过 S_1 转换为机械振动信号从而产生一列超声波,S_2 既是接收器,又是反射器,S_2 的端面与 S_1 的端面严格平行,通过 S_2 反射后在 S_1、S_2 两端面间形成驻波。S_2 把端面所接收到的机械振动(声压)转换为电信号输入示波器,在示波器中可以看到一组由声压信号产生的正弦波形,这个正弦波形实际上是所产生驻波在 S_2 所在位置的振动情况。移动 S_2 的位置,即可在示波器上观察到 S_1、S_2 间不同位置驻波的振动情况。在示波器上显示振幅最大和最小的位置分别对应的是驻波波腹和波节的位置。

以上讨论的是理想情况,在实验时声波在 S_1、S_2 两端面间可能会发生多次反射,因此 S_1、S_2 间的合成声波振动应该是多个声波共同振动叠加而成的,同时由于传输过程中能量的损失,声波的振幅会逐渐减小,故在实际做实验时在 S_1、S_2 两端面间形成的一般不是严格的驻波,但测量时我们仍然可以根据驻波的规律来确定声波的波长。在 S_1、S_2 两端面间形成的声波具体形式请同学们可以自行讨论。

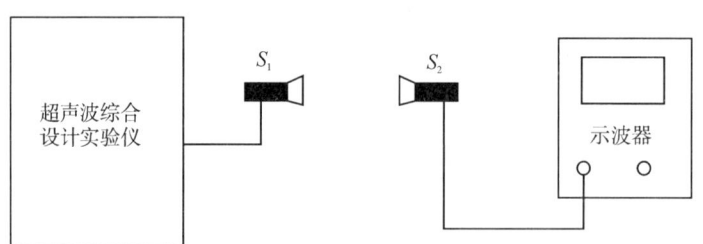

图 3.2.1   驻波法测试声速装置图

2. 相位比较法(行波法)

相位比较法是通过声波传播路径上两个不同介质点振动的相位差来确定它们的距离,从而得出声波的波长。可将声源 S_1 作为第一个介质点,其振动方程可写为:

$$y = y_0\cos 2\pi ft \tag{3.2.4}$$

距声源 S_1 的距离为 x 的 S_2 介质点的振动方程可写为:

$$y_1 = y_0\cos 2\pi f\left(t - \frac{x}{v}\right) \tag{3.2.5}$$

以上两个介质点振动的相位差为：

$$\Delta\varphi = 2\pi f \frac{x}{v} = 2\pi \frac{x}{\lambda} \tag{3.2.6}$$

若使 $\Delta\varphi = \pi$ 则以上两个介质点的距离为 $\frac{\lambda}{2}$，或者说若 $\Delta\varphi$ 改变 π，则两个介质点的距离改变 $\frac{\lambda}{2}$。在测量中，只要测出 S_1 和 S_2 两个介质点振动的相位差改变 π 时，S_1 和 S_2 距离的变化量，即可得到声波的波长。

实验装置如图 3.2.2 所示：

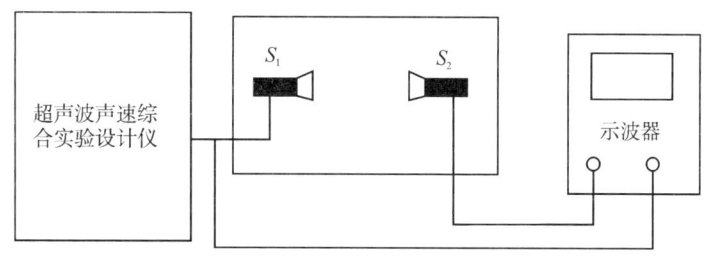

图 3.2.2　行波法声速测量装置图

将 S_1 端的电信号和 S_2 端接收并转化为电信号的声波信号分别送入示波器的 CH1 和 CH2 输入端，在示波器屏幕上就会出现两个同频率的正弦信号，如图 3.2.3(a) 所示。为了更方便比较这两个正弦信号的相位差，示波器设置为 $x-y$ 显示模式，根据"利萨如"图来确定两个振动的相位差，如图 3.2.3(b) 所示。

测量时，可调节 S_1 和 S_2 之间的距离，使示波器屏幕上处出现 1、3 象限的直线，改变 S_1 和 S_2 之间的距离，使示波器屏幕上的图像变为 2、4 象限的直线，测量出改变的距离，即可得到声波的波长。

3. 空气中声速和温度的关系

空气可以近似作为理想气体处理，声波在空气中的传播速度

$$v = \sqrt{\frac{\gamma R T}{M}}$$

式中 γ 是空气定压比热容和定容比热容之比；R 是气体普适常数；M 是气体分子量；T 是绝对温度。

由上式可见，温度是影响空气中声速的主要因素，如果忽略空气中水蒸气及其他夹杂物的影响，在 $0℃(T_0 = 273.15K)$ 时的声速

$$v_0\sqrt{\frac{\gamma R T_0}{M}} = 331.45\text{m/s}$$

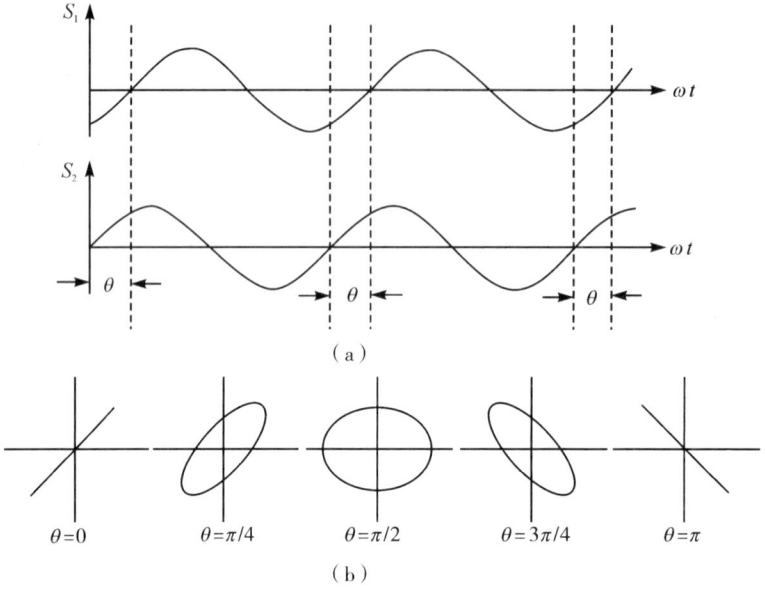

图 3.2.3　行波法测量声波波长

在 t℃ 时的声速

$$v_t = v_0 \sqrt{1 + \frac{t}{273.15}}\, \text{m/s}$$

由上式可知只要测出环境温度即可计算出温度为 t 时声波在空气中传播速度的理论值。

三、仪器用具及实验装置

XYZ－2A 型超声波综合设计实验仪(或信号发生器),空气声速测定仪,示波器,同轴电缆。

四、实验内容

(1)用共振干涉法(驻波法)测量空气中的声速。

(2)用相位比较法(行波法)测量空气中的声速。

3.3　刚体转动惯量测量

刚体的转动惯量是刚体转动惯性的量度,它与刚体的形状、刚体的质量、刚体的质量分布以及刚体转轴的位置有关。在工程机械设计、机电制造、航空、航天、航海、军

工等工程技术和科学研究中,转动惯量是考虑转动运动物体的结构、质量分布、受力
因素分析的重要参数。对于几何形状简单、规则、且质量分布均匀的刚体绕定轴转动
的转动惯量,可以通过数学方法直接计算。但对于形状复杂、不规则、质量分布不均匀
的刚体(如机械零件、电机转子、枪炮的弹体等),其转动惯量就难以计算,通常用转动
实验进行测量。

测量刚体的转动惯量的方法较多,比如三线摆法、扭摆法、恒力矩等多种方法测
量,本实验学习用三线摆法和扭摆法测量刚体的转动惯量。

一、预习要点

(1) 刚体转动惯量的概念。

(2) 用三线摆法测转动惯量的原理和方法。

(3) 刚体转轴的位置和转动惯量。

二、实验原理

1. 利用三线摆测量转动惯量

图 3.3.1 所示为三线摆的示意图,一小一大两个匀质圆
盘通过三条等长的细线悬挂在一起,小圆盘在上,大圆盘在
下,保持两盘盘面水平。两盘各自的三个悬点之间是等距的,
且到各自盘心的距离相等,分别构成等边三角形的三个顶
点。在小圆盘固定不动时,大圆盘可绕垂直于盘面通过两盘
中心的轴线 O_1O_2 做扭转摆动,摆动周期与下盘(包括盘上物

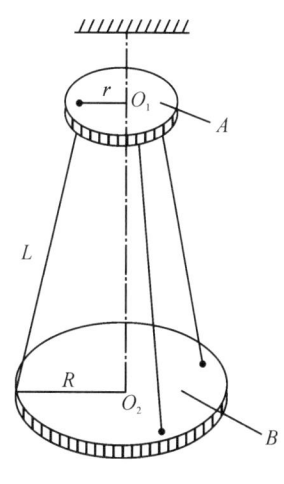

图 3.3.1　三线摆

体)的转动惯量有关,可通过测其摆动周期来测量物体的转动惯量,这正是用三线摆
测刚体转动惯量的原理。

在三线摆的摆角很小、摆线很长且相等,上下圆盘平行,并且下盘只绕 O_1O_2 轴扭
转的情况下,若下盘质量为 m_0,上下盘的半径(悬点到盘心的距离)分别为 r 和 R,下
盘做扭转摆动的周期为 T_0,上下盘的距离为 H,则下盘相对于 O_1O_2 轴的转动惯量可
表示为:

$$I_0 = \frac{m_0 gRr}{4\pi^2 H} T_0^2 \qquad\qquad (3.3.1)$$

实验中,只要分别测量出 m_0、r 和 R、T_0 以及 H,即可得到下盘的转动惯量。若要
测量质量为 m 的待测物体相对于 O_1O_2 轴的转动惯量 I,只需将其放置于下盘上,使其
与下盘一起共同绕 O_1O_2 轴做扭转摆动,如果此时其周期为 T,则待测物体与下盘相
对于 O_1O_2 轴总的转动惯量 I_1 为:

$$I_1 = \frac{(m_0 + m)gRr}{4\pi^2 H} T^2 \qquad\qquad (3.3.2)$$

待测物体的转动惯量为：

$$I = I_1 - I_0 = \frac{(m_0 + m)gRr}{4\pi^2 H}T^2 - I_0 \quad\quad (3.3.3)$$

2. 利用扭摆测量转动惯量

图 3.3.2 是扭摆的示意图，将一根金属丝上端固定，下端连一匀质圆盘，金属丝通过圆盘的盘心。

在圆盘上施加一个沿金属丝方向的外力矩 M，使圆盘扭转一个角度 θ，由于金属丝上端固定，它将因扭转而产生回复力矩，在外力矩撤去后，圆盘将做以金属丝为转轴的往返扭转运动。此时，根据胡克定律有：

$$M = -K\theta \quad\quad (3.3.4)$$

式中，K 为扭转常数，它与金属丝的长度、直径以及剪切模量有关。根据转动定理以及角加速度的概念可得到：

$$\frac{\mathrm{d}\theta^2}{\mathrm{d}t^2} = -\frac{K}{I}\theta = -\omega^2\theta \quad\quad (3.3.5)$$

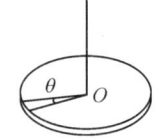

图 3.3.2
扭摆示意图

式中，$\omega = \sqrt{\dfrac{K}{I}}$。

(3.3.5) 为简谐振动的运动方程，因此，在 K 为常量时，若金属丝在弹性范围之内，扭摆的扭转运动可看成是简谐振动，ω 为振动角频率，它与周期的关系为：

$$T = \frac{2\pi}{\omega} = 2\pi\sqrt{\frac{I}{K}} \qu\quad (3.3.6)$$

因此，若已知金属丝的扭转常数，只要测量出扭摆作简谐振动的摆动周期，即可求出待测物体的转动惯量。

3. 平行轴定理

实践中，还可利用平行轴定理来求待测物体的转动惯量。物体对于任意轴的转动惯量 J_d 等于对通过此物体的质心且与该任意轴平行的轴的转动惯量 J_c 加上物体的质量 M 与两平行轴间距离 d 的平方的乘积，这就是平行轴定理，用公式表示为：

$$J_d = J_c + Md^2 \quad\quad (3.3.7)$$

三、仪器用具及实验装置

DH4601A 三线摆实验仪，光电智能计时计数器，米尺，游标卡尺，电子天平，备用秒表、水准仪、被测样品（金属圆柱体两个、金属圆环一个）。

四、实验内容

(1) 测量金属圆盘相对于过盘心垂直于圆盘面的转轴的转动惯量，并与理论计算值比较。

（2）测量金属圆环相对于过环心垂直于环面转轴的转动惯量,并与理论计算值比较。

（3）验证平行轴定理。

五、注意事项

（1）应多次测量周期,以减小偶然误差。

（2）摆动上圆盘时,动作要轻,勿压扶圆盘。

（3）对 R 和 r 的测量要注意技巧性。

六、实验数据记录及其处理参考表格

1. 测系统圆盘的转动惯量

$m_0 = $ _____ kg

次数 项目	1	2	3	4	5	6	平均值
l							
$\sqrt{3}R$							
$\sqrt{3}r$							
$30T_0(\text{s})$							

2. 测量圆环绕中心轴的转动惯量 J_1

$m_1 = $ _____ kg

次数 项目	1	2	3	4	5	6	平均值
$30T(\text{s})$							
D_1							
D_2							

3. 验证转动惯量的平行轴定理

$m_2 = $ _____ kg

测量次数	1	2	3	4	5	平均值
合并时 T_1/s						
分开时 T_2/s						
平行轴相距 $d/(\text{mm})$						

附:三线摆测量转动惯量公式的推导

在摆角很小、三悬线很长且等长,线的张力相等,上下圆盘平行,只绕 O_1O_2 轴扭转的条件下,设下圆盘 B 的质量为 m_0,当它绕 O_1O_2 扭转一小角度 α 时,圆盘的位置升高 h,它的势能增加为 E_P,则

$$E_P = m_0 gh \tag{3.3.8}$$

式中 g 为重力加速度。这时圆盘的角速度为 $\dfrac{\mathrm{d}\alpha}{\mathrm{d}t}$,它具有的动能为:

$$E_K = \frac{1}{2} I_0 \left(\frac{\mathrm{d}\alpha}{\mathrm{d}t}\right)^2 \tag{3.3.9}$$

I_0 为圆盘对 O_1O_2 轴的转动惯量,如果略去摩擦力,按机械能守恒定律,圆盘的势能与动能之和应等于一常量,即

$$\frac{1}{2} I_0 \left(\frac{\mathrm{d}\alpha}{\mathrm{d}t}\right)^2 + m_0 gh = 常量 \tag{3.3.10}$$

设三线摆悬线长为 l,上圆盘系绳点至中心点距离为 r(AO),下圆盘系绳点至中心点距离为 R(BO'),由图 3.3.3 可见

$$h = O'O'' = AC - AC' = \frac{AC^2 - AC'^2}{AC + AC'}$$

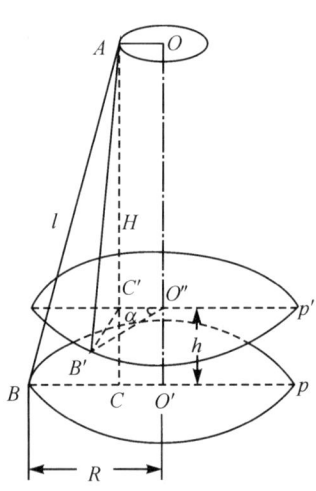

而

$$AC^2 = AB^2 - BC^2 = l^2 - (R - r)^2$$
$$AC'^2 = AB'^2 - B'C'^2 = l^2 - (R + r - 2Rr\cos\alpha)^2$$

所以

$$h = \frac{2Rr(1 - \cos\alpha)}{AC + AC'} = \frac{4rR\,\sin^2\dfrac{\alpha}{2}}{AC + AC'}$$

当 α 很小时,可近视认为

$$AC + AC' = 2H$$

$$\sin\frac{\alpha}{2} \approx \frac{\alpha}{2}$$

图 3.3.3　三线摆示意图

故有

$$h = \frac{Rr\alpha^2}{2H} \tag{3.3.11}$$

由图可见

$$H = \sqrt{l^2 - (R - r)^2}$$

将式(3.3.11)带入(3.3.10)并对其求 t 微商,可得

$$\frac{\mathrm{d}\alpha}{\mathrm{d}t}\frac{\mathrm{d}^2\alpha}{\mathrm{d}t^2} + m_0 \mathrm{g}\frac{Rr}{HI_0}\alpha\frac{\mathrm{d}\alpha}{\mathrm{d}t} = 0$$

两边同除 $\dfrac{\mathrm{d}\alpha}{\mathrm{d}t}$ 得：

$$\frac{\mathrm{d}^2\alpha}{\mathrm{d}t^2} + m_0 \mathrm{g}\frac{Rr}{HI_0}\alpha = 0 \tag{3.3.12}$$

公式(3.3.12)表明，圆盘转动的角加速度 $\dfrac{\mathrm{d}^2\alpha}{\mathrm{d}t^2}$ 与角位移 α 成正比，而方向相反。这是一个简谐振动，其圆频率 ω 的平方为

$$\omega^2 = \frac{m_0 \mathrm{g}rR}{I_0 H}$$

而周期 $T_0 = 2\pi/\omega$，所以

$$I_0 = \frac{m_0 \mathrm{g}Rr}{4\pi^2 H}T_0^2 \tag{3.3.13}$$

公式(3.3.13)即为下圆盘的转动惯量的表达式. 也就是说只要测出下圆盘作简谐振动的周期和其他相关物理量就可以算出下圆盘绕中心轴转动的转动惯量。

3.4　弹簧振子运动规律

振动是自然界广泛存在的物体运动形式，在物理学的许多领域（如力学、电磁学、光学等）都有深入研究。简谐振动是最简单最基本的振动形式，自然界中一切复杂振动都可看作由若干不同振幅、不同频率的简谐振动复合而成的。

弹簧振子是典型的具有简谐振动特性的振动系统。本实验学习用焦利氏秤根据弹簧振子振动的规律测量弹簧的劲度系数和弹簧的有效质量。

一、预习要点

(1) 弹簧振子的振动周期。

(2) 弹簧振子劲度系数以及有效质量的测量方法和数据处理方法。

二、实验原理

根据胡克定律，在弹性限度内，弹簧所受到的回复力与其伸长（压缩）量成正比，用公式表示为：

$$f = -kx \tag{3.4.1}$$

式中，x 为弹簧伸长（压缩）量，k 为弹簧的劲度系数。弹簧振子在回复力的作用

下,将做简谐振动。

根据牛顿第二定律,弹簧振子在回复力的作用下,其运动方程可写为:

$$\frac{\mathrm{d}^2 x}{\mathrm{d}t^2} + \omega_0^2 x = 0 \tag{3.4.2}$$

式中:$\omega_0 = \sqrt{\dfrac{k}{m}}$,为振子做简谐振动的圆频率,$m$ 为振子质量。可见弹簧振子做简谐振动的圆频率由弹簧的劲度系数 k 和振子的质量 m 决定。需要说明的是,在劲度系数 k 不是很大的情况下,弹簧本身质量不可忽略,此时振子的质量既包括连接在弹簧端点物体的质量也包括弹簧自身在振动时的有效质量。

因此,弹簧振子振动的周期可写为:

$$T = 2\pi \sqrt{\frac{m_0 + M}{k}} \tag{3.4.3}$$

式中,m_0 为弹簧的有效质量,M 为物体的质量。在用焦利氏秤做本实验时,采用砝码做振动物体,振动系统中还需要小平面镜、砝码托盘,在砝码质量不是很大时,它们的质量不能忽略,因此,弹簧振子的振动周期应写为:

$$T = 2\pi \sqrt{\frac{m_0 + m_1 + m_2 + M}{k}} \tag{3.4.4}$$

式中,m_1 和 m_2 分别为小平面镜和砝码托盘的质量(可利用电子秤直接测出)。

实验中,可通过测量振动周期 T 来测量弹簧劲度系数 k 和有效质量 m_0。将(3.4.4)两边平方得到:

$$T^2 = \frac{4\pi^2}{k}(M + m_0 + m_1 + m_2) \tag{3.4.5}$$

式中,m_0、m_1 和 m_2 为常量,振动周期随着所加砝码质量的改变而改变。即:

$$T_i^2 = \frac{4\pi^2}{k}(m_0 + m_1 + m_2) + M_i \times \frac{4\pi^2}{k} \tag{3.4.6}$$

由(3.4.6)式可知,可加不同的砝码进行多次测量,利用逐差法或作图法或最小二乘法即可确定弹簧的劲度系数 k 和有效质量 m_0。

三、仪器用具及实验装置

焦利氏秤,砝码,秒表、电子天平等。

四、实验内容

(1)测定弹簧的劲度系数并计算不确定度。

(2)检验弹簧振子振动周期与质量的关系。

(3)求弹簧的有效质量。

五、注意事项

（1）在实验过程中要小心操作锥形弹簧，以免随意拉伸，引起变形。

（2）弹簧劲度系数很小，禁止超过本实验限定的负荷。

（3）焦力氏秤要细心操作，并注意调节三线对齐，消除视差。

六、实验数据记录及处理参考表格

1. 测量弹簧的劲度系数 k

$x_0 = $ _____ cm

M/g	1	2	3	4	5	6	7
x_i/cm							
$x_i - x_{i-1}/cm$							

2. 检验弹簧振动周期与振子质量的关系

单位：s

$50T_i$ \ M/g	0	1	2	3	4	5	6	7
1								
2								
3								
4								
5								
平均值								
T_i^2								

弹簧质量 $m = $ _____ g   镜条质量 $m_1 = $ _____ g   托盘质量 $m_2 = $ _____ g

3.5 金属比热容测量

单位质量的物质，温度每升高或降低 1K（或 1℃）所吸收或放出的热量称为该物质的比热容，其值随温度而变化，单位为 $J/(kg \cdot K)$。比热容是表示物质热性质的物理量，常用符号 c 表示。比热容也是表征物质物理性质的重要参量之一，在鉴定物质纯度、确定物质相变、研究物质结构等方面都有重要应用,因此比热容的测量是极为重要的。本实验要求学生掌握利用冷却法测量金属比热容的方法,同时了解金属的冷却速率和其与环境的温差关系,以及实验的测量条件。

一、预习要点

(1) 比热容的概念。

(2) 冷却定律、冷却法测量金属比热容的原理。

(3) 绘制冷却曲线,并由冷却曲线计算某温度的冷却速率。

(4) 热电偶测量温度的原理。

二、实验原理

1.冷却法测量金属比热容

若已知标准样品在不同温度下的比热容,可通过做冷却曲线测量各种不同金属在不同温度下的比热容,这种测量比热容的方法称为冷却法。

将质量为 M_1 的金属样品加热后,放到较低温度的介质中,样品将会逐渐冷却,其单位时间的热量损失 $\left(\dfrac{\Delta Q}{\Delta t}\right)$ 与温度下降的速率的关系为:

$$\frac{\Delta Q}{\Delta t} = c_1 M_1 \frac{\Delta T_1}{\Delta t} \tag{3.5.1}$$

式中 c_1 为该金属样品在温度 T_1 时的比热容,$\dfrac{\Delta T_1}{\Delta t}$ 为金属样品在温度 T_1 的温度下降速率。

根据牛顿冷却定律:当物体表面与周围存在温度差时,单位时间从单位面积散失的热量满足关系式:

$$\frac{\Delta Q}{\Delta t} = \alpha_1 S_1 (T_1 - T_0)^m \tag{3.5.2}$$

式中 α_1 为热传递系数,S_1 为该样品外表面的面积,m 为常数,T_1 为金属样品的温度,T_0 为周围介质的温度。由式(3.5.1)和(3.5.2),可得

$$c_1 M_1 \frac{\Delta T_1}{\Delta t} = \alpha_1 S_1 (T_1 - T_0)^m \tag{3.5.3}$$

同理,质量为 M_2,比热容为 c_2 的另一待测金属材料,亦可有表达式:

$$c_2 M_2 \frac{\Delta T_2}{\Delta t} = \alpha_2 S_2 (T_2 - T_0)^m \tag{3.5.4}$$

比较式(3.5.3)和(3.5.4)可得:

$$\frac{c_2 M_2 \dfrac{\Delta T_2}{\Delta t}}{c_1 M_1 \dfrac{\Delta T_1}{\Delta t}} = \frac{\alpha_2 S_2 (T_2 - T_0)^m}{\alpha_1 S_1 (T_1 - T_0)^m}$$

则有：

$$c_2 = c_1 \frac{M_1 \dfrac{\Delta T_1}{\Delta t}}{M_2 \dfrac{\Delta T_2}{\Delta t}} \frac{\alpha_2 S_2 (T_2 - T_0)^m}{\alpha_1 S_1 (T_1 - T_0)^m}$$

假设两样品的形状尺寸都相同、两样品的表面状况也相同，周围低温介质的性质也相同，那么，两样品的热传递系数也相等，于是当周围介质温度不变，两样品又处于相同温度时，上式可以简化为：

$$c_2 = c_1 \frac{M_1 \left(\dfrac{\Delta T}{\Delta t}\right)_1}{M_2 \left(\dfrac{\Delta T}{\Delta t}\right)_2} \tag{3.5.5}$$

如果已知标准金属样品的比热容 c_1、质量 M_1；待测金属材料的质量 M_2 及两金属材料在温度 T 时的冷却速率，即可求出待测金属材料的比热容 c_2。

2. 热电偶测量温度

本实验采用热电偶来测量温度。在同一小温差范围内，热电偶的热电动势与温度的关系可以看成线性关系，即

$$\frac{\left(\dfrac{\Delta T}{\Delta t}\right)_1}{\left(\dfrac{\Delta T}{\Delta t}\right)_2} = \frac{\left(\dfrac{\Delta E}{\Delta t}\right)_1}{\left(\dfrac{\Delta E}{\Delta t}\right)_2}$$

如果在温度 T 时，选择相同的热电动势变化范围（即 ΔE 相等），(3.5.5) 式可以简化为：

$$c_2 = c_1 \frac{M_1 (\Delta t)_2}{M_2 (\Delta t)_1} \tag{3.5.6}$$

三、仪器用具及实验装置

DH4603 型比热容测量仪、保温杯、电子天平、镊子、待测金属样品、备用秒表等。

四、实验内容

（1）测量金属材料在 100℃ 时的比热容。

（2）研究金属的冷却速率与环境温差的关系。

五、注意事项

（1）加热温度升到指定温度后，应切断加热电源。

（2）测量降温时间时，按"计时"或"暂停"键，应迅速、准确，以减小人为计时误差。

（3）加热装置向下移动时，动作要慢，注意使被测样品垂直放置，以使加热装置能

完全套入被测样品。

(4)实验过程中,一定要保证热电偶冷端始终在冰水混合物中。

(5)样品放在玻璃圆筒内自然冷却时,筒口须盖上盖子。

六、实验数据记录及处理参考表格

(1)测量不同样品的热电势由 4.37mV 下降到 4.18mV 所需时间。

单位:秒(s)

样品 \ 冷却时间	t_1	t_2	t_3	t_4	t_5	t_6	平均值 $\triangle t$
Fe							
Cu							
A1							

样品质量:$M_{Cu} =$ _____ g;$M_{Fe} =$ _____ g;$M_{A1} =$ _____ g。

热电偶冷端温度:_____ ℃

以铜为标准:$c_1 = c_{Cu} = 0.0940 cal /(g℃)$

铁:$c_2 = c_1 \dfrac{M_1(\triangle t)_2}{M_2(\triangle t)_1} =$ _____ cal /(g℃)

铝:$c_3 = c_1 \dfrac{M_1(\triangle t)_3}{M_3(\triangle t)_1} =$ _____ cal /(g℃)

(2)金属的冷却速率与环境温差的关系(用冷却曲线分析说明)。

冷却速率数据记录表

时间 /s	0	20	40	60	80	100	120	……
Fe/mV								
Cu/mV								
A1/mV								

在坐标纸上绘出冷却曲线。由冷却曲线可知,三种金属在 100℃ 时的冷却速率分别为:

铜:$\left(\dfrac{\Delta T_1}{\Delta t_1}\right)_{T=100℃}$ 铁:$\left(\dfrac{\Delta T_2}{\Delta t_2}\right)_{T=100℃}$ 铝:$\left(\dfrac{\Delta T_3}{\Delta t_3}\right)_{T=100℃}$

根据(3.5.5)式可求得在 100℃ 时的比热容为

铁:$c_2 = c_1 \dfrac{M_1\left(\dfrac{\Delta T}{\Delta t}\right)_1}{M_2\left(\dfrac{\Delta T}{\Delta t}\right)_2} =$ 铝:$c_3 = c_1 \dfrac{M_1\left(\dfrac{\Delta T}{\Delta t}\right)_1}{M_3\left(\dfrac{\Delta T}{\Delta t}\right)_3} =$

附:

（1）几种金属材料温度为 100℃ 时的比热容。

比热容（cal/g℃） 温度 ℃	C_{Fe}	C_{A1}	C_{cu}
100℃	0.110	0.230	0.0940

（2）铜－康铜热电偶分度表。

温度 ℃	热电动势 /mV									
	0	1	2	3	4	5	6	7	8	9
－10	－0.383	－0.421	－0.458	－0.496	－0.534	－0.571	－0.608	－0.646	－0.683	－0.720
－0	0.000	－0.039	－0.077	－0.116	－0.154	－0.193	－0.231	－0.269	－0.307	－0.345
0	0.000	0.039	0.078	0.117	0.156	0.195	0.234	0.273	0.312	0.351
10	0.391	0.430	0.470	0.510	0.549	0.589	0.629	0.669	0.709	0.749
20	0.789	0.830	0.870	0.911	0.951	0.992	1.032	1.073	1.114	1.155
30	1.196	1.237	1.279	1.320	1.361	1.403	1.444	1.486	1.528	1.569
40	1.611	1.653	1.695	1.738	1.780	1.882	1.865	1.907	1.950	1.992
50	2.035	2.078	2.121	2.164	2.207	2.250	2.294	2.337	2.380	2.424
60	2.467	2.511	2.555	2.599	2.643	2.678	2.731	2.775	2.819	2.864
70	2.908	2.953	2.997	3.042	3.087	3.131	3.176	3.221	3.266	3.312
80	3.357	3.402	3.447	3.493	3.538	3.584	3.630	3.676	3.721	3.767
90	3.813	3.859	3.906	3.952	3.998	4.044	4.091	4.173	4.184	4.231
100	4.277	4.324	4.371	4.418	4.465	4.512	4.559	4.607	4.654	4.701
110	4.749	4.796	4.844	4.891	4.939	4.987	5.035	5.083	5.131	5.179
120	5.227	5.275	5.324	5.372	5.420	5.496	5.517	5.566	5.615	5.663
130	5.712	5.761	5.810	5.859	5.908	5.957	6.007	6.056	6.105	6.155
140	6.204	6.254	6.303	6.353	6.403	6.452	6.502	6.552	6.602	6.652
150	6.702	6.753	6.803	6.853	6.903	6.954	7.004	7.055	7.106	7.156
160	7.207	7.258	7.309	7.360	7.411	7.462	7.513	7.546	7.615	7.666
170	7.718	7.769	7.821	7.872	7.924	7.975	8.027	8.079	8.131	8.183
180	8.235	8.287	8.339	8.391	8.443	8.495	8.548	8.600	8.652	8.705
190	8.757	8.810	8.863	8.915	8.968	9.024	9.074	9.127	9.180	9.233
200	9.286									

3.6　热电阻温度传感器

"温度"是一种重要的热学物理量,它不仅和我们的生活环境密切相关,在科研及生产过程中,温度的变化对实验及生产的结果至关重要。

温度传感器是利用一些金属、半导体等材料与温度相关的特性制成的。常用的温度传感器的类型、测温范围和特点见表 3.6.1。

表 3.6.1　常用的温度传感器的类型和特点

类型	传感器	测温范围 /℃	特点
热电阻	铂电阻	$-200 \sim 650$	准确度高、测量范围大
	铜电阻	$-50 \sim 150$	
	镍电阻	$-60 \sim 180$	
	半导体热敏电阻	$-50 \sim 150$	电阻率大、温度系数大、线性差、一致性差
热电偶	铂铑－铂(S)	$0 \sim 1300$	用于高温测量、低温测量两大类、必须有恒温参考点(如冰点)
	铂铑－铂铑(B)	$0 \sim 1600$	
	镍铬－镍硅(K)	$0 \sim 1000$	
	镍铬－康铜(E)	$-200 \sim 750$	
	铁－康铜(J)	$-40 \sim 600$	
其它	PN 结温度传感器	$-50 \sim 150$	体积小、灵敏度高、线性好、一致性差
	IC 温度传感器	$-50 \sim 150$	线性好、一致性好

除此之外,还经常用到集成温度传感器,即采用硅半导体集成工艺制成的温度传感器,又称为硅传感器或单片集成温度传感器。

本实验我们主要学习热电阻温度传感器中的铂电阻和半导体热敏电阻,后面两个实验我们将分别介绍 PN 结温度传感器和集成温度传感器 AD590 和 LM35 的特性。

一、预习要点

(1)Pt100 铂电阻温度特性。

(2)热敏电阻(NTC1K)温度特性。

二、实验原理

1. Pt100 铂电阻温度特性

Pt100 铂电阻是一种利用铂金属导体电阻随温度变化的特性制成的温度传感器。铂的物理、化学性能极稳定,抗氧化能力强,复制性好,易工业化生产,电阻率较高。因此铂电阻大多用于工业检测中的精密测温和温度校准。缺点是高质量的铂电阻(高级别)价格十分昂贵,温度系数偏小,受磁场影响较大。按 IEC 标准,铂电阻的测温范围为 $-200 \sim 650\,℃$。百度电阻比 $W(100) = 1.3850$ 时 R_0 为 $100\,\Omega$ 或 $10\,\Omega$ 时。称为 Pt100 铂电阻或 Pt10 铂电阻。其相应的 R_t 与 t 的关系请查阅分度表 Pt100 铂电阻或 Pt10 铂电阻(见附录)。其允许的不确定度 A 级为:$\pm(0.15\,℃ + 0.002\,|\,t\,|)$。B 级为:$\pm(0.3\,℃ + 0.005\,|\,t\,|)$。当温度 t 在 $-200 \sim 0\,℃$ 之间时,铂电阻的阻值与温度之间的关系为:

$$R_t = R_0[1 + At + Bt^2 + C(t - 100\,℃)t^3] \tag{3.6.1}$$

当温度在 $0 \sim 650\,℃$ 之间时,关系式为:

$$R_t = R_0(1 + At + Bt^2) \tag{3.6.2}$$

(3.6.1)、(3.6.2) 式中 R_t、R_0 分别为铂电阻在温度 t、$0\,℃$ 时的电阻值,A,B,C 为温度系数,对于常用的工业铂电阻:

$A = 3.90802 \times 10^{-3}/℃$,$B = -5.80195 \times 10^{-7}/℃^2$,$C = -4.27350 \times 10^{-12}/℃^3$

在 $0 \sim 100\,℃$ 范围内 R_t 与温度近似线性,表达式为:

$$R_t = R_0(1 + A_1 t) \tag{3.6.3}$$

2. 半导体热敏电阻(NTC1K)温度特性

热敏电阻是利用半导体电阻阻值随温度变化的特性来测量温度的,按电阻阻值随温度升高而减小或增大,分为 NTC 型(负温度系数)、PTC 型(正温度系数)和CTC(临界温度)。热敏电阻电阻率大,温度系数大,但其非线性大,置换性差,稳定性差,通常只适用于一般要求不高的温度测量。以上三种热敏电阻特性曲线见图 3.6.1。

在一定的温度范围内(小于 $450\,℃$)热敏电阻的电阻 R_t 与温度 T 之间有如下关系:

$$R_T = R_0 e^{B\left(\frac{1}{T} - \frac{1}{T_0}\right)} \tag{3.6.4}$$

(3.6.4) 式中 R_t、R_0 是温度为 $T(K)$,$T_0(K)$ 时的电阻值(K 为热力学温度单位开);B 是热敏电阻材料常数,一般情况下 B 为 2000 $\sim$ 6000K。

对一定的热敏电阻而言,B 为常数,对上式两边取对数,则有:

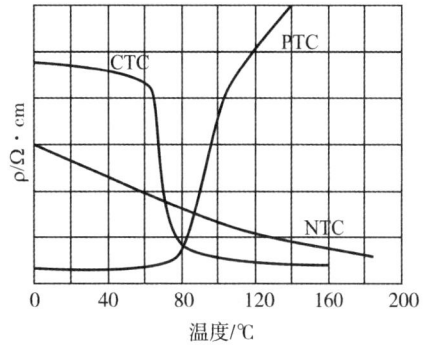

图 3.6.1　热敏电阻特性曲线

$$\ln R_T = B\left(\frac{1}{T} - \frac{1}{T_0}\right) + \ln R_0 \qquad (3.6.5)$$

由(3.6.5)式可见,$\ln R_T$ 与 $1/T$ 成线性关系,作 $\ln R_T$—$(1/T)$ 曲线,用直线拟合,由斜率可求出常数 B。

三、仪器用具及实验装置

FD－TTT－A 温度传感器温度特性实验仪。

四、实验内容

1. Pt100 铂电阻温度特性的测量

(1)恒电流法:给 Pt100 铂电阻通入恒定电流并加热,测量 Pt100 铂电阻的阻值与温度的关系。

(2)直流电桥法:将 Pt100 铂电阻作为一个桥臂接入单臂直流电桥中并加热,利用电桥测量 Pt100 铂电阻阻值与温度的关系。

2. 分别利用恒流法和直流电桥法测量 NTC 热敏电阻温度特性

附:

铂热电阻 *PT* 分度表(*ITS*－90)

分度号:PT100 $R(0℃) = 100.00\Omega$

T,℃	－200	－190	－180	－170	－160	－150	－140	－130	－120	－110	－100
R,Ω	18.52	22.83	27.10	31.34	35.54	39.72	43.88	48.00	52.11	56.19	60.26
T,℃	－90	－80	－70	－60	－50	－40	－30	－20	－10	0	
R,Ω	64.30	68.33	72.33	76.33	80.31	84.27	88.22	92.16	96.09	100.00	
T,℃	0	10	20	30	40	50	60	70	80	90	100
R,Ω	100.00	103.90	107.79	111.67	115.54	119.40	123.24	127.08	130.90	134.71	138.51
T,℃	110	120	130	140	150	160	170	180	190	200	210
R,Ω	142.29	146.07	149.83	153.58	157.33	161.05	164.77	168.48	172.17	175.86	179.53
T,℃	220	230	240	250	260	270	280	290	300	310	320
R,Ω	183.19	186.84	190.47	194.10	197.71	201.31	204.90	208.48	212.05	215.61	219.15
T,℃	330	340	350	360	370	380	390	400	410	420	430
R,Ω	222.68	226.21	229.72	233.21	236.70	240.18	243.64	247.09	250.53	253.96	257.38
T,℃	440	450	460	470	480	490	500	510	520	530	540
R,Ω	260.78	264.18	267.56	270.93	274.29	277.64	280.98	284.30	287.62	290.92	294.21
T,℃	550	560	570	580	590	600	610	620	630	640	650

续表

R,Ω	297.49	300.75	304.01	307.25	310.49	313.71	316.92	320.12	323.30	326.48	329.64
$T,℃$	660	670	680	690	700	710	720	730	740	750	760
R,Ω	332.79	335.93	339.06	342.18	345.28	348.38	351.46	354.53	357.59	360.64	363.67
$T,℃$	770	780	790	800	810	820	830	840	850		
R,Ω	366.70	369.71	372.71	375.70	378.68	381.65	384.60	387.55	390.84		

3.7　等厚干涉及其应用

当两列振动方向相同、频率相同而位相差保持恒定的单色光在空间某区域迭加时,在该区域就会产生光的干涉现象。常见的获得相干光波的方法有两种,一种是分波面法,如双狭缝干涉、双棱镜干涉等;另一种是分振幅法,如薄膜干涉,本实验研究牛顿环的干涉、劈尖的干涉均属于此类。

17 世纪初,物理学家牛顿发现用一个曲率半径较大的凸透镜和一块平面玻璃相接触,用白光照射时,在接触点周围会出现彩色同心圆环状的条纹,用单色光照射时,则出现明暗相间的单色同心圆环条纹,这种光学现象后来被称为"牛顿环"。"牛顿环"属于薄膜干涉中的等厚干涉,实践中常用牛顿环装置来检测光学元件表面的精确度,测量介质折射率等,测定压力或长度的微小变化等。

一、预习要点

(1) 等厚干涉现象、原理和特点。

(2) 用牛顿环测量透镜曲率半径、用劈尖干涉测量微小量的方法。

(3) 熟悉读数显微镜的使用方法。

二、实验原理

1.牛顿环装置的干涉原理

牛顿环装置如图 3.7.1 所示,将一块较大曲率半径的平凸镜凸面向下放置在一块平光学玻璃片上,在平凸镜的凸面与玻璃片之间形成空气薄膜。若光从上方垂直照射,每条光线将在空气薄膜的上下表面依次反射,并在空气薄膜的上表面干涉叠加,形成以接触点为中心的同心圆环状的干涉条纹,如图 3.7.2 所示,这就是"牛顿环"。

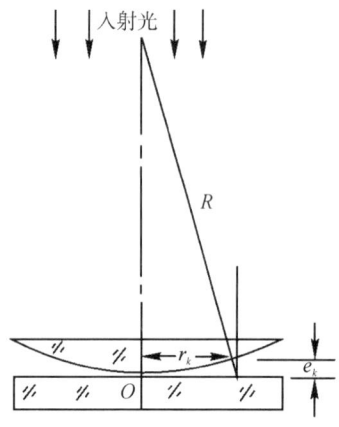

图 3.7.1　牛顿环装置原理　　　　图 3.7.2　牛顿环干涉条纹

设空气薄膜某处厚度为 e，光的波长为 λ，该处薄膜上下表面反射光的光程差可写为：

$$\delta = 2e + \frac{\lambda}{2} \tag{3.7.1}$$

式中已将空气折射率取为 1，$\lambda/2$ 是光在空气薄膜下表面反射时由于半波损失而产生的附加光程。根据波的干涉原理，有以下关系：

$$\delta = 2e + \frac{\lambda}{2} = \begin{cases} k\lambda & (k = 1,2,3,\cdots) \quad 明条纹 \\ (2k+1)\dfrac{\lambda}{2} & (k = 1,2,3,\cdots) \quad 暗条纹 \end{cases} \tag{3.7.2}$$

设第 k 级环形条纹的半径为 r_k，条纹下面空气层相应厚度为 e_k，透镜的曲率半径为 R，由图 3.7.1 可看出

$$r_k^2 = R^2 - (R - e_k)^2 = 2Re_k - e_k^2$$

因 e_k 很小（$e_k \ll R$），e_k^2 可略去，于是得

$$e_k = \frac{r_k^2}{2R} \tag{3.7.3}$$

将式(3.7.3)代入暗纹公式，得

$$R = \frac{r_k^2}{k\lambda} \quad 或 \quad r_k = \sqrt{kR\lambda} \tag{3.7.4}$$

由式(3.7.4)可知，零级暗纹的半径为零，位于牛顿环的中心处，即条纹的中心是暗的。因此暗纹的级次很容易确定。因此，只要 R、r_k 和 λ 这三个量中的两个量已知，就可求得另一个量。但在实际中，因接触点受压，玻璃形变，透镜和玻璃片之间并不是理想的点接触，而且接触面上也难免落有灰尘等等原因都可能使空气层产生附加一个厚度，使光程差发生变化，从而使牛顿环中央不再是一个黑点，而是一个不太清晰的

暗斑,甚至还有可能出现亮斑。这种情况下,暗环的级次和环心的位置实际上难以确定,因此,将(3.7.4)式作为测量公式是不合适的。

为了解决这个问题,可对上述公式做如下变换:

设所产生的附加厚度为 a,则牛顿环的暗纹公式变为

$$\delta = 2(e_k \pm a) + \frac{\lambda}{2} = (2k+1)\frac{\lambda}{2}$$

故 $e_k = k\frac{\lambda}{2} \pm a$

将式(3.7.3)代入上式,得

$$r_k^2 = kR\lambda \pm 2Ra$$

若分别取 k 等于 m、n,则相应暗环半径为

$$r_m^2 = mR\lambda \pm 2Ra$$

$$r_n^2 = nR\lambda \pm 2Ra$$

将两式相减,得

$$r_m^2 - r_n^2 = (m-n)R\lambda$$

$$R = \frac{r_m^2 - r_n^2}{(m-n)\lambda}$$

考虑到环心位置难以确定,改用暗环直径表示为

$$R = \frac{D_m^2 - D_n^2}{4(m-n)\lambda} \tag{3.7.5}$$

可以看出,式(3.7.5)与附加厚度无关,而且与变换前的式(3.7.4)相比还有如下优点:

(1) $k \to (m-n)$:由于采用了逐差法,将式(3.7.4)中难以确定的环的级数变成了容易确定的环数差。

(2) $r_k^2 \to (D_m^2 - D_n^2)$:由几何关系可以证明,两同心圆直径的平方差等于对应弦的平方差,因此,测量时无须确定环心位置,只要测出同心暗环对应弦长即可,这给实际测量带来了很大方便。

本实验中,入射光为钠光,其波长 $\lambda = 589.3\text{nm}$,只要测出 $D_m^2 - D_n^2$,就可求得透镜的曲率半径 R。

2.劈尖的干涉原理

如图 3.7.3 所示,将两块光学平玻璃片叠在一起,在一端夹一细丝(或薄片),使两片玻璃之间形成一空气劈尖。当用单色光垂直照射时,劈尖上下表面反射的两束光将发生干涉。两束光的光程差为:

$$\delta = 2e + \frac{\lambda}{2}$$

从上式可以看出,劈尖上厚度相同的地方,两束相干光的光程相等,明暗程度相同,因而形成一簇平行于劈棱的等厚干涉条纹,用显微镜可清楚看到一系列明暗交替、间距相等的平行条纹。

形成暗纹的条件为

$$\delta = 2e_k + \frac{\lambda}{2} = (2k+1)\frac{\lambda}{2}(k = 0,1,2,3,\cdots)$$

所以

$$e_k = k\frac{\lambda}{2}$$

由上式推知,相邻暗纹所对应的空气膜厚度相差 $\lambda/2$。

设细丝直径为 d,劈棱到细丝的距离为 L(即劈尖长度),相邻暗纹间距为 l,则由图 3.7.3 可得 $l \cdot \sin\theta = \lambda/2$,而 $\sin\theta = d/L$,故

$$d = \frac{L}{l} \cdot \frac{\lambda}{2} \tag{3.7.6}$$

本实验入射光波长已知,只要测出 L、l,就可由式(3.7.6)求出细丝直径 d。

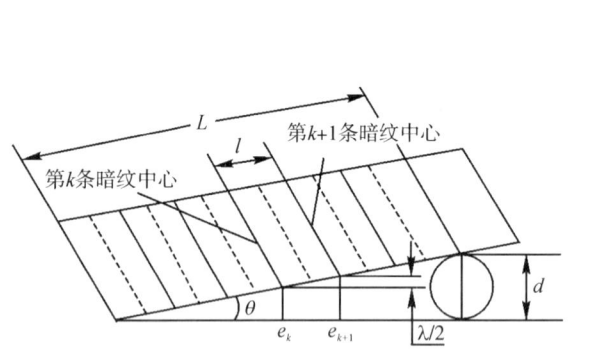

图 3.7.3　劈尖干涉装置及干涉条纹

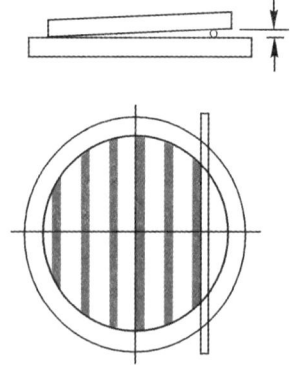

图 3.7.4　劈尖干涉原理图

三、仪器用具及实验装置

读数显微镜,牛顿环装置,劈尖,钠灯等。

四、实验内容

(1) 利用牛顿环测定平凸透镜的曲率半径。

（2）用劈尖干涉法测细丝直径。

五、实验数据记录及其处理参考表格

1.用牛顿环测透镜的曲率半径

钠光波长 $\lambda = 589.3$nm,环数差 $m - n = 10$　　　　　单位:mm

暗环序数	暗环位置		D_m	暗环序数	暗环位置		D_n	$D_m^2 - D_n^2$（mm^2）
	$x_左$	$x_右$			$x_左$	$x_右$		
24				14				
23				13				
22				12				
21				11				
20				10				
平均植	$\overline{D_m^2 - D_n^2} = \underline{\quad}$ mm^2			$\overline{R} = \underline{\quad}$				

2.用劈尖测细丝直径

（1）测量劈尖长度。

钠光波长 $\lambda = 589.3$nm　　　　　单位:mm

次数	劈棱位置	细丝位置	L
1			
2			
3			
平均值	$\overline{L} = \underline{\quad}$		

（2）测量暗条纹间距。

钠光波长 $\lambda = 589.3$nm　　　　　单位:mm

i	l_i	l_{i+20}	$l = l_{i+20} - l_i/20$
0			
1			
3			……
平均值	$\overline{l} = \underline{\quad}$		

3.8   单缝夫琅和费衍射

当光波遇到线度与波长数量级相近的开孔或障碍物时,光的传播方向将明显偏离几何光学所决定的方向,这种现象称为光的衍射,光的衍射现象是光的波动性的重要表现之一。早在 17 世纪,意大利的 F. M. 格里马第就发现在点光源照射时,有时会在该物体影子的边缘会出现彩带,他把这种现象称为"衍射"。衍射问题是光学中遇到的最困难的问题之一,在衍射理论中,很少能给出严格的解,在大多数有实际意义的情况中,必须采用近似方法,这其中,惠更斯－菲涅耳理论是效果最好的,它适用于处理仪器光学中所遇到的大多数问题。

菲涅尔所做的衍射实验,其光源和观察屏距离衍射孔都不是无限远,因而相对衍射孔都有一个张角,把这种衍射称为"菲涅尔衍射"。同一时期德国的夫朗和费采用入射光和出射光都是平行光来研究衍射现象,把此种衍射称为"夫朗和费衍射"。显然"夫琅和费衍射"是一种极限情况,在数学上更容易处理。

研究光的衍射现象在理论与实践上都有重要意义,不仅有助于进一步加深对光的波动性的理解,也有助于理解和掌握许多近代光学实验技术,如今,在光谱分析、X光晶体结构分析、全息照相、光学信息处理等精密测量和近代光学技术中衍射已成为一种有力的研究手段和方法。本实验研究单缝夫琅和费衍射,并学习用单缝衍射现象测微量小长度的方法。

一、预习要点

(1)单缝衍射现象,单缝宽度、入射光波长对衍射条纹的影响。

(2)单缝衍射相对光强的测量方法。

(3)测量入射光波长和单缝宽度的方法。

二、实验原理

1.夫琅和费单缝衍射的规律

根据惠更斯－菲涅尔原理,单缝夫琅和费衍射有如下规律:

(1)衍射接收屏上具有相同衍射角的各点光强相同,衍射条纹均平行于单缝。

(2)衍射的光强分布由(3.8.1)式决定,式中 a 为单缝的宽度,φ 衍射角。

$$I = I_0 \frac{\sin^2 u}{u^2}, u = \frac{\pi a \sin\varphi}{\lambda} \tag{3.8.1}$$

由(3.8.1)式决定的光强分布如图3.8.1所示。当衍射角为 0 时,对应光强最强,称为中央主极大,光强度为 I_0。在 $\varphi = \pm 1.43 \frac{\lambda}{a}$,$\pm 2.46 \frac{\lambda}{a}$,$\pm 3.47 \frac{\lambda}{a}$……各位置出现次极大。它们的相对光强分别为 $\frac{I}{I_0} = 0.047$,$0.017,0.008$,……中央亮条纹(主极大)的宽度等于各次级大的两倍,即各次级大的角宽度等于中央亮纹的半角宽度。绝大部分光能都落在了中央亮条纹上。

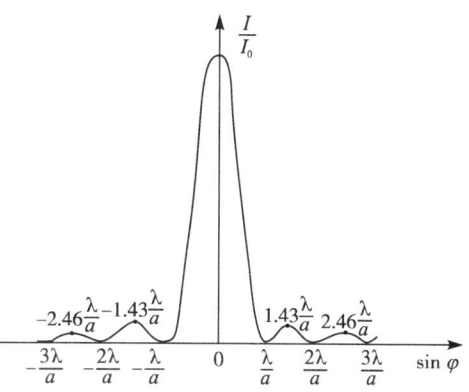

图 3.8.1　单缝衍射的相对光强分布曲线

(3)当 $a\sin\varphi = k\lambda$ 　($k = \pm 1,2,3\cdots$)时,光强为零,即出现暗条纹。实验中,若能测出暗条纹对应的衍射角,已知光的波长,即可得到单缝的宽度,或已知缝宽,即可测得光的波长。

2.实验中夫琅和费衍射的实现

如图3.8.2所示,为焦面接收装置,把光源 S 放置于凸透镜 L_1 的前焦面上,S 发出的光通过 L_1 后成为平行光,垂直照射在狭缝上。将接收屏 P 置于凸透镜 L_2 的后焦面上,根据惠更斯—菲涅尔原理,狭缝上的每一点均可看成是发射子波的新波源,所有这些子波叠加后便在接收屏上得到一组平行于狭缝的衍射条纹。

若用激光器作光源,激光束具有方向性好、亮度高、光束细锐等优点,因而准直透镜 L_1 可省略不用。若将观察屏 P 放置在距狭缝较远处,即 l 远大于缝宽 a,此时聚焦透镜 L_2 亦可省略,如图 3.8.3 所示,为远场接收装置。

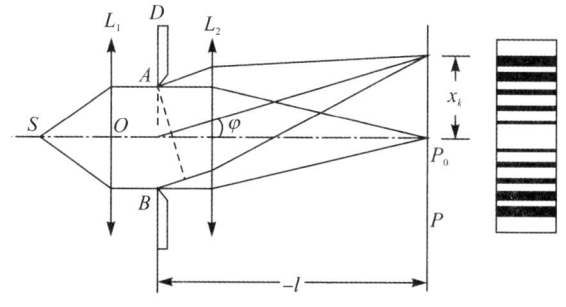

图 3.8.2　单缝衍射的光路图

由图 3.8.2 和图 3.8.3 均可看出,k 级暗条纹对应的衍射角为

$$\varphi_k = \frac{x_k}{l} \tag{3.8.2}$$

由前面的讨论可得到

$$\frac{k\lambda}{a} = \frac{x_k}{l} \tag{3.8.3}$$

即

$$a = \frac{k\lambda l}{x_k} \tag{3.8.4}$$

实验中用(3.8.4)式来测定狭缝宽度。

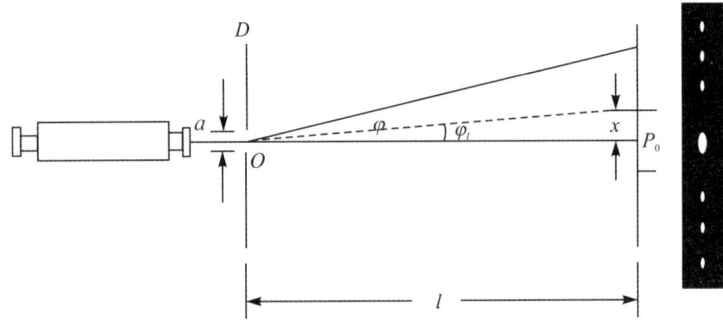

图 3.8.3　激光器作光源的夫琅和费单缝衍射

三、仪器用具及实验装置

光源、光具座、宽度可调狭缝、光电探测器、光电检流计、测量显微镜、接收屏等。

四、实验内容

(1) 观察单缝衍射现象。

(2) 测量单缝衍射图像的相对光强分布。

(3) 测量单缝宽度。

3.9　光电效应

1887 年赫兹在研究电磁波的实验中偶然间发现了金属在光照射时会有电子从金属表面释放出来,这种现象被称作光电效应。1905 年,爱因斯坦在普朗克量子理论的基础上提出了"光量子"的概念,给出了光电效应方程,完美的解释了这种现象,揭示了光的波粒二相性。此后密立根又经过了十年的艰苦研究,准确测量了普朗克常数 h,

论证了爱因斯坦光量子理论的正确性。爱因斯坦和密立根分别获得了 1921 年和 1923 年的诺贝尔物理学奖。如今光电效应已经广泛地应用于现代科技及生产领域,利用光电效应制成的光电器件(如光电管、光电倍增管等)已广泛用于光电检测、光电控制、信息采集和处理等多项现代技术中。

一、预习要点

(1)光电效应的基本规律,光的量子性。

(2)爱因斯坦光电效应方程。

(3)测量普朗克常数的方法。

(4)光电管的光电特性。

二、实验原理

1.光电效应

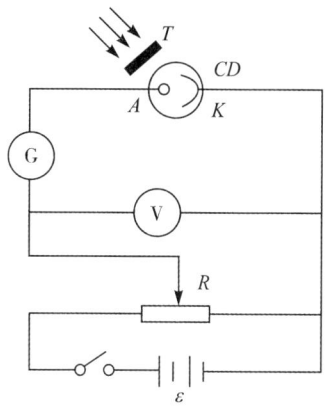

图 3.9.1 实验原理图

金属中的自由电子在光的照射下,吸收光能,克服金属对电子的束缚而逸出金属表面,这种现象称为光电效应。逸出金属表面的电子称为光电子,光电子在电场作用下运动而形成的电流称为光电流。

实验中,研究光电效应规律的电路如图 3.9.1 所示:图中光电管是一个抽成真空的玻璃泡,玻璃泡中 K 为光电管的阴极,其上涂有感光金属层,A 是光电管的阳极,有金属丝网做成。电位器 R 用来调节加在光电管两端的电压 U,G 为电流计,用来测量光电效应所产生光电流的大小。

光电效应主要有以下规律:

(1)光电流的大小与光强成正比。

(2)电子的初动能与光强无关,但与入射光的频率成正比。

(3)存在一个阈频率,当入射光的频率低于某一阈值 v_0 时,不论光的强度如何,都没有光电子产生。

(4)光电效应是瞬时效应,一经光线照射,立刻产生光电子。

2.爱因斯坦的光子论及其对光电效应的解释

1905 年,爱因斯坦提出了光子假说:光是一粒一粒以光速运动的粒子流,这种粒子称为光子,或光量子。每个光子的能量由光的频率决定,如果光的频率为 v,则光子的能量可表示为 hv。

根据这一理论,当频率为 v 的光以 hv 为能量单位作用于金属的一个自由电子时,该自由电子获得能量 hv,克服金属表面的逸出功 W_S 逸出金属表面,按照光子论和能量守恒定律,爱因斯坦提出了著名的爱因斯坦光电效应方程。

$$\frac{1}{2}mv^2 = h\upsilon - W_S \qquad\qquad (3.9.1)$$

式中 h 是普朗克常数,其公认值为 6.626176×10^{-34} J·S,υ 是入射光频率,m 是电子的质量,v 是光电子逸出金属表面的初速度。

W_S 是金属材料受光照射时的逸出功,它是金属的固有属性,与入射光的频率无关。令 $W_S = h\upsilon_0$,υ_0 为金属的"红限"频率,只有照射在金属表面的光的频率大于"红限频率",才会有电子从金属表面逸出。

爱因斯坦光电效应方程不仅圆满地解释了光电效应的四条基本规律,也给我们提供了测量普朗克常数 h 的一种方法。

3. 普朗克常数的测量

在式(3.9.1)中,$mv^2/2$ 是从金属中逸出的光电子的最大初动能,入射到金属表面的光频率越高,逸出的电子初动能也越大,因此即使阳极不加电压也会有光电子到达阳极而形成光电流。若要使光电流为零,必须使阳极相对于阴极电位为负值,并且阳极电位低于某一数值,这个相对于阴极为负值的阳极电压 U_S 被称为光电效应的截止电压,此时电子的初动能刚好等于阳极和阴极间的电势能,即

$$eU_S - \frac{1}{2}mv^2 = 0 \qquad\qquad (3.9.2)$$

将式(3.9.2)代入式(3.9.1)得

$$eU_S = h\upsilon - W_S = h\upsilon - h\upsilon_0 \qquad\qquad (3.9.3)$$

将(3.9.3)式改写为

$$U_S = \frac{h\upsilon}{e} - \frac{W_S}{e} = \frac{h}{e}(\upsilon - \upsilon_0) \qquad\qquad (3.9.4)$$

可见,截止电压 U_S 是入射光频率 υ 的线性函数,式中 $e = 1.6021892 \times 10^{-19}$ C,是电子的电荷量。只要测出该线性函数的斜率 h/e,就可求出普朗克常数 h 的数值。

4. 实验中的系统误差以及消除办法

(1)存在暗电流和本底电流。在完全没有光照射光电管的情形下,由于阴极材料本身的热电子发射及光电管管壳漏电等原因所产生的光电流称为暗电流,而各种杂散光入射到光电管上所产生的光电流称为本底电流。这两种电流均随极间电压的大小而变化,它们属于实验中的系统误差,实验时可将它们测出,并在作图时消除其影响。

(2)存在阳极反向光电流。在制作光电管阴极时,阳极上也会溅上阴极材料,故光照射到阳极上也会发射光电子,形成阳极反向光电流。

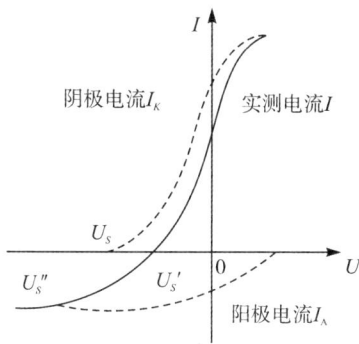
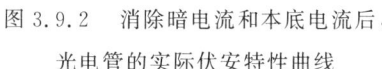

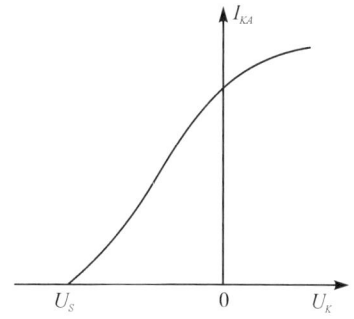

图 3.9.2　消除暗电流和本底电流后，　图 3.9.3　光电管的起始 $I-U$ 特性

光电管的实际伏安特性曲线

因此,实际的光电流是数种电流叠加的结果。为了准确测出截止电压,必须设法消除暗电流、本底电流及阳极反向电流的影响。暗电流和本底电流可通过从实际光电流中减去无光照射时的光电流来消除,消除了暗电流和本底电流后的伏安特性如图 3.9.2 中的实线所示。阳极反向电流通常根据所使用的光电管的具体特性的不同采用以下两种方法来处理。

(1)交点法:如果光电管阳极用逸出功较大的材料制作,制作过程中尽量防止阴极材料蒸发;实验前对光电管阳极通电,减少其上溅射的阴极材料;实验中避免入射光直接照射到阳极上,这样均可使阳极反向电流大大减小,其伏安特性曲线与图 3.9.3 十分接近,实验所测得的伏安特性曲线与电压轴的交点 U_s' 即可近似等于截止电压 U_s。

(2)拐点法:如果光电管的阳极反向电流虽然较大,但在光电管的结构设计上,注意使伏安特性曲线具有陡直的形状,反向阳极电流又能较快饱和,则伏安特性曲线反向电流进入饱和段有着明显的拐点,显然此拐点的电压 U_s' 即为截止电压 U_s,如图 3.9.2 所示。实验中应根据伏安特性曲线的形状,选用适当的处理方法。

三、仪器用具及实验装置

光电效应实验仪(由暗盒、光电管、汞灯及电源等组成)、滤色片、光阑。

四、实验内容

(1)测量光电管的伏安特性曲线,验证光电效应的规律。

(2)测量光电管的截止电压。

(3)作 $v-U_s$ 曲线,求出普朗克常数,与普朗克常数的公认值比较。

3.10　光的偏振及其应用

1809 年,法国工程师马吕斯在实验中发现了光的偏振现象,光的偏振证实了光是横波,通过对光的偏振现象的研究,人们对光的传播规律有了新的认识,特别是近年来利用光的偏振性所开发出来的各种偏振器件、偏振光仪器和偏光技术,在现代科学技术中发挥了重要的作用。在光调制器、光开关、光学计量、应力分析、光信息处理、光通信、激光和光电子器件等应用中,都大量使用了偏振技术,因此,对偏振光现象的研究具有重要的实际意义。

一、预习要点

(1)偏振光、偏振器件的特性以及偏振光在工程上的应用。

(2)马吕斯定律、1/4 波片的光学特性、旋光效应及半导体激光的偏振特性。

(3)反射光的偏振特性和布儒斯特定律。

二、实验原理

1. 平面偏振光的产生

(1)反射起偏 — 布儒斯特定律。

光的反射、折射光路如图 3.10.1,根据麦克斯伟的电磁理论和边值条件,我们可以推导如下关系:

$$E'_P = \tan(I_1 - I_2)E_P/\tan(I_1 + I_2)E'_S$$
$$= \sin(I_1 - I_2)E_S/\sin(I_1 + I_2)$$

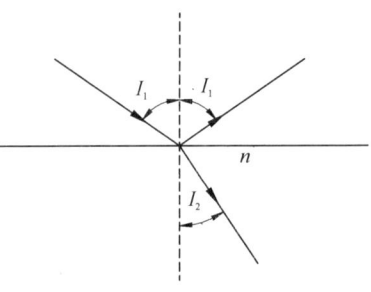

图 3.10.1　光的反射、折射光路

其中 E'_P 为偏振面平行于入射面的反射光电矢量。E_P 为偏振面平行于入射面的入射光电矢量。E'_S 为偏振面垂直于入射面的反射光电矢量,E_S 为偏振面垂直于入射面的入射光电矢量。

分析上式我们发现,由于 $\tan 90° = \infty$,E'_P 可能为 0,及在 $I_1 + I_2 = 90°$ 时,反射光中可能不含平行分量,即不管入射光是什么状态,反射光都是线偏振光。由折射定律:

$$\sin I_1 = n \sin I_2 \text{ 和 } I_1 + I_2 = 90°$$

得 $\tan I_1 = n$ 时,反射光是线偏振光。这就是布儒斯特定律。此时的入射角 I_1 我们称为布儒斯特角,它是由材料的折射率决定的。

（2）由二向色性晶体的选择吸收产生偏振。

有些晶体（如电气石、人造偏振片）对两个相互垂直振动的电矢量具有不同的吸收本领，称为二向色性。当自然光通过二向色性晶体时，其中一部分的振动几乎被完全吸收，而另一部分的振动几乎没有损失（如图 3.10.2 所示），这样透射光就成为平面偏振光。利用偏振片可以获得截面较宽的偏振光束，而且造价低廉，使用方便。但偏振片的缺点是有颜色，光透过率稍低。

（3）由晶体双折射产生偏振。

当自然光入射于某些各向异性晶体时，在晶体内折射后分解为两束平面偏振光（o 光、e 光），并以不同的速度在晶体内传播，可用某一方法使两束光分开，就可以获得平面偏振光。尼科耳（Nicol）棱镜是这类元件之一

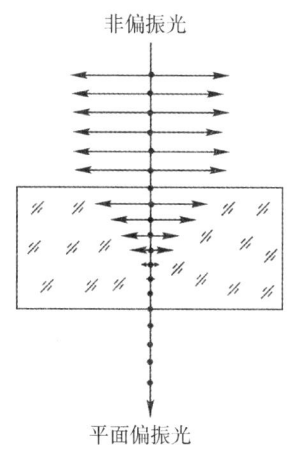

图 3.10.2　利用二向色性晶体产生偏振光

（如图 3.10.3）。它由两块经特殊切割的方解石晶体用加拿大树胶粘合而成。偏振面平行于晶体的主截面的偏振光可以透过尼科耳棱镜。垂直于主截面的偏振光在胶层上发生全反射，这样两束偏振光就分开了。

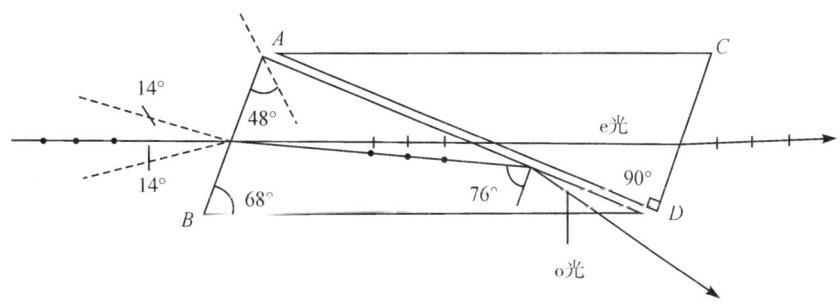

图 3.10.3　尼科耳棱镜

2. 椭圆、圆偏振光的产生

一束线偏振光在穿过某些双折射晶体时，就会被分成两束，由于这两束光在晶体中的传播速度不同，会造成相位的差异，在重合时合成的光可能就不是线偏振光了。当晶体的厚度合适，且入射光的偏振面与晶体光轴成 45 度角，则出射光可成为圆偏振光。

现在假设一束线偏振光以偏振方向同波片光轴成 θ 角的状态垂直入射于波片。这时会发生一种比较特殊的双折射现象，即 O 光和 E 光传播方向相同，但传播速度不同，设入射光的振幅为 A，用垂直合成的方法，将进入波片的光按光轴平行和垂直的

两个方向分解成 Ex 和 Ey,则:

$$Ex = A\cos\theta\cos\omega t$$

$$Ey = A\sin\theta\cos(\omega t + \delta)$$

其中 δ 为由于光速不同而产生的相位差。$\delta = \dfrac{2\pi}{\lambda}(n_o - n_e)d$,如果我们使波片的厚度正好产生 $180°$ 相位差(相当于 $1/2$ 个波长),我们称之为二分之一波片。当光经过波片,出射后,两束光合成在一起,速度相同。根据上面的分析,一般情况下我们将得到一束椭圆偏振光,

$$A_X = A\cos\theta \qquad A_Y = A\sin\theta$$

而此时的相位差 δ 是由于 O 光、E 光在双折射材料中的速度(或波长)不同造成的。如果我们使波片的厚度正好产生 $90°$ 相位差(相当于 $1/4$ 个波长),并使 $\theta = 45°$ 则有

$$E_X^2 + E_Y^2 = A^2/2$$

这是一个圆的方程。可产生 $90°$ 相位差的波片,我们称之为四分之一波片。由以上分析可见,当我们使一束线偏振光经过波片时,我们可以得到一束椭圆偏振光。而经过一个 $1/4$ 波片,且光轴方向与偏振方向只成 $45°$ 角时,我们可以得到一个圆偏振光。

3. 平面偏振光通过检偏器后光强的变化 —— 偏振光的检测和马吕斯定律

鉴别光的偏振状态的过程称为检偏,它所用的装置称为检偏器。其实,起偏器和检偏器是通用的,用于起偏的偏振片称为起偏器,把它用于检偏就成为检偏器了。

一束光强度为 I_0 的线偏振光,透过检偏器以后,透射光的光强度为

$$I = I_0 \cos^2 a \tag{3.10.1}$$

其中 a 是线偏振光的光振动方向与检偏器透振方向间的夹角,该式称为马吕斯定律。在光路中放入偏振片 P_1 作为起偏器,获得振动方向与 P_1 透振方向一致的线偏振光,线偏振光的强度 I_0 为入射自然光强度的 $\dfrac{1}{2}$。再在光路中放入偏振片 P_2,作为检偏器,其透振方向 P_2 与 P_1 的夹角为 a,透过 P_2 的光振幅为

$$A = A_0 \cos a \tag{3.10.2}$$

式中 A_0 为透过 P_1 的线偏振光的振幅。当 $a = 0°$ 或 $180°$ 时,$I = I_0$,透射光最强。当 $a = 90°$ 或 $270°$ 时,$I = 0$,透射光强为零。当为其它值时,光强介于 0 和 I_0 之间。因为 $\dfrac{I}{I_0} = \dfrac{A^2}{A_0^2}$,所以,光强度为 $I = I_0 \cos^2 a$。这就是马吕斯定律,马吕斯定律说明了入射到偏振片上的线偏振光,其透射光强度的变化规律。

三、仪器用具及实验装置

光学实验导轨、滑块、半导体激光器、光学转台、转接杆、光功率计、等边棱镜、12

档光栏探头、1/4 波片、1/2 波片、偏振片、旋光晶体、白屏。

四、实验内容

(1) 观察光的偏振特性,验证马吕斯定律。

(2) 研究 1/4λ 波片的光学特性。

(3) 研究 1/2λ 波片的光学特性。

(4) 研究反射光的偏振特性,测量布儒斯特角。

3.11　分光计的调节与使用

分光计也叫测角仪,是用来准确测量光线偏转角度的仪器。1814 年,夫琅和费在研究太阳暗线时改进了当时的观察仪器,设计了第一台由平行光管、三棱镜和望远镜组成的分光计,其设计思想、基本构造原理是现代光谱仪、摄谱仪等设计制造的基本依据。分光计是光学实验中的基本仪器之一,利用它可通过测量光线的偏转角来测量光的波长、材料的折射率、光栅常数、光的色散率等。许多光学仪器,如光谱仪、单色仪等的基本结构也是以分光计为基础的。因此正确调节和使用分光计是大学物理实验中的一项基本技能。本实验通过测量三棱镜的顶角和玻璃的折射率,训练学生掌握分光计的调节、使用的方法和技巧。

一、预习要点

(1) 分光计的结构,正确调节和使用分光计的方法。

(2) 测量三棱镜的顶角的方法。

(3) 用最小偏向角法测量三棱镜的折射率。

二、实验原理

关于分光计的结构和调节方法已在本书第二章第二节中详细论述,请读者参阅。

1. 三棱镜最小偏向角与玻璃的折射率

光从空气中射入玻璃时,将发生折射现象。由于材料折射率对不同的波长而言是不同的,因此将复色光射入玻璃中将会发生色散现象。若利用分光计测出不同光线的相应角度,即可计算出材料的折射率。为了测量和计算方便,通常将被测玻璃材料打磨成三棱镜。

如图 3.11.1 所示,$\angle \alpha$ 称为三棱镜的顶角,光线由三棱镜的一个抛光光学面 AB 射入,由另一个抛光光学面 AC 射出,入射光与出射光的夹角 γ 称为偏向角。当三棱镜

的顶角一定时,偏向角的大小与入射角有关,
通过简单推导可知(见本实验附2),三棱镜材
料的折射率与最小偏向角及三棱镜的顶角的
关系为:

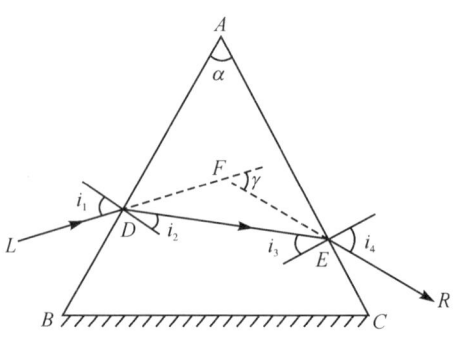

图 3.11.1   三棱镜的偏向角

$$n = \frac{\sin\dfrac{\alpha + \gamma_{\min}}{2}}{\sin\dfrac{\alpha}{2}} \qquad (3.11.1)$$

可见,只要测出三棱镜的顶角及最小偏
向角,即可得到三棱镜玻璃材料的折射率。

2.三棱镜的顶角的测量

调节好分光计,将三棱镜放置在载物台上。如图 3.11.2 所示,使三棱镜的三边与
台下螺丝钉的连线所组成三角形的三边互相垂直。只调节载物台螺丝,先使 AB 面反
射的"+"字像落在分划板上"≠"准线上部的交点上(即望远镜光轴与三棱镜 AB 面垂
直)。同样再使 AC 面反射的"+"字像落在分划板上"≠"准线上部的交点上(即望远镜
光轴与三棱镜 AC 面垂直),这样三棱镜的两个折射面均垂直于望远镜的光轴。

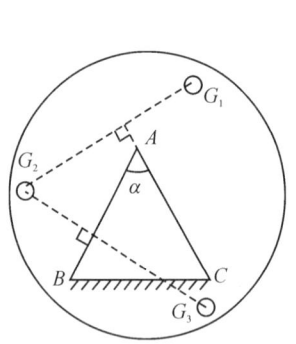

图 3.11.2   三棱镜的放法

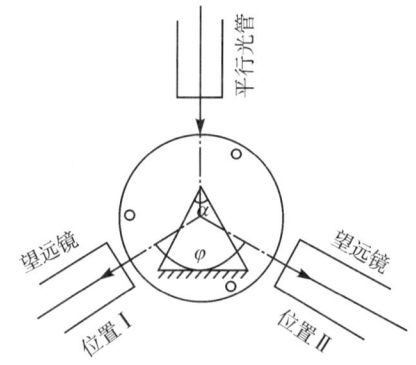

图 3.11.3   用反射法测量三棱镜顶角

(1)自准法测量三棱镜的顶角。

接上述操作,先使 AB 面反射的"+"字像落在分划板上"≠"准线上部的交点上
(即望远镜光轴与三棱镜 AB 面垂直),记录下刻度盘左右游标的位置,也即 AB 面的
法线位置。转动望远镜,同样再使 AC 面反射的"+"字像落在分划板上"≠"准线上部
的交点上(即望远镜光轴与三棱镜 AC 面垂直),测得 AC 面的法线位置。若两个光学
面法线的夹角为 φ,则三棱镜的顶角满足(3.11.2)式。

$$\alpha = \pi - \varphi \qquad (3.11.2)$$

（2）用反射法测量三棱镜顶角。

将三棱镜顶角放置于载物台的中央，也即转轴位置处，转动载物台，使三棱镜顶角对准平行光管，让平行光管射出的光束照在三棱镜两个光学面上，如图 3.11.3 所示。将望远镜转至"位置 Ⅰ"，记录由三棱镜 AB 面所反射光线的位置（刻度盘游标为 θ_1、θ_2），再将望远镜移至"位置 Ⅱ"，记录由三棱镜 AC 面反射光线的位置（刻度盘游标为 θ_1'、θ_2'），此过程中（保持载物台不动），由（3.11.3）式计算出三棱镜的顶角。

$$\alpha = \frac{\varphi}{2} = \frac{1}{4}(\,|\theta_1 - \theta_2| + |\theta_1' - \theta_2'|\,) \tag{3.11.3}$$

3. 测量最小偏向角

如图 3.11.4 所示，使平行光管射出的光由三棱镜的 AB 面射入，由 AC 面射出。将望远镜移动至 AC 面，并在望远镜中寻找出射谱线，找到所要测量的谱线时，轻轻转动载物台（即改变光线的入射角），使谱线向偏向角 γ 减小的方向移动（顶角方向），继续转动载物台，直到谱线开始反向移动为止，谱线开始反向移动的位置就是

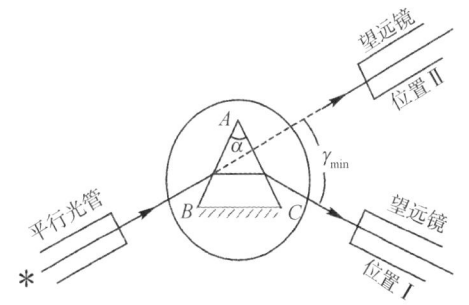

图 3.11.4　测量最小偏向角方法

光线以最小偏向角射出的方向，记录此时左右两游标的刻度（分别为 θ 和 θ'）。取下三棱镜，转动望远镜，找到入射光线的方向，记录此方向对应左右游标的刻度（分别为 θ_0 和 θ_0'）。根据（3.11.4）式计算出被测谱线的最小偏向角。

$$\gamma_{\min} - \frac{1}{2}(\,|\theta - \theta_0| + |\theta' - \theta_0'|\,) \tag{3.11.4}$$

三、仪器用具及实验装置

分光计，平面反射镜，三棱镜，汞灯。

四、实验内容

（1）熟练调节并正确使用分光计。

（2）测量三棱镜的顶角并计算不确定度。

（3）用最小偏向角法测量三棱镜的折射率，计算测量结果的不确定度。

五、注意事项

（1）三棱镜要轻拿轻放，要注意保护其光学表面，不要用手触摸折射面。

（2）用反射法测顶角时，三棱镜顶角应靠近载物台中央放置（即离平行光管远一些），否则反射光不能进入望远镜。

（3）测量过程中，要留意望远镜转动时是否有游标经过刻度盘零点，若有，就需在

转动前后的两次读数中较小的那个角度上加 360°,然后再进行计算。两个游标转动后易发生混淆,必要时做上标记。

(4)转动载物台,都是指转动游标盘带动载物台一起转动。

(5)狭缝宽度 1mm 左右为宜,太宽测量误差大,太窄光通量小。狭缝易损坏,尽量少调,调节时要边看边调,动作要轻。

(6)光学仪器上的螺丝使用频繁,容易损坏,所以调节动作要轻。锁紧螺钉也是指锁住即可,不可用力。

六、实验数据记录及处理参考表格

(1)反射法测三棱镜顶角 α。

次数	Ⅰ 面位置		Ⅱ 面位置		$\alpha = \dfrac{\varphi}{2} = \dfrac{1}{4}(\mid \theta_1 - \theta_2 \mid + \mid \theta_1' - \theta_2' \mid)$
	θ_1	θ_1'	θ_2	θ_2'	
1					
2					
3					
4					
5					

(2)测量最小偏向角 $\gamma_{\min}$。

次数	最小偏向角位置		零点位置		$\gamma_{\min} = \dfrac{1}{2}(\mid \theta - \theta_0 \mid + \mid \theta' - \theta_0' \mid)$
	θ'	θ'	θ_0	θ_0'	
1					
2					
3					
4					
5					

附:

1.任意偏向角法测折射率

实践中,还常用任意偏向角法测量三棱镜玻璃的折射率。如图 3.11.5,当一束单色光以入射角 i 照射已知顶角为 α 的三棱镜时,若测量出此时入射角 i 与偏向角 γ,利用折射定律及几何关系,可以推导出计算三棱镜折射率的公式为:

$$n = \frac{1}{\sin\alpha}\sqrt{\sin^2(\gamma+\alpha-i)+\sin^2 i+2\sin(\gamma+\alpha-i)\cos\alpha\cdot\sin i}$$

利用此法可以消除原实验中对最小偏向角临界位置判断不准而引入的误差,缺点是计算比较繁琐。

2. 三棱镜最小偏向角与折射率的关系推导

入射线 LD 与出射线 ER 的夹角 γ 称为偏向角,可以证明偏向角 γ 是入射角 i_1、顶角 α 及折射率 n 的函数,如图 3.11.6 所示。对于某一给定棱镜及一给定波长的光线而言,γ 值由入射角 i_1 唯一确定。理论与实验证明,随着入射角的改变,偏向角的改变中有一最小值,称之为最小偏向角 $\gamma_{\min}$。

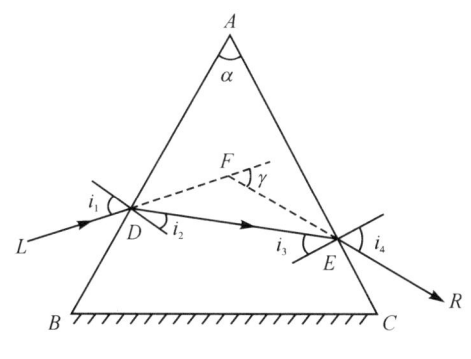

图 3.11.5　棱镜的折射图

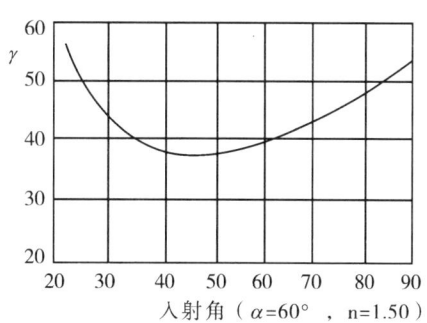

入射角 ($\alpha = 60°$, $n = 1.50$)

图 3.11.6　偏向角与入射角的关系

由图 3.11.5 可知

$$\gamma = \angle FDE + \angle FED = (i_1 - i_2) + (i_4 - i_3)$$

因 $\alpha = i_2 + i_3$,有

$$\gamma = (i_1 + i_4) - \alpha \tag{3.11.5}$$

满足最小偏向角的条件是 $\dfrac{\mathrm{d}\gamma}{\mathrm{d}i_1} = 0$。由(3.11.5)式得

$$\frac{\mathrm{d}i_4}{\mathrm{d}i_1} = -1 \tag{3.11.6}$$

根据折射定律,光在 AB 面及 AC 面折射时满足

$$\left.\begin{array}{r} n\sin i_2 = \sin i_1 \\ n\sin i_3 = \sin i_4 \end{array}\right\}$$

微分后

$$\left.\begin{array}{r} n\cos i_2\, \mathrm{d}i_2 = \cos i_1\, \mathrm{d}i_1 \\ n\cos i_3\, \mathrm{d}i_3 = \cos i_4\, \mathrm{d}i_4 \end{array}\right\}$$

两式相除

$$\frac{di_4}{di_1} = \frac{\cos i_1 \cdot \cos i_3}{\cos i_2 \cdot \cos i_4} \cdot \frac{di_3}{di_2}$$

由 $i_3 + i_2 = \alpha$ 知 $di_3 = -di_2$,故上式为

$$\frac{di_4}{di_1} = -\frac{\cos i_1 \cos i_3}{\cos i_2 \cos i_4}$$

代入(3.11.6)式,则产生最小偏向角的条件变为

$$\frac{\cos i_1 \cos i_3}{\cos i_2 \cos i_4} = 1$$

$$\frac{1 - \sin^2 i_1}{n^2 - \sin^2 i_1} = \frac{1 - \sin^2 i_4}{n^2 - \sin^2 i_4} \tag{3.11.7}$$

可以看出,只有当 $i_1 = i_4$ 时,(3.11.7)式方能得到满足,因而 $i_2 = i_3$,这是实现最小偏向角 $\gamma_{\min}$ 的充分条件,在此情况下则有

$$i_2 = i_3 = \frac{\alpha}{2}, \quad i_1 = \frac{\alpha + \gamma_{\min}}{2}$$

已知 $n \sin i_2 = \sin i_1$,故

$$n = \frac{\sin \dfrac{\alpha + \gamma_{\min}}{2}}{\sin \dfrac{\alpha}{2}} \tag{3.11.8}$$

由此式可以看出,测出了某一波长的光线的最小偏向角 $\gamma_{\min}$ 及顶角 α,就可以算出棱镜材料对该波长光线的折射率。为了使入射光都满足最小偏向角的条件,入射光必须是平行光。

3.12　利用迈克耳逊干涉仪测量光的波长

迈克尔逊干涉仪是一种典型的分振幅法产生双光束干涉的仪器,最早由迈克尔逊(1852—1931,波兰裔美国藉物理学家)设计。1887 年迈克尔逊与莫雷(1838—1923,美国物理学家、化学家)利用迈克尔逊干涉仪完成了著名的迈克尔逊—莫雷实验,彻底否定了"以太风"的存在,由于这一成就,迈克尔逊获得了 1907 年诺贝尔物理学奖。直到现在,迈克耳孙干涉仪的设计思想仍发挥着重要的作用,比如,2016年美国 LIGO 实验室利用臂长为 4Km 的迈克耳孙干涉仪,成功探测到了爱因斯坦预言的引力波,他们也因此获得了 2017 年的诺贝尔物理学奖。在科学研究中迈克尔逊

干涉仪常用在光学精密测量方面,利用它能精确测量固体和气体的折射率,测量长度和长度的微小变化,研究光源的时间相干性以及检验光学材料的均匀性等。本实验要求同学们了解迈克耳逊干涉仪的结构、原理,熟练掌握调节方法,并测量光波的波长。

一、预习要点

(1) 迈克耳逊干涉仪的构造原理和调节使用方法。

(2) 等倾干涉、等厚干涉、定域干涉与非定域干涉。

(3) 测量光波的波长。

二、实验原理

1. 迈克尔逊干涉仪的原理

图 3.12.1 是迈克尔逊干涉仪的光路图,G_1 后表面的半透半反膜将由光源 S 发出的入射光束分成振幅几乎相等的光束(1) 和(2),光束(1) 经 M_1 反射后透过 G_1,到达观察点 E;光束 (2) 经 M_2 反射后再经 G_1 的后表面反射后也到达 E,与光束(1) 会合干涉。补偿板 G_2 的作用是保证在 M_1A 与 M_2A 距离相等时,光束(1) 和(2) 有相等的光程。图中的 M'_2 是 M_2 镜通过 G_1 反射面所成的虚像,因而两束光在 M_1 与 M_2 上的反射,就相当于在 M_1 与 M'_2 镜上的反射。这种干涉现象与厚度为 d 的空气薄膜产生的干涉现象等效。改变 M_1 与 M'_2 的相对方位,就可得到不同形式的干涉条纹。当 M_1 与

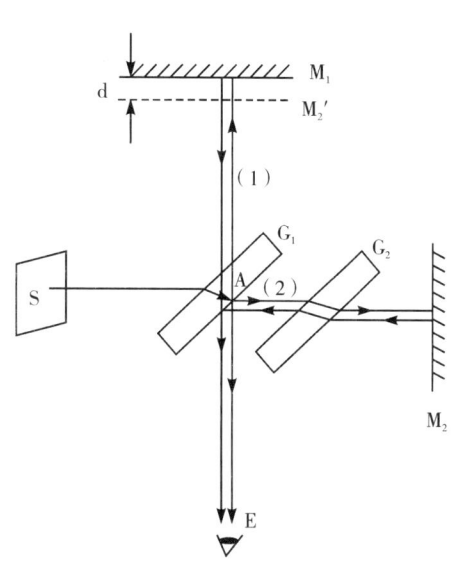

图 3.12.1　迈克耳逊干涉仪光路

M'_2 严格平行时,产生等倾干涉条纹,当当 M_1 与 M'_2 接近重合,且有一微小夹角时,得到的干涉条纹是等厚直条纹。

由干涉原理可知,自 M_1 和 M'_2 反射的两束光的光程差为

$$\delta = 2d\cos\theta \qquad (3.12.1)$$

式中 d 为 M_1 与 M'_2 的间距,θ 为光在 M_1 上的入射角。当 d 为某一常量时,两束光的光程差完全由倾角 θ 来确定,其干涉条纹是一系列与不同倾角 θ 相对应的同心圆形条纹。其中亮条纹与暗条纹所满足的条件是

$$\delta = 2d\cos\theta = \begin{cases} k\lambda & 亮条纹 \\ (2k+1)\cdot\dfrac{\lambda}{2} & 暗条纹 \end{cases} (k=0,1,2,3,\cdots) \qquad (3.12.2)$$

当 $\theta = 0$ 时,光程差 $\delta = 2d$,对应于中心处垂直于两镜面的两束光具有最大的光程差,因而中心条纹的干涉级次 k 最高。偏离中心处,条纹级次越来越低。

当 M_1 与 M_2' 的间距 d 改变时,干涉条纹的疏密就会变化。以某 k 级条纹为例,当 d 增大时,为了满足 $2d\cos\theta = k\lambda$ 的条件,$\cos\theta$ 必须要减小,因而 θ 角必须增大,所以此时第 k 级条纹的位置必然向外移动。于是在 E 处,就可观察到条纹会不断向外扩张,条纹逐渐变密变细。当 d 减小时,条纹会不断向里收缩,条纹逐渐变疏变粗。到达等光程位置时(M_1 与 M_2' 重叠),干涉条纹最大最粗。

因而,当 d 增加 $\dfrac{\lambda}{2}$ 时,中心处就有一个条纹冒出来,当 d 减小 $\dfrac{\lambda}{2}$ 时,就有一个条纹陷进去。若转动微动鼓轮,缓慢移动 M_1 镜,使视场中心有 m 个条纹冒出来或陷进去,就可判别动镜 M_1 移动的距离

$$\Delta d = m \cdot \frac{\lambda}{2} \tag{3.12.3}$$

从而就可求出所用光源的波长 λ

$$\lambda = \frac{2\Delta d}{m} \tag{3.12.4}$$

在迈克耳逊干涉仪中,由 M_1,M_2 反射出来的光是两束相干光。因此在迈克耳逊干涉仪中可观察到:

(1)点光源的非定域干涉。

一束平行光经一个短焦距透镜(扩束器)会聚后,可认为是一个很好的点光源,如图 3.12.2 所示。迈克耳逊干涉仪光路图中的凸透镜会聚后的是一个线度小、强度足够大的点光源。点光源 S 经 M_1,M_2' 反射镜成像为两个虚光源 S_1,S_2'。S_2' 和 S_1 间的距离为 M_1 和 M_2' 间距的两倍,即 $S_1 S_2'$ 等于 $2d$。虚光源 S_1,S_2' 发出的相干球面波在它们相遇的空间处处相干,因此这种干涉现象是非定域的干涉图样。

若用平面屏观察干涉图样,如图 3.12.3 不同的地点可以观察到圆、椭圆,双曲线、直线状的条纹(在迈克耳逊干涉仪的实际情况下,放置屏的空间是有限的,只有圆和椭圆容易出现)。通常,把屏 E 放在垂直于 $S_1 S_2'$ 连线的 OA 处,对应的干涉图样是一组同心圆,圆心在 $S_1 S_2'$ 延长线和屏的交点 O 上。

由 $S_1 S_2'$ 到屏上任一点 A,两光线的光程差 Δ 为

$$\begin{aligned}
\Delta = S_1 A - S_2' A &= \sqrt{(L+2d)^2 + R^2} - \sqrt{L^2 + R^2} \\
&= \sqrt{L^2 + R^2}\left(\sqrt{1 + 4d\frac{L+d}{L^2+R^2}} - 1\right)
\end{aligned} \tag{3.12.5}$$

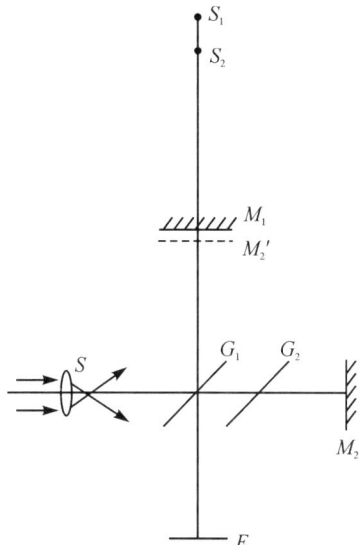

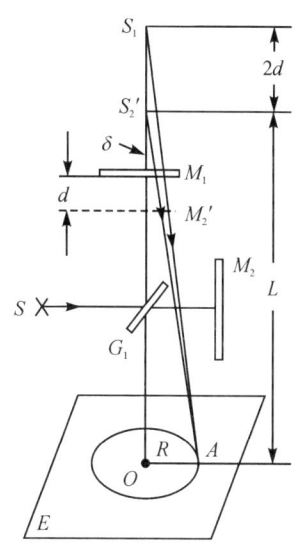

图 3.12.2　干涉仪中的等效虚光源　　　图 3.12.3　点光源产生的非定域
干涉图样的形成原理

通常 $L \gg d$，利用展开式 $\sqrt{1+x} = 1 + \dfrac{1}{2}x - \dfrac{1}{2.4}x^2 + \cdots$ 取前两项，可将式(3.12. 5)改写成

$$
\begin{aligned}
\Delta &= \sqrt{L^2 + R^2}\left(\frac{1}{2} \times \frac{4Ld + 4d^2}{L^2 + R^2} - \frac{1}{8} \times \frac{16L^2 d^2}{(L^2 + R^2)^2} \right) \\
&= \frac{2Ld}{\sqrt{L^2 + R^2}}\left(1 + \frac{dR^2}{L(L^2 + R^2)} \right)
\end{aligned}
$$

由图 3.12.3 的三角关系有 $\delta = \angle OS_2'A$，因此 $\cos\delta = L/\sqrt{L^2 + R^2}$ 和 $\sin\delta = R/\sqrt{L^2 + R^2}$，因此上式可改写成

$$
\Delta = 2d\cos\delta\left(1 + \frac{d}{L}\sin^2\delta \right) \tag{3.12.6}
$$

略去二级无穷小项，可得

$$
\Delta = 2d\cos\delta \tag{3.12.7}
$$

$$
\Delta = 2d\cos\delta = \begin{cases} k\lambda, (\text{明纹}) \\ (2k+1)\dfrac{\lambda}{2}, (\text{暗纹}) \end{cases} \tag{3.12.8}
$$

这种由点光源产生的圆环状干涉条纹，无论将观察屏 E 沿 $S_1 S_2'$ 方向移动到什么位置都可以看到。

由式(3.12.8)可知：

① 当 $\delta = 0$ 时的光程 Δ 最大，即圆心所对应的干涉级别最高。摇动手轮而移动 M_1，当 d 增加时，相当于减小了和 k 相应的 δ 角（或圆锥角），可以看到圆环一个个从中心"涌出"而后往外扩张；若 d 减小时，圆环逐渐缩小，最后"淹没"在中心处。每"涌出"或"淹没"一个圆环，相当于 $S_1 S_2'$ 的光程差改变了一个波长 λ。设 M_1 移动了 Δd 距离，相应地"涌出"或"淹没"的圆环数为 N，则

$$2\Delta d = N\lambda$$

$$\Delta d = \frac{1}{2} N\lambda \tag{3.12.9}$$

从仪器上读出 Δd 及相应的 N 数，就可以测出光波的波长 λ。

② d 增大时，光程差 Δ 每改变一个波长所需的 δ 的变化值减小，即两亮环（或两暗环）之间的间隔变小，看上去条纹变细变密。反之，d 减小时，条纹变粗变疏。

③ 若将 λ 作为标准值，测出"涌出"（或"淹没"）N 个圆环时的 $\Delta d_实$（M_1 移动的距离）与由式(3.12.9)算出的理论值 $\Delta d_理$ 比较，可以校准仪器传动系统的误差。

④ 若以传动系统作为基准，则由 N 和 $\Delta d_实$ 可测定单色光源的波长 λ。实验时，光源都有一定大小，要获得一个比较理想的点光源，实验中往往用光阑和透镜将光束改变成较为理想的发散光束。

（2）面光源的定域干涉。

当使用扩展面光源（如钠灯、低压汞灯加上一块毛玻璃）照明迈克耳逊干涉仪时，面光源上的每一点都会在观察屏 E 处产生一组干涉条纹，面光源上无数个点光源在观察屏的不同位置上产生无数组干涉条纹，这些干涉条纹非相干叠加的结果，使得毛玻璃屏 E 处出现一片均匀的光强，看不清干涉条纹。此时只有在干涉场的某一特定区域，这无数组干涉条纹才可以进行相干叠加，干涉条纹仍有一定的清晰度。这种干涉称为定域干涉。这一特定区域称为干涉条纹的定域位置。

当 M_1 与 M_2' 平行时，条纹的定域位置出现在透镜 L 的焦平面或在无穷远处，如图 3.12.4 所示。观察这种条纹时，应去掉观察屏，将眼睛直接通过干涉仪的 G_1 向 M_1 方向望进去，在无穷远处可看到清晰的同心圆条纹。当你的眼睛上下左右移动时，干涉条纹不会有冒出来或缩进去的现象，干涉条纹的圆心随着眼睛的移动而移动，而各圆的直径不发生变化，这样的干涉条纹才是严格的等倾干涉条纹。

当 M_1 与 M_2' 非常接近时，微调 M_2'，使 M_2' 与 M_1 之间有一个微小的夹角，此时在镜面 M_1 附近可观察到等厚干涉条纹，它们的形状如图 3.12.5 所示。在 M_1 与 M_2' 的交棱附近的条纹是近似平行于交棱的等间距直线，在偏离交棱较远的地方，干涉条纹呈弯曲形状，凸面对着交棱。这种等厚干涉条纹定域在薄膜表面附近，因而观察时人

眼应调焦在反射镜 M_1 附近。

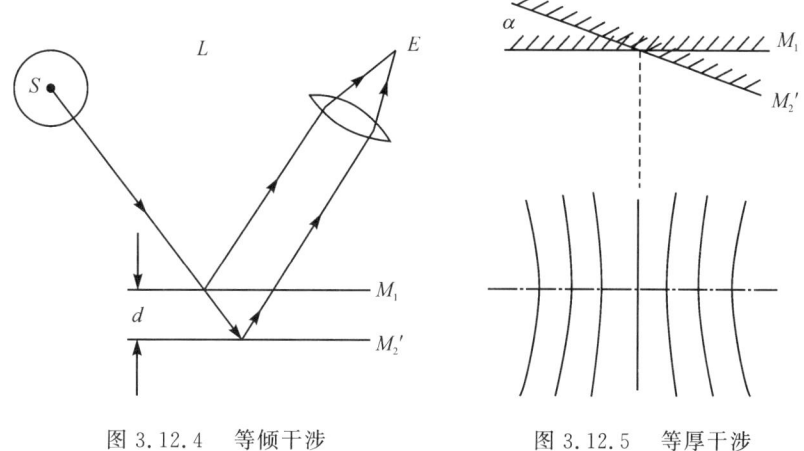

图 3.12.4　等倾干涉　　　　　图 3.12.5　等厚干涉

三、仪器用具及实验装置

迈克耳逊干涉仪（其结构与调节见本书第二章第二节），氦氖激光器、扩束镜、毛玻璃，白炽灯等。

四、实验内容

（1）练习正确使用迈克耳逊干涉仪。

（2）观察等倾干涉。

（3）测量光波的波长。

（4）观察等厚干涉。

（5）观察白光干涉。

五、注意事项

（1）测量时要特别耐心，切忌急躁，所有调节螺钉都有调节范围，不可使劲调，不可大幅度调。

（2）干涉仪为精密光学仪器，光学玻璃件（分光板、补偿板、反射镜等）绝对不许用手触摸。

（3）丝杠是作为计量用的精密丝杠，应倍加爱护。转动鼓轮时务必轻轻转动，不得频频来回旋转。

（4）做实验时，不要随意离开坐位，往返走动，以免地板震动影响其他同学实验。

3.13　电阻元件的伏安特性

电阻元件是电路中的重要组成部分,测量电阻元件的阻值、研究其伏安特性是电磁学实验中最基本的问题之一。电阻测量的方法是多种多样,伏安法是最常用的一种,其所用测量仪器简单、使用方便。对于非线性电阻,由于其阻值随电压的变化而不同,常通过绘制伏安特性曲线来描述其电阻特性。

一、预习要点

(1)限流电路和分压电路的接法。

(2)电表内阻对测量结果的影响及其消除办法。

(3)不等精度多次测量数据处理的方法和减小系统误差的方法。

二、实验原理

1.伏安法测量电阻

伏安法测量电阻的依据是欧姆定律,只需测出电阻两端的电压 U 和通过电阻的电流 I,即可根据公式 $R = U/I$ 得出待测电阻的阻值。

(1)测量电路及方法误差。

伏安法测量电阻的测量电路有两种联接方法,如图 3.13.1 所示:图 3.13.1(a)中,将电流表和待测电阻 R_x 串联后再与电压表并联在一起,这种联接方法称为"内接法";图 3.13.1(b)中,将待测电阻 R_x 与电压表并联后再与电流表串联,这种联接方法称为"外接法"。

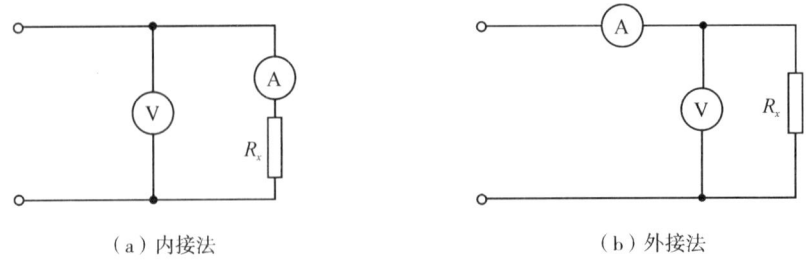

（a）内接法　　　　　　　　　　　　　　（b）外接法

图 3.13.1　伏安法测电阻电路

在使用"内接法"电路测量时,由于电流表内阻不可能为零,所以电压表所测电压 U 是 R_x 和电流表端电压之和,所测得的电阻阻值为待测电阻和电流表内阻之和,故被测电阻应为：

$$R_x = R'_x - R_A \tag{3.13.1}$$

其中，R_A 为电流表内阻，$R'_x = \dfrac{U}{I} = \dfrac{U_x + U_A}{I} = R_x + R_A$。

在使用"外接法"电路测量时，由于电压表的内阻不可能是无限大，故电流表中所测电流应该为通过待测电阻 R_x 和电压表的电流之和。待测电阻应为：

$$R_x = \frac{R_V \cdot R''_x}{R_V - R''} \tag{3.13.2}$$

其中，R_V 为电压表内阻，$R''_x = \dfrac{U}{I} = \dfrac{U}{I_x + I_v} = \dfrac{R_x \cdot R_v}{R_x + R_v}$。（以上公式请同学自己推导）

可见，用伏安法测电阻时，无论哪一种联接法都会产生误差。这种误差的绝对值与所用仪表的内阻有关，而且符号一定，属于系统误差中的方法误差。在选用"内接法"测量时该误差的值为 R_A，在选用"外接法"测量时，该误差的值为 $\Delta R''_x = R''_x - R_x$ $= \dfrac{-(R''_x)^2}{R_v - R''_x}$。

（2）控制电路。

在测量时，一般使用滑线变阻器来控制电源的输出电压，以保护测量仪器，同时满足改变不同电压（电流）多次测量的要求。控制电路有两种基本接法，如图 3.13.2 所示（为简便起见，测量电路部分用一负载电阻 R_L 来表示）。

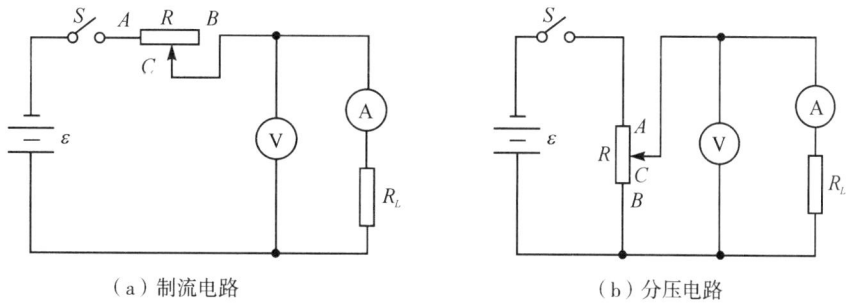

（a）制流电路　　　　　　　　　　　　（b）分压电路

图 3.13.2　控制电路

图 3.13.2(a) 控制电路称为制流电路，它是将变阻器的滑动端 C 和任一固定端串联在电路中。当 C 端滑动时，由于 AC 段电阻改变，使电路中的总电阻发生变化，从而电路中电流相应的变化：

电流调节范围为 $\dfrac{U_0}{R + R_L} \rightarrow \dfrac{U_0}{R_L}$，

电压的调节范围为 $\dfrac{R_L U_0}{R+R_L} \to U_0$，调节范围与变阻器阻值 R 有关。

图 3.13.2(b) 控制电路称为分压电路，其特点是将变阻器的两个固定端(A 和 B)与电源并联，由任一端(A 或 B)和滑动端 C 提供负载所需电压。随着 C 端的滑动，BC 间的输出电压相应变化，当滑动端 C 由 A 移到 B 时，输出电压就由 U_0 变到 0。调节范围与变阻器阻值无关。为使调节方便，使输出电压线性较好(在 0 变到 U_0 范围内均匀变化)一般要求变阻器的阻值小于负载电阻 R_L，为确保安全，接通电源前，先将滑动端移到 B 端使输出电压为 0。

(3) 仪器误差。

伏安法测量电阻时，其仪器误差主要来源于电流表和电压表的测量误差，常选用指针式安培表和伏特表作为测量电表。根据误差传递公式，相对误差为

$$\frac{\sigma_{R_x}}{R_x} = \sqrt{\left(\frac{\sigma_A}{I}\right)^2 + \left(\frac{\sigma_V}{U}\right)^2} \tag{3.13.3}$$

其绝对误差为

$$\sigma_{R_x} = R_x \sqrt{\left(\frac{\sigma_A}{I}\right)^2 + \left(\frac{\sigma_V}{U}\right)^2} \tag{3.13.4}$$

其中 σ_A 为电流表标准误差，σ_V 为电压表标准误差，其值分别为 $\sigma_A = $ 电流表量程 $\times$ 级别 %$/\sqrt{3}$，$\sigma_V = $ 电压表量程 $\times$ 级别 %$/\sqrt{3}$。U 及 I 分别为电压表和电流表的测量读数，R_x 为修正方法误差后测量的电阻值。

(4) 不等精度多次测量结果的平均值和误差。

由上可知，伏安法测量电阻的仪器误差与电压表和电流表的读数 U 和 I 有关，在电表指示值不同的情况下，其测量精确度也不同，因此，当改变电压值(或电流值)多次测量时，各次测量结果的精度不同，属于非等精度测量。非等精度测量不能用一般的求算数平均值方法来计算各次测量值的平均值，需要根据各次测量值的可信程度给以不同的"权"，以使可信程度较高的测量值对平均值有较大的贡献，即"加权平均值"。此时：

$$\bar{R}_x = \frac{P_1 R_{x_1} + P_2 R_{x_2} + \cdots + P_n R_{x_n}}{P_1 + P_2 + \cdots + P_n} = \frac{\sum\limits_{i=1}^{n} P_i R_i}{\sum\limits_{i=1}^{n} P_i} \tag{3.13.5}$$

其中 R_{x1}、R_{x2}、$\cdots$、R_{xn} 为各次测量消除了方法误差后的测量值。P_1、P_2、$\cdots$、P_n 为各次测量值给出的"权"。根据"权"与误差的平方成反比的关系，得

$$P_i = 1/\sigma_{R_{xi}}^2 \tag{3.13.6}$$

由(3.13.6)式计算的 P_i 值可取成近似的整数,各次测量值的权又可约成最小整数。

加权平均的算术平均值误差为

$$\sigma_{R_x} = \frac{1}{\sqrt{P_1 + P_2 + \cdots + P_n}} = \frac{1}{\sqrt{\sum\limits_{i=1}^{n} P_i}} \tag{3.13.7}$$

最后将测量结果表示为 $R_x = \bar{R}_x \pm \sigma_{\bar{R}_x}$。

2.非线性电阻的伏安特性曲线

在某电学元件两端加上直流电压,该元件内就会有电流通过,通过元件的电流与其两端电压的关系称为电学元件的伏安特性。以电压为横坐标,电流为纵坐标做出的 $U-I$ 曲线,称为该元件的伏安特性曲线。有些电阻元件的阻值随电压的变化而改变,通过元件的电流与元件两端的电压不成正比,其伏安特性曲线为曲线,这类电学元件称为非线性电阻,如热敏电阻、二极管等。

图 3.13.3 为某晶体二极管的伏安特性曲线。用电压表测出二极管两端的电压 U,同时用电流表测出通过二极管的电流 I,以 U 为横坐标,I 为

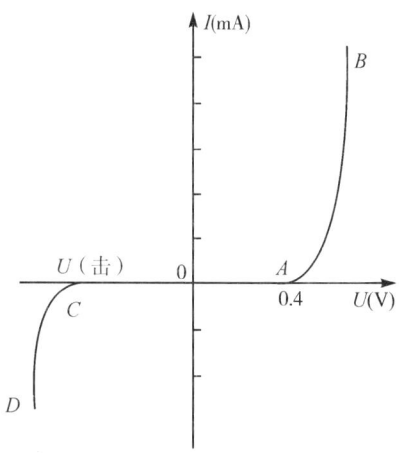

图 3.13.3 二级管状安特性曲线

纵坐标,即可绘出其伏安特性曲线。此测量的伏安特性曲线受电表的内阻 R_A、R_V 影响很大。例如,测正向特性曲线时,因正向导通电阻很小, 般只有几十到几百欧姆,采用外接法测量电路,外接法电压表直接并在二极管两端,在低电压时二极管的等效电阻变化很大,电压表内阻 R_V 的分流作用的影响不能忽略,很难得到一条符合实际的理想伏安特性曲线,测反向特性曲线时,因反向导电电阻很大,一般在几百千欧姆($10^5 \Omega$)以上,采用内接法电路测量。内接法电路电流表串在二极管支路中,在二极管击穿后等效电阻很小,这时电流表内阻 R_A 的分压作用影响较大,也不能忽略。因此在测量二极管的伏安特性曲线时应采取一定的方法消除电表接入所产生的系统误差对伏安特性曲线的影响。

三、仪器用具及实验装置

电源,电流表,电压表,变阻器,电阻箱,被测电阻,晶体二极管,开关等。

四、实验内容

(1) 分别用内接法和外接法测量给定的被测电阻 R_{x_1} 和 R_{x_2}。计算测量结果及其

误差,并将结果表示成 $R_x = \bar{R}_x \pm \sigma_{R_x}$ 的形式。

(2)测量二极管的正向和反向伏安特性曲线,将正反向伏安特性曲线画在同一个坐标系中,并进行比较。

五、注意事项

(1)连接电路时,电表正负极不能接反;电表量程选择适当,不能太大和太小,量程太大,测量时电流和电压的最大值不能接近满量程,太小时,电流和电压容易超过量程,导致电表损坏。

(2)毫安表读数不得超过二极管允许通过的最大正向电流值,加在晶体管上的电压不得超过晶体管允许的最大反向电压。

六、实验数据记录及其处理参考表格

测 R_{x_1} 和 R_{x_2} 的阻值

被测电阻编号:		电压表量程:		电流表量程:		
电路连接方法:		电压表内阻:		电流表内阻:		
次数	$U(V)$	$I(mA)$	R_x' 或 R_x''	$R_x(\Omega)$	$\Delta R_x'$ 或 $\Delta R_x''$	σ_{R_x}
1						
2						
……						

3.14 惠斯通电桥测中值电阻

常用的电桥电路可分为直流电桥和交流电桥两种,直流电桥又分为单臂电桥和双臂电桥。其中单臂直流电桥是由英国发明家塞缪尔·亨特·克里斯蒂(Samuel Hunter Christie)在 1833 年发明的,但是,由于 1843 年查尔斯·惠斯通(Charles Wheatstone)改进及推广并第一个用它来测量电阻,所以人们习惯上就把这种电桥称作为惠斯通电桥;双臂直流电桥是由英国的威廉·汤姆孙(William Thomson)在 1862 年提出的,他在研究利用直流单臂电桥测量低电阻时,发现引起测量产生较大误差的原因是引线电阻和连接点处的接触电阻,从而提出了双臂直流电桥,当时被称为汤姆孙电桥,后因他晋封为开尔文勋爵,故改称开尔文电桥。惠斯通电桥主要用于测量中值电阻($10 \sim 10^6 \Omega$),而开尔文电桥则是用于测量低值电阻($10^{-6} \sim 10\Omega$)

利用电桥测量电阻实质上是把被测电阻与标准电阻相比较以确定其值,由于标准电阻的制造可以达到很高的精度,因此其测量灵敏度和准确度都比较高,在科学研究、测量仪器、自动控制等领域有着广泛的应用,还可用于测量引起电阻变化的其它物理量,如温度、压力、形变等。本实验主要学习利用惠斯通电桥测量中值电阻。

一、预习要点

(1) 单臂直流电桥的工作原理。

(2) 电桥灵敏度的概念、影响因素、以及其对测量结果的影响。

(3) 单臂直流电桥测量电阻的误差来源及其处理。

二、实验原理

1. 惠斯通电桥的平衡条件

惠斯通电桥的工作原理如图 3.14.1 所示,R_1、R_2、R_0和 R_x 四个电阻首尾连接成一个四边形,四边形的每一边称为一个桥臂,R_1、R_2 为固定已知电阻,称为电桥的比率臂,电阻 R_0 为已知的可调电阻,称为比较臂,电阻 R_x 为待测电阻,称为待测臂。两对角线上分别接供电电源和平衡指示器(检流计),接入检流计的对角线称为桥。实验时,适当调节电阻阻值,使得检流计中 BD 两点电势相等,此时桥支路中无电流通过,称电桥平衡。则有:

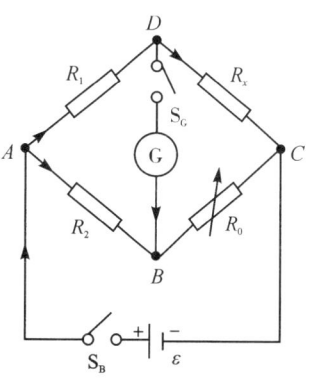

图 3.14.1　惠斯通电桥

$$\frac{R_1}{R_x} = \frac{R_2}{R_0}$$

即
$$R_x = \frac{R_1}{R_2} \cdot R_0 = kR_0 \qquad (3.14.1)$$

其中 $k = \dfrac{R_1}{R_2}$ 称为比率臂的倍率,(3.14.1)式称为电桥平衡条件。若 R_1、R_2、R_0 均已知,即可根据(3.14.1)式求出未知电阻 R_x,这就是利用惠斯通电桥测量电阻的原理。实践中,还经常遇到电桥很难调节平衡的情况,比如被测电阻不停改变的情况,此时电桥称为非平衡电桥,可测量 BD 两点的电势差,再根据四个桥臂的电阻关系以及电源电动势计算出被测电阻的阻值。

2. 惠斯通电桥灵敏度

利用电桥测量电阻时,是通过观察检流计指针有无偏转来判断电桥是否平衡的。实际上检流计的灵敏度是有限的,如果指针的偏转小于 0.1 格,我们就很难觉察出来,此时就会认为电桥达到了平衡,但实际上电桥没有达到真正的平衡。

为了估计用惠斯通电桥测电阻时,因未真正达到平衡所引起的误差大小,引入了电桥灵敏度的概念。电桥的灵敏度 S 在实验上一般由以下方法确定：电桥调节平衡后，将 R_0 改变 ΔR_0，若检流计指针偏转 Δn 格，此时，电桥灵敏度定义为

$$S = \frac{\Delta n}{\Delta R_0 / R_0} \tag{3.14.2}$$

由上式可见，电桥灵敏度 S 越大，越容易分辨电桥平衡与否，电桥所能达到的平衡程度也越高。实验中，由于电桥的灵敏度不可能达到无穷大，所以一般也不可能把电桥调节到百分之百的平衡，这也会使实验存在一定的误差。

灵敏度是电桥的重要参数，灵敏度越高，测量精度越高，它的大小和检流计灵敏度、电源电动势以及桥臂电阻的搭配有关，理论上可用下式表示：

$$S = \frac{S_g E}{(R_x + R_1 + R_2 + R_0) + R_g \left(2 + \dfrac{R_1}{R_x} + \dfrac{R_0}{R_2} \right)} \tag{3.14.3}$$

其中，S_g 为检流计灵敏度，E 为电源电压，R_g 为检流计内阻。(3.14.3) 式的推导过程请参阅本实验附录，由此，可通过提高检流计灵敏度和电源电动势来提高电桥的灵敏度。

3. 误差分析

平衡电桥测电阻的误差来源于桥臂电阻和电桥的灵敏度（大小有限），对于自组电桥测量结果的误差由这两部分误差的合成得到。

(1) 桥臂电阻带来的误差。

实际的电桥结构中不可避免的会有一定的接触误差、接线电阻和接触电势等，这些误差可以通过正确的工艺和设计使它们保证在可以忽略的范围内。另外，由于电阻箱的不一致也会带来 $\dfrac{R_1}{R_2}$ 比值的系统误差，为了消除它，实验中采用交换 R_x 和 R_0 的方法进行测量，取其平均值，以减小或消除这种误差。

测量时如果上述可能误差都已考虑到，则待测电阻 R_x 由于桥臂电阻影响而产生的误差主要来源于 R_1、R_2 和 R_0 本身的误差，可以用下式计算其相对不确定度：

$$E = \frac{\Delta R_x}{R_x} = \sqrt{\left(\frac{\Delta R_1}{R_1} \right)^2 + \left(\frac{\Delta R_2}{R_2} \right)^2 + \left(\frac{\Delta R_0}{R_0} \right)^2} \tag{3.14.4}$$

ΔR_1、ΔR_2、ΔR_0 分别为 R_1、R_2 和 R_0 的测量不确定度，三者不确定度可参阅第二章第三节。

(2) 电桥灵敏度带来的误差。

在测量中，一般认为检流计指针的偏转格数大于等于 0.1 格时尚能为人所察觉，而小于 0.1 格就不能被察觉了。这个能为人所察觉的最小偏转格数称为最小分辨值。因此由电桥灵敏度的限制所引起的相对测量误差为：

$$\Delta R_s = \frac{\Delta n_0}{S} R_x \tag{3.14.5}$$

其中 Δn_0 为检流计最小分辨值，S 为电桥灵敏度。

（3）箱式电桥的误差。

在使用箱式电桥时，电桥的允许误差应符合下列计算：

$$\Delta R_x = \pm \frac{c}{100} \left(\frac{R_N}{10} + X \right) \tag{3.14.6}$$

式中，E_{lim} 为允许误差极限（Ω），C 为准确度，R_N 为基准值（Ω），X 为标度盘示值（Ω）。实验室中常用的 QJ－24 型箱式电桥各量程主要参数见表 3.14.1。

表 3.14.1　QJ－24 型箱式电桥参数

量程倍率	有效量程	准确度 C		R_N（Ω）	电源（V）
		内接检流计	外接检流计		
$\times 0.001$	$1 \sim 11.11\Omega$	0.5	0.5	10	3
$\times 0.01$	$10 \sim 111.1\Omega$	0.2	0.2	100	3
$\times 0.1$	$100 \sim 1111\Omega$	0.1	0.1	1000	3
$\times 1$	$(1 \sim 5)K\Omega$	0.1	0.1	10^4	3
	$(50 \sim 11.11)K\Omega$	0.2			6
$\times 10$	$(10 \sim 50)K\Omega$	0.5	0.1	10^5	6
	$(50 \sim 111.1)K\Omega$	1			
$\times 100$	$(100 \sim 500)K\Omega$	2	0.2	10^6	15
	$(500 \sim 1111)K\Omega$	5			
$\times 1000$	$1 \sim 11.11M\Omega$	20	0.5	10^7	15

箱式电桥测电阻时，电桥灵敏度引起的误差 ΔR_s 已包含于仪器误差 ΔR_x 中，因此在测量中，若 $\Delta R_s < \Delta R_x$，则不确定度 $\Delta_{R_x} = \frac{\Delta R_x}{\sqrt{3}}$。若 $\Delta R_s > \Delta R_x$，则说明在测量中出现粗大误差，应重新进行测量。

三、仪器用具及实验装置

QJ－24 型箱式电桥，待测电阻，电阻箱，检流计，电池，开关及导线等。

四、实验内容

（1）用箱式电桥测量 R_{x_1} 和 R_{x_2} 的电阻值，并测量电桥的灵敏度、计算测量不确定度。

（2）自组装惠斯通电桥测未知电阻，并测量电桥的灵敏度、计算测量不确定度。

五、注意事项

为了提高电桥的灵敏度，电源电动势可适当增加，不能过大，避免超过各器件的额定电压，导致仪器损坏；测量时应选择合适的 k 值，使 R_0 的各个表盘都能用上。

六、实验数据记录及其处理参考表格

1. 箱式电桥测未知电阻 R_x

测量内容	阻　值			灵敏度 S			S 引起的误差	仪器误差	R_x 表达式
被测电阻	k	R_0	$R_x=kR_0$	ΔR_0	Δn	S	ΔR_s	ΔR_x	$R_x\pm\Delta_{Rx}$
R_x									

2. 用自组电桥测电阻 R_x

被测电阻	R_1	R_2	R_0	R_x	ΔR_0	Δn	S	ΔR_S	ΔR_x	Δ_{R_x}
R_x										

附：惠斯通电桥灵敏度公式的推导过程

灵敏度是电桥的重要参数，灵敏度的高低直接影响着电桥的测量精度。这部分内容我们来介绍惠斯通电桥灵敏度公式的推导过程，了解影响电桥灵敏度的因素，进一步理解影响电桥测量精度的因素。

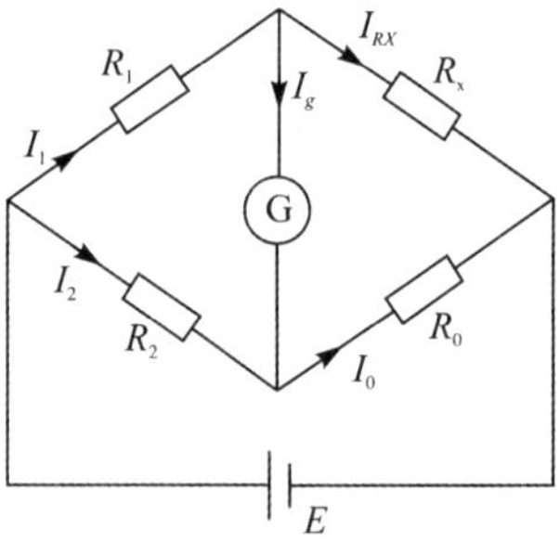

图 3.14.2　惠斯通电桥

惠斯通电桥的灵敏度定义为：$S=\dfrac{\Delta n}{\Delta R_0/R_0}$，式中，$\Delta n$ 为在电桥平衡时使桥臂电阻改变 ΔR_0 时，检流计指针偏转的格数。因此，检流计自身的灵敏度是影响电桥灵敏度的重要因素。定义检流计的灵敏度为：$S_G=\dfrac{\Delta n}{\Delta I_g}$，其代入电桥灵敏度公式中得到：$S=R_0\dfrac{S_G\cdot\Delta I_g}{\Delta R_0}$，在 Δn 和 ΔI_g 很小时，可以写成偏导的形式，即：

$$S=R_0S_G\frac{\partial I_g}{\partial R_0}\tag{3.14.7}$$

如上图，根据基尔霍夫定理：

$$\begin{aligned}I_{R_x}&=I_1-I_g\\I_0&=I_2+I_g\end{aligned}\tag{3.14.8}$$

$$I_1 R_1 + I_{R_x} R_x = E$$
$$I_2 R_2 + I_0 R_0 = E \quad\quad\quad (3.14.9)$$
$$I_1 R_1 + I_g R_g - I_2 R_2 = 0 \quad\quad\quad (3.14.10)$$

将(3.14.7)式代入(3.14.8)式,得到

$$I_1 = \frac{E + I_g R_x}{R_1 + R_x}$$

$$I_2 = \frac{E - I_g R_0}{R_2 + R_0} \quad\quad\quad (3.14.11)$$

将(3.14.11)式代入(3.14.9)式并整理,得到

$$I_g = \frac{E(R_0 R_1 - R_x + R_2)}{R_x R_1 R_2 + R_x R_0 R_1 + R_0 R_1 R_2 + R_0 R_x R_2 + R_g R_1 R_2 + R_g R_x R_2 + R_g R_1 R_0 + R_g R_x R_0}$$

为了表达方便,可令

$$A = R_x R_1 R_2 + R_x + R_0 R_1 + R_0 R_1 R_2 + R_0 R_x R_2 + R_g R_1 R_2 + R_g R_x R_2 + R_g R_1 R_0 + R_g R_x R_0$$

则:

$$I_g = \frac{E(R_0 R_1 - R_x R_2)}{A} \quad\quad\quad (3.14.12)$$

在桥臂电阻变化很小时,可认为 A 为常数,此时:

$$\frac{\partial I_g}{\partial R_0} = \frac{E R_1}{A}$$

所以惠斯通电桥的灵敏度可写为:$S = \dfrac{S_G E R_1 R_0}{A}$,代入 A,并考虑到电桥接近平衡时 $R_1 R_0 = R_x R_2$ 近似成立,整理后得到惠斯通电桥灵敏度的公式:

$$S = \frac{S_G E}{(R_x + R_1 + R_2 + R_0) + R_g\left(2 + \dfrac{R_1}{R_x} + \dfrac{R_0}{R_2}\right)} \quad\quad\quad (3.14.13)$$

3.15   示波器的使用

示波器是一种能直观的观测电压信号的测量仪器,它可以将电压信号转换成直观的图像呈现在荧光屏上,不仅可以测量直流电压信号,还可以测量交流电压信号的瞬时电压、频率、相位差等。同时所有可以转化为电压信号的电学量,比如电流、阻抗等都可用示波器测量,而随时间变化的非电学量如温度、位移、磁场、光强等都可通过传感器转化为电压信号后,用示波器来测量。示波器适合于观测高速、瞬时过程,具有

直观、反应快速、输入阻抗大等优点,是电学量和非电学量最重要的测量仪器之一。

目前常用的示波器有模拟示波器和数字示波器两种,本实验主要学习用模拟示波器测量交流电压信号的瞬时电压、周期、频率、相位差等物理量。

一、预习要点

(1) 示波器的基本结构及工作原理。

(2) 使用示波器观测信号波形和测量信号周期及其时间参数。

(3) 用李萨如图形测量正弦信号的频率值。

二、实验原理

本实验选用的示波器是固纬公司生产的 GOS – 620 型模拟示波器,示波器的结构原理以及使用方法请参阅本书第二章第二节。

1. 观察波形

若在示波器的"Y 轴输入"端输入待测信号,同时在 X 水平偏转板上加锯齿波扫描电压,此时电子受竖直、水平两个方向的作用力,在荧光屏上显示的就是待测信号随时间变化的曲线。通过调节"Y 轴增幅"和"Y 轴衰减"以及"Y 轴位移",调节"X 轴位移"和"扫描范围",使得波形大小和位置适中,并出现 2 至 4 个完整波形。如果波形呈跑动状态,甚至紊乱无法辨认,可利用"触发电平"控制,使锯齿波周期与待测信号周期同步,荧光屏上将得到稳定的波形。

2. 测量电压

示波器面板上标明了输入幅度衰减因子"V/cm"的具体数值,可由屏幕上读出待测波形某时刻的垂直距离 d_y,若此时 Y 轴灵敏度(V/DIV) 微调旋钮调至最大,则可按式(3.15.1)计算输入电压的幅值,得出的读数即为该时刻待测交流电压的幅值。

$$U_m = \text{"V/cm"指示数} \cdot d_y(\text{cm}) \tag{3.15.1}$$

3. 测量交流信号的周期和频率

由扫描原理可知,当 $T_y = nT_x$ 时波形才是稳定的,利用这个关系,就可求得未知周期。方法是:将待测信号接到"Y 轴输入",调节"扫描速率 T/cm"旋钮,使"T/cm"为某一合适值,波形稳定。如图 3.15.1 所示,读出波形上相继两同相位的峰与峰之间的水平距离 d_x(cm),若扫描微调(SWP. VAR)旋钮调至最大,则可按下式求得输入信号周期 T。

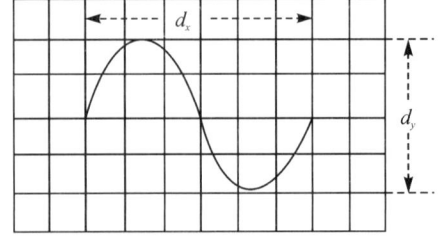

图 3.15.1   正弦波形

$$T = \text{"}T/\text{cm"指示数} \cdot d_x(\text{cm}) \tag{3.15.2}$$

频率：$f = 1/T$。

4. 用李萨如图形测量正弦信号的频率值

在示波器的垂直、水平两对偏转板上同时加上正弦波电压，光点的轨迹则是两个相互垂直的谐振动合成，若两正弦电压的频率比值为简单整数，则荧光屏上将显示李萨如图形，如图 3.15.2 所示。

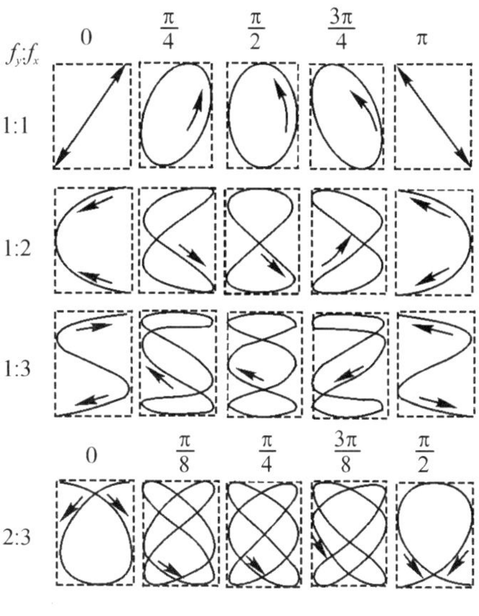

当李萨如图形稳定时，图形水平、垂直切点数与两信号频率有如下关系

$$\frac{f_x}{f_y} = \frac{n_y(与垂直线切点数目)}{n_x(与水平线切点数目)} \quad (3.15.3)$$

若已知其中一信号的频率，由李萨如图形数出 n_x 和 n_y，根据式（3.15.3）便可以算出另一待测信号的频率。

图 3.15.2　李萨如图形

5. 测两个同频率正弦信号的相位差

（1）双踪示波法：将两个同频率正弦信号分别输入双踪示波器的 Y_1 和 Y_2 通道，由于两路信号瞬间的扫描是同步进行的，只要两路信号间存在初相位差，经过适当调节，就可得到如图 3.15.3 所示的波形，测出相应的 T 和 ΔT 所占的格数，则相位差为

$$\Delta \varphi = 2\pi \frac{\Delta T}{T} \quad (3.15.4)$$

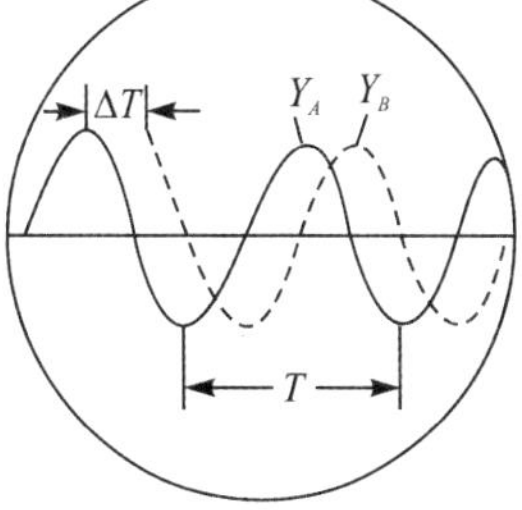

图 3.15.3　双踪示波法

（2）李萨如图形法：由李萨如图形也可计算出频率相同两信号的固定相位差。如图 3.15.4 所示，令

$$y = y_0 \sin(\omega t) \quad (3.15.5)$$
$$x = x_0 \sin(\omega t + \varphi) \quad (3.15.6)$$

φ 为 y 与 x 的相位差。在 p 点处，$y = 0$，$t = 0$，$x = x_0 \sin\varphi = B/2$，又 $A = 2x_0$，于是得到

$$\varphi = \arcsin \frac{B}{A} \quad (3.15.7)$$

所以由李萨如图的 A 和 B 值即可求出 φ。

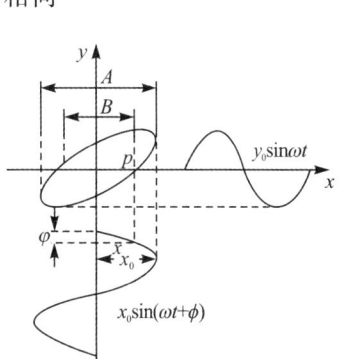

图 3.15.4　李萨如图形法

三、仪器用具及实验装置

双踪示波器，函数信号发生器，实验测试板。

四、实验内容

(1)观测图 3.15.5 中①,②,③,④,⑤各点的波形,并测量出各点波形的峰值,周期,频率,脉冲宽度。

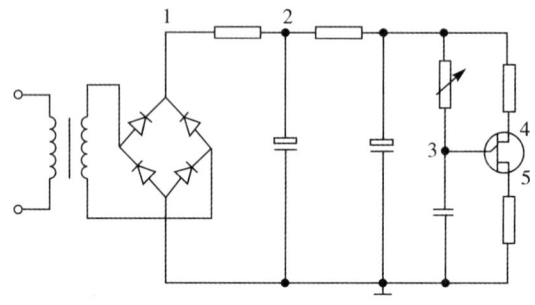

图 3.15.5　信号测试板电路图

(2)用示波器观察李萨如图形,并通过李萨如图测量未知正弦信号的频率。

五、注意事项

(1)示波器上所有旋钮都是逆时针减小,顺时针增加。

(2)荧光屏上的光点不可太亮,尽量将辉度调暗些,以看得清为准,并尽量避免让电子束固定打在荧光屏上的某一点,以免损坏荧光屏。

(3)示波器的所有开关及旋钮均有一定的转动范围,决不可用力旋转,以免使内部电子线路发生断路或使旋钮发生错位。如果旋钮发生错位,可将旋钮逆时针旋到极限位置,对应于周边刻度的起始值,然后顺时针逐档旋动,找到真实的所需示值位置。

(4)示波器的探极是电缆插头线,中心芯线(红接线片)为信号输入端,芯线外有绝缘层和金属屏蔽网的引出线(黑接线片)为接地端,接线时不能混乱,否则信号短路。

六、实验数据记录及处理参考表格

1. 观测信号

测量节点	①	②	③	④	⑤
各点波形					
峰值 U_m(mV)					
周期 $T(\mu s)$					
频率 f(Hz)					
脉冲宽度 $\tau(\mu s)$					

2.用李萨如图形测正弦信号的频率值

f_y/f_x		3：1	3：2	5：2
李萨如图形				
n_y/n_x				
$f_y(Hz)$	计算值			
	指示值			

3.16　磁电式电表的改装、校准与使用

磁电式仪表广泛的应用于直流电流和直流电压的测量,物理实验中常用的安培表、伏特表等指针式仪表都属于磁电式指示仪表,它们是电磁学实验中常用的基本测量仪器。改装和校准电表的目的是为了让学生了解磁电式仪表的结构组成和工作原理,从而能够正确的使用磁电式仪表。磁电式仪表的组成结构请参阅本书第二章第一节第五部分电流基本物理量和测量仪器内容。

一、预习要点

(1)磁电式仪表的结构、工作原理及其性能指标。

(2)电表的改装原理及其校准原理。

(3)电表内阻的测量原理。

二、实验原理

1.改装电表

(1)将微安表扩程为较大量程的电流表。

要将微安表量程扩大,只需给微安表并联一个电阻,该电阻起分流作用,如图3.16.1所示,这样在电路中就可以流过较大的电流。所并联电阻的阻值可用(3.16.1)式计算:

$$R_S = \frac{R_g}{n-1} \tag{3.16.1}$$

式中 R_g 为微安表的内阻,n 为量程扩大的倍数。

若在表头上并联阻值不同的分流电阻,便可组装成多量程的电流表。如图 3.16.2 所示为一个具有两个量程的电流表的内部电路。实际中的多量程电流表往往是在表头上同时串、并联多个低值电阻。

电流表在使用时是串联在电路中的,为了使用时不改变电路的工作状态要求内阻尽可能小。

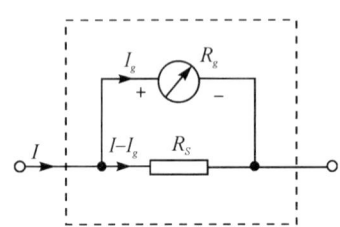
图 3.16.1   并联分流电阻改成电流表

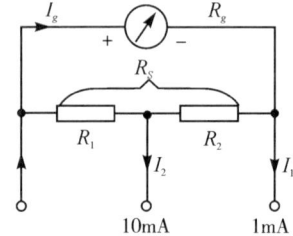
图 3.16.2   多量程电流表改装电路

(2) 将微安表改装为电压表。

微安表一般内阻很小,因此能承受的电压很小,将微安表改装为电压表需要给它串联一个电阻,如图 3.16.3 所示,该电阻起分压作用。所串联的电阻阻值可由(3.16. 2)式计算:

$$R_m = \frac{U}{I_g} - R_g \qquad (3.16.2)$$

式中 I_g 为微安表的额定电流,U 为改装后电压表的量程,R_g 为微安表的内阻。

通过串联不同的扩程电阻,还可制成多量程的电压表。图 3.16.4 表示出两个量程的电压表的内部电路,其中(a)为共扩程电阻的电路,(b)为单独配用扩程电阻的电路。

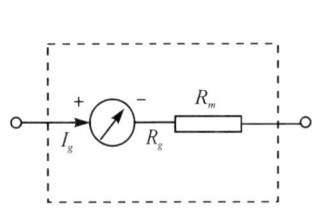
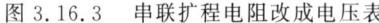
图 3.16.3   串联扩程电阻改成电压表

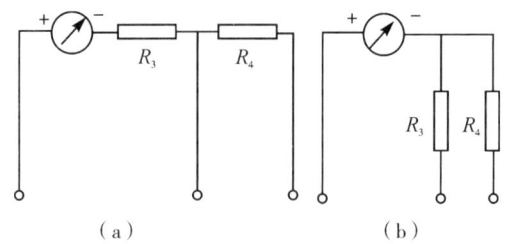
(a)   (b)
图 3.16.4   多量程电压表改装电路

电压表在使用时是并联在电路元件两端的,为了不改变电路的工作状态,要求其内阻尽可能大。

（3）将微安表改装为欧姆表。

欧姆表的电路如图 3.16.5 所示。R_x 为待测电阻，ε 是欧姆表中的电源，一般使用干电池，G 为表头，内阻为 R_g，满刻度电流为 I_g，R' 为限流电阻。

电路中的电流可用(3.16.3)式计算：

$$I_x = \frac{\varepsilon}{R_g + R' + R_x} \qquad (3.16.3)$$

在欧姆表中，ε、R_g、R' 都是给定的，电路中的电流 I_x 仅由待测电阻 R_x 决定，即测量出 I_x 即可得到 R_x。改装欧姆表时可先用已知的电阻作为 R_x，在表头上标出相应的 R_x 值的刻度。测量时表面上指针指示的是电阻值，实际上测量的是电流。

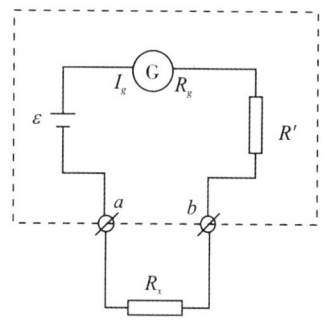

图 3.16.5　欧姆表测量原理

从式(3.16.3)可以看出：当 $R_x = 0$ 时，回路中的电流是最大值，它等于 $\dfrac{\varepsilon}{R_g + R'}$。在欧姆表中设法改变表头的满度电流 I_g，使其等于此最大电流，即

$$I_g = \frac{\varepsilon}{R_g + R'} \qquad (3.16.4)$$

一般用 $R_{中}$ 表示此时的 $R_g + R'$，称 $R_{中}$ 为欧姆表的中值电阻。式(3.16.4)改写为

$$I_g = \frac{\varepsilon}{R_{中}} \qquad (3.16.5)$$

式(3.16.3)可改写为

$$I_x = \frac{\varepsilon}{R_{中} + R_x} \qquad (3.16.6)$$

由式(3.16.6)看出，欧姆表的表头刻度是不均匀的，或者说是非线性的。当 $R_x = R_{中}$ 时，由式(3.16.5)和(3.16.6)得

$$I_x = \frac{1}{2} I_g$$

也就是说，欧姆表正中那个刻度值即是 $R_{中}$，此时指针偏转为满刻度的一半。

由式(3.16.6)知

$$\Delta I_x = -\frac{\varepsilon}{(R_{中} + R_x)^2} \Delta R_x$$

所以

$$\frac{\Delta I_x}{\Delta R_x} = -\frac{\varepsilon}{(R_{中} + R_x)^2} \qquad (3.16.7)$$

上式左边的物理意义是：当电阻值 R_x 变化 ΔR_x 时，从表头通过的电流变化了 ΔI_x；

也就是说它是电流随电阻的变化率。式(3.16.7)表示了指针的指示随 R_x 的变化情况。

当 $R_x \ll R_中$ 时，$I_x \approx \dfrac{\varepsilon}{R_中} = I_g$，此时指针指示接近满刻度；$\dfrac{\Delta I_x}{\Delta R_x}$ 大，指针的指示随 R_x 的变化大（即变化明显），因而测量误差小。

当 $R_x \gg R_中$ 时，$I_x \approx 0$，此时指针指示电阻值大，$\dfrac{\Delta I_x}{\Delta R_x}$ 小，指针的指示随 R_x 的变化小（即变化不明显），因而测量误差大。在欧姆表的中间刻度部分，$\dfrac{\Delta I_x}{\Delta R_x}$ 大，因而误差较小。

由此可见，在实用上通常只用欧姆表中间到零欧姆的一段来测量。例如 $\dfrac{1}{5}R_中 \sim 5R_中$ 这段范围，超过此范围可换较大（或较小）档测量，一般的欧姆表都有几个量程，每个量程的 $R_中$ 都不同，但每个量程可用范围都是 $\dfrac{1}{5}R_中 \sim 5R_中$。

如上所述，欧姆表的刻度是对应于它所用的电源电动势 ε 计算出来的，但在实用上电源电动势并非永不变量。为了补偿这一点，在欧姆表中还装有"欧姆零点"调节旋钮，"欧姆零点"调节旋钮是一个变阻器，以改变电流，从而补偿电源电动势变化引起的电流变化。每次测量前先要将表笔 a 和 b 相接（短路），调节"欧姆零点"旋钮使偏转为满度（即指针指示零欧姆），以保证刻度的正确性。而且每次改变量程后都应当重新调节欧姆零点。

（4）微安表头内阻的测量。

由上可知，改装电表需要知道被改装表的内阻，因此本实验中还需测量微安表的内阻。测量电表内阻的方法很多，此处仅介绍"半电流法"和"替代法"两种，在要求不太高时，这两种方法是最常用的测量电表内阻的方法。

半电流法：测量电路如图3.16.6所示。选择参考表的量程与被测表 G 的量程相同或略大，$R_1 + R_w$ 为限流电阻，用以限制回路电流不超过被测表量程。S_1 为电源开关，S_2 为支路开关，R_2 通过 S_2 与被测表并联。先将 S_1 闭合，调节 R 使被测表达满刻度值，记下参考表的刻度。然后将 S_2 闭合，这时 R_2 并联到被测表上，调节 R_2 使被测表 G 中电流为满刻度值的一半，再观察参考表中的电流值是否指在原先的刻度上，否则，应反复调节 R 和 R_2，使参考表中的电流值为起始值，被测表中电流为满刻度的一半。此时 R_2 的值即为被测表 G 的内阻。

替代法：测量电路图如图3.16.7所示。参考表的量程与被测表量程相近。用它来监测回路中的电流为恒定值。开关 S_2 先合向"1"位置后，合上 S_1，调节 R 使参考表或被测表达到满刻度，记下参考表此时的刻度读数。然后将开关 S_2 置于"2"位置，改变 R_2 使参考表仍然指到所记下的刻度值，此时的 R_2 值即为被测表的内阻值。

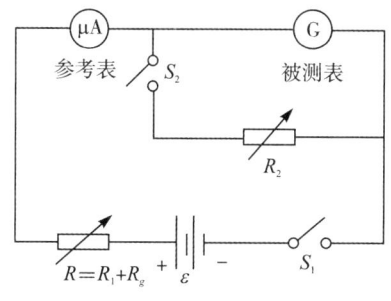

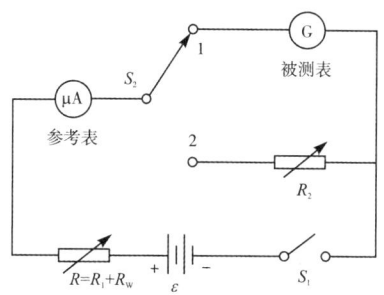

图 3.16.6　半电流法测内阻　　　　图 3.16.7　替代法测内阻

2. 校准电表

微安表在扩大量程或改装后,还需对其校准,所谓校准是指使被校准表(改装表)和标准表同时测量同一个电流或电压,看其指示值与相应标准值的相符程度。

校准电表的作用有两个,一是评估改装表测量误差的大小,若误差过大则需要查明原因,减小其测量误差;二是得到改装表各个刻度的绝对误差,并选取最大值确定其准确度等级。方法如下:利用最大绝对误差除以改装表的量程,得到表的标称误差,如(3.16.8)式所示,

$$标称误差 = \frac{最大绝对误差}{量程} \times 100\% \qquad (3.16.8)$$

由标称误差大小确定改装表的准确度等级。根据国家标准,指针式仪表一般分为7 个准确度等级,分别是:0.1、0.2、0.5、1.0、1.5、2.5、5.0,若标称误差的大小居于两个相邻的准确度等级之间,则取较大一级,例如:标称误差的大小为 1.2%,则该表的准确度等级确定为 1.5 级。

电表的校准结果除了用准确度等级表示外,还常用校准曲线表示。校准曲线的做法是:以被校准表的示值为横坐标,以校正值(被校准表的示值与标准表的示值之差)为纵坐标,两个校正点之间用直线相连,最终画出呈折线状的校准曲线。校准曲线可直观的显示电表在不同测量点的误差,以方便在使用时对其读数进行修正。

三、仪器用具及实验装置

被改装微安表头、标准电流表、标准电压表、恒压电源、滑线变阻器、开关、导线等。

四、实验内容

(1) 分别用半电流法、替代法测量 1mA 表头的内阻。

(2) 将一个量程为 1mA 的表头改装成 10mA 量程的电流表,并校准和确定其准确度等级。

（说明：电表的级别一般有七种 0.1、0.2、0.5、1.0、1.5、2.5、5.0）

（3）将一个量程为 1mA 的表头改装成 1.5V 量程的电压表，并校准和确定其准确度等级。

（4）将表头改装为欧姆表并标定表的刻度。

五、实验数据记录及处理参考表格

1. 改装电流表参考表格

改装表读数（mA）	标准表读数（mA）			示值误差 ΔI（mA）
	减小时	增大时	平均值	
2				
4				
6				
8				
10				

2. 改装电压表参考表格

改装表读数（V）	标准表读数（V）			示值误差 ΔU（V）
	减小时	增大时	平均值	
0.3				
0.6				
0.9				
1.2				
1.5				

3. 改装欧姆表参考表格

$\varepsilon = $ _____ V	$R_{中} = $ _____				$R' = $ _____			
R_{x_i}（Ω）	$1/5R_{中}$	$1/4R_{中}$	$1/3R_{中}$	$1/2R_{中}$	$R_{中}$	$2R_{中}$	$3R_{中}$	$4R_{中}$	$5R_{中}$
偏转格数 d_i								

第 4 章　　自主应用型实验

4.1　基本电路应用实验

4.1.1　双臂直流电桥测量低电阻

1862 年英国的 W. 汤姆孙在研究利用单臂电桥测量小电阻遇到困难时,发现导致测量产生较大误差的原因是引线电阻和连接点处的接触电阻。这些电阻值可能远大于被测电阻值。因此,他对惠斯通电桥加以改进而形成了双臂电桥,又被称为汤姆孙电桥。后因他晋封为开尔文勋爵,故又称开尔文电桥。双臂电桥通过四端接线的作用消除或减小了附加电阻对测量结果的影响,适用于测量 $10^{-5} \sim 10^{-2}\,\Omega$ 电阻的测量,已广泛的应用于科技测量中。

一、实验内容

(1) 用双臂电桥测量一段金属丝的电阻。

(2) 多次测量并计算金属丝的电阻率极其不确定度。

二、实验原理

1.四端引线法

测量中等阻值的电阻,伏安法是比较容易的方法,惠斯通电桥法是一种精密的测量方法,但在测量低电阻时都发生了困难。这是因为引线本身的电阻和引线端点接触电阻的存在。图 4.1.1.1 为伏安法测电阻的线路图,待测电阻 R_x 两侧的接触电阻和导线电阻以等效电阻 r_1、r_2、r_3、r_4 表示,通常电压表内阻较大,r_1 和 r_4 对测量的影响不大,而 r_2 和 r_3 与 R_x 串联在一起,被测电阻为 $(r_2 + R_x + r_3)$,若 r_2 和 r_3 数值与 R_x 为同一数量级,或超过 R_x,显然不能用此电路来测量 R_x。

若在测量电路的设计上改为如图 4.1.1.2 所示的电路,将待测低电阻 R_x 两侧的接点分为两个电流接点 $C-C$ 和两个电压接点 $P-P$,$C-C$ 在 $P-P$ 的外侧。显然电压表测量的是 $P-P$ 之间一段低电阻两端的电压,消除了 r_2 和 r_3 对 R_x 测量的影响。这种测量低电阻或低电阻两端电压的方法叫做四端引线法,广泛应用于科技测量中。例如为了研究高温超导体在发生正常超导转变时的零电阻现象和迈斯纳效应,必须测定临界温度 T_c,正是用通常的四端引线法,通过测量超导样品的电阻 R 随温度 T 的变化而确定的。低值标准电阻正是为了减小接触电阻和接线电阻设有四个端钮。

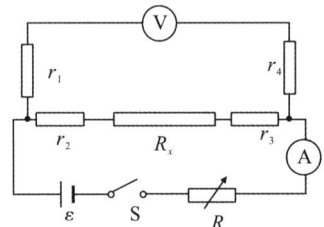 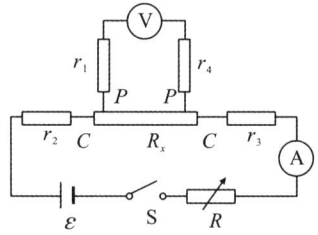

图 4.1.1.1 伏安法测电阻   图 4.1.1.2 四端引线法测电

2.双臂电桥测量低电阻

用惠斯通电桥测量电阻,测出的 R_x 值中,实际上含有接线电阻和接触电阻(统称为 R_j)的成分(一般为 $10^{-3} \sim 10^{-4} \Omega$),若 $R_j/R_x < 0.5\%$,通常可以不考虑 R_j 的影响,而当被测电阻达到较小值时,R_j 所占的比重就明显了。因此,需要从测量电路的设计上来考虑。双臂电桥正是把四端引线法和电桥的平衡比较法结合起来精密测量低电阻的一种电桥。如图 4.1.1.3 中,R、R'、R_1、R_2 为桥臂电阻,R_s 为比较用的已知标准电

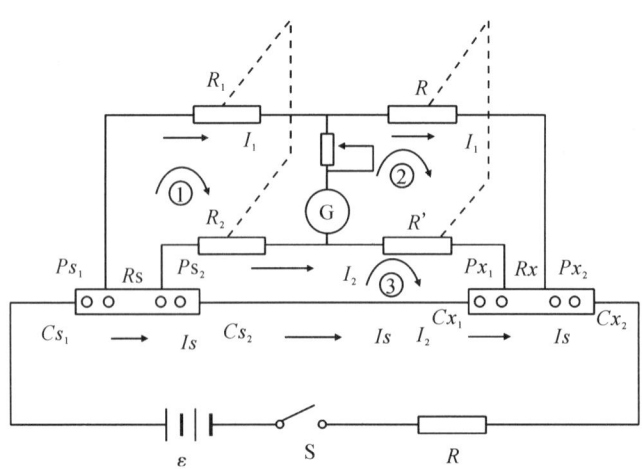

图 4.1.1.3 双臂电桥电路图

阻，R_x 为被测电阻。R_s 和 R_x 是采用四端引线的接线法，电流接点为 C_1、C_2（R_s 在实物上是较粗的，R_x 在实物上是外侧两接点）；电位接点为 P_1、P_2（R_s 在实物上是较细的，R_x 在实物上是内侧两接点）。被测电阻则是 R_x 上 P_1、P_2 间的电阻。

测量时，接上被测电阻 R_x，然后调节各桥臂电阻值，使检流计指示逐步为零，则 $I_g = 0$ 时，根据基尔霍夫定律可写出以下三个回路方程

$$I_1R_1 = I_sR_s + I_2R_2 \tag{4.1.1.1}$$

$$I_1R = I_sR_x + I_2R' \tag{4.1.1.2}$$

$$(I_s - I_2)r = I_2(R_2 + R') \tag{4.1.1.3}$$

式中 r 为 C_{s_2} 和 C_{x_1} 的连线电阻。将上述三个方程联立求解，可写成下面形式

$$R_x = \frac{R}{R_1}R_s + \frac{r \cdot R_2}{r + R' + R_2}\left(\frac{R}{R_1} - \frac{R'}{R_2}\right) \tag{4.1.1.4}$$

由此可见，用双臂电桥测电阻，R_x 的结果由等式右边的两项来决定，其中第一项与单臂电桥相同，第二项称为更正项。为了使双臂电桥求 R_x 的公式与单臂电桥相同，使计算方便，所以实验中可设法使更正项尽可能做到为零。在采用双臂电桥测量时，通常可采用同步调节法，令 $R/R_1 = R'/R_2$，使得更正项能接近零。则式（4.1.1.4）变为

$$R_x = \frac{R}{R_1}R_s \tag{4.1.1.5}$$

另外，R_x 和 R_s 电流接点间的导线应用较粗的、导电性良好的导线，以使 r 值尽可能小，这样，即使 R/R_1 与 R'/R_2 两项不严格相等，但由于 r 值很小，更正项仍能趋近于零。

双臂电桥所以能测量低电阻，总结为以下关键两点：

（1）单臂电桥之所以不能测量小电阻，是因为用单臂电桥测出的值，包含有桥臂间的引线电阻和接触电阻，当接触电阻与 R_x 相比不能忽略时，测量结果就会有很大的误差。而双臂电桥电位接点的接线电阻与接触电阻位于 R、R_1、R_2 和 R' 的支路中，实验中设法令 R、R'、R_1、R_2 都不小于 10Ω，那么接触电阻的影响就可以忽略不计。

（2）双臂电桥电流接点的接线电阻与接触电阻，一端包含在电阻 r 里面，而 r 是存在于更正项中，对电桥平衡不发生影响；另一端则包含在电源电路中，对测量结果也不会产生影响。当满足 $R/R_1 = R'/R_2$ 条件时，基本上消除了 r 的影响。

三、实验仪器

QJ—19 型单双臂电桥，待测电阻，电源，游标卡尺，千分尺，灵敏检流计，标准电阻，反向开关，电阻箱，导线等。

附录：QJ－19 型单双臂电桥简介

QJ－19 型电桥板面布置如图 4.1.1.4 所示。它是一种单双臂两用电桥。它在结构上使 R 和 R' 为同轴调节,保证两电阻值总是相等,在作双臂电桥使用时,调节 $R_1 = R_2$。这样就保证了测低电阻时所要求的条件。

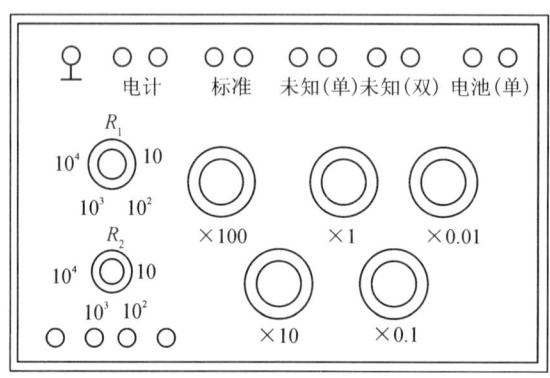

图 4.1.1.4　QJ－19 型电桥面板图

使用时,将检流计、标准电阻和待测电阻的电位接头 P_1、P_2 分别接到"电计"、"标准"和"未知"(双)接线柱上。待测电阻和标准电阻的电流接点(J_1、J_2)相串联后通过反向电键再通过可变电阻和电流表与电池两极相连,如图 4.1.1.5 所示。板面上的粗、细和短路按钮,分别是检流计支路开关 S_1、S_2 和 S_3。R 和 R' 是采取同轴调节(面板上只标出 R),各由五个十进盘电阻组成,分别为 $\times 100$,$\times 10$,$\times 1$,$\times 0.1$,$\times 0.01 \Omega$ 的数值决定待测电阻的有效位数。另一对比率臂 R_1 和 R_2 分别可调节成 10^4、10^3、10^2、10

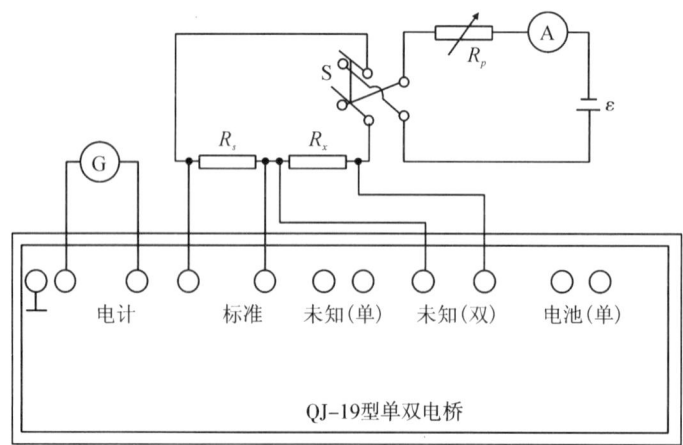

图 4.1.1.5　双臂电桥测量低电阻

四个阻值。作双臂电桥使用时必须使 $R_1 = R_2$。R_1 和 R_2 的取值根据 R_x 和 R_s 数量级而定,必须保证 R 的 $\times 100$ 档取非零值。

在正确使用条件下,QJ－19 型电桥测量的误差分布是

量程	相对误差 E
$10^{-5} \sim 10^{-4}\,\Omega$	0.5%
$10^{-4} \sim 10^{-3}\,\Omega$	0.1%
$10^{-3} \sim 10^{2}\,\Omega$	0.05%

4.1.2　交流电桥的使用

交流电桥是一种比较式仪器,在电测技术中占有重要地位。它主要用于测量交流等效电阻及其时间常数,电容及其介质损耗,自感及其线圈品质因数和互感等电参数的精密测量,也可用于非电量变换为相应电量参数的精密测量。

常用的交流电桥分为阻抗比电桥和变压器电桥两大类。习惯上一般称阻抗比电桥为交流电桥。本实验中交流电桥指的是阻抗比电桥。交流电桥的线路虽然和直流单臂电桥线路具有同样的结构形式,但因为它的四个臂是阻抗,所以它的平衡条件、线路的组成以及实现平衡的调整过程都比直流电桥复杂。本实验的主要目的是了解交流电桥的工作原理,学会使用交流电桥测量相关物理量。

一、实验内容

(1)用交流电桥测量两个不同的电容器的电容及其损耗因数。

(2)用交流电桥测量待测样品的自感系数及其品质因素 Q。

(3)用交流电桥测量互感线圈的互感系数。

二、实验原理

图 4.1.2.1 是交流电桥的原理线路。它与直流单臂电桥原理相似。在交流电桥中,四个桥臂一般是由交流电路元件如电阻、电感、电容组成;电桥的电源通常是正弦交流电源;交流平衡指示仪的种类很多,适用于不同频率范围。频率为 200Hz 以下时可采用谐振式检流计;音频范围内可采用耳机作为平衡指示器;音频或更高的频率时也可采用电子指

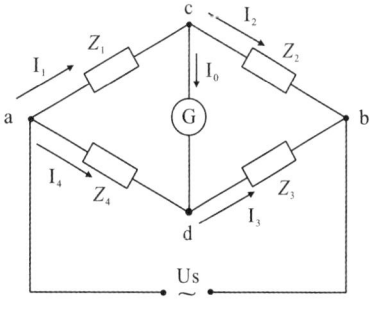

图 4.1.2.1　交流电桥原理

零仪器;也有用电子示波器或交流毫伏表作为平衡指示器的。本实验采用高灵敏度的电子放大式指零仪,有足够的灵敏度。指示器指零时,电桥达到平衡。

1. 交流电桥的平衡条件

我们在正弦稳态的条件下讨论交流电桥的基本原理。在交流电桥中,四个桥臂由阻抗元件组成,在电桥的一个对角线 cd 上接入交流指零仪,另一对角线 ab 上接入交流电源。

当调节电桥参数,使交流指零仪中无电流通过时(即 $I_0 = 0$),cd 两点的电位相等,电桥达到平衡,这时有

$$U_{ac} = U_{ad}$$
$$U_{cb} = U_{bd}$$

即

$$I_1 Z_1 = I_4 Z_4$$
$$I_2 Z_2 = I_3 Z_3$$

两式相除有

$$\frac{I_1 Z_1}{I_2 Z_2} = \frac{I_4 Z_4}{I_3 Z_3}$$

当电桥平衡条件 $I_0 = 0$,可得

$$I_1 = I_2, \quad I_3 = I_4$$

所以:

$$Z_1 Z_3 = Z_2 Z_4 \tag{4.1.2.1}$$

上式就是交流电桥的平衡条件,它说明:当交流电桥达到平衡时,相对桥臂的阻抗的乘积相等。

由图 4.1.2.1 可知,若第一桥臂由被测阻抗 Z_x 构成,则

$$Z_x = \frac{Z_2}{Z_3} Z_4$$

当其他桥臂的参数已知时,就可决定被测阻抗 Z_x 的值。

2. 交流电桥平衡的分析

下面我们对电桥的平衡条件作进一步的分析。

在正弦交流情况下,桥臂阻抗可以写成复数的形式

$$Z = R + jX = Z e^{j\varphi}$$

若将电桥的平衡条件用复数的指数形式表示,则可得

$$Z_1 e^{j\Phi_1} Z_3 e^{j\Phi_3} = Z_2 e^{j\Phi_2} Z_4 e^{j\Phi_4}$$
$$Z_1 Z_3 e^{j(\Phi_1 + \Phi_3)} = Z_2 Z_4 e^{j(\Phi_2 + \Phi_4)}$$

根据复数相等的条件,等式两端的幅模和幅角必须分别相等,故有

$$\begin{cases} Z_1 Z_3 = Z_2 Z_4 \\ \varPhi_1 + \varPhi_3 = \varPhi_2 + \varPhi_4 \end{cases} \tag{4.1.2.2}$$

上面就是平衡条件的另一种表现形式,可见交流电桥的平衡必须满足两个条件:一是相对桥臂上阻抗幅模的乘积相等;二是相对桥臂上阻抗幅角之和相等。

由式(4.1.2.2)可以得出如下两点重要结论。

(1)交流电桥必须按照一定的方式配置桥臂阻抗。

如果用任意不同性质的四个阻抗组成一个电桥,不一定能够调节到平衡,因此必须把电桥各元件的性质按电桥的两个平衡条件作适当配合。

在很多交流电桥中,为了使电桥结构简单和调节方便,通常将交流电桥中的两个桥臂设计为纯电阻。

由式(4.1.2.2)的平衡条件可知,如果相邻两臂接入纯电阻,则另外相邻两臂也必须接入相同性质的阻抗。例如,若被测对象 Z_x 在第一桥臂中,两相邻臂 Z_2 和 Z_3(图4.1.2.1)为纯电阻的话,即 $\varphi_2 = \varphi_3 = 0$,那么由(4.1.2.2)式可得: $\varphi_4 = \varphi_x = 0$,若被测对象 Z_x 是电容,则它相邻桥臂 Z_4 也必须是电容;若 Z_x 是电感,则 Z_4 也必须是电感。

如果相对桥臂接入纯电阻,则另外相对两桥臂必须为异性阻抗。例如相对桥臂 Z_2 和 Z_4 为纯电阻的话,即 $\varphi_2 + \varphi_4 = 0$,那么由式(4.1.2.2)可知道: $\varphi_x + \varphi_3 = 0$;若被测对象 Z_x 为电容,则它的相对桥臂 Z_3 必须是电感,而如果 Z_x 是电感,则 Z_3 必须是电容。

(2)交流电桥平衡必须反复调节两个桥臂的参数。

在交流电桥中,为了满足上述两个条件,必须调节两个桥臂的参数,才能使电桥完全达到平衡,而且往往需要对这两个参数进行反复地调节,所以交流电桥的平衡调节要比直流电桥的调节困难一些。

3. 交流电桥的设计

本实验采用独立的测量元件,既可设计一个理论上能平衡的桥路类型,又可设计一个理论上不能平衡的桥路类型,以验证交流电桥的工作原理。

交流电桥的四个桥臂,要按一定的原则配以不同性质的阻抗,才有可能达到平衡。根据前面的分析,满足平衡条件的桥臂类型,可以有许多种。设计一个好的实用的交流电桥应注意以下几个方面:

(1)桥臂尽量不采用标准电感。由于制造工艺上的原因,标准电容的准确度要高于标准电感,并且标准电容不易受外磁场的影响。所以常用的交流电桥,不论是测电感和测电容,除了被测臂之外,其它三个臂都采用电容和电阻。

（2）尽量使平衡条件与电源频率无关，这样才能发挥电桥的优点，使被测量只决定于桥臂参数，而不受电源的电压或频率的影响。有些形式的桥路的平衡条件与频率有关，这样，电源的频率不同将直接影响测量的准确性。

（3）电桥在平衡中需要反复调节，才能使幅角关系和幅模关系同时得到满足。通常将电桥趋于平衡的快慢程度称为交流电桥的收敛性。收敛性愈好，电桥趋向平衡愈快；收敛性差，则电桥不易平衡或者说平衡过程时间要很长，需要测量的时间也较长。电桥的收敛性取决于桥臂阻抗的性质以及调节参数的选择。所以收敛性差的电桥，由于平衡比较困难也不常用。

当然，出于对理论验证的需要，我们也可以组建自己需要的各种形式的交流电桥。

4. 几种常用的交流电桥

（1）电容电桥。

电容电桥主要用来测量电容器的电容量及损耗角，为了弄清电容电桥的工作情况，首先对被测电容的等效电路进行分析，然后介绍电容电桥的典型线路。

① 被测电容的等效电路。

实际电容器并非理想元件，它存在着介质损耗，所以通过电容器 C 的电流和它两端的电压的相位差并不是 $90°$，而是比 $90°$ 要小一个 δ 角，这个角就称为介质损耗角。具有损耗的电容可以用两种形式的等效电路表示，一种是理想电容和一个电阻相串联的等效电路，如图 4.1.1.2(a) 所示；一种是理想电容与一个电阻相并联的等效电路，如图 4.1.2.3(a) 所示。在等效电路中，理想电容表示实际电容器的等效电容，而串联（或并联）等效电阻则表示实际电容器的发热损耗。

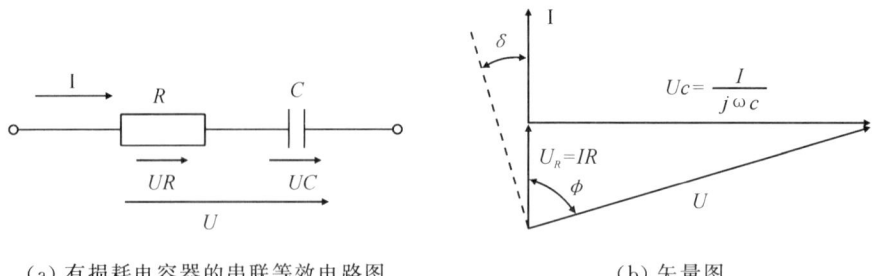

（a）有损耗电容器的串联等效电路图　　　　（b）矢量图

图 4.1.2.2

图 4.1.2.2(b) 及图 4.1.2.3(b) 分别画出了相应电压、电流的矢量图。必须注意，等效串联电路中的 C 和 R 与等效并联电路中的 C'、R' 是不相等的。在一般情况下，当电容器介质损耗不大时，应当有 $C \approx C'$，$R \leqslant R'$。所以，如果用 R 或 R' 来表示实际电

容器的损耗时,还必须说明它对于哪一种等效电路而言。因此为了表示方便起见,通常用电容器的损耗角 δ 的正切 $\mathrm{tg}\delta$ 来表示它的介质损耗特性,并用符号 D 表示,通常称它为损耗因数,在等效串联电路中

$$D = \mathrm{tg}\delta = \frac{U_R}{U_C} = \frac{IR}{\dfrac{I}{\omega C}} = \omega CR$$

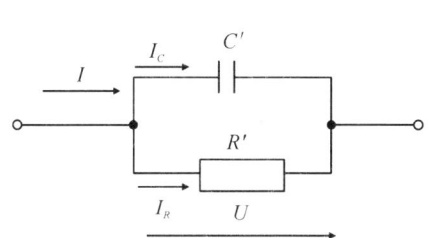

（a）有损耗电容器的并联等效电路图　　　　（b）矢量图

图 4.1.2.3

在等效的并联电路中

$$D = \mathrm{tg}\delta = \frac{I_R}{I_C} = \frac{\dfrac{U}{R'}}{\omega C'U} = \frac{1}{\omega C'R'}$$

应当指出,在图 4.1.2.2(b) 和图 4.1.2.3(b) 中,$\delta = 90° - \varphi$ 对两种等效电路都是适合的,所以不管用哪种等效电路,求出的损耗因数是一致的。

② 测量损耗小的电容电桥(串联电阻式)。

图 4.1.2.4 为适合用来测量损耗小的被测电容的电容电桥,被测电容 C_x 接到电桥的第一臂,等效为电容 C_x' 和串联电阻 R_x',其中 R_x' 表示它的损耗;与被测电容相比较的标准电容 C_n 接入相邻的第四臂,同时给 C_n 串联一个可变电阻 R_n,桥的另外两臂为纯电阻 R_b 及 R_a,当电桥调到平衡时,有

$$\left(R_x' + \frac{1}{j\omega C_x'}\right)R_a = \left(R_n + \frac{1}{j\omega C_n}\right)R_b$$

令上式实数部分和虚数部分分别相等

$$\begin{cases} R_x'R_a = R_nR_b \\ \dfrac{R_a}{C_x'} = \dfrac{R_b}{C_n} \end{cases}$$

最后看到

$$R_x' = \frac{R_b}{R_a}R_n \qquad\qquad (4.1.2.3)$$

$$C'_x = \frac{R_a}{R_b}C_n \qquad (4.1.2.4)$$

由此可知,要使电桥达到平衡,必须同时满足上面两个条件,因此至少调节两个参数。如果改变 R_n 和 C_n,便可以单独调节互不影响地使电容电桥达到平衡。通常标准电容都是做成固定的,因此 C_n 不能连接可变,这时我们可以调节 $\frac{R_a}{R_b}$ 比值使式(4.1.2.4)得到满足,但调节 $\frac{R_a}{R_b}$ 的比值时又影响到式(4.1.2.3)的平衡。因此要使电桥同时满足两个平衡条件,必须对 R_n 和 $\frac{R_a}{R_b}$ 等参数反复调节才能实现,可见,使用交流电桥时,必须通过实际操作取得经验,才能迅速获得电桥的平衡。电桥达到平衡后,C'_x 和 R'_x 值可以分别按式(4.1.2.3)和式(4.1.2.4)计算,其被测电容的损耗因数 D 为

$$D = \text{tg}\delta = \omega C_x R_x = \omega C_n R_n \qquad (4.1.2.5)$$

③ 测量损耗大的电容电桥(并联电阻式)。

假如被测电容的损耗大,则用上述电桥测量时,与标准电容相串联的电阻 R_n 必须很大,这将会降低电桥的灵敏度。因此当被测电容的损耗大时,宜采用图 4.1.2.5 所示的另一种电容电桥的线路来进行测量,它的特点是标准电容 C_n 与电阻 R_n 是彼此并联的,则根据电桥的平衡条件可以写成

$$R_b\left(\frac{1}{\frac{1}{R_n} + j\omega C_n}\right) = R_a\left(\frac{1}{\frac{1}{R'_x} + j\omega C'_x}\right)$$

整理后可得

$$C'_x = C_n \frac{R_a}{R_b} \qquad (4.1.2.6)$$

$$R'_x = R_n \frac{R_b}{R_b} \qquad (4.1.2.7)$$

而损耗因数为

$$D = \text{tg}\delta = \frac{1}{\omega C_x R_x} = \frac{1}{\omega C_n R_n} \qquad (4.1.2.8)$$

交流电桥测量电容根据需要还有一些其他形式,也可参见有关的书籍设计。

(2) 电感电桥。

电感电桥是用来测量电感的,电感电桥有多种线路,通常采用标准电容作为与被测电感相比较的标准元件,从前面的分析可知,这时标准电容一定要安置在与被测电感相对的桥臂中。根据实际的需要,也可采用标准电感作为标准元件,这时`标准电感一定要安置在与被测电感相邻的桥臂中,这里不再作为重点介绍。

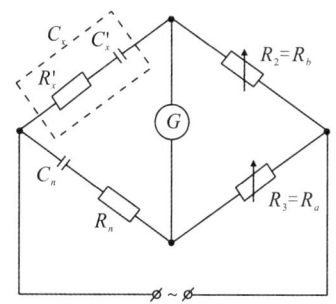
图 4.1.2.4　串联电阻式电容电桥

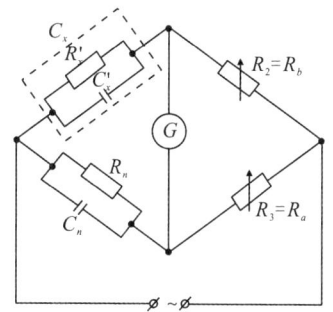
图 4.1.2.5　并联电阻式电容电桥

一般实际的电感线圈都不是纯电感,除了电抗 $X_L = \omega L$ 外,还有有效电阻 R,两者之比称为电感线圈的品质因数 Q。即

$$Q = \frac{\omega L}{R}$$

下面两种电感电桥电路,它们分别适宜于测量高 Q 值和低 Q 值的电感元件。

① 测量高 Q 值电感的电感电桥。

测量高 Q 值的电感电桥的原理线路如图 4.1.2.6 所示,该电桥线路又称为海氏电桥。

电桥平衡时,根据平衡条件可得

$$(R_x + j\omega L_x)(R_n + \frac{1}{j\omega C_n}) = R_b R_a$$

简化和整理后可得

$$\begin{cases} L_x = \dfrac{R_b R_a C_n}{1 + (\omega C_n R_n)^2} \\ R_x = \dfrac{R_b R_a R_n\ (\omega C_n)^2}{1 + (\omega C_n R_n)^2} \end{cases} \tag{4.1.2.9}$$

由式(4.1.2.9)可知,海氏电桥的平衡条件与频率有关。因此在应用成品电桥时,若改用外接电源供电,必须注意要使电源的频率与该电桥说明书上规定的电源频率相符,而且电源波形必须是正弦波,否则,谐波频率就会影响测量的精度。

用海氏电桥测量时,其 Q 值为

$$Q = \frac{\omega L}{R_x} = \frac{1}{\omega C_n R_n} \tag{4.1.2.10}$$

由式(4.1.2.10)可知,被测电感 Q 值越小,则要求标准电容 C_n 的值越大,但一般标准电容的容量都不能做得太大,此外,若被测电感的 Q 值过小,则海氏电桥的标准电容的桥臂中所串的 R_n 也必须很大,但当电桥中某个桥臂阻抗数值过大时,将会影响电桥的灵敏度,可见海氏电桥线路适宜于测 Q 值较大的电感参数的,而在测量 $Q <$ 10 的电感元件的参数时则需用另一种电桥线路,下面介绍这种适用于测量低 Q 值电感的电桥线路。

② 测量低 Q 值电感的电桥。

如图 4.1.2.7 所示,该电桥线路又称为麦克斯韦电桥。这种电桥与上面介绍的测量高 Q 值电感的电桥线路所不同的是:标准电容的桥臂中的 C_n 和可变电阻 R_n 是并联的。

在电桥平衡时,有

$$(R_x + j\omega L_x)\left(\frac{1}{\frac{1}{R_n} + j\omega C_n}\right) = R_b R_a$$

相应的测量结果为

$$\begin{cases} L_x = R_b R_a C_n \\ R_x = \dfrac{R_b}{R_n} R_a \end{cases} \tag{4.1.2.11}$$

被测对象的品质因数 Q 为

$$Q = \frac{\omega L_x}{R_x} = \omega R_n C_n \tag{4.1.2.12}$$

麦克斯韦电桥的平衡条件式(4.1.2.11)表明,它的平衡是与频率无关的,即在电源为任何频率或非正弦的情况下,电桥都能平衡,且其实际可测量的 Q 值范围也较大,所以该电桥的应用范围较广。但是实际上,由于电桥内各元件间的相互影响,所以交流电桥的测量频率对测量精度仍有一定的影响。

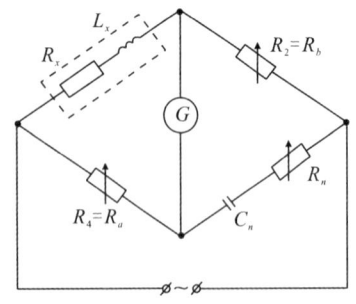 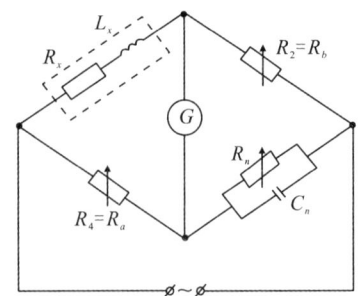

图 4.1.2.6　测量高 Q 值电感的电桥原理　　图 4.1.2.7　测量低 Q 值电感的电桥原理

三、实验仪器

QS18A 交流电桥,待测自感、互感和电容等。

附:QS18A 交流电桥简介

1.面板使用说明

(1)被测端钮:此端钮是用来连接所需测量的元件,在连接被测元件到端钮时,最好直接接在此端钮上,如无法实现,可通过测量导线连接(在测量较小量值的元件时须扣除导线的残余量)。被测端钮"1"表示高电位,"2"为低电位,在实际使用中若需要考虑高低电位时,可按此标记来连接(一般情况下不必考虑)。

(2)外接插孔:此插孔的用途有 ① 在测量有极性的电容和铁芯电感时,如需要外部迭加直流偏置时,可通过此插孔连接于桥体;② 当使用外部的音频振荡器讯号时,可通过"外接"导线连到此插孔,施加到桥体(此时应把项"3"拔向"外"的位置)。

(3)拨动开关:(线路图中标记 K4－1)此开关作用有:

① 此开关打向下,使用机内 1kHz 为信号源。

② 当"外接"插孔施加外音频讯号时应把此开关拨向"外"的位置(此时内部 1kHz 振荡器即停止工作,RC 双 T 网络断开,放大器处于 $60Hz \sim 10kHz$ 的宽带状态)。

(4)量程开关:此开关是选择测量范围用,上面各档的标示值是指电桥读数在满度时的最大值。

(5)损耗倍率开关:此开关是用来扩展损耗平衡的读数范围用,在一般情况下测量空芯电感线圈时,此开关放在 Q 位置,测量一般电容器(小损耗)时放在 $D \times 0.01$ 位置,测量损耗值较大的电容器时放在 $D \times 1$ 位置。

(6)指示电表:它是用来作为平衡指示用。当电桥在平衡过程中,操作有关的旋钮,并观察此指示电表指针的动向,应往"0"的方向偏转,当指针最接近于零点时,即达到电桥平衡位置。

(7)接壳端钮:此端钮与本电桥的机壳相连。

(8)灵敏度调节:用来控制电桥放大器的放大倍数,在初始调节电桥平衡时,要降低灵敏度使电表指示小于满刻度,在使用时应逐步增大灵敏度,进行电桥平衡调节。

(9)读数旋钮:电桥在平衡时,应调节此二只读数盘,第一位读数盘的步级是 0.1,也就是量程旋钮指示值的 1/10,第二、第三位读数是由连续可变电位器指示。

(10、11)损耗平衡:被测元件的损耗读数(指电容、电感)由此旋转指示,此读数盘上的指示值再乘以损耗倍率开关的示值,即为正确的损耗示值。

(12)测量选择:本电桥对电容、电感、电阻元件均能测量,由此开关转换电桥线路,若测量电容时应放在"C"处,测量 10 欧姆以上的电感应放在"L"处,测量 10 欧姆以内的电阻时应放在 $R \leqslant 10$ 处,测量 10 欧姆以上的电阻应放在 $R > 10$ 处。测试完毕后切记把此旋钮放在"关"处,以切断内部直流电源(此时交流电源并未断开)。

(13)电源指示:打开后面板的交流电源开关后,通电后电源指示灯亮。

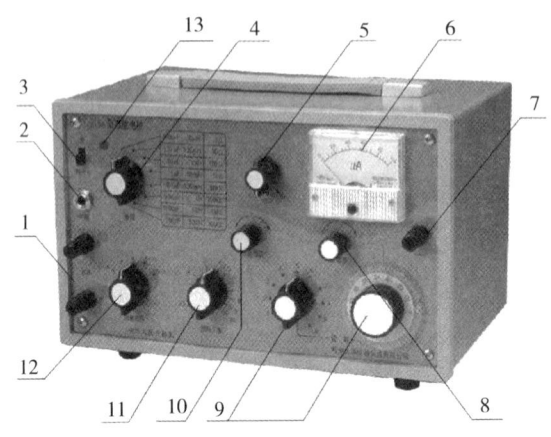

图 4.1.2.8　QS18A 交流电桥

2.电容的测量步骤

(1)估计一下被测电容的大小,然后旋动量程开关放在合适的量程上,例如被测电容为 500pF 左右的电容器,则量程开关应放在 1000pF 位置上。

(2)旋动测量选择开关放在 C 位置,损耗倍率开关放在 $D \times 0.01$(一般电容器)或 $D \times 1$(大电解电容器)的位置上,损耗平衡盘放在 1 左右的位置,损耗微调按逆时针旋到底。

(3)将灵敏度调节逐步增大,使电表指针偏转略小于满刻度即可。

(4)首先调节电桥的"读数盘",然后调节损耗平衡盘,并观察电表动向,使电表指零,然后再将灵敏度增大到使指针小于满度,反复调节电桥读数盘和损耗平衡盘,直至灵敏度开到足够满足分辨出测量精度的要求,电表仍指零或接近于零,此时电桥便达到最后平衡。若电桥的"读数"第一位指在 0.5,第二位刻度盘值为 0.038 则被测电容为 $1000 \times 0.538 = 538$ pF。即:被测量 $CX =$ 量程开关指示值电桥的"读数"值损耗平衡盘指在 1.2 而损耗倍率放在 $D0.01$,则此电容的损耗值为 $0.01 \cdot 1.2 = 0.012$ 即:被测量 $DX =$ 损耗倍率指示 $\times$ 损耗平衡盘的示值。

注:(1)如果损耗倍率放在 Q 位置,电桥平衡则按 $D = \dfrac{1}{Q}$ 计算。

(2)如果电容器的电容量不知其值是多少,可按如下方法进行测量。

① 把测量选择开关放在 C 位置,损耗倍率开关放在 $D \times 0.01$(一般电容器)或 D

×1(大电解电容器)的位置上,损耗平衡盘放在 1 左右的位置,损耗微调按逆时针旋到底。

② 把量程开关指在 100pF 位置上。

③ 把"读数"的第一步进开关指在"0"的位置,把第二位滑线盘旋到 0.05 左右的位置。

④ 转动灵敏度旋钮,使电表指针约指为 $30\mu A$ 左右的位置。

⑤ 旋动量程开关由 100pF 开始 1000pF……1000pF 逐档变换其量程,同时观察指示电表的动向,看变到那一档量程电表的指示最小,此时就把量程开关停留不动,再旋动第二位滑线盘使电表更加指零。

⑥ 再将灵敏度增大使指针小于满刻度(小于$100\mu A$)分别调节损耗平衡盘和第二位滑线盘使指针仍指零或近于零,被测量就能粗略的在第二位滑线盘读出,然后可根据前述方法适当选择好量程位置和"读数"盘位置,进行精细的测量。

3. 电感的测量步骤

(1)估计一下被测电感量的大小,然后旋动量程开关放在合适的量程上,例如被测电感为 100mH 左右,则应放在 100mH 位置上。

(2)旋动测量选择开关放在 L 位置上。

(3)在测量空芯线圈时,损耗倍率开关放在 $Q\times1$ 位置,在测量高 Q 滤波线圈时损耗倍率开关放在 $D\times0.01$ 位置,在测量迭片铁芯电感垫圈时,损耗倍率开关放在 $D\times1$ 位置。

(4)将损耗平衡旋钮大约旋在 1 左右位置,然后把灵敏度调节增大使电表的偏转略小于满刻度。

(5)首先调节电桥的"读数"的开关可放在 0.9 或 1.0 位置,再调节滑线盘,然后调节"损耗平衡"旋钮使电表偏转最小,再将灵敏度增大些,再反复调节电桥"读数"滑线盘和损耗平衡旋钮,直至灵敏度开到足够满足测量精度的分辨率(一般使用不必把灵敏度开足)电表指针的偏转指零或接近于零的位置,此时电桥达到最后平衡。

例如,电桥的"读数"的开关第一位指示为 0.9,第二位滑线盘指示为 0.098 即被测电感量为 100mH$\times(0.9+0.098)=99.8$mH。即:被测量 $LX=$ 量程开关指示值$\times$电桥的"读数"值 损耗倍率开关放在 $Q\times1$ 位置,损耗平衡旋钮指示为 2.2 则电感的 Q 值为 $1\times2.5=2.5$

即:被测量 $QX=$ 损耗倍率指示$\times$损耗平衡旋钮指示值。

注:(1)如果损耗倍率指示在 D 位置时,电桥平衡后则按 $Q=\dfrac{1}{D}$ 计算。

(2)如果被测电感的电感量,不知其值的大小,可按如下方法进行测量:

　　① 把测量选择开关放在 L 位置,损耗倍率放在 $Q \times 1$ 位置,是指一般空芯线圈,测量高 Q 值滤波线圈时损耗倍率放在 $D \times 0.01$ 位置,测量迭片滤电感损耗倍率放在 $D \times 1$ 位置,损耗平衡放在 1 左右位置,损耗微调按逆时针旋到底。

　　② 把量程放在 $10\mu H$ 位置。

　　③ 把"读数"的第一步进开关指在"0"的位置,把第二位滑线盘旋到 0.05 左右的位置。

　　④ 将灵敏度调节逐步增大,使电表指针约指为 $30\mu A$ 左右的位置。

　　⑤ 旋动量程开关由 $10\mu H$、$100\mu H$……到 $100H$ 逐档变换其量程,同时观察指示电表的动向,看变到那一档电表的指示最小,此时即停留在这一档上,再旋动第二位滑线盘使电表更加指零。

　　⑥ 按测未知电容的方法进行。

4.1.3　RLC 串联电路的暂态过程研究

　　由电阻、电容和电感这些电子线路的基本元件和电源串联在一起组成的电路称为 RLC 串联电路。暂态过程是电路从一个稳定状态到另一个稳定状态所经历的过程。在 RLC 串联电路中,当电源由一个电平的稳定状态突变为另一个不同电平的稳定状时(如接通或断开直流电源),由于电路中电容上的电压不会瞬间突变和电感上的电流不会瞬间突变,这中间有一个过程。电路稳定状态的改变一般通过接通或切断电路来实现。

　　暂态过程的性质也由电路中的电阻、电容、电感等参数决定,其电压和电流的变化是非周期性的。研究比较清楚的暂态过程可分为 RC 电路暂态过程、RL 电路暂态过程和 RLC 电路暂态过程。暂态规律在电子技术中得到了广泛的应用,例如交直流耦合电路、微积分电路以及延时电路等。本实验将对 RC、RL、RLC 串联电路的暂态过程进行基本研究。

一、课前知识准备

　　(1) 电容、电感元件的特性。

　　(2) RC、RL、RLC 暂态电路理论推导。

　　(3) 示波器的使用方法。

二、实验内容

　　(1) 观测 RC 串联电路的暂态过程,选择适当的电容、电阻以及信号源频率,分别观察 R 和 C 上的电压变化情况,将其波形描录下来。

　　(2) 观测 RL 串联电路暂态过程,要选择适当的电感、电阻以及信号源频率,分别

观察 R 和 L 上的电压变化情况,将波形描录下来。

(3) 观测 RLC 串联电路的暂态过程,将示波器接在 C 两端,调节 R 值,分别观测欠阻尼、临界值和过阻尼的情况,将波形描录下来。

(4) 利用暂态过程测量未知电容的电容量、未知电感自感系数。

三、实验原理

1. RC 串联电路的暂态过程

电阻 R、电容 C 串联的电路,如图 4.1.3.1 所示。当开关 S 置"1"时,电源 ε 通过电阻 R 对电容 C 充电。当 C 充电完毕$(u_C = \varepsilon)$,再将 S 置"2"时,电容 C 将通过电阻 R 放电。充电、放电过程均为暂态过程。根据基尔霍夫电压定律,充、放电过程的方程为:

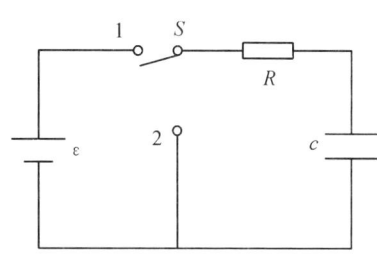

图 4.1.3.1　RC 交流电桥

$$\begin{cases} 充电过程 \quad u_c + iR = \varepsilon \\ 放电过程 \quad u_c + iR = 0 \end{cases}$$

将 $i = C\dfrac{\mathrm{d}u_c}{\mathrm{d}t}$ 代入上式得:

充电过程$\dfrac{\mathrm{d}u_c}{\mathrm{d}t} + \dfrac{1}{RC}u_c = \dfrac{\varepsilon}{RC}$　$(t = 0$ 时,$u_c = 0)$

放电过程$\dfrac{\mathrm{d}u_c}{\mathrm{d}t} + \dfrac{1}{RC}u_c = 0$　$(t = 0$ 时,$u_c = \varepsilon)$

方程的解分别为:

充电过程

$$\begin{cases} u_C = \varepsilon(1 - \mathrm{e}^{-t/RC}) = \varepsilon(1 - \mathrm{e}^{-t/\tau}) \\ u_R = \varepsilon\mathrm{e}^{-t/RC} = \varepsilon\mathrm{e}^{-t/\tau} \end{cases} \tag{4.1.3.1}$$

放电过程

$$\begin{cases} u_C = \varepsilon\mathrm{e}^{-t/RC} = \varepsilon\mathrm{e}^{-t/\tau} \\ u_R = -\varepsilon\mathrm{e}^{-t/RC} = -\varepsilon\mathrm{e}^{-t/\tau} \end{cases} \tag{4.1.3.2}$$

式中 $\tau = RC$,称为电路的时间常数,它决定了以指数规律充电、放电的快慢,τ 越大充电放电越慢,暂态过程持续时间越长。式(4.1.3.2)中出现的负号说明放电电流与充电电流方向相反。图 4.1.3.2 绘出充电、放电过程 $u_C \sim t$ 和 $u_R \sim t$ 的曲线图形。

由式(4.1.3.1)、式(4.1.3.2)可知,充电过程 u_C 由零升到 $\varepsilon/2$,放电过程 u_C 由 ε 降到 $\varepsilon/2$,所用的时间 $T_{1/2}$(简称半衰期)为 $T_{1/2} = RC \cdot \ln2 = 0.693RC$,这样利用充

放电曲线测出 $T_{1/2}$，就可得到时间常数 τ 值。再由 $\tau = RC$，如 R 值已知，即可测出电容 C 值。

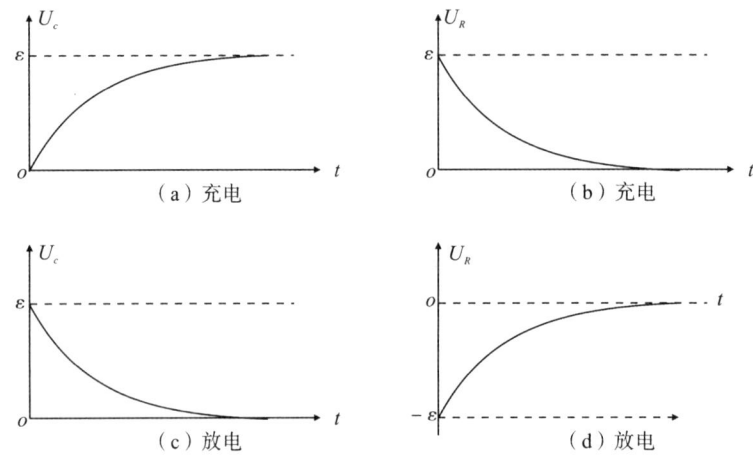

图 4.1.3.2 RC 电路中电容和电阻两端的电压变化规律

2. RL 串联电路的暂态过程

RL 串联的电路如图 4.1.3.3(a)所示，将开关 S 置"1"时，电路中有电流 i 通过，但由于通过电感的电流不能突变，电流 i 的增长有一个相应的变化过程。同理，将开关 S 由"1"置"2"时，电流 i 也不会骤然降至零，只会逐渐消失。

其方程为：

图 4.1.3.3(a)中，开关 S 置"1"时，电流逐渐增长过程：

$$L \frac{\mathrm{d}i}{\mathrm{d}t} + iR = \varepsilon \quad (t = 0 \text{ 时}, i = 0)$$

图 4.1.3.3(a)中，开关 S 由"1"置"2"时，电流逐渐消失

$$L \frac{\mathrm{d}i}{\mathrm{d}t} + iR = 0 \quad \left(t = 0 \text{ 时}, i = \frac{\varepsilon}{R} \right)$$

方程的解分别为：

图 4.1.3.3(a)中，开关 S 置"1"时，电流增长过程：

$$\begin{cases} u_L = \varepsilon \mathrm{e}^{-tR/L} = \varepsilon \mathrm{e}^{-t/\tau} \\ u_R = \varepsilon(1 - \mathrm{e}^{-t/\tau}) \end{cases} \tag{4.1.3.3}$$

$u_L \sim t$、$u_R \sim t$ 关系曲线如图 4.1.3.3(b)所示。

图 4.1.3.3(a)中，当 S 由"1"置"2"时，电流消失过程：

$$\begin{cases} u_L = -\varepsilon \mathrm{e}^{-tR/L} = -\varepsilon \mathrm{e}^{-t/\tau} \\ u_R = \varepsilon \mathrm{e}^{-t/\tau} \end{cases} \tag{4.1.3.4}$$

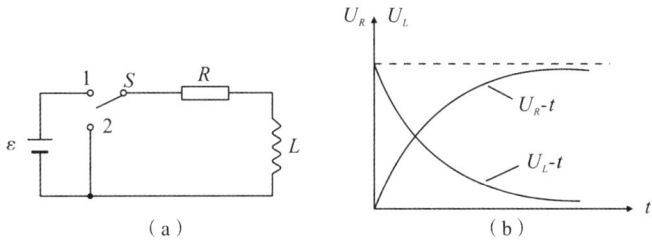

图 4.1.3.3 RL 电路及其线圈和电阻两端电压的变化规律

S 由"1"置"2"时 $u_L \sim t$、$u_R \sim t$ 曲线未画出,要求同学自己思考画出。式(4.1.3.3)、式(4.1.3.4)中 $\tau = L/R$,称为 RL 电路的时间常数,同 RC 电路一样,τ 越大,RL 电路指数变化规律也越缓慢。

式(4.1.3.3)、式(4.1.3.4)中,u_R(亦即电流 I)的半衰期 $T_{1/2}$ 为 $T_{1/2} = (L/R) \cdot \ln 2 = 0.693 L/R$。

3. RLC 串联电路的暂态过程

由电阻 R、电感 L、电容 C 串联的电路如图 4.1.3.4 所示。图中先将开关 S 置"1"给电容 C 充电到 $U_c = \varepsilon$ 后,再将开关 S 置"2"位置,电容就在闭合的 RLC 电路放电。

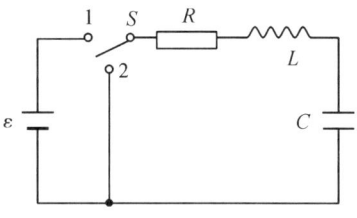

图 4.1.3.4 RLC 串联电路

理论上可导出充放电电路的方程:

$$LC \frac{d^2 u_c}{dt^2} + RC \frac{du_c}{dt} + u_c = \begin{cases} \varepsilon & \text{(充电过程)} \\ 0 & \text{(放电过程)} \end{cases}$$

这里先讨论放电过程,根据初始条件 $t = 0$,$u_c = \varepsilon$,$\dfrac{du_c}{dt} = 0$ 解方程。

方程的解分三种情况:

(1) 当 $R^2 < 4L/C$ 时为阻尼较小状态(欠阻尼)其解为

$$u_C = \sqrt{\frac{4L}{4L - R^2 C}} \varepsilon \, e^{-t/\tau} \cos(\omega t + \varphi) \tag{4.1.3.5}$$

式中 τ 为时间常数,$\tau = 2L/R$,ω 为振荡角频率 $\omega = \dfrac{1}{\sqrt{LC}} \sqrt{1 - \dfrac{R^2 C}{4L}}$

u_C 随时间变化规律如图 4.1.3.5 中曲线 Ⅰ 所示。此时,振动的振幅成指数衰减。τ 的大小决定了振幅衰减的快慢,τ 越小,振幅衰减越快。

若 $R^2 \, 4L/C$,通常是 R 很小的情况,振幅的衰减很慢,此时 $\omega \approx \dfrac{1}{\sqrt{LC}} = \omega_0$,电路近

似为 LC 电路的自由振动,其衰减振动的周期为 $T = \dfrac{2\pi}{\omega} = 2\pi\sqrt{LC}$。

(2) 当 $R^2 > 4L/C$ 时为过阻尼状态

$$u_C = \sqrt{\frac{4L}{4L - R^2C}}\varepsilon\, e^{t/\tau}\mathrm{sh}(\omega't + \varphi) \qquad (4.1.3.6)$$

式中 $\tau = 2L/R,\omega' = \dfrac{1}{\sqrt{LC}}\sqrt{\dfrac{R^2C}{4L} - 1}$。

此种情况 $u_C \sim t$ 的关系曲线如图 4.1.3.5 中的曲线 II
所示。它是以缓慢的形式回到零。可以证明,若固定 L 和 C,
随着 R 的增长,衰减到零的过程更加缓慢。

(3) 当 $R^2 = 4L/C$ 时为临界阻尼状态

$$u_C = \varepsilon(1 + t/\tau)e^{-t/\tau} \qquad (4.1.3.7)$$

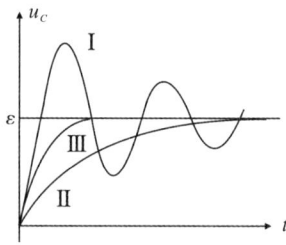

图 4.1.3.5　RLC 电路中电容两端电压的变化曲线

式中 $\tau = 2L/R,u_C \sim t$ 的关系曲线见图 4.1.3.5 中的
曲线 III。由图 4.1.3.5 所示,三种情况以临界尼状态 u_C 回
到平衡位置零最快。

同样分析,对于充电过程,由图 4.1.3.4,先将开关 S
置"2"位置,等电容 C 放完电后,再将开关 S 置"1"位置,电源 ε 将通过 R、L 对电容 C
充电,充电过程也有三种状态,分别为

① 当 $R^2 < 4L/C$ 时为欠阻尼状态

$$u_C = \sqrt{\frac{4L}{4L - R^2C}}\varepsilon\, e^{-t/\tau}\cos(\omega t + \varphi) \qquad (4.1.3.8)$$

② 当 $R^2 < 4L/C$ 时为过阻尼状态

$$u_C = \sqrt{\frac{4L}{4L - R^2C}}\varepsilon\, e^{-t/\tau}\mathrm{sh}(\omega't + \varphi) \qquad (4.1.3.9)$$

③ 当 $R^2 < 4L/C$ 时为临界阻尼状态

$$u_C = \varepsilon(1 + t/\tau)e^{-t/\tau} \qquad (4.1.3.10)$$

可见充电过程和放电过程十分类似,只是最后趋向的平衡位置不同。

4. 利用示波器观察 RC、RL、RLC 串联电路的暂态过程

在观察暂态现象时,为了方便可用方波(或矩形波)信号来代电路中的直流电源 ε
和开关 S(图 4.1.3.6)。方波信号中,高电位和低点位交替出现,方波信号的高电位对
应电路的充电过程,低电位对应电路的放电过程。这样,在一个周期中即可观察到完
整的充电过程和放电过程。另外,由于方波信号是周期性信号,因此在观察各元件上
电压变化时须用到示波器。

图 4.1.3.7 中显示的是 RC 电路的暂态过程中，u_R 和 u_c 随时间变化的情况；图 4.1.3.8 中显示的是 RL 电路的暂态过程中 u_R 和 u_L 随时间变化的情况。

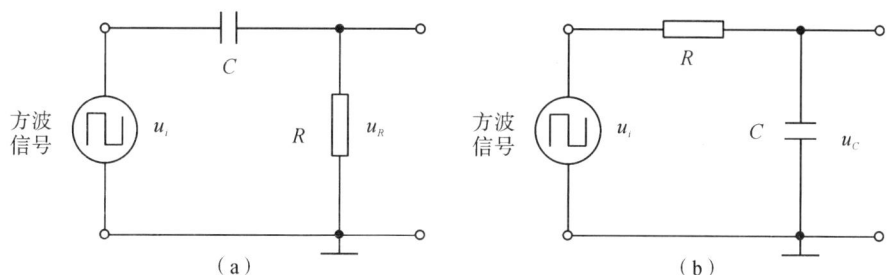

（a）　　　　　　　　　　　　（b）

图 4.1.3.6　RC 电路暂态曲线测量电路

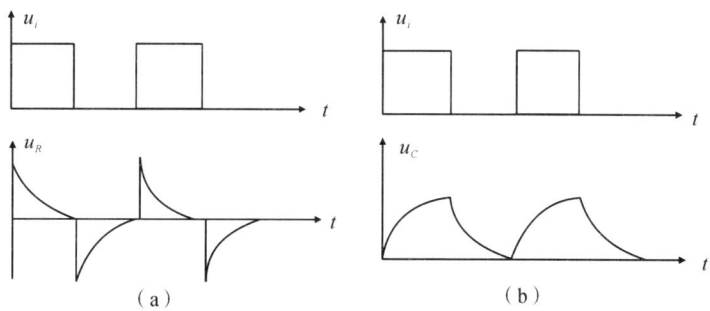

图 4.1.3.7　RC 电路的暂态曲线

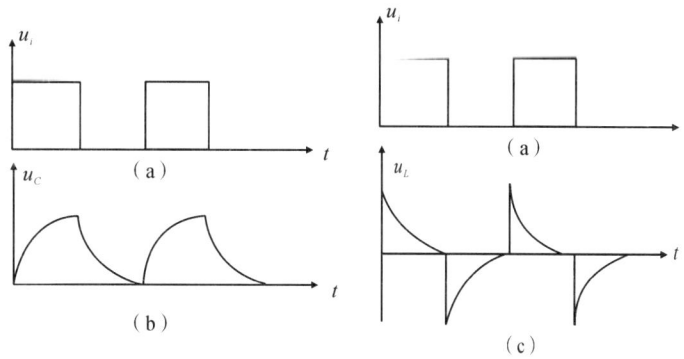

图 4.1.3.8　RL 电路的暂态曲线

另外，在 RC 电路，若方波的周期为 T，u_R 作为输出电压，此时电路称为微分电路，这样 u_R 的输出为一系列正负尖脉冲（称为微分脉冲）；另一种情况，u_c 作为输出电压的 RC 串联电路见图所示，当 $\tau = RC \ll T$ 时，这种电路称为积分电路，这里不再多叙。有关 RC 电路以及后面将要叙述的 RC 电路及 RLC 电路的暂态过程推导这里从略，详见赵凯华编《电磁学》有关"暂态过程"部分。

四、实验仪器

双踪示波器,方波发生器,标准电容,标准电感,电阻箱,被测电容,被测电感。

五、延伸内容

(1) 研究 RC 微分电路的性质和应用。

(2) 研究 RC 积分电路的性质和应用。

(3) 研究 RC 耦合电路的性质和应用。

4.1.4 RLC 谐振电路特性研究

对于包含电容和电感及电阻元件的交流电路,其端口可能呈现电容性、电感性及电阻性;当出现电路端口的电压 U 和电流 I 呈同相位且电路显示纯阻性时,称之为谐振现象,这样的电路,称之为谐振电路。谐振的实质是电容中的电场能与电感中的磁场能相互转换,此增彼减,完全补偿。电场能和磁场能的总和时刻保持不变,电源不必与电容或电感往返转换能量,只需供给电路中电阻所消耗的电能。

利用 RLC 电路的谐振特性可以测量元件参数(R、L、C)或电路的 Q 值;可以用来改善电路的功率因数;可以用来选频或产生正弦交流电信号等。因此,谐振现象不论在电子技术或电工技术上,还是在电磁测量方面都得到了广泛的应用。

一、课前知识准备

(1) 电容、电感元件的性质。

(2) 旋转矢量法复数法分析交流电路。

二、实验内容

(1) 绘制 RLC 串联谐振电路的谐振曲线 $U_R - f$(即 $I - f$)图。要求取 $C = 0.1 \mu F$、$L = 0.01H$,在同一张坐标纸上分别绘制电阻 $R = 100\Omega$ 和 $R = 10\Omega$ 时的 $U_R - f$ 曲线,并比较其特点。

(2) 用谐振法分别测量 $R = 100\Omega$ 和 $R = 10\Omega$ 时串联谐振电路的品质因素 Q,并与理论值比较。

(3) 用通频带宽度法分别测量 $R = 100\Omega$ 和 $R = 10\Omega$ 时串联谐振电路的品质因素 Q,并与理论值比较。

三、实验原理

通常由电阻 R、电感 L、电容 C 组合成的交流电路中,电路的阻抗(总导纳)的模 $Z = Z(f)$,幅角 $\varphi = \varphi(f)$ 是电源频率 f 的函数。当选定 L、C、R 时,存在某一电信号频率 f_0 有 $\varphi = 0$,Z 将达到极大值或极小值,此时电路称为 RLC 谐振电路。

1. *RLC* 串联电路的谐振条件

如图 4.1.4.1 所示，*L*、*C*、*R* 串联，其中 *L*、*C*、*R* 分别表示纯电感、纯电容和纯电阻，所加交流电压 $\widetilde{U}$ 的圆频率为 ω，三者串联的总阻抗为

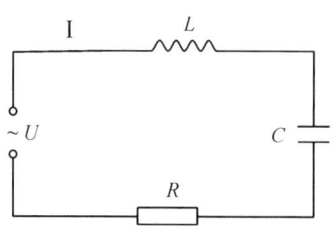

$$\widetilde{Z} = \widetilde{Z}_R + \widetilde{Z}_L + \widetilde{Z}_C = R + j\left(\omega L + \frac{1}{\omega C}\right)$$

$$(4.1.4.1)$$

图 4.1.4.1　串联谐振电路

复阻抗 $\widetilde{Z}$ 的模为

$$Z = \sqrt{R^2 + \left(\omega L - \frac{1}{\omega C}\right)^2} \qquad (4.1.4.2)$$

复阻抗 $\widetilde{Z}$ 的幅角为

$$\varphi = \operatorname{tg}^{-1} \frac{\left(\omega L - \dfrac{1}{\omega C}\right)}{R} \qquad\qquad (4.1.4.3)$$

则流过该串联电路的电流为

$$I = \frac{U}{Z} = \frac{U}{\sqrt{R^2 + \left(\omega L - \dfrac{1}{\omega C}\right)^2}}$$

$$(4.1.4.4)$$

而电流 I 滞后于电压 U 的位相差就是 $\widetilde{Z}$ 的幅角 φ。由式(4.1.4.2)、式(4.1.4.3)可知，*RLC* 串联电路的阻抗 Z，幅角 φ 都随频率 f 或圆频率 ω 变化，分别如图 4.1.4.2(a)(c) 所示。若保持串联电路的总电压 U 不变而改变频率，则电路中的电流 I 随 f 而变化如图 4.1.4.2(a) 所示。

当改变电源的频率，使得复阻抗 $\widetilde{Z}$ 的电抗部分 $(\omega L - 1/\omega C) = 0$ 时，由式(4.1.4.1) 到式(4.1.4.4)可知 $\widetilde{Z} = R$，总阻抗呈纯电阻性。此时总阻抗的模 $(Z = R)$ 为最小；$\varphi = 0$，表示电流 I 与电压 U 同位相；如 U 不随 f 而变，则 $I = U/R$ 达到极大值。这就是串联谐振现象。

由谐振条件

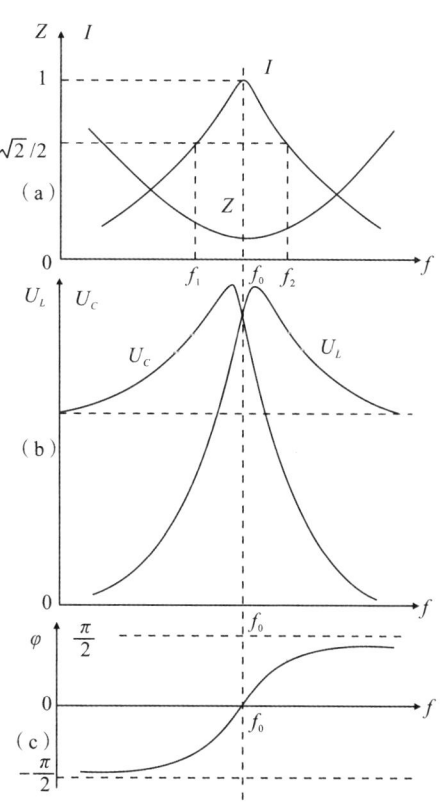

图 4.1.4.2　串联谐振电路在谐振时的特征

$$(\omega_0 L - 1/\omega_0 C) = 0$$

可求得谐振圆频率

$$\omega_0 = \sqrt{\frac{1}{LC}} \tag{4.1.4.5}$$

谐振频率

$$f_0 = \frac{\omega_0}{2\pi} = \frac{1}{2\pi} \sqrt{\frac{1}{LC}} \tag{4.1.4.6}$$

由式(4.1.4.1)、式(4.1.4.2)、式(4.1.4.3)还可以看出,调节元件参数 L、C 或电源频率(均称作调谐)都可使 RLC 电路达到谐振。至于谐振时电流 I 是否为极大值,还要看电源的性质,显然,电流是不随频率和负载而变化的理想电流源,不会使 RLC 串联电路的电流 I 出现极值。

2. RLC 串联谐振电路的品质因素

品质因素是 RLC 串联谐振电路的重要参数,有非常重要的实际意义。下面来看一下品质因素的定义及其物理意义。

(1)RLC 串联电路谐振时电路上电压分配。

达到谐振状态时,R、L、C 上的电压分别为

$$U_R = RI = \frac{R}{\sqrt{R^2 + \left(\omega L - \dfrac{1}{\omega C}\right)^2}} U \tag{4.1.4.7}$$

$$U_L = \omega L I = \frac{\omega L}{\sqrt{R^2 + \left(\omega L - \dfrac{1}{\omega C}\right)^2}} U \tag{4.1.4.8}$$

$$U_C = \frac{1}{\omega C} I = \frac{1}{\omega C \sqrt{R^2 + \left(\omega L - \dfrac{1}{\omega C}\right)^2}} U \tag{4.1.4.9}$$

当电压 U 不随 ω 变化时,$U_R - f$ 曲线形状(与 $I - f$ 曲线相似)如图 4.1.4.2(a)所示。$U_L - f$、$U_c - f$ 曲线如图 4.1.4.2(b)所示。谐振时,由式(4.1.4.7)、式(4.1.4.8)、式(4.1.4.9)得

$$U_R = U \tag{4.1.4.10}$$

$$U_L = \frac{\omega_0 L}{R} U = QU \tag{4.1.4.11}$$

$$U_C = \frac{1}{\omega_0 CR} U = QU \tag{4.1.4.12}$$

式中 $Q = \dfrac{\omega_0 L}{R} = \dfrac{1}{\omega_0 CR} = \dfrac{1}{R}\sqrt{\dfrac{L}{C}}$,称为串联电路的"品质因数",对于实用中的串

联谐振电路,R 很小,Q 值往往比 1 大得多,有时可达几十甚至数百。

由于谐振时,电感上和电容上的电压都等于电路总电压的 Q 倍,所以串联谐振又叫"电压谐振",Q 值反映了谐振电路的特性,由式(4.1.4.11)、式(4.1.4.12)得到 Q 值的第一个物理意义:电压谐振时,电路呈纯电阻性,纯电感和理想电容两端的电压均为信号源电压的 Q 倍。

(2)RLC 串联谐振电路的储能效率。

在理想情况下,RLC 电路中的电容和电感不消耗能量,电路中的电场能储存在电容中,磁场能储存在电感中,在电路震荡过程中,电场能和磁场能的总和是恒定的,并且不停的互相转换。同时,电阻中将消耗电源输出的能量(转化为热能)。我们来推导一下电路达到谐振状态时,电容和电感中储能和电阻上消耗能量的情况。

在电路达到谐振状态时,设电容极板上的电荷量为:$q = CU_0 \cos \omega_0 t$

则电路中的电流为:$i = -CU_0 \omega_0 \sin \omega_0 t$

电容中储存的电场能量为:

$$W_E = \frac{1}{2} \frac{q^2}{C} = \frac{1}{2} U_0^2 C \cos^2 \omega_0 t \qquad (4.1.4.13)$$

电感中储存的磁场能量为:

$$W_B = \frac{1}{2} Li^2 = \frac{1}{2} LC^2 U_0^2 \omega_0^2 \sin^2 \omega_0 t \qquad (4.1.4.14)$$

考虑到 $\omega_0 = \sqrt{\dfrac{1}{LC}}$,得到 $W_B = \dfrac{1}{2} LC^2 U_0^2 \omega_0^2 \sin^2 \omega_0 t = \dfrac{1}{2} U_0^2 C \sin^2 \omega_0 t$

在一个周期内,电阻中所消耗的能量 $W_R = I^2 R T_0$,式中 $I = \dfrac{CU_0 \omega_0}{\sqrt{2}}$,$T_0$ 为信号源周期。

所以,在一个周期内,电路中储能和消耗能量之比为:

$$\frac{W_E + W_B}{W_R} = \frac{1}{C\omega_0^2 R T_0} = \frac{1}{R} \frac{1}{2\pi} \sqrt{\frac{L}{C}}$$

即
$$Q = 2\pi \frac{W_E + W_B}{W_R} \qquad (4.1.4.15)$$

可见,谐振电路贮藏的能量与一个周期内电路消耗的能量之比的 2π 倍就等于电路的品质因素 Q,品质因素越大,储能效率越高。这是品质因素的第二种物理意义。

(3)谐振电路通频带宽度。

将 RLC 谐振电路中电流和电源信号频率之间的关系曲线称为电路的谐振曲线,谐振曲线具有单峰性、对称性等特点,其峰值对应的频率即为电路的谐振频率。谐振曲线可以直观的描述电路的谐振特性。为了描述 $I-\omega$ 谐振曲线的尖锐程度,常规定 I

由最大值 $I_{\max}$ 下降到 $I_{\max}/\sqrt{2}$ 时对应的频率 ω_1 和 ω_2（$\omega_1 < \omega_0 < \omega_2$）之差为"通频带宽度"。此时电阻上获得功率 $P = I^2 R$ 恰为谐振时获得功率的一半，如图 4.1.4.3 所示。

下面我们简单推导以下通频带宽度与电路品质因素之间的关系。

由（4.1.4.7）式可得电路中的电流为 $I = \dfrac{U}{\sqrt{R^2 + \left(\omega L - \dfrac{1}{\omega C}\right)^2}}$

代入品质因素的表达式 $Q = \dfrac{\omega_0 L}{R} = \dfrac{1}{\omega_0 C R}$ 得到

$$I = \frac{I_{\max}}{\sqrt{1 + Q^2 \left(\dfrac{\omega^2 - \omega_0^2}{\omega \omega_0}\right)^2}} \tag{4.1.4.16}$$

式中当 $\omega = \omega_0$ 时 $I = I_{\max}$ 当 $\omega > \omega_0$ 或 $\omega < \omega_0$ 时 $I < I_{\max}$

当 $I = \dfrac{I_{\max}}{\sqrt{2}}$ 时，$Q^2 \left(\dfrac{\omega^2 - \omega_0^2}{\omega \omega_0}\right)^2 = 1$，$Q\left(\dfrac{\omega^2 - \omega_0^2}{\omega \omega_0}\right) = \pm 1$

得到：$Q = \dfrac{\omega_2 \omega_0}{\omega_2^2 - \omega_0^2}$ 或 $Q = \dfrac{\omega_1 \omega_0}{\omega_0^2 - \omega_1^2}$ 其中 ω_2 和 ω_1 分别为通频带宽度的上限频率和下限频率（$\omega_1 < \omega_0 < \omega_2$），将两式相加得到

$$Q = \frac{1}{2} \omega_0 \left(\frac{\omega_2}{\omega_2^2 - \omega_0^2} + \frac{\omega_1}{\omega_0^2 - \omega_1^2}\right)$$
$$= \frac{1}{2} \omega_0 \left(\frac{\omega_2}{(\omega_2 + \omega_0)(\omega_2 - \omega_0)} + \frac{\omega_1}{(\omega_0 + \omega_1)(\omega_0 - \omega_1)}\right) \tag{4.1.4.17}$$

考虑到 $\omega_2 - \omega_0 = \omega_0 - \omega_1 = \dfrac{1}{2}\omega_2 - \omega_1$ 相等，故

$$Q = \frac{\omega_0}{\omega_2 - \omega_1} \left(\frac{\omega_2}{(\omega_2 + \omega_0)} + \frac{\omega_1}{(\omega_0 + \omega_1)}\right)$$

当品质因素较大时，ω_1，ω_2 和 ω_0 的值相差很小，$\dfrac{\omega_2}{(\omega_2 + \omega_0)} + \dfrac{\omega_1}{(\omega_0 + \omega_1)} \approx 1$

得到 $$Q = \frac{\omega_0}{\omega_2 - \omega_1} = \frac{f_0}{f_2 - f_1} \tag{4.1.4.18}$$

Q 越大，通频带宽度越窄，谐振曲线越尖锐，电路的频率选择性越好，由此得到 Q 值的第三个物理意义：它描述了谐振曲线的尖锐程度，反映电路对频率的选择性。由式（4.1.4.4）、式（4.1.4.11）、式（4.1.4.12）可见，电路中 R 越小 Q 值越高，I、U_L、U_C 的谐振曲线越尖锐，即峰值高，宽度窄，图 4.1.4.4 就是不同 Q 值下的 $I - f$ 曲线。

四、实验仪器

信号发生器，晶体管毫伏表，标准电感、标准电容、交流电阻箱、导线若干。

五、延伸内容

(1) 利用串联谐振电路测量未知电容或电感。

(2) 研究并联谐振电路的性质。

(3) 研究谐振电路在电磁波的发射、接收、无线能量传输中的应用。

(4) 研究谐振电路在选频电路中的应用。

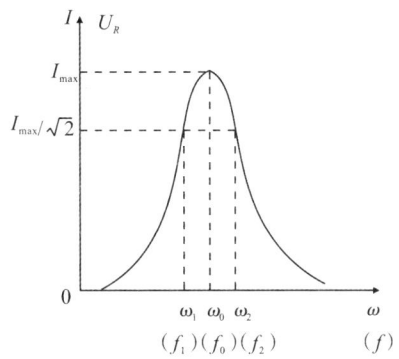

图 4.1.4.3 谐振曲线的带宽

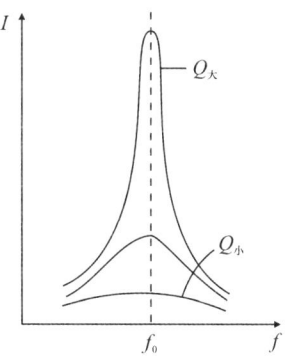

图 4.1.4.4 串联谐振曲线

4.1.5 *RLC* 串联电路稳态特性研究

在电路中,时常用 RC 或 RL 串联的分压电路来传输交流电压信号。如果给该串联电路加上正弦交流电压,则经历一段暂态过程,电路中的电流和每个元件上的电压便稳定下来,称为稳定状态。在稳定状态下,以总电压为输入电压,以一个元件上的电压为输出电压,则输出电压与输入电压之比称为该电路的传输系数,它是复数。当输入电压频率改变时,传输系数的模和幅角也将随着改变,实践中常利用 RC 或 RL 串联电路的这一特性来进行高通(滤掉低频信号)或低通(滤掉高频信号)滤波。本实验将研究这种变化规律,即电路的幅频特性和相频特性,从而弄清该电路的滤波原理。

一、预习要点

(1) 电容、电感元件的性质。

(2) 示波器的使用方法。

二、实验内容

(1) 测量 RC 高通电路的幅频特性曲线和相频特性曲线,分别画出 $K(\omega)-f$ 幅频特性曲线和 $\varphi(\omega)-f$ 相频特性曲线。

(2) 测量 RC 低通电路的幅频特性曲线和相频特性曲线,分别画出 $K(\omega)-f$ 幅频特性曲线和 $\varphi(\omega)-f$ 相频特性曲线。

（3）测量 RL 高通电路的幅频特性曲线和相频特性曲线，分别画出 $K(\omega)-f$ 幅频特性曲线和 $\varphi(\omega)-f$ 相频特性曲线。

（4）测量 RL 低通电路的幅频特性曲线和相频特性曲线，分别画出 $K(\omega)-f$ 幅频特性曲线和 $\varphi(\omega)-f$ 相频特性曲线。

三、实验原理

1.RC 高通电路

如图 4.1.5.1 所示，输出电压是从电阻上取的。则其传输系数 $\widetilde{K}$ 为：

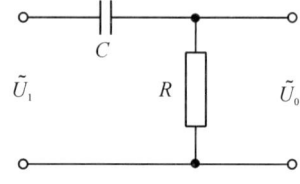

图 4.1.5.1　高通 RC 电路

$$\widetilde{K} = \frac{\widetilde{U}_0}{\widetilde{U}_I} = \frac{R}{R + \dfrac{1}{j\omega C}} \quad (4.1.5.1)$$

式中 $\tau = RC$。其幅频特性为

$$K(\omega) = \frac{\omega\tau}{\sqrt{1 + (\omega\tau)^2}} \quad (4.1.5.2)$$

相频特性为

$$\varphi(\omega) = \frac{\pi}{2} - \operatorname{arctg}\omega\tau \quad (4.1.5.3)$$

式中 ω 为所用交流电压的圆频率 $\omega = 2\pi f$。

如图 4.1.5.2 所示为 $K(\omega)-f$ 幅频特性曲线和 $\varphi(\omega)-f$ 相频特性曲线。由式（4.1.5.2）、式（4.1.5.3）和图 4.1.5.2 的曲线可以得出如下结论：

（1）$K(\omega)$ 恒小于 1。说明高通 RC 电路对任何频率的信号总是衰减的。$\varphi(\omega)$ 恒为正。说明高通 RC 电路是一种相位超前的 RC 电路。

（2）$\omega \to 0$ 时，$K \to 0$，表示低频电压信号通不过该电路，$\varphi \to \pi/2$；$\omega \to \infty$ 时，$K \to 1$，$\varphi \to 0$。故称该电路为高通电路（即通高频阻低频）。

（3）当 $\omega = \omega_L = \dfrac{1}{\tau} = \dfrac{1}{RC}$ 时，$K = 1/\sqrt{2} = 0.707$，$\varphi = \pi/4$。称 $\omega_L = \dfrac{1}{RC}$ 为截止圆频率或分界圆频率。对于高通电路，认为圆频率 φ 高于 ω_L 的交流电压能通过，低于 ω_L 的交流电压不能通过该电路，而被滤掉。

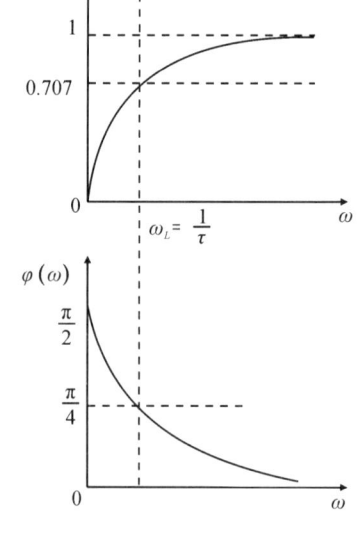

图 4.1.5.2　高通 RC
电路频率特性

2. RC 低通电路

如图 4.1.5.3 所示（RC 取值不变）从电容上输出电压。与高通电路类似的分析可得到 RC 低通电路的传输系数的幅频特性和相频特性分别为

$$K(\omega) = \frac{1}{\sqrt{1 + (\omega\tau)^2}}$$

$$\varphi(\omega) = -\text{arctg}\,\omega\tau \qquad (4.1.5.4)$$

在截止圆频率 ω_H 处，有 $K = 1/\sqrt{2} = 0.707$，$\varphi = \pi/4$。该电路的幅频 $K \sim \omega$ 特性曲线和 $\varphi \sim \omega$ 相频特性曲线如图 4.1.5.4 所示，该电路为低通电路。

3. RL 串联电路

高通和低通 RL 电路如图 4.1.5.5 所示。可以证明，从电感输出的高通 RL 电路与电阻输出的高通 RC 电路对应，从电阻输出的低通 RL 电路与电容输出的低通 RC 电路对应。这样，前面有关 RC 电路高通和低通的一切表达式、曲线及其结论，对 RL 电路全都适用，只需将 $\tau = RC$ 改成 $\tau = L/R$ 即可。

4. RLC 串联电路

图 4.1.5.6 为 RLC 串联电路图（图中 $C = 0.4053\mu\text{F}$，$R = 500\Omega$，$L = 0.01\text{H}$）电路的复阻抗为

$$\tilde{Z} = R + j\omega L + \frac{1}{j\omega C}$$

其幅频特性为

$$I = \frac{U}{\sqrt{R^2 + \left(\omega L - \dfrac{1}{\omega C}\right)^2}} \qquad (4.1.5.5)$$

其相频特性为

$$\varphi = \text{arctg}\left(\frac{\omega L - \dfrac{1}{\omega C}}{R}\right) \qquad (4.1.5.6)$$

该电路幅频特性在谐振实验中已有详细介绍，这里只讨论其相频特性。

RLC 串联电路的相频特性曲线如图 4.1.5.7 所示。下面分三种情况讨论：

（1）$\omega L - 1/\omega C < 0$，电路呈电容性，$\varphi < 0$，表示总电压 U 落后于电流 I（即 U_R）的相位，随 ω 减小，$\varphi \to \pi/2$，如图 4.1.5.7(a)、(b) 所示。

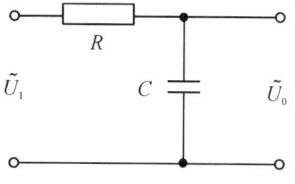

图 4.1.5.3　低通 RC 电路

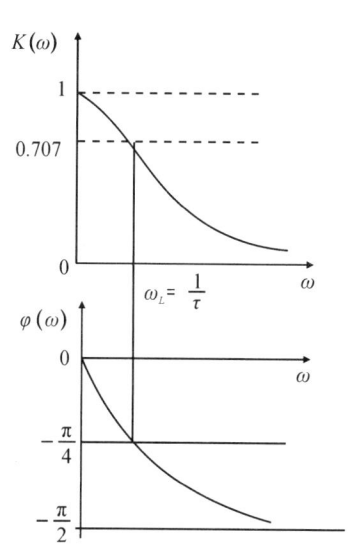

图 4.1.5.4　低通 RC
电路传输特性

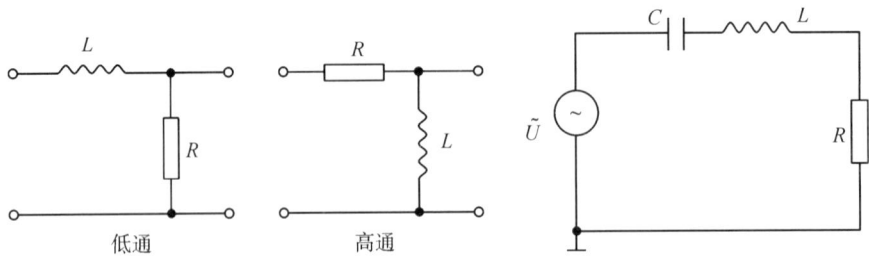

图 4.1.5.5　低通和高通 RL 电路　　　　图 4.1.5.6　RLC 串联电路

(2)$\omega L - 1/\omega C > 0$,电路呈电感性,$\varphi > 0$,表示总电压 U 超前于电流 I 的相位,随 ω 增大,$\varphi \to \pi/2$,如图 4.1.5.7(a)、(c) 所示。

(3)$\omega L - 1/\omega C = 0$,$\varphi = 0$,$U$ 与 I 同相位,如图 4.1.5.7(d) 所示,电路中阻抗 最小,呈纯电阻。此时电路中电流达最大值,称串联谐振,谐振圆频率为

$$\omega_0 = \frac{1}{\sqrt{LC}} \tag{4.1.5.7}$$

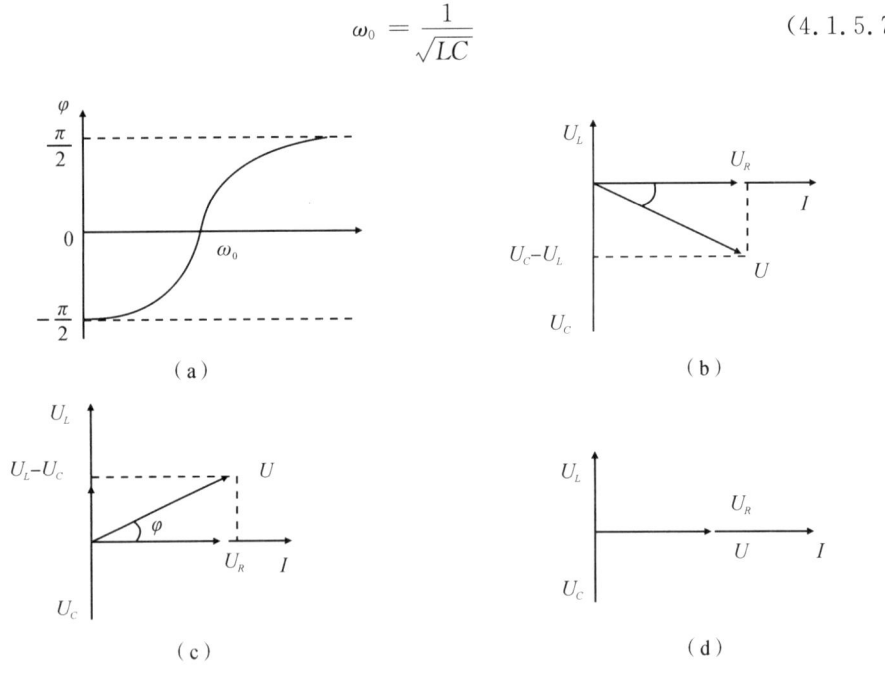

图 4.1.5.7　RLC 串联电路的相频特性

5.用示波器观测相频特性

(1)双踪示波法:将两个正弦信号分别输入双踪示波器的 Y_1 和 Y_2 通道,由于两路信号瞬间的扫描是同步进行的,只要两路信号间存在初相位差,经过适当调节,就可得到如图 4.1.5.8 所示的波形,测出相应的 T 和 ΔT 所占的格数,则相位差为

$$\Delta\varphi = 2\pi\frac{\Delta T}{T} \tag{4.1.5.8}$$

（2）李萨如图形法：由李萨如图形也可计算出频率相同两信号的固定相位差。如图 4.1.5.9 所示，令

$$y = y_0\sin(\omega t) \tag{4.1.5.9}$$

$$x = x_0\sin(\omega t + \varphi) \tag{4.1.5.10}$$

φ 为 y 与 x 的相位差。在 P 点处，$y=0$，$t=0$，$x=x_0$，$\sin\varphi = B/2$，又 $A = 2x_0$，于是得到

$$\varphi = \arcsin\frac{B}{A} \tag{4.1.5.11}$$

所以由李萨如图的 A 和 B 值即可求出 φ。

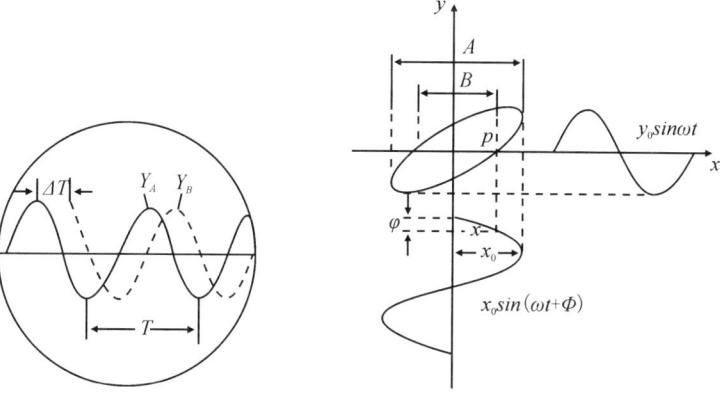

图 4.1.5.8 双踪示波法   图 4.1.5.9 李萨如图形法

四、实验仪器

双踪示波器，函数信号发生器，标准电容箱，标准电感箱，标准电阻箱，晶体管毫伏表。

4.2 半导体材料应用实验

4.2.1 PN 结正向压降与温度关系研究

PN 结是半导体器件最核心的组成部分，利用其温度特性，可以制作温度传感元

件。随着现代工艺水平的提高,PN 结以及在此基础上发展起来的晶体管温度传感器,已经成为一种新的测温技术跻身于各个应用领域。PN 结温度传感器测温范围一般为 $-50 \sim +150℃$,具有体积小,灵敏度高、线性好、热响应快、检温准确、操作方便等特点。在科研、化工,制药,冷藏、供暖和粮食储存等领域中得到广泛应用,尤其是在温度数字化、温度控制以及微机进行温度实时讯号处理等方面,是其它温度传感器所不能相比的,其应用日益广泛。而 PN 结温度传感器是利用 PN 特性的是一种半导体敏感器件,实现温度与电压的转换。在常温范围内兼有热电偶,铂电阻,和热敏电阻的各自优点,同时它克服了这些传统测温器件的某些固有缺陷,是自动控制和仪器仪表工业不可缺少的基础元器件之一。

一、课前知识准备

(1) 半导体基本知识。

(2) 半导体能带的初步知识。

(3)PN 结的基本结构及基本特性。

二、基本实验内容

(1) 测定 PN 结 $\Delta U - T$ 的曲线。

(2) 设计方案估算被测 PN 结材料的禁带宽度。

三、实验原理

给 PN 结通上一定的正向电流,并保持其不变,改变 PN 结的温度,研究 PN 结的正向压降随温度的变化。

1. PN 结正向压降与温度变化的基本关系

在理想情况下,PN 结的正向电流 I_F 和正向电压 U_F 存在如下近似关系

$$I_F = I_s \exp\left(\frac{qU_F}{kT}\right) \tag{4.2.1.1}$$

式中 q 为电子电荷;k 为玻尔兹曼常数;T 为绝对温度;I_s 为反向饱和电流,是一个与 PN 结材料的禁带宽度以及温度等有关的系数,可以证明:

$$I_s = CT^r \exp\left[-\frac{qU_G(0)}{kT}\right] \tag{4.2.1.2}$$

式中 C 是与结面积,掺质浓度等有关的常数,r 在一定范围内也是常数;$U_g(0)$ 为绝对零度时,PN 结材料的导带底和价带顶的电势差,对于给定的 PN 结材料,$U_G(0)$ 是一个定值。

将式(4.2.1.2)代入式(4.2.1.1)两边取对数得

$$U_F = U_G(0) - \left(\frac{k}{q}\ln\frac{C}{I_F}\right)T - \frac{kT}{q}\ln T^r = U_1 + U_{n_1} \tag{4.2.1.3}$$

其中，$U_1 = U_G(0) - \left(\dfrac{k}{q}\ln\dfrac{C}{I_F}\right)T$；$U_{n_1} = \dfrac{kT}{q}\ln T^r$。

式(4.2.1.3)就是 PN 结正向压降和温度函数的表达式，是 PN 结温度传感器的基本方程。如果使 I_F 保持不变，则正向压降只随温度而变化，在式(4.2.1.3)中，除线性项 U_1 外还包含非线性项 U_{n_1}。

2. 非线性项 U_{n_1} 引起的误差

设温度由 T_1 变为 T 时，正向电压由 U_{F_1} 变为 U_F，由式(4.2.1.3)得

$$U_{F_1} = U_G(0) - \left(\frac{k}{q}\ln\frac{C}{I_F}\right)T_1 - \frac{kT_1}{q}\ln T_1^r \tag{4.2.1.4}$$

$$U_F = U_G(0) - \left(\frac{k}{q}\ln\frac{C}{I_F}\right)T - \frac{kT}{q}\ln T^r \tag{4.2.1.5}$$

将式(4.2.1.5) $\times T_1$，式(4.2.1.4) $\times T$ 整理得

$$U_F = U_G(0) - [U_G(0) - U_{F_1}]\frac{T}{T_1} - \frac{kT}{q}\ln\left(\frac{T}{T_1}\right)^r \tag{4.2.1.6}$$

按 PN 结理想的温度响应，U_F 应取如下形式

$$U_{F理想} = U_{F_1} + \frac{\partial U_{F_1}}{\partial T}(T - T_1) \tag{4.2.1.7}$$

式中 $\dfrac{\partial U_{F_1}}{\partial T}$ 等于 T_1 温度时的 $\dfrac{\partial U_F}{\partial T}$ 值。

由式(4.2.1.6)可得

$$\frac{\partial U_{F_1}}{\partial T} = -\frac{U_G(0) - U_{F_1}}{T_1} - \frac{k}{q}r \tag{4.2.1.8}$$

所以

$$U_{F理想} = U_{F_1} + \left[-\frac{U_G(0) - U_{F_1}}{T_1} - \frac{k}{q}r\right](T - T_1)$$

$$= U_G(0) - [U_G(0) - U_{F_1}]\frac{T}{T_1} - \frac{k}{q}(T - T_1)r \tag{4.2.1.9}$$

由理想线性温度响应式(4.2.1.9)和实际响应式(4.2.1.6)相比较，可得到实际响应对线性的理论误差

$$\Delta = U_{F理想} - U_F = -\frac{k}{q}(T - T_1)r + \frac{kT}{q}\ln\left(\frac{T}{T_1}\right)^r \tag{4.2.1.10}$$

设 $T_1 = 300\mathrm{K}$，$T = 310\mathrm{K}$，$r = 3.4$ 时，由式(4.2.1.10)可得 $\Delta = 0.048\mathrm{mV}$，而相应的 U_F 的改变量约为 $20\mathrm{mV}$，相比之下误差非常小。但是当温度变化范围增大时，U_F 温度响应的非线性误差将有所递增，这主要是由 r 因子所引起的。

综上所述，在恒流供电条件下，PN 结的 U_F 对 T 的依赖关系取决于线性项 U_1，即

正向压降几乎随温度升高而线性下降,这就是 PN 结测温的依据。但上述结论仅适用于杂质全部电离,本征激发可以忽略的温度区间(对于通常的硅二极管来说,温度范围约 $-50℃ \sim 150℃$)。

如果温度低于或高于上述范围时,由于杂质电离因子减小或本征载流子迅速增加,$U_F - T$ 关系将产生新的非线性,这一现象说明 $U_F - T$ 的特性还随 PN 结的材料而异。对于宽带材料(如 GaAs)的 PN 结,其高温端的线性区宽;而材料杂质电离能小(如 Insb)的 PN 结,则低温端的线性范围宽。对于给定的 PN 结,即使在杂质导电和非本征激发温度范围内,其线性度亦随温度的高低而有所不同,这是由非线性项 U_{n_1} 引起的。由 U_{n_1} 对 T 的二阶导数 $d^2U/dT^2 = 1$,可知 $d^2U_{n_1}/dT^2$ 的变化与 T 成反比;所以 $U_F - T$ 的线性度在高温端优于低温端,这是 PN 结温度传感器的普遍规律。

另外,由式(4.2.1.6)可知,减小 I_F,可以改善线性度,但并不能从根本上解决问题,目前广泛应用的有两种方法。

(1)利用三极管的两个 be 结(将三极管的基极与集电极短路与发射极组成一个 PN 结),分别在不同电流 I_{F_1}、I_{F_2} 下工作,由此获得两者电压之差,$(U_{F_1} - U_{F_2})$ 与温度成线性函数关系,即

$$U_{F_1} - U_{F_2} = \frac{kT}{q}\ln\frac{I_{F_1}}{I_{F_2}} \tag{4.2.1.11}$$

由于晶体管的参数有一定的离散性,实际与理论仍存在差距,但与单个 PN 结相比其线性度与精度均有所提高,这种电路结构与恒流、放大等电路集成一体,便构成集成电路温度传感器。

(2)采用电流函数发生器来消除非线性误差。由式(4.2.1.3)可知,非线性误差来自 I_F 项,利用函数发生器,使 r 正比例于绝对温度的 r 次方,则 $U_F - T$ 的线性理论误差为 $\Delta = 0$,实验结果与理论值将会比较一致,其精度可达 $0.01℃$。

四、实验仪器

DH$-$PN$-$1 型 PN 结正向压降温度特性实验仪。

五、延伸内容

(1)讨论:测量 $U_F(0)$ 或 $U_F(T_R)$ 的目的?为什么实验要求测 $\Delta U - T$ 曲线而不是 $U_F - T$ 曲线?

(2)利用本实验结论设计一个数字温度计。

(3)设计方案,测量玻尔兹曼常数。

4.2.2 集成温度传感器应用

集成温度传感器是用标准的硅基半导体集成电路工艺制成的,在一块极小的半

导体芯片上集成了包括温度敏感器件、信号放大电路、温度补偿电路、基准电源电路等各个单元,具有线性好、灵敏度高、功耗低、外围电路简单、体小量轻、性能可靠等特点。集成温度传感器包括模拟集成温度传感器、数字集成温度传感器和逻辑输出型温度传感器,其中模拟集成温度传感器又包括电流输出型和电压输出型两种,其典型的器件分别是 AD590 和 LM35。实践中可根据实际需要以集成温度传感器元件为基础设计不同的测温电路。本实验中,主要研究这两种集成温度传感器器件的性质。

一、实验内容

(1)测量电流型集成温度传感器 AD590 的电流与温度的关系。

(2)研究集成温度传感器 AD590 的伏安特性。

(3)测试电压型集成温度传感器 LM35 的温度特性。

二、实验原理

1.电流型集成温度传感器 AD590

图 4.2.2.1 是 AD590 集成温度传感器的内部电路。图中的 $Q_1 - Q_4$ 起恒流作用,$Q_9 - Q_{11}$ 是感温晶体管,Q_7、Q_8、Q_{10} 为对称的 Wilson 电路,用来提高元件的阻抗,Q_5、Q_{11}、Q_{12} 为启动电路,其中 Q_5 为恒定偏置二极管,Q_6 主要用来防止电源反接时损坏电路。图 4.2.2.2 为 AD590 集成温度传感器电路符号。

AD590 集成温度传感器输出电流大小与温度成正比,它的线性度极好,温度适用范围为 $-55 - 150\,℃$,灵敏度可达到 $1\,\mu A/K$。

在 $T = 0\,℃$ 时其输出为 $273.15\,\mu A$ (AD590 有几种级别,一般准确度差异在 $\pm 3 \sim 5\,\mu A$)。因此,AD590 的输出电流 I_0 的微安数就代表着被测温度的热力学温度值。其电流输出表达式为:

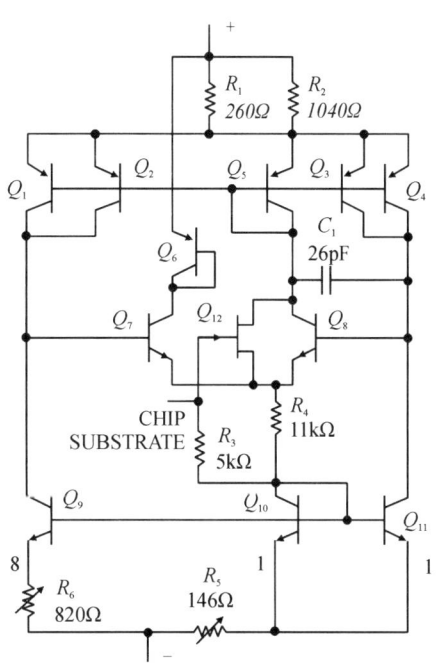

图 4.2.2.1 AD590 的内部电路

$$I = A\theta + B \qquad (4.2.2.1)$$

式中:A 为 AD590 的灵敏度,θ 为摄氏温度,B 为 $0\,℃$ 时输出电流。

AD590 温度传感器不但实现了温度转换为线性化电量测量,而且精度高、互换性好、应用简单方便。利用 AD590 的上述特性,在最简单的应用中,用一个电源,一个电阻,一个数字式电压表即可用于温度的测量,实验测量电路如图 4.2.2.3 所示。

2.电压型集成温度传感器(LM35)

LM35 是一种得到广泛使用的温度传感器。由于它采用内部补偿,所以输出可以从 0℃ 开始。温度传感器电路将测量到的温度信号转换成电压信号输出到信号放大电路,与温度值对应的电压信号经放大后输出至 A/D 转换电路,把电压信号转换成数字量送给单片机系统,单片机系统根据显示需要对数字量进行处理,再送温度显示系统进行显示。其准确度一般为 ±0.5℃。(有几种级别)由于其输出为电压,且线性极好,故只要配上电压源,数字式电压表就可以构成一个精密数字测温系统。

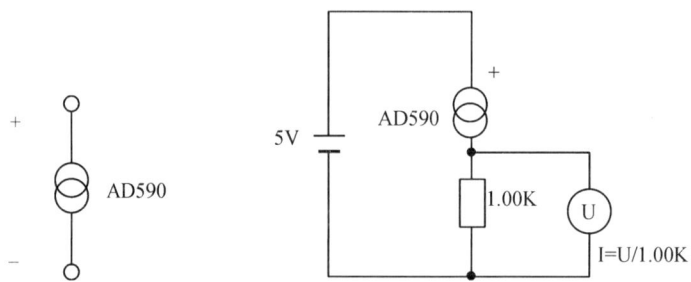

图 4.2.2.2 AD590 的电路符号   图 4.2.2.3 AD590 的实验电路

LM35 温度传感器的电路符号见图 4.2.2.4,V_0 为输出端。输出电压与温度的关系可用下式表示:

$$U_0 = K_V t \qquad (4.2.2.2)$$

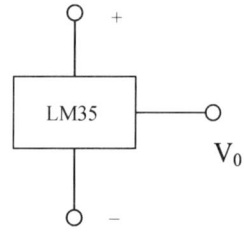

式中,K_V 为输出电压的温度系数,LM35 器件中 $K_V = 10mV/℃$。只要直接测量出输出端的输出电压,即可得到待测温度。和 AD590 一样,LM35 的额定温度范围为 $-55℃ - 150℃$。

图 4.2.2.4 LM35 的电路符号

三、实验仪器

FD－TTT－A 温度传感器温度特性实验仪。

四、延申内容

(1)电流型集成温度传感器 AD590 与半导体热敏电阻、热电偶比较有哪些优点?

(2)电压型集成温度传感器 LM35 如何定标?

(3)利用 AD590 和 LM35 制作量程为 0~50℃ 范围的数字温度计,并比较它们的优缺点。

4.2.3 霍尔效应及其应用

霍尔效应是一种电磁效应。1879 年,美国物理学家 Hall(1855—1938)在研究金属导电机制时发现,当长方形金属薄板上通以电流,沿电流垂直方向施加磁场,在电流和磁场两者垂直的方向上会产生电势差，这就是霍尔效应。所产生的电势差称为霍尔电势差。

霍尔效应虽然早在 1879 年就被发现，但是基于霍尔效应制造的霍尔传感器直到 1940 年半导体集成电路技术出现以后才获得了广泛的应用。霍耳传感器具有结构简单，频率响应宽（高达 100Hz），寿命长，可靠性高等优点，不但可以用来测量半导体材料电学参数，而且已广泛用于非电量检测、自动化控制和信息处理等。目前使用的霍尔半导体材料主要有 GaAs，Insb，Ge 等。1980 年量子霍尔效应被发现，之后分数量子霍尔效应、反常量子霍尔效应等重大科研成果的取得使得对霍尔元器件的应用前景更加广阔。到目前为止，对霍尔效应的研究成果已经获得了两项诺贝尔物理学奖。

一、课前知识准备

（1）半导体的基本性质。

（2）稳恒电流源的结构和性质。

二、实验内容

（1）测量霍尔元件的灵敏度。

（2）利用霍尔元件测量未知磁场。

（3）测量样品的电导率 σ，并得出电学参数 R_H，n，和 μ。

三、实验原理

1. 霍耳效应

将通有电流 I 的导体，置于图 4.2.3.1 所示的磁场 B 中，则在垂直于电流 I 和磁场 B 的 Y 轴上将产生一个附加电位差 U_H，即霍尔效应。

如图 4.2.3.1 所示，半导体为 N 型样品，若在 MN 两端按图示加一稳定电压，则有恒定电流 I 沿 X 轴方向流过，在 Z 轴加以磁场，则以速度 v 运动的载流子（电子）将受到洛伦兹力 F_B 的作用沿着虚线运动，并聚集在下平面，随着电子的向下偏移和聚集，上平面将出现等量的剩余正电荷，结果形成一个上正下负的横向电场，称为霍耳电场 E_H，这样电子在受到洛伦兹力的同时，还要受到反向的霍耳电场力 F_G。当电子受到这两种力达到动态

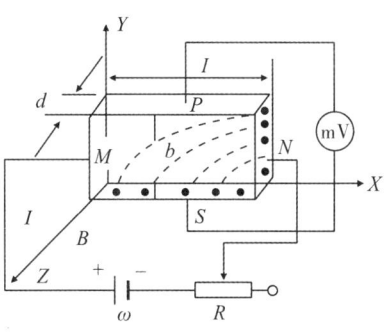

图 4.2.3.1　霍耳效应示意图

平衡时，就能无偏离地从右向左通过半导体，此时有如下关系

$$|F_B| = |F_G|$$

即

$$evB = eE_H \tag{4.2.3.1}$$

设样品的长为 l,宽为 b,厚为 d,载流子浓度为 n_-,则通过样品的电流 I 大小为

$$I = n_-evbd \tag{4.2.3.2}$$

因 E_H 的方向沿 Y 轴负方向,故由 P 到 S 的电势差为

$$U = -Eb = -Bvb \tag{4.2.3.3}$$

将式(4.2.3.2)代入式(4.2.3.3)得

$$U_H = -\frac{IB}{n_-ed} \tag{4.2.3.4}$$

即霍耳电动势 U_H 与 IB 乘积成正比,与样品厚度 d 成反比,比例系数 $R_H = -1/(n_-e)$ 称为霍耳系数,其单位为 m^3/c,它是反映材料霍耳强弱的重要参数,同理对 P 型半导体样品,则 $R_H = 1/(n_+e)$,n_+ 为空穴浓度。

考虑到霍耳元件材料厚度 d 对霍耳电动势强弱的影响,引入一个重要参数 K_H,并令 $K_H = R_H/d = -1/(n_-ed)$,K_H 为霍耳灵敏度。

霍耳灵敏度表示霍耳元件在 $1T$ 外磁场作用下,流过单位电流 I 时所输出的霍耳电压的大小,单位为 $mV/mA \cdot T$ 这样式(4)可写成

$$U_H = K_H IB \tag{4.2.3.5}$$

由式(4.2.3.5)可知,霍耳电压 U_H 的方向既与电流方向有关,又与外磁场 B 的方向有关,即 P、S 两端电势的高低不但随电流 I 的换向而换向,也随着磁场 B 的换向而换向。同时还可看出,霍耳电压 U_H 与 n、d 成反比关系。

如果知道霍耳元件灵敏度 K_H,通过测出流过霍耳片的工作电流 I 及霍耳电压 U_H,就可算出未知磁场 B,即有

$$B = \frac{U_H}{K_H I} \tag{4.2.3.6}$$

需要说明:式(4.2.3.5)是在做了一些假定的理想情形下得到的,实际上测到的并不只是 U_H,还包括其他因素带来的附加电压,因而根据 U_H 计算出的磁感应强度 B 并不太准。下面讨论在产生霍耳效应的同时所出现的几个负效应以及为消除其影响所采取的测算方法。

2.霍耳元件电学参数的确定

(1)根据霍耳电压的正负判断样品的导电类型。

按图4.2.3.1所示的 I 和 B 的方向加载工作电流和磁场,若测得的 $U_H < 0$,则 R_H 为负,样品属 N 型,反之则为 P 型。

(2)由 R_H 求载流子浓 n。

由霍耳系数 $R_H = -1/(n_-e)$ 得

$$n = \frac{1}{|R_H|e} \qquad (4.2.3.7)$$

这个关系式是假定所有载流子都具有相同的漂移速度得到的,严格的讲,考虑载流子的速度的统计分布,需引入 $3\pi/8$ 的修正因子。

$$n = \frac{3\pi}{8} \frac{1}{|R_H|e} \qquad (4.2.3.8)$$

(3)电导率 σ 的测量。

如图 4.2.3.1 所示,在霍尔片两端电极间进行测量。设霍尔片长 l,样品的横截面积为 $S = bd$,流经样品的电流为 I,在零磁场下,若测得霍尔片两端的电位差为 U_ω,则电导率 σ 为

$$\sigma = \frac{Il}{U_\sigma S} \qquad (4.2.3.9)$$

(4)载流子的迁移率 μ。

电导率 σ 与载流子 n 以及迁移率 μ 之间有如下关系 $\sigma = ne\mu$

即

$$\mu = |R_H|\sigma \qquad (4.2.3.10)$$

综上所述,要得到大的霍耳电压,关键是要选择霍耳系数大(即迁移率高,电阻率 ρ 亦较高)的材料。因 $|R_H| = \mu\rho$。就金属导体而言,μ 和 ρ 均很低,而不良导体 ρ 虽高,但 μ 极小,因而上述两种材料的霍耳系数都很小,不能用来制造霍耳器件。而半导体 μ 高,ρ 适中,是用来制造霍尔元件较理想的材料。由于电子的迁移率比空穴迁移率大,所以霍耳元件多采用 N 型材料。其次,霍耳电压的大小与材料的厚度成反比,因此霍耳元件的厚度一般都很小。

3.与霍耳效应一起出现的几个负效应

(1)爱廷豪森(Etinghausen)效应 U_E:此效应是由载流子速度不同引起的,极性始终与霍耳电压相同,即其极性随 B 和 I 的换向而换向。

(2)能斯脱(Nernst)效应 U_N:由于工作电流引线的焊接点处的电阻不同导致温差电动势引起的,正负仅随 B 的改变而改变,而与 I 的换向无关。

(3)里纪-勒杜克(Righi-Leduc)效应 U_{RL}:这是由于热扩散电流中载流子速度的不同所引起的,是由热扩散电流和磁场所引起的,仅随 B 的换向而换向,与 I 的换向无关。

(4)不等位电势差(或称零位误差)U_0:由于霍耳元件材料本身的不均匀及工艺的限制,使电极 P、S 未能接在同一等位面上,其正负仅与工作电流 I 的方向有关。

综上所述,在确定的磁场 B 和工作电流 I 的条件下,实际测得 P、S 两极的电压 U,不仅包括 U_H,还包括 U_E、U_N、U_{RL}、U_0,是这 5 种电压的代数和。可见,将综合 U 当作是

所测的霍耳电压 U_H，误差是很大的，为了消除这些附加电压的影响，我们采用以下方法来进行测算。

假设图 4.2.3.1 所示的 B、I 为正方向，且 N 的温度高于 M，不等位电压 U_0 是 P 正 S 负。此时测得 P、S 间的电压为 U_1，即有

$$[+B,+I]\quad U_1 = U_H + U_E + U_N + U_{RL} + U_0 \tag{4.2.3.11}$$

B 换向，I 不变，即

$$[-B,+I]\quad U_2 = -U_H - U_E - U_N - U_{RL} + U_0 \tag{4.2.3.12}$$

B、I 同时换向，即

$$[-B,-I]\quad U_3 = U_H + U_E - U_N - U_{RL} - U_0 \tag{4.2.3.13}$$

B 不变，I 换向，即

$$[+B,-I]\quad U_4 = -U_H - U_E + U_N + U_{RL} - U_0 \tag{4.2.3.14}$$

由以上四个等式得

$$U_H = (U_1 - U_2 + U_3 - U_4)/4 - U_E \tag{4.2.3.15}$$

因 $U_E \ll U_H$，忽略 U_E，则得

$$U_H = (U_1 - U_2 + U_3 - U_4)/4 \tag{4.2.3.16}$$

四、实验仪器

霍尔元件、恒流电源、电压表、电流表、亥姆霍兹线圈、导线等。

五、延伸内容

(1) 基于霍尔效应设计一个电磁无损探伤器件。

(2) 基于霍尔效用设计一个旋转传感器，用来测量转速。

4.2.4　磁阻传感器测量磁场

磁阻效应是指某些金属或半导体的电阻值随外加磁场变化而变化的现象。同霍尔效应一样，磁阻效应也是由于载流子在磁场中受到洛伦兹力而产生的。在达到稳态时，某一速度的载流子所受到的电场力与洛伦兹力相等，载流子在两端聚集产生霍尔电场，比该速度慢的载流子将向电场力方向偏转，比该速度快的载流子则向洛伦兹力方向偏转。这种偏转导致载流子的漂移路径增加。或者说，沿外加电场方向运动的载流子数减少，从而使电阻增加，这种现象称为磁阻效应。

磁阻效应是 1857 年由英国物理学家威廉·汤姆森发现的，磁阻发展经历了半导体磁阻（MR）、异向磁阻（AMR）、巨磁阻（GMR）、庞磁阻（CMR）、穿隧磁阻（TMR）、直冲磁阻（BMR）和异常磁阻（EMR）等阶段。

利用磁阻效应制成的各种传感器，如位移、角度、转速传感器等，由于灵敏度高、

响应时间短、抗干扰能力强的优点,在工业、交通、仪器仪表、医疗器械、探矿等领域得到广泛应用,如各种接近开关、隔离开关、导航系统、交通车辆检测、数字式罗盘、位置测量、伪钞检别等。

一、实验内容

(1) 测量磁阻传感器的磁电转换特性、各向异性特性。

(2) 测量赫姆霍兹线圈的磁场分布。

(3) 用单个磁阻传感器测量地磁场。

二、实验原理

1. 各向异性磁阻传感器

磁性材料(如坡莫合金)具有各向异性,对它进行磁化时,其磁化方向将取决于材料的易磁化轴(铁磁体沿某一轴或方向最容易被磁化,则该方向被称为易磁化轴或磁易方向,反之则称为难磁化轴或磁难方向)、材料的形状和磁化磁场的方向。当给带状坡莫合金($Ni_{80}Fe_{20}$)材料通电流时,材料的电阻取决于电流的方向与磁化方向的夹角。如果给材料施加一个磁场 $\vec{B}$(被测磁场),就会使原来的磁化方向偏转。实验证明:当电流与磁化方向夹角 θ 增大时,电阻率 ρ 将减小,电流与磁化方向垂直时电阻率最小;当电流与磁化方向夹角 θ 减小时,电阻率增大,当电流与磁化方向平行时电阻率最大。电流与磁化方向成 θ 角时,电阻可表示为:

$$\rho(\theta) = \rho_\perp + (\rho_\parallel - \rho_\perp) \cos^2\theta$$

其中 $\rho_\parallel$、$\rho_\perp$ 分别是电流 I 平行于磁化强度 M 和垂直于磁化强度 M 时的电阻率。

各向异性磁阻传感器 AMR 由 4 个相同的磁阻元件构成。为了消除温度等外界因素对输出的影响,将它们接成电桥。结构如图 4.2.4.1 所示,易磁化轴方向与电流方向的夹角为 45 度。理论分析与实践表明,采用 45 度偏置磁场,当沿与易磁化轴垂直的方向施加外磁场,且外磁场强度不太大时,电桥输出与外加磁场强度成线性关系。

无外加磁场或外加磁场方向与易磁化轴方向平行时,磁化方向即易磁化轴方向,电桥的 4 个桥臂电阻值相同,输出为零。当在磁敏感方向施加如图 4.2.4.1 所示方向的磁场时,合成磁化方向将在易磁化方向的基础上逆时针旋转。结果使左上和右下桥臂电流与磁化方向的夹角增大,电阻减小 ΔR;右上与左下桥臂电流与磁化

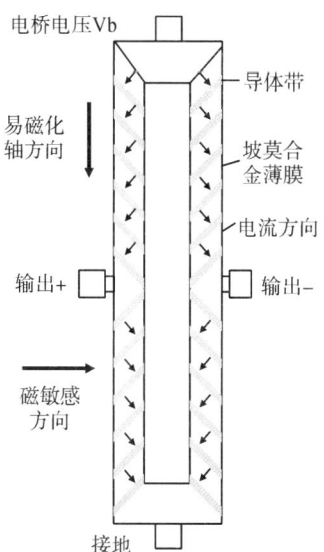

图 4.2.4.1　磁阻电桥

方向的夹角减小,电阻增大 ΔR。此时输出电压可表示为:

$$U = V_b \Delta R$$

式中 V_b 为电桥工作电压, R 为桥臂电阻, $\Delta R / R$ 为磁阻阻值的相对变化率,与外加磁场强度成正比,故 AMR 磁阻传感器输出电压与磁场强度成正比,可利用磁阻传感器测量磁场。

2. 赫姆霍兹线圈轴线上的磁场分布测量

根据毕奥－萨伐尔定律,可以计算出通电圆线圈在轴线上任意一点产生的磁感应强度矢量垂直于线圈平面,方向由右手螺旋定则确定,与线圈平面距离为 X_1 的点的磁感应强度为:

$$B(x_1) = \frac{\mu_0 R^2 I}{2(R^2 + x_1{}^2)^{3/2}}$$

赫姆霍兹线圈是由一对彼此平行的共轴圆形线圈组成。两线圈内的电流方向一致,大小相同,线圈匝数为 N,线圈之间的距离 d 正好等于圆形线圈的半径 R,若以两线圈中点为坐标原点,则轴线上任意一点的磁感应强度是两线圈在该点产生的磁感应强度之和:

$$B(x) = \frac{\mu_0 N R^2 I}{2\left[R^2 + \left(\dfrac{R}{2} + x\right)^2\right]^{3/2}} + \frac{\mu_0 N R^2 I}{2\left[R^2 + \left(\dfrac{R}{2} - x\right)^2\right]^{3/2}}$$

$$= B_0 \frac{5^{3/2}}{16} \left\{ \frac{1}{\left[1 + \left(\dfrac{1}{2} + \dfrac{x}{R}\right)^2\right]^{3/2}} + \frac{1}{\left[1 + \left(\dfrac{1}{2} - \dfrac{x}{R}\right)^2\right]^{3/2}} \right\}$$

式中 B_0 是 $x = 0$ 时,即赫姆霍兹线圈公共轴线中点的磁感应强度。

3. 地磁场

地球本身具有磁性,所以地球和近地空间之间存在着磁场,叫做地磁场。地磁场的强度和方向随地点(甚至随时间)而异。地磁场的北极、南极分别在地理南极、北极附近,彼此并不重合,如图 4.2.4.2 所示,而且两者间的偏差随时间不断地在缓慢变化。地磁轴与地球自转轴并不重合,有 11° 夹角。

在一个不太大的范围内,地磁场基本上是均匀的,可用三个参量来表示地磁场的方向和大小(如图 4.2.4.3 所示):

(1)磁偏角 α,地球表面任一点的地磁场矢量所在垂直平面(图 4.2.4.3 中 $B_{/\!/}$ 与 Z 构成的平面,称地磁子午面),与地理子午面(图 4.2.4.3 中 X、Z 构成的平面)之间的夹角。

(2)磁倾角 β,地磁场矢量 $\vec{B}$ 与水平面(即图 4.2.4.3 中的矢量 $\vec{B}$ 和 OX 与 OY 构成平面的夹角)之间的夹角。

（3）水平分量 $B_{/\!/}$，地磁场矢量 $\vec{B}$ 在水平面上的投影。

测量地磁场的这三个参量，就可确定某一地点地磁场 $\vec{B}$ 矢量的方向和大小。当然这三个参量的数值随时间不断地在改变，但这一变化极其缓慢，极为微弱。

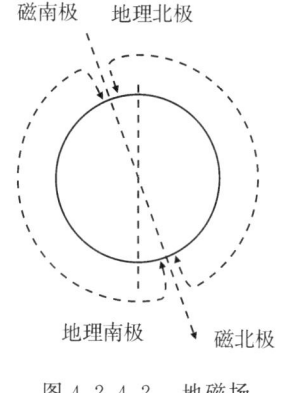
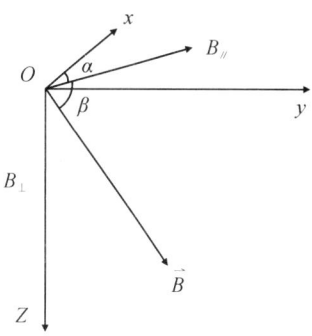

图 4.2.4.2　地磁场　　　　　　　图 4.2.4.3　地磁场的方向

三、实验仪器

各向异性磁阻传感器与磁场测量仪。

附：

（1）实验仪器简介。

核心部分是磁阻传感器，辅以磁阻传感器的角度、位置调节及读数机构，赫姆霍兹线圈等组成。

本仪器所用磁阻传感器的工作范围为 ±6 高斯，灵敏度为 1mV/V/Guass。灵敏度表示，当磁阻电桥的工作电压为 1V，被测磁场磁感应强度为 1 高斯时，输出信号为 1mV。

磁阻传感器的输出信号通常须经放大电路放大后，再接显示电路，故由显示电压计算磁场强度时还需考虑放大器的放大倍数。本实验仪电桥工作电压 5V，放大器放大倍数 50，磁感应强度为 1 高斯时，对应的输出电压为 0.25 伏。

赫姆霍兹线圈是由一对彼此平行的共轴圆形线圈组成。两线圈内的电流方向一致，大小相同，线圈之间的距离 d 正好等于圆形线圈的半径 R。这种线圈的特点是能在公共轴线中点附近产生较广泛的均匀磁场，根据毕奥－萨伐尔定律，可以计算出赫姆霍兹线圈公共轴线中点的磁感应强度为：

$$B_0 = \frac{8}{5^{3/2}} \cdot \frac{\mu_0 NI}{R}$$

式中 N 为线圈匝数，I 为流经线圈的电流强度，R 为赫姆霍兹线圈的平均半径，μ_0 $= 4\pi \times 10^{-7}$ H/m 为真空中的磁导率。采用国际单位制时，由上式计算出的磁感应强度单位为特斯拉(1 特斯拉 $= 10000$ 高斯)。本实验仪 $N = 310, R = 0.14$m，线圈电流为 1mA 时，赫姆霍兹线圈中部的磁感应强度为 0.02 高斯。

磁阻传感器电路中，除的电源输入端和信号输出端外，还有复位／反向置位端和补偿端两对功能性输入端口，以确保磁阻传感器的正常工作。

复位／反向置位端：当 AMR 置于超过其线性工作范围的磁场中时，磁干扰可能导致磁畴排列紊乱，改变传感器的输出特性。此时可在复位端输入脉冲电流，通过内部电路沿易磁化轴方向产生强磁场，使磁畴重新整齐排列，恢复传感器的使用特性。若脉冲电流方向相反，则磁畴排列方向反转，传感器的输出极性也将相反。复位 (R/S) 按钮每按下一次，向复位端输入一次复位脉冲电流，仅在需要时使用。

补偿端：从补偿端每输入 5mA 补偿电流，通过内部电路将在磁敏感方向产生 1 高斯的磁场。其中电桥偏离是在传感器制造过程中，当 4 个桥臂电阻不严格相等或是由于外磁场干扰，使得被测磁场为零而输出电压不为零时，调节补偿电流，通过内部电路在磁敏感方向产生磁场，用人为的磁场偏置补偿传感器的偏离，即使所测磁场为零时输出电压为零。补偿(OFFSET)电流调节旋钮调节补偿电流的方向和大小。电流切换按钮使电流表显示赫姆霍兹线圈电流或补偿电流。

传感器采集到的信号经放大后，由电压表指示电压值。放大器校正旋钮在标准磁场中校准放大器放大倍数。

(2) 我国一些城市的地磁参量(地磁要素)。

地名	地理位置		磁倾角 D （偏西）	磁倾角 I	水平强度 B // $(10^{-4}$ T)	测定年份
	北纬	东经				
齐齐哈尔	47°22′	123°59′	7°34′	64°27′	0.242	1916
长春	43°51′	126°36′	7°30′	60°20′	0.266	1916
沈阳	41°50′	123°28′	6°49′	58°43′	0.277	
北京	39°56′	116°20′	4°48′	57°23′	0.289	1936
天津	39°05′.9	117°11′	4°04′	56°f21′	0.293	1916
太原	37°51′.9	112°33′	3°18′	55°11′	0.301	1932
济南	36°39′.5	117°01′	3°36′	53°06′	0.308	1915
兰州	36°03′.4	103°48′	1°15′	53°24′	0.312	
郑州	34°45′	113°43′	0°18′	50°43′	0.320	1932
西安	34°16′	108°57′	3°02′	50°29′	0.323	1932

地名	地理位置		磁倾角 D	磁倾角 I	水平强度 B //	测定年份
	北纬	东经	（偏西）		（10^{-4} T）	
南京	32°03′.8	118°48′	1°42′	46°43′	0.331	1922
上海	31°11′.5	121°26′	3°13′	45°25′	0.333	
成都	30°38′	104°03′	0°58′	45°06′	0.346	
武汉	30°37′	114°20′	2°23′	44°34′	0.343	
安庆	30°32′	117°02′		44°27′	0.341	1911
杭州	30°16′	120°08′	2°59′	44°05′	0.337	1917
南昌	28°42′.4	115°51′	1°51′	41°49′	0.349	1917
长沙	28°12′.8	112°53′	0°50′	41°11′	0.352	1907
福州	26°02′.2	119°11′	1°43′	27°28′	0.355	1917
桂林	25°17′.7	110°12′	0°05′	36°13′	0.366	1907
昆明	25°04′.2	102°42′	0°04′	35°19′	0.372	1911
广州	23°06′.1	113°28′	0°47′	31°41′	0.375	

4.2.5　光敏电阻基本特性研究

光敏电阻是利用物体电导率随外加光照影响而改变的性质制作的一种特殊电阻,本实验我们首先研究光敏电阻传感器的特性,研究不同光照、不同外加电压条件下光敏电阻中通过的光电流的变化,从而加深对光敏电阻这种特殊电阻的基本特性的了解。光敏电阻是光电传感器的一种,光电传感器是一种将光量的变化转换为电量变化的传感器。它的物理基础就是内光电效应。光敏电阻的优点是灵敏度高,光谱响应范围宽(可从紫外区到红外区范围内),体积小、重量轻、机械强度高,耐冲击、耐振动、抗过载能力强和寿命长,价格便宜等,因此应用比较广泛。不足之处是需要外部电源,有电流时会发热,非线性光照情形下,不宜定量测量,多用做光开关。

一、课前知识准备

(1)半导体的相关知识。

(2)内光电效应。

二、基本实验内容

(1)测量光敏电阻的暗电阻和亮电阻。

(2)研究光敏电阻的光照特性。

(3)研究光敏电阻的伏安特性。

（4）研究光敏电阻的频率特性。

三、实验原理

用于制造光敏电阻的材料有金属硫化物、硒化物和锑化物等半导体材料。目前生产的光敏电阻主要是硫化镉。具有灵敏度高、光谱特性好、使用寿命长、稳定性高、体积小及制造工艺简单等特点，被广泛用于自动化技术中。

当内光电效应发生时，固体材料吸收的能量使部分价带电子迁移到导带，同时在价带中留下空穴。这样由于材料中载流子个数增加，使材料的电导率增加，电导率的改变量为：

$$\Delta\sigma = \Delta p \cdot e \cdot \mu_p + \Delta n \cdot e \cdot \mu_n \qquad (4.2.5.1)$$

式中 e 为电荷电量；Δp 为空穴浓度的改变量；Δn 为电子浓度的改变量；μ_p 为空穴的迁移率；μ_n 为电子的迁移率。

当光敏电阻两端加上电压 U 后，光电流为

$$I_{ph} = \frac{A}{d} \cdot \Delta\sigma \cdot U \qquad (4.2.5.2)$$

其中 A 为与电流垂直的截面积，d 为电极间的距离。

光敏电阻在未受到光照射时的阻值称为暗电阻，此时流过的电流称为暗电流。光敏电阻受到光照射时的电阻称为亮电阻，此时流过的电流称为亮电流。亮电流与暗电流之差称为光电流。一般暗电阻越大，亮电阻越小，光敏电阻的灵敏度越高，光敏电阻的暗电阻一般在兆欧数量级，亮电阻在几千欧以下，暗电阻与亮电阻之比一般在 10^2 ～ 10^6 之间。

光敏电阻的伏安特性曲线如图 4.2.5.1 所示，不同的光照度可以得到不同的伏安特性，表明电阻值随光照度发生变化。光照度不变的情况下，电压越高，光电流越大，而且没有饱和现象。当然，与一般电阻一样，光电阻的电流和电压不能超过其额定值。

光敏电阻光电流与光照强度之间的关系，称为光敏电阻传感器的光照特性。不同类型的光敏电阻，其光照特性不同，多数光敏电阻传感器的光照特性类似于图 4.2.5.2 的特性曲线。可见，光敏电阻的光照特性呈现出一定的非线性特征。因此光敏电阻不适宜做测量型的线性元件，在自动控制中光敏电阻常用作开关型的光电传感器。

图 4.2.5.3 是常用光敏电阻硫化铅、硫化镉和硫化铊的光谱特性曲线。可见，光敏电阻对入射光的光谱具有选择作用，光敏电阻对不同入射光的波长有不同的灵敏度，即对不同的波长，光敏电阻的灵敏度是不同的，同时不同材料的光敏电阻其光谱的响应曲线也不同。

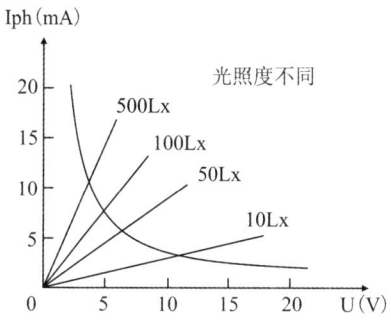

图 4.2.5.1 光敏电阻的伏安特性曲线

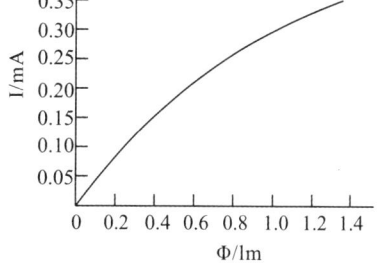

图 4.2.5.2 光敏电阻的光照特性

另外,光敏电阻的光电流对光照强度的变化有一定的响应时间,即光敏电阻产生的光电流相对光强变化有一定的惰性,这种惰性通常用时间常数来表示。光敏电阻自光照停止到光电流下降到原值的 63% 所经过的时间就是光敏电阻的时间常数。不同材料的光敏电阻具有不同的时间常数,一般为毫秒量级。光敏电阻这种特性可用其频率特性曲线来表征,即相对灵敏度与光强变化频率之间的关系曲线(如图 4.2.5.4 所示)。大多数光敏电阻的时间常数都比较大,这也是光敏电阻的缺点。

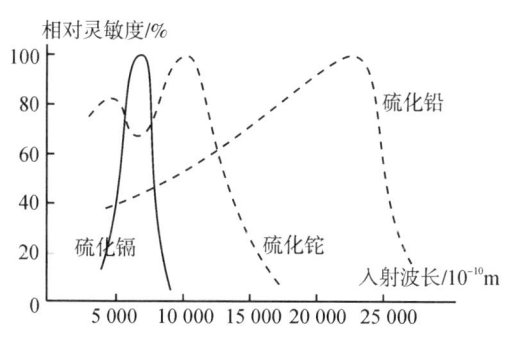

图 4.2.5.3 光敏电阻的光谱特性

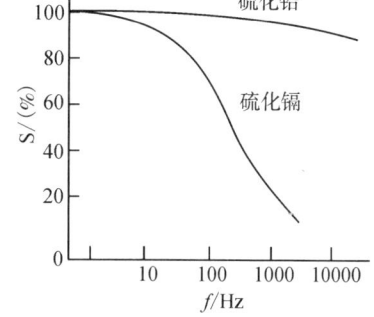

图 4.2.5.4 光敏电阻的频率特性

本实验光敏电阻得到的光照 φ 由一对偏振片来控制。当偏振片的夹角为 α 时,光照 φ 为

$$\varphi = \varphi_0 D \cos^2\alpha \qquad (4.2.5.3)$$

其中 φ_0 为不加偏振片时的光照,D 为当两偏振片平行时的透明度。

光敏电阻的基本特性包括伏安特性、光照特性、光电灵敏度、光谱特性、频率特性和温度特性。本实验主要研究光敏电阻的伏安特性和光照特性。

四、实验装置

光俱座、普通光源、滤波片、偏振片(两个,用来改变光强)、光敏电阻探头、电源、电流表、电压表等。

五、延伸内容

(1) 比较光敏电阻和硅光电池的工作原理,分析两种传感器的优缺点。

(2) 基于光敏电阻设计光开关。

4.2.6 光敏二极管、三极管基本特性研究

光敏二极管、三极管传感器,也称为光电式传感器,它可用于检测直接引起光强度变化的非电量,如光强、光照度、辐射测温、气体成份分析等;也可用来检测能转换成光量变化的其它非电量,如零件直径、表面粗糙度、位移、速度、加速度及物体形状、工作状态识别等。其中,光敏三极管也称为光敏晶体管。

一、课前知识准备

(1) 二极管、三极管器件相关基本知识。

(2) 光生伏特效应。

二、基本实验内容

(1) 测量光敏二极管的伏安特性曲线和光照曲线。

(2) 测量光敏三极管的伏安特性曲线和光照曲线。

三、实验原理

光敏二极管的结构与一般的二极管相似、它装在透明玻璃外壳中,其 PN 结一般装在管的顶部,可直接受到光的照射,其光照下内建电场如图 4.2.6.1(a) 所示。光敏二极管在工作中一般处于反向偏置工作状态,如图 4.2.6.1(b) 所示。

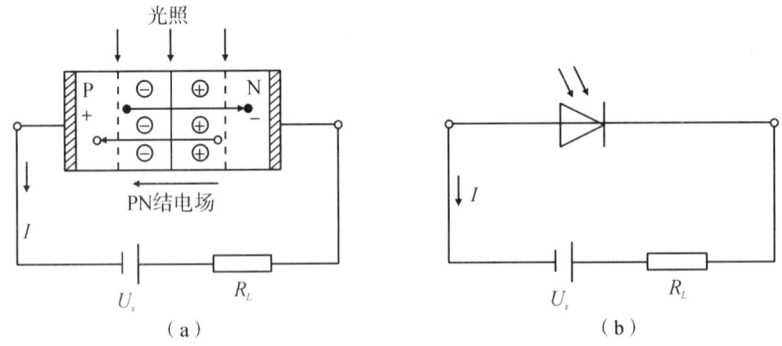

图 4.2.6.1　光敏二级管

光敏三极极管有两个 PN 结,如图 4.2.6.2(a) 所示。与普通三极管相似,光敏晶体管有电流增益,灵敏度比二极管高。多数光敏晶体管的基极没有引出线,只有"正"、

"负"(c、e)两个引脚。当集电极加正压,基极开路时,集电极处于反向偏置状态。在光照射在集电极结区时,会产生电子－空穴对,在内电场的作用下,光生电子被拉到集电极,基区留下空穴,使基极与发射极之间的电压升高,这样便有大量的电子流向集电极,形成输出电流,且集电极的电流为光生电流 β 倍,如图 4.2.6.2(b) 所示。

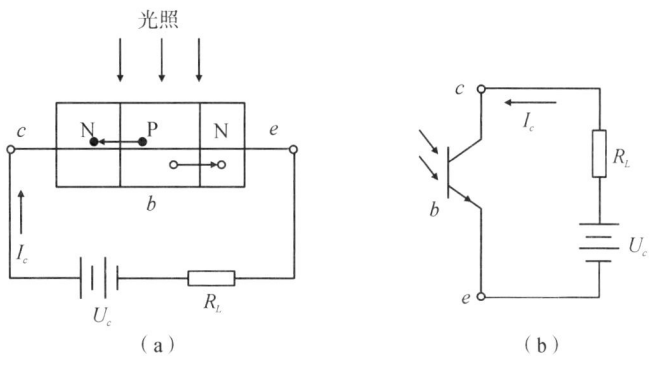

图 4.2.6.2　光敏晶体管

1.光敏二极管和光敏三极管的伏安特性

光敏二极管的伏安特性相当于向下平移了的普通二极管,光敏三极管的伏安特性和光敏二极管的伏安特性类似,如图 4.2.6.3(a),4.2.6.3(b) 所示。

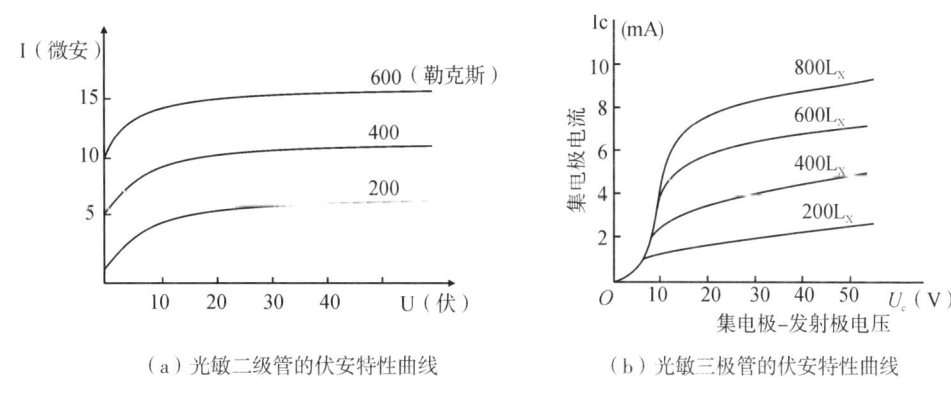

（a）光敏二级管的伏安特性曲线　　　（b）光敏三极管的伏安特性曲线

图 4.2.6.3

但光敏三极管的光电流比同类型的光敏二极管大好几十倍,因而具有更高的灵敏度。零偏压时,光敏二极管有光电流输出,而光敏三极管则无光电流输出。原因是它们都能产生光生电动势,只因光敏三极管的集电结在无反向偏压时没有放大作用,所以此时没有电流输出(或仅有很小的漏电流)。

2.光敏二极管和光敏晶体管的光照特性

光敏二极管的光照特性亦呈良好线性,如图 4.2.6.4(a)所示,这是由于它的电流灵敏度一般为常数。而光敏三极管在弱光时灵敏度低些,在强光时则有饱和现象,如图 4. 2.6.4(b) 所示,这是由于电流放大倍数的非线性所至,对弱信号的检测不利。故一般在作线性检测元件时,可选择光敏二极管而不能用光敏三极管。

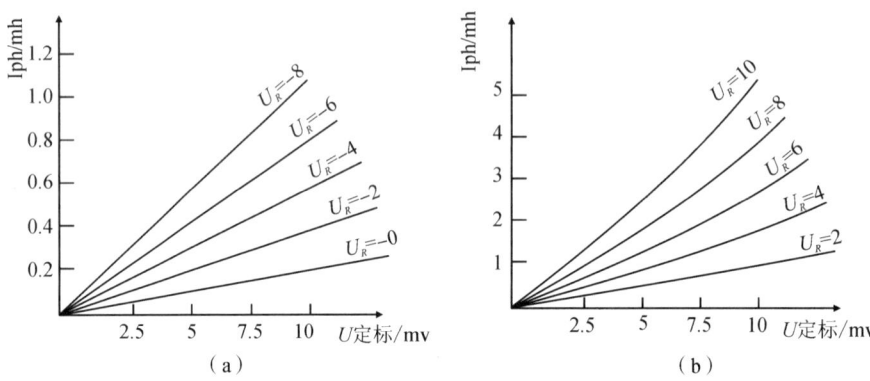

图 4.2.6.4   光敏二级管和光敏三极管的光照特性

3.光敏二极管和光敏三极管的光谱特性

光敏二极管和光敏晶体管的光谱特性是相同的,都是由硅或锗材料作敏感元件,这两种敏感元件的光谱特性如图 4.2.6.5 所示。由曲线可以看出,当入射光的波长增加时,相对灵敏度要下降。这因为光子能量太小,不足以激发电子空穴对。当入射光的波长缩短时,相对灵敏度也下降。这是由于光子在半导体表面附近就被吸收,并且在表面激发的电子

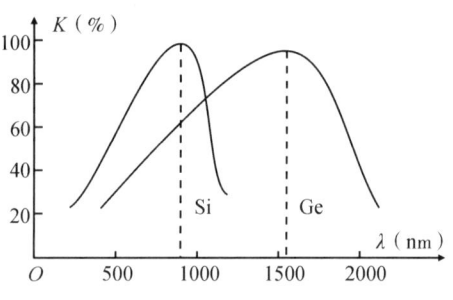

图 4.2.6.5   光敏二级管和
光敏三极管的光普特性

空穴对不能达到 P－N 结。锗管的敏感波长范围是 500 ～ 1800nm,峰值波长约为 1500nm。由于锗管的暗电流比硅管大,因此锗管的性能较差。故在可见光或探测赤热状态物体时,一般都选用硅管,单在探测红外光时,主要用锗管。

另外,光敏二极管和三极管的灵敏度和温度也有密切的关系,当温度升高时,其灵敏度会显著增加,这是因为温度升高,在光照时会产生更多的电子－空穴对。

四、实验仪器及装置

光源、光源电源、透镜 1:$f = 50\text{mm}$、透镜 2:$f = 70\text{mm}$、偏振器、光敏电阻、稳压电源、数字万用表和照明灯等。

五、注意事项

实验中直流稳压电源加载到光敏二极管和三极管的电压不要超过 10V,否则将

会降低它们的使用寿命,并存在烧毁风险。

六、延伸内容

(1) 设计光信号放大和开关电路,设计光控开关电路。

(2) 把二极管作为微型光电池设计光电检测器。

附:仪器内部电路图

图 4.2.6.6　光敏二级管内部电路图　图 4.2.6.7　光敏三极管内部电路图

4.2.7　硅光电池特性研究

半导体光电池是能直接将光能转换成电的器件。它也是一种将变化的光信号直接转换成相应变化的电信号的光电转换器件。光电池的种类很多,常见的有硒、硅、砷化镓、硫化镉等,其中工艺最成熟、应用最广泛的是硅光电池。它有许多优点,如光电转换效率高、性能稳定、使用寿命长、重量轻、耐高温辐射、光谱范围宽、频率响应好、不需外加偏压、使用方便等。

光谱响应是光电池的最重要的性能,光谱响应的测量是光谱测量中的一个比较典型的例子。了解光电池的光谱响应及其测量方法,对于在实际中如何合理选用光电池,是很有意义的。

一、课前知识准备

(1) PN 结的基本结构和特性。

(2) 光生伏特效应。

二、基本实验内容

(1) 测量硅光电池主要参数和基本特性。

(2) 测量硅光电池的相对光谱灵敏度参数,并作出相对光谱响应曲线。

三、实验原理

硅光电池是用 PN 结原理制作的光电池。当光照射到 PN 结时,由光激发的光生载流子的迁移,使 PN 结的两端产生光生电动势,若将其与负载电路接通,便形成光电流。

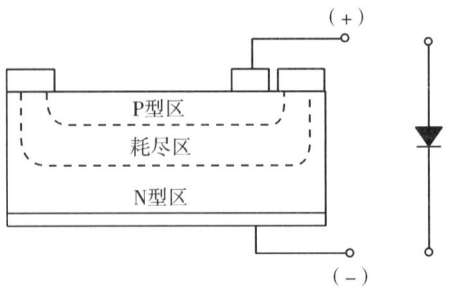

图 4.2.7.1　硅光电池的原理

1.硅光电池的主要特性

（1）光谱响应特性。

光电池的光谱响应的定义:检测器输出电信号的大小与某个波长入射功率之比,把不同波长的光谱响应按波长排列,并画成曲线,这就是光谱响应曲线,通常是把光谱响应的最大值取为 1,其他值作归一化处理,这样生产的曲线叫做灵敏度分布曲线,多数光电器件是有选择性的探测器,对不同波长的光有不同的响应,图 4.2.7.2 给出了硅光电池的光谱响应曲线。

（2）输出特性(或负载特性)。

在一定的光照度下测量硅光电池的输出情况,当硅光电池两端开路时,测得输出端的电压称为开路电压 U_{oc} ;当输出短路时,通过的电流称

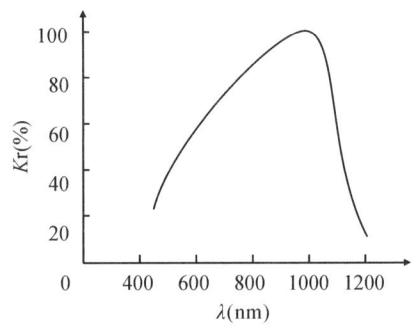

图 4.2.7.2　硅光电池光谱响应曲线

为短路电流 I_{sc} ;当输出端接一负载电阻 R_L 时,则有对应的端电压、负载电流和输出功率。图 4.2.7.3 为输出电压、输出电流、输出功率与负载电阻的关系。当硅光电池通

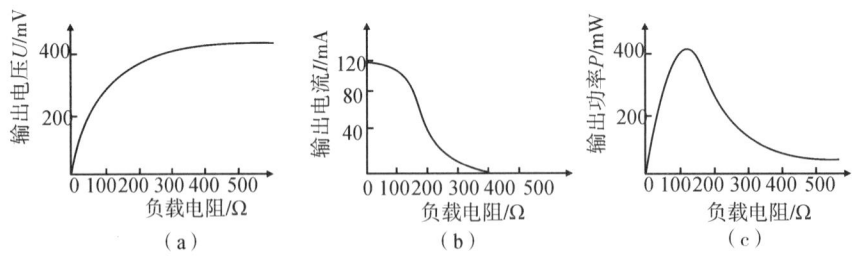

图 4.2.7.3　输出电压、输出电流、输出功率与负载电阻的关系

过负载 R_L 闭合后,R_L 从 0 变到无穷大时,输出电压 U 则从 0 变到 U_{oc},同时输出电流从 I_{sc} 变到 0,由此可得电池的输出特性曲线。图 4.2.7.4 为硅光电池的输出特性。曲线上任何一点都可以作为工作点,工作点所对应的纵横坐标,即为工作电流和工作电压,两者的乘积

$$P = IU \qquad (4.2.7.1)$$

为电池的输出功率，I_{mp}、U_{mp} 为该电池的最佳工作点，故最大输出功率为

$$P_{max} = I_{mp} \cdot U_{mp} \qquad (4.2.7.2)$$

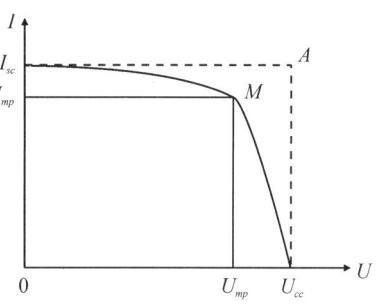

图 4.2.7.4　硅光电池的输出特性

输出功率最大时，对应 R_L 为某一定值，这就是最佳匹配电阻，此时的能量转化效率最高。在一些应用中，必须考虑最佳匹配电阻的选择。最佳匹配电阻取决于硅光电池的内阻，用测定最大输出功率对应的最佳负载电阻就可以得到硅光电池的内阻值，此值一般只有几十欧姆，它的大小和受照面积及入射光强有关。I_{mp}、U_{mp} 和内阻都是硅光电池的重要参数。

（3）光照特性。

图 4.2.7.5 给出了在一定光照范围内开路电压和短路电流随入射光照度的变化关系，由图可知，开路电压 U_{OC} 与照度的对数成正比；短路电流 i_{SC} 和光照度成正比。所以为了获得更好的现行响应，负载电阻应该取的小，负载电阻越小，线性关系越好，且线性范围也广。

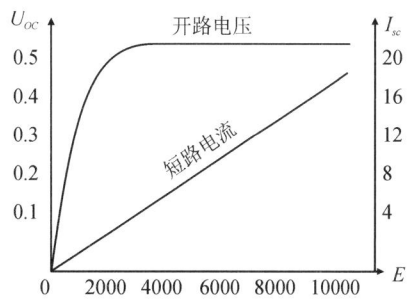

图 4.2.7.5　硅光电池的光照特性曲线

（4）温度特性。

硅光电池的性能与使用温度有关。图4.2.7.6 是开路电压和短路电流随温度变化的关系，短路电流 I_{SC} 随温度升高变化很微弱，温度变化 $1\,^\circ\!\mathrm{C}$，短路电流只变化万分之

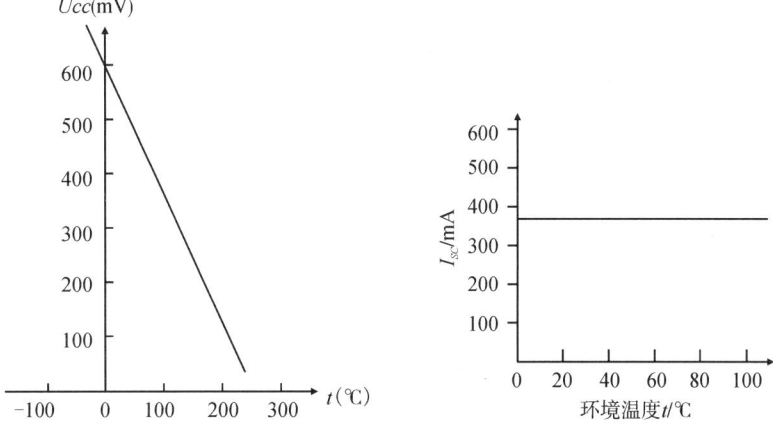

图 4.2.7.6　硅光电池的温度效应

几。而 U_{α} 随温度升高而下降,开路电压与温度的关系近似为线性,且具有负的温度系数。在实际应用光电器件时,必须注意温度变化带来的影响。另外,随着温度的升高,光谱响应曲线向长波方向移动,因此短路电流 I_{κ} 的温度系数,在短波端为负,而在长波端为正。

一般在钨丝灯下,I_{κ} 的温度系数为正,随温度升高略有增加。硅光电池一般使用温度为 $-65\sim+125℃$,实际光源发光面积都有一定的大小,将它看做点光源的近似条件是:若光源出射光波的波阵面为球面波,通过一定面积上的光通量(光强)满足平方反比规律 $I = I_{s}/r^{2}$。实验指出,只要光源至光电探测器的距离 $L \gg 10$ 倍光源线度尺寸,即可在一定的误差范围内将实际光源看做点光源。

(5)响应速度。

硅光电池为 PN 结器件,响应速度由结电容和负载电阻的乘积决定,响应速度为 10^{-4} 至 $10^{-3}S$。

2.检验硅光电池的线性响应

线性响应是硅光电池的重要性能指标之一,也是实际使用硅光电池时必须保持的正常工作条件。但是,在测量各种光信号的强度时,信号强度变化可能较为悬殊,因此,使用硅光电池前,必须了解它的线性响应范围。

利用一对起偏棱镜或者一对偏振片改变入射在电池表面的光强度,由马吕斯定律可知为:

$$I = I_{0}\cos^{2}\alpha \qquad (4.2.7.3)$$

α 为两偏振棱镜或偏振片之间的夹角。将该光入射到硅光电池上,假设硅光电池的工作范围处于线性响应区域;则由硅光电池产生的光电流 i 与入射光强度 I 成正比,即 $i = CI$(C 为常量)。

将(4.2.7.3)式带入,得:$i = CI_{0}\cos^{2}\alpha$;将上式两侧取对数,得:

$$\ln i = \ln(CI_{0}) + 2\ln\cos\alpha \qquad (4.2.7.4)$$

此式表明,变量 $\lg\cos\alpha$ 和 $\lg i$ 间存在线性关系,并且斜率为2。测量不同 α 角时的电流值 i,作 $\lg i - \lg\cos\alpha$ 图线;此图线一般为曲线,但其中有一段是斜率为2的直线,该段直线对应的电流范围就是该硅光电池的线性工作区。

四、实验仪器

光俱座、普通光源、滤波片、偏振片(两个,用来改变光强)、光电池探头、电源、电流表、电压表、电阻箱等。

五、延伸内容

(1)在硅光电池的应用中,必须考虑最佳匹配电阻的选择,最佳匹配电阻取决于硅光电池的内阻,请设计测定硅光电池内阻的测量系统,并说明测量方案。

(2)基于硅光电池原理设计一个生活中的应用器件。

4.2.8　LED 综合特性测试

1962 年,通用电气公司的尼克·何伦亚克(NickHolonyakJr) 开发出第一只发光二极管 LED(Light Emitting Diode),LED 早期主要作为指示灯使用。20 世纪 80 年代,LED 的亮度有了很大提高,开始广泛应用于各种大屏幕显示。1994 年,日本科学家中村秀二在氮化镓 GaN 基片上研制出第一只蓝光 LED,1997 年诞生了蓝光芯片加荧光粉的白光 LED,使 LED 的发展和应用进入了全彩应用及普通照明阶段。

LED 是一种固态的半导体器件,它可以直接把电转化为光,具有体积小、耗电量低、易于控制、坚固耐用、寿命长、环保等优点,其主要应用领域包括:照明、大屏幕显示、液晶显示的背光源、装饰工程,其它如交通信号灯,公共场所的各种指示灯,光纤通信的光源,汽车上的各种内部照明灯,仪表指示灯,仪器上的数码显示管,都大量采用 LED。

"LED 综合特性测试实验仪"可研究 LED 的电学、光学、热学特性,使学生能比较全面地掌握 LED 的知识,本实验仅限于电学、光学性能的研究。

一、实验内容

(1)测量伏安特性与电光转换特性。

(2)测试 LED 输出的光空间分布特性。

二、基本实验原理

1. LED 发光原理

发光二极管是由 P 型和 N 型半导体组成的二极管(如)。P 型半导体中有相当数量的空穴,几乎没有自由电子。N 型半导体中有相当数量的自由电子,几乎没有空穴。当两种半导体结合在一起形成 PN 结时,N 区的电子(带负电)向 P 区扩散,P 区的

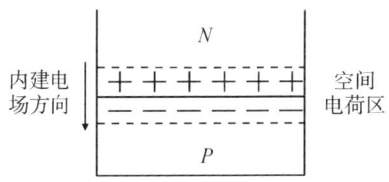

图 4.2.8.1　半导体 PN 结示意图

空穴(带正电)向 N 区扩散,在 PN 结附近形成空间电荷区与势垒电场。势垒电场会使载流子向扩散的反方向作漂移运动,最终扩散与漂移达到平衡,使流过 PN 结的净电流为零。在空间电荷区内,P 区的空穴被来自 N 区的电子复合,N 区的电子被来自 P 区的空穴复合,使该区内几乎没有能导电的载流子,所以又称为结区或耗尽层。

当加上与势垒电场方向相反的正向偏压时,结区变窄,在外电场作用下,P 区的空穴和 N 区的电子就向对方扩散运动,从而在 PN 结附近产生电子与空穴的复合,并以

热能或光能的形式释放能量。采用适当的材料,使复合能量以发射光子的形式释放,就构成发光二极管。发光二极管发射光谱的中心波长,由组成 PN 结的半导体材料的禁带宽度所决定,采用不同的材料及材料组分,可以获得发射不同颜色的发光二极管。

LED 的光谱线宽度一般有几十纳米,可见光的光谱范围是 380 ~ 780nm。白光 LED 一般采用三种方法形成。第一种是在蓝光管芯上涂敷荧光粉,蓝光与荧光粉产生的宽带光谱合成白光。第二种是采用几种不同色光的管芯封装在一个组件外壳内,通过色光的混合构成白光 LED。第三种是紫外 LED 加 3 基色荧光粉,3 基色荧光粉的光谱合成白光。

2.LED 的伏安特性

伏安特性曲线反映了在 LED 两端加电压时,电流与电压的关系,如图 4.2.8.2 所示。

在 LED 两端加正向电压,当电压较小,不足以克服势垒电场时,通过 LED 的电流很小。当正向电压超过死区电压 Uth(图 4.2.8.2 中的正向拐点)后,电流随电压迅速增长。

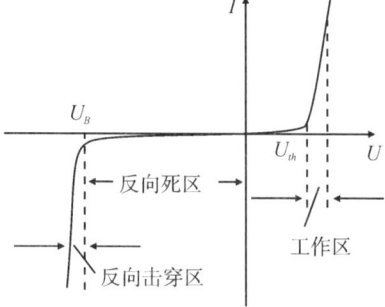

图 4.2.8.2　LED 的伏安特性曲线

正向工作电流:指 LED 正常发光时的正向电流值,根据不同 LED 的结构和输出功率的大小,其值在几十毫安到 1 安之间。

正向工作电压:指 LED 正常发光时加在二极管两端的电压。

允许功耗:指加于 LED 的正向电压与电流乘积的最大值,超过此值,LED 会因过热而损坏。

LED 的伏安特性与一般二极管相似。在 LED 两端加反向电压,只有 μ_A 级反向电流。反向电压超过击穿电压 U_B 后 LED 被击穿损坏。为安全起见,激励电源提供的最大反向电压应低于击穿电压。

3.LED 的电光转换特性

LED 的电光转换特性量原理,如图 4.2.8.3 所示,反映发光二极管发出的光在某截面处的照度与驱动电流的关系,其照度值与驱动电流近似呈线性关系,这是因为驱动电流与注入 PN 结的电荷数成正比,在复合发光的量子效率一定的情况下,输出光通量与注入电荷数成正比,其照度正比于光通量。

4.LED 输出光空间分布特性

由于发光二极管的芯片结构及封装方式不同,输出光的空间分布也不一样,图给出其中两种不同封装的 LED 的空间分布特性(实际 LED 的空间分布特性可能与图示存在差异)。图 4.2.8.4 的发射强度是以最大值为基准,此时的方向角定义为零度,发

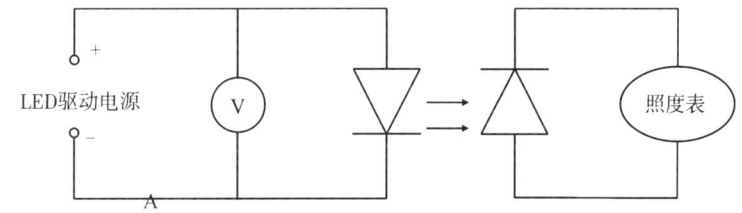

图 4.2.8.3　LED 电光转换特性测试原理图

射强度定义为 100％。当方向角改变时，发射强度（或照度）相应改变。发射强度降为峰值的一半时，对应的角度称为方向半值角。发光二极管出光窗口附有透镜，可使其指向性更好，如 4.2.8.4a 的曲线所示，方向半值角大约为 ±7° 左右，可用于光电检测、射灯等要求出射光束能量集中的应用环境；4.2.8.4b 所示为未加透镜的发光二极管，方向半值角大约为 ±50°，可用于普通照明及大屏幕显示等要求视角宽广的应用环境。

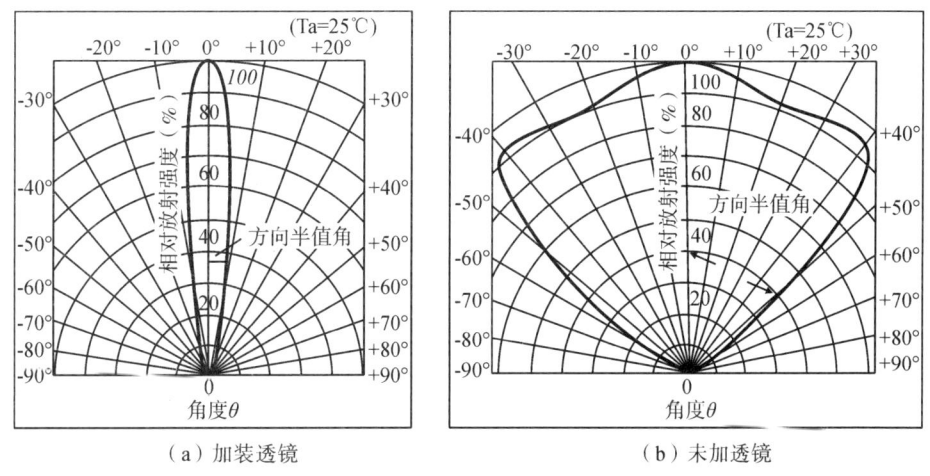

（a）加装透镜　　　　　　　　　　　　　（b）未加透镜

图 4.2.8.4　两种发光二极管输出光的空间分布特性曲线图

5. LED 结温及结温测量方法

研究 LED 热特性的主要内容是测量 LED 的结温和热阻，而测量热阻的前提是准确测量结温，所以准确测量 LED 的结温是研究 LED 热特性的基础。

LED 结温：LED 的基本结构是一个半导体的 PN 结，PN 结的温度就是 LED 的结温，由于元件芯片均具有很小的尺寸，因此我们也可把 LED 芯片的温度视为结温。

目前测量 LED 结温的方法包括：电学参数法、管脚法、蓝白比法、红外热成像法、光谱法等，其中电学参数法被认为是目前结温测量最准确的方法而被广泛采用。电学参数法又包括：小电流 K 系数法和脉冲法，二者都是利用 LED 电压与结温的关系，通过测量电压来求结温。

6. LED 正向电压与结温关系

根据二极管的肖克利(Shockley)模型,LED 的伏安特性为:

$$I = I_S\left[\exp\left(\frac{eU}{kT}\right) - 1\right] \approx I_S\exp\left(\frac{eU}{kT}\right) \tag{4.2.8.1}$$

式中 I、U 为流过 LED PN 结的电流和 LED PN 结的端电压;I_S 为反向饱和电流;$e = 1.6 \times 10^{-19}$ C(库仑),为电子电量;$k = 1.38 \times 10^{-23}$ J/K,为波尔兹曼常数;T 为绝对温度。I_S 是温度的函数,在半导体材料杂质全部电离、本征激发可以忽略的条件下有:

$$I_S = Ae\left(\sqrt{\frac{D_n}{\tau_n}}\frac{n_i^2}{N_A} + \sqrt{\frac{D_p}{\tau_p}}\frac{n_i^2}{N_D}\right) \tag{4.2.8.2}$$

式中 A 是结面积;D_n、D_p 是电子和空穴的扩散系数;τ_n、τ_p 是少数电子寿命和少数空穴寿命;N_A、N_D 分别是掺入的受主浓度和施主浓度;n_i 为本征半导体浓度,且:

$$n_i^2 = N_C N_V \exp\left(-\frac{eU_{g0}}{kT}\right) \tag{4.2.8.3}$$

$$N_C = 2\left(\frac{m_n^* kT}{2\pi\hbar^2}\right)^{\frac{3}{2}},\ N_V = 2\left(\frac{m_p^* kT}{2\pi\hbar^2}\right)^{\frac{3}{2}} \tag{4.2.8.4}$$

其中 N_C、N_V 分别为导带和价带的有效态密度;m_n^*、m_p^* 分别为电子和空穴的有效质量;U_{g0} 是绝对零度时 PN 结材料的导带底和价带顶的电势差。因为式中两项的情况相似,所以只需考虑第一项即可。因 D_n 与温度 T 有关,设 D_n/τ_n 与 T^γ 成正比,γ 为一常数,则有:

$$I_S = Ae\left(\sqrt{\frac{D_n}{\tau_n}}\frac{n_i^2}{N_A} + \sqrt{\frac{D_p}{\tau_p}}\frac{n_i^2}{N_D}\right) \propto T^{3+\frac{\gamma}{2}}\exp\left(-\frac{eU_{g0}}{kT}\right) \tag{4.2.8.5}$$

所以有:

$$I_S = CT^\beta\exp\left(-\frac{eU_{g0}}{kT}\right) \tag{4.2.8.6}$$

C、β 为常数。由上式可得:

$$U = U_{g0} - \frac{k}{e}\ln\left(\frac{C}{I}\right)\cdot T - \frac{k\beta T}{e}\ln T \tag{4.2.8.7}$$

上式表示一般 PN 结的电压与电流和温度的函数关系,从中可以看出,当电流 I 一定时,U 仅随 T 的变化而变化,且结温越大,电压越低,于是可以通过测量电压得到结温,这就是电学参数法的理论基础。定义电压温度系数 K 为:

$$K = \frac{dV}{dT} = -\frac{k}{e}\ln\left(\frac{C}{I}\right) - \frac{\beta k}{e} - \frac{\beta k}{e}\ln T \tag{4.2.8.8}$$

从上式可知,影响 K 的因素有电流 I 和温度 T,但当 I 很小时 K 的值取决于上式右边第一项,而在一定温度范围内,末项中 T 的影响较小,所以当电流为很小的恒定电流时,电压温度系数 K 近似为常数。于是上式就可以表示为:

$$T = \frac{U - U_0}{K} + T_0 \qquad\qquad (4.2.8.9)$$

U_0,T_0 为初始时的电压和结温,这便是小电流 K 系数法的理论基础。

应当指出,由于实际 LED 样品不可能是一个理想的 PN 结,因此式(4.2.8.8)所描写的并不是严格的定量关系。

利用小电流 K 系数法测量 LED 结温要分两步进行:

(1) 标定 K。即给 LED 通一小的测量电流 I_M,在不同的环境温度下,测量对应的电压 U_M,求得系数 K。

(2) 测结温。在规定的环境温度条件下,给被测 LED 施加小的测量电流 I_M,得到正向电压 U_M,用加热电流 I_H 替代 I_M,待达到热稳定并建立热平衡后,快速用测量电流 I_M 替代 I_H,测得正向电压 U_{Mi},根据标定的 K,求得此时的结温 T_{Ji}。

K 系数的确定要考虑的因素有很多。其中,最关键的是选择测量电流 I_M 必须足够大,以便获得一个不被表面漏电流影响的可靠的正向电压读数,但也要足够的小,以便不会引起器件产生明显的自热行为,这就给测量电流 I_M 的选择带来难度。一般测量电流 I_M 的大小取决于被测 LED 的额定电流或功率大小,通常取 $0.1 \sim 5.0mA$。另外,将电流 I_H 切换至 I_M 的时间应尽量短,避免 LED 出现较大的降温,建议在 $50\mu s$ 以下;加热电流 I_H 的大小一般为被测 LED 的额定电流。

小电流 K 系数法的局限性在于:测试时必须首先将该 LED 从原来的线路中断开,然后用专门的结温测试电源 —— 脉冲恒流源供电。

7. 脉冲法测量 LED 结温

脉冲法是一种测量结温的新方法,2008 年由美国 NIST 实验室的 Zong Yuqin 先生提出,它与目前最常用的小电流 K 系数法一样同属于电学参数法。

利用脉冲法测量 LED 结温也分两步进行:

(1) 研究电压与结温的关系。通过给 LED 注入恒定的窄脉冲电流(使得通电时间内产生的热量对结温温升的影响有限),脉冲电流幅值与额定工作电流相等,同时通过减小占空比使得脉冲电流断开后热量有足够的时间散出去。确定脉冲源后,分别测量 LED 在不同温度下的正向电压(在热平衡条件下结温等于环境温度),获得额定电流下正向电压与结温的关系曲线。

(2) 在 LED 正常工作时,通过测量 LED 两端电压,根据已经求出的电压与结温的函数关系得到 LED 的结温。

与小电流 K 系数法相比,脉冲法最大的好处就是无需改变原来系统的连接关系,可直接测量。由于可以选取 LED 的工作电流为测试电流,因此,一旦结温与电压的关系确定,只需要想办法读取待测 LED 两端的电压数据,而不需要专门的测试电源对

LED 供电,也就不用改变原来系统的连接关系,因而使得测试过程大大简化。

脉冲法测量 LED 结温的关键在于脉冲源必须保证工作电流下 LED 没有严重的自热行为,这就包括脉冲的宽度和占空比的选择。

LED 在宽脉宽、大占空比的脉冲电流下结温随时间的变化关系可近似如图 4.2.8.5。

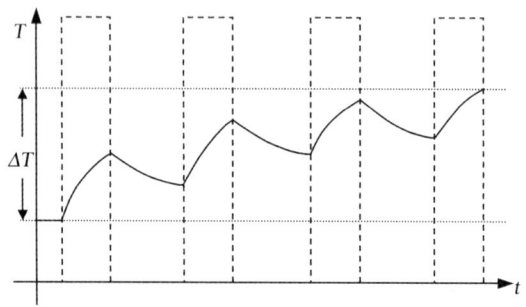

图 4.2.8.5　LED 在宽脉宽、大占空比的脉冲电流下结温随时间的变化关系

从图 4.2.8.5 可以看出,当脉冲电流脉宽较大、占空比较大时,结温的增量 ΔT 将随着时间累积增加。如果选择合适的窄脉宽和小占空比的脉冲电流,那么结温随时间的变化情况近似如图 4.2.8.6:

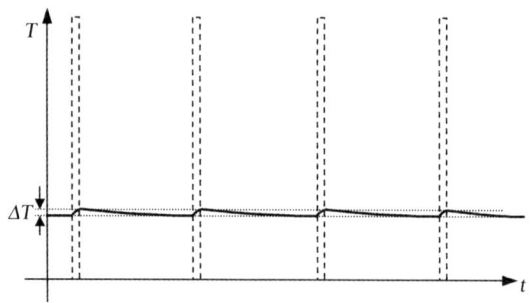

图 4.2.8.6　LED 在窄脉宽、小占空比的脉冲电流下结温随时间的变化关系

由图 4.2.8.6 可见,脉宽越小时,一个脉宽作用下引起的温升 ΔT 也越小,若第二个同样的窄脉冲到来之前,LED 有足够长的散热时间(即占空比足够小),那么前一个脉冲引起的温升将得到抵消,当第二个、第三个 ··· 脉冲来临时,将重复第一个脉冲周期内的结温变化情况。

由以上分析可见,脉冲宽度越小,占空比越小,通电电流引起的温升就越小,结温测量越准确。那么该如何确定脉宽和占空比呢?

设芯片面积为 $1.2 \times 1.2 \text{mm}^2$,厚度为 0.2mm,InGaN 衬底。由于外延层很薄,忽略外延层材料与衬底之间的差异,不考虑电极的影响,那么芯片的体积为 $2.88 \times$

$10^{-4} cm^3$。InGaN 的密度约为 $6.15 g/cm^3$，故芯片质量 m 约为 $1.77 \times 10^{-3} g$，其比热容 c 约为 $0.5 J/(g \cdot K)$。工作电流为 $0.35A$，室温时工作电压约 $3.24V$，其中约 85％ 的电功率转变为热，那么在不考虑芯片向周围环境散热的情况下，LED 接通电流后，短时间内，LED 芯片的温升 ΔT 与时间 t 的关系可由下式表示：

$$\Delta T = \frac{\eta U I}{c \cdot m} \cdot t = \frac{0.85 \times 3.24 \times 0.35}{0.5 \times 1.77 \times 10^{-3}} \cdot t = 1.09 \times 10^3 \cdot t(℃)$$

$$(4.2.8.10)$$

由上式可知，若在一个脉冲宽度为 $10\mu s$ 的窄脉冲作用下，LED 芯片的温升 ΔT 约为 $0.01℃$，和室温相比可忽略不计。以上分析结果为估计值。

确定脉宽后，再来考虑占空比，或者说散热时间的确定。若散热时间不够，降温小于升温，则温升会随着时间进行积累，若对每一个脉宽内某固定点进行电压采样，根据电压和结温的对应关系，若结温随时间累积变化则采样的电压也会随时间变化，若电压不随时间变化，说明降温抵消掉了之前的升温，即此时选择的占空比能使 LED 有足够的散热时间。

8. 结温对 LED 发光性能的影响

LED 的光通量或照度受结温的影响较大，随着结温的升高，LED 光通量减小，同一截面上照度也随之减小，结温下降时，LED 的光通量或照度增加。一般情况下（正常工作时），这种情况是可逆的和可恢复的，当结温回到原来的值，光通量或照度也会回到原来的状态。LED 光通量或照度随结温（室温 ～ 120℃）的变化关系大致如图 4.2.8.7：

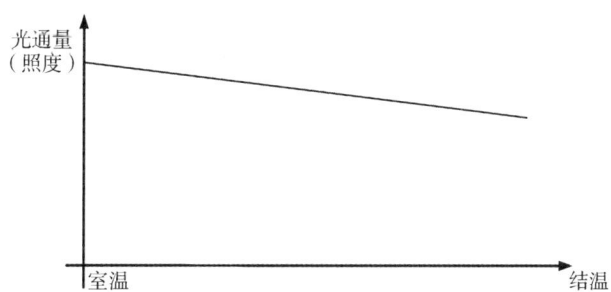

图 4.2.8.7　LED 光通量（或照度）与结温的关系曲线

9. LED 热阻

热阻是导热介质两端的温度差与通过热流功率的比值（单位 ℃ /W 或 K/W），LED 的热阻定义为：

$$R_{\theta(J-X)} = \frac{T_J - T_X}{P_H}$$

$$(4.2.8.11)$$

式中，$R_{\theta(J-X)}$ 为 LED 的 PN 结到指定参考点之间的热阻；T_J 为测试条件稳定时

LED 的结温(即上文中的 T,此处为区别于 T_X,特意添加了下标$_J$,以示结温);T_X 为指定参考点的温度;P_H 为 LED 的热耗散功率,目前,一般输入的电能中约 85% 因无效复合而产生热量,故上式又可近似写为:

$$R_{\theta(J-X)} = \frac{T_J - T_X}{0.85P} = \frac{T_J - T_X}{0.85UI} \qquad (4.2.8.12)$$

其中,U 和 I 分别为 LED 两端的电压与流过 LED 的正向电流。

从热阻的定义公式可知,当输入功率一定时,热阻越小,则结温与参考点的温度差越小,即此段散热通道上的散热能力越强,所以通过减小 LED 散热通道热阻的方法能够降低 LED 的结温,从而有效延长 LED 的寿命、改善发光效率等。

三、仪器介绍

激励电源、LED 特性测试仪、热特性温控仪、温控测试台、照度检测探头、LED 光发射器、直线轨道、LED 样件盒等。

四、注意事项

(1)严禁在反向测试时使用电流源即稳流模式作为 LED 的驱动电源。

(2)严禁在正向电流较大时(高亮型 $>$ 2mA,功率型 $>$ 20mA)使用稳压源作驱动电源。

(3)为减小热效应对伏安特性测量的影响,应尽量缩短做大电流驱动实验的时间。

4.3   材料的物理属性实验

4.3.1   液体表面张力系数测量

液体的表面张力是液体表面上存在沿表面的收缩力的作用,用它可说明液态物质所特有的许多现象,如润湿现象、毛细管现象、泡沫的形成等。表面张力的大小通常用表面张力系数来描述,它表示单位长度线段两旁液面间的相互拉力,是液体表面的重要力学性质,与液体的种类、温度及其所含杂质等因素有关。研究表面张力在工业技术上(如浮选技术、液体输送技术等)有着重要的实际意义。

液体的表面张力是表征液体性质的一个重要参量,在实际应用中测量它具有重要的意义。液体表面张力的测定方法分静力学法和动力学法。静力学法有基于拉脱原理的吊环法、吊盘法;基于毛细管压差的毛细管上升法、最大气泡压力法,以及基于形貌识别的方法:悬滴法、旋转滴法、液桥法等；动力学法有震荡射流法、毛细管波法等。

一、课前知识准备

几种测量液体表面张力系数的方法。

二、实验内容

(1)测量弹簧的劲度系数 K。

(2)用拉脱测量水的表面张力。

三、实验原理

1.液体表面张力系数

液体表面层是指厚度为分子吸引力有效半径(约 10^{-9} m)的薄层。由于液面上方气相层的分子数很少,表面层内每一个分子受到向上的引力比向下的引力小,其合力垂直于液面并指向液体内部,此力使表面层内的分子有向液体内部收缩的趋势(图4.3.1.1)。

从能量的角度看,液体内任何分子要进入表面层,都要克服这个吸引力而作功,表面层有比液体内部更大的势能即表面能。任何体系总以势能最小的状态为最稳定,所以液体要稳定,液面就必须缩小,致使液面好像是一个张紧的膜。还应指出液体表面的稳定是一种动态平衡,即在同一时间内脱离液面进入液体内部的分子数跟由于热运动而达到液面的分子数相等。

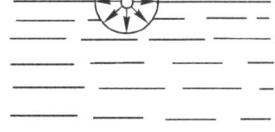

图 4.3.1.1 液体内
分子受到的引力

如图 4.3.1.2 所示,设想液面上有一分界线 AB 把液面分为 Ⅰ 与 Ⅱ 两部分,f 表示液面 Ⅰ 作用于面 Ⅱ 的力,f' 是液面 Ⅱ 作用于液面 Ⅰ 的力,这对大小相等方向相反的力就是表面张力。

该力与液面相切,与分界线 AB 垂直,其大小与分界线 AB 的长度 l 成正比,即

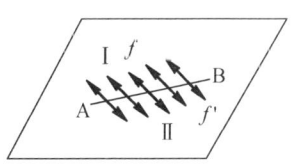

图 4.3.1.2 液体表现张力

$$f = \alpha l \tag{4.3.1.1}$$

式中比例系数 α 称为表面张力系数,它等于沿液面作用在分界线单位长度上的表面张力,其单位是 N·m^{-1}。

表面张力系数 α 与液体的种类、表面纯度、温度及它上方的气体成分有关。液体的温度愈高,α 值愈小。

2.液体表面张力系数的测量

本实验用拉脱法来测量水的表面张力系数。把一金属框浸入水中,然后缓缓向上

提起,金属框下会带起一水膜,如图 4.3.1.3 所示,当水膜将被拉断的瞬间,金属细线及水膜间诸力平衡的条件为

$$F = W + 2\alpha(l+d) + ldh\rho g \qquad (4.3.1.2)$$

其中 F 为向上的拉力,W 是框所受重力和浮力之差,l 为金属丝的长度,d 为金属丝的直径,h 为水膜被拉断前的高度,在 h 不太大的情况下,可认为 d 等于水膜的厚度,ρ 为水的密度,g 为重力加速度。式中 $ldh\rho g$ 一项为水膜的重量,因为 d 很

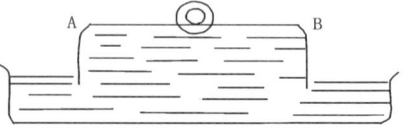

图 4.3.1.3　用拉脱法测表面张力

小,略去此项。水膜有前后两面,且有一定的厚度(厚度为 d),所以上式中表面张力为 $2\alpha(l+d)$。由公式(4.3.1.2)可得

$$\alpha = \frac{F-W}{2(l+d)} \qquad (4.3.1.3)$$

实验中可用焦利氏秤测量$(F-W)$之值,用游标卡尺和千分尺分别测出 l 和 d,由上式就可求得水的表面张力系数。

四、实验仪器

焦利氏秤,金属框,砝码,玻璃杯,蒸馏水等。

五、延伸内容

(1)自行设计方案利用液滴测重法测量水的表面张力系数。

(2)讨论:用金属框拉起液膜计算液体表面张力系数的过程中,做了哪些近似?忽略了哪些微小量?

4.3.2　液体粘滞系数测量

液体的粘滞系数又称为内摩擦系数或粘度,是描述液体内摩擦力性质的一个重要物理量。它表征液体反抗形变的能力,只有在液体内存在相对运动时才表现出来。粘滞系数除了因材料而异之外还比较敏感的依赖温度,液体的粘滞系数随着温度升高而减少,气体则反之,大体上按正比的规律增长。在工农业生产和科学研究中,如水工技术、热力技术、现代医学及一切有关液体传输管道问题中,常常需要知道所用液体的粘度,所以液体的粘度测量是非常重要的。

粘滞系数的测量方法很多,常用方法有:落球法、落针法、毛细管法、转筒法、扭摆法,要根据粘度的大小及透明度等进行选择。其中落球法是最基本的一种方法,用落球法测定液体的粘滞系数只适用于测量粘滞系数较大的透明或半透明液体。

一、课前知识准备

常用测量粘滞系数的方法及其原理。

二、实验内容

(1) 采用落球法测液体的粘滞系数。

(2) 研究液体粘滞系数与温度的关系。

三、实验原理

1. 液体的粘滞系数

液体流动时,若平行于流动方向的各液层之间有相
对运动,则任意两液层的接触面上将产生一对等值反向
的力,阻碍液层间的相对运动。这种液层之间的相互作用

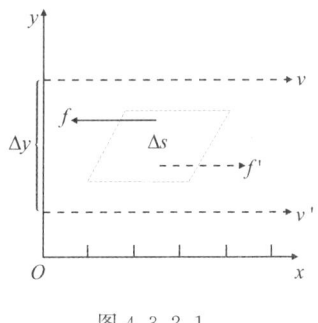

图 4.3.2.1

力的性质与固体接触面间的摩擦力相似,所以称为内摩擦力或粘滞力 f。相邻两个液
层之间的粘滞力 f 的方向沿液层的接触面,与流动方向相反,如图 4.3.2.1 所示,大小
与两液层接触面积 ΔS 及垂直于流速方向的速度梯度 $\dfrac{\mathrm{d}v}{\mathrm{d}y}$ 成正比,即

$$f = \eta \Delta s \frac{\mathrm{d}v}{\mathrm{d}y} \tag{4.3.2.1}$$

式中 η 称为粘滞系数,它表示液体粘滞性的大小。η 的数值决定于液体的性质和温
度。温度升高,粘度迅速地减小,所以当给出粘度时,一定要注明温度。η 的单位为帕·秒。

2. 落球法测量液体的粘滞系数

小球在液体中运动,将受到与运动方向相反的摩擦力,这一摩擦力就是粘滞力,
它是由粘附在小球表面的液层与邻近液层间的摩擦而产生的。如果液体是无限广延
的,液体的粘滞性较大,而小球的半径很小,且在运动过程中不产生旋涡的情况下,斯
托克斯指出,球在液体中所受到的粘滞阻力为

$$f = 6\pi\eta rv \tag{4.3.2.2}$$

其中 η 为液体的粘滞系数,r 是小球的半径,v 是小球的速度,这就是
斯托克斯公式。

小球在液体中下落时,作用在小球上的力有三个,即:(1) 重力 mg,
(2) 液体的粘滞阻力 $6\pi\eta rv$,(3) 液体的浮力 ρVg,其中 ρ 为液体密度。这
三个力都作用在同一铅直线上。重力向下,浮力和阻力向上,如图 4.3.
2.2 所示。小球刚落入液体时,竖直向下的重力大于竖直向上的浮力与
粘滞力之和,于是小球作加速运动。随着小球运动速度的增大,粘滞力
也增大。当速度增大到某一数值 v 时,小球所受的合力为零,此后小球就
以该速度匀速下降,即

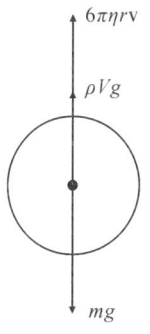

图 4.3.2.2
受力示意图

$$mg = 6\pi\eta rv + \rho Vg$$

由小球体积计算公式可得：

$$\eta = \frac{m - \frac{4}{3}\pi r^2 \rho}{6\pi rv}g \tag{4.3.2.3}$$

在推导上式时，是假定液体无限广延，而小球的半径很小。但是，实际上，小球是在半径为 R 的圆筒中下落，而且小球的半径也不是很小，所以必须对上公式作必要的修正。

首先，由于圆筒的直径和深度都是有限的，小球实际下落的速度 v_0 小于 v，由此对公式(4.3.2.3)中的 v 进行修正后，得

$$\eta_0 = \frac{m - \frac{4}{3}\pi r^2 \rho}{6\pi rv\left(1 + 2.4\dfrac{r}{R}\right)}g \tag{4.3.2.4}$$

其次，应采用奥西恩—果尔斯公式对小球半径进行修正

$$f = 6\pi \eta rv\left(1 + \frac{3}{16}R_0 - \frac{19}{1080}R_0^2 + \cdots\right) \tag{4.3.2.5}$$

式中 $R_0 = 2rv\rho/\eta$ 称为雷诺数，其值很小。可以把 $3R_0/16$ 与 $19R_0^2/1080$ 看做是斯托克斯公式的一级修正项和二级修正项。如 $R_0 = 0.1$，则零级解（即4.3.2.4）与一级解（即4.3.2.5式中取一级修正）相差约2%，二级修正项 $\approx 2\times 10^{-4}$ 可不计；如 $R_0 = 0.5$，则零级解与一级解相差约10%，二级修正项 $\approx 0.5\%$，还可略去不计，当 $R_0 \approx 1$ 时，二级修正项 $\approx 2\%$，随着 R_0 的增大，高次修正项的影响变大。(4.3.2.5)式在 R_0 不太大的条件下才成立。

如果用一级近似，有

$$f = 6\pi \eta_1 rv\left(1 + \frac{3}{16}R_0\right) \tag{4.3.2.6}$$

由此得

$$\eta_1 = \frac{\left(m - \frac{4}{3}\pi r^3 \rho\right)g}{6\pi rv_0\left(1 + 2.4\dfrac{r}{R}\right)} - \frac{3}{8}rv_0\rho = \eta_0 - \frac{3}{8}rv_0\rho \tag{4.3.2.7}$$

η_1 是一级修正后的结果。

如果用二级修正，有

$$f = 6\pi \eta rv\left(1 + \frac{3}{16}R_0 - \frac{19}{1080}R_0^2\right) \tag{4.3.2.8}$$

由此得

$$\eta_2 = \frac{1}{2}\eta_1\left[1 + \sqrt{1 + \frac{19}{270}\left(\frac{2\rho rv}{\eta_1}\right)^2}\right] \tag{4.3.2.9}$$

设在时间 t 内,小球以速率 v 匀速直线下落的路程为 l,则根据不同实验条件计算得到液体粘滞系数。

四、实验仪器

玻璃圆筒,读数显微镜,电子天平,小钢球,秒表,米尺,比重计,温度计,待测液体等。

五、延申内容

(1)设计实验方案,研究小球在被测液体中运动状态。

(2)讨论:如果小球在下落过程中偏离中轴线,对实验结果有何影响?

(3)讨论:影响该实验的其它因素。

4.3.3　热的良导体导热系数测量

1882 年法国科学家傅里叶建立了热传导理论,目前各种测量导热系数的方法都是建立在傅里叶热传导定律的基础之上。傅里叶热传导定律:$\dfrac{Q}{t} = -\lambda\dfrac{\mathrm{d}T}{\mathrm{d}z}S$,其中 Q 是在时间 t 通过面积 S 的热量,$\dfrac{\mathrm{d}T}{\mathrm{d}z}$ 是温度梯度,负号表示热量向温度低的方向传递,λ 为导热系数,单位是 W/(m・K)。导热系数大的物体具有较好的导热性能,称为良导体。一般地说,金属的导热系数比非金属的大,固体的导热系数比液体的大,气体的导热系数最小。测量的方法可分为两类:稳态法和动态法。本实验用稳态法测量良导体的导热系数。

一、实验内容

测量所给热的良导体材料的导热系数。

二、实验原理

设有一粗细均匀的金属圆柱体,一端温度高,另一端温度低,则热量将从高温端流向低温端。在加热一段时间后,若圆柱体上各处温度保持不变,而且可以忽略圆柱体侧面散失的热量时,则在相等的时间内,通过圆柱体各横截面的热量应该相等,若非如此,假设通过 A_1B_1(图 4.3.3.1)的热量多于通过截面 A_2B_2 的热量,则在两截面中间这一段圆柱体上,就有热量积聚,温度就要升高。既然现在圆柱体上各处的温度不变,则通过各截面的热量亦必相等。

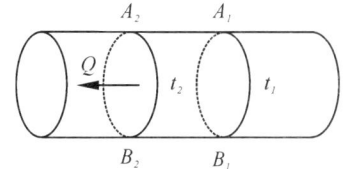

图 4.3.3.1　热量传递示意图

当圆柱体各截面有热量通过,但各处温度保持不变时,就称为达到了稳定流动状

态。按傅里叶热传导定律,在稳定流动状态下,在 t 时间内沿圆柱体各截面流过的热量 Q 为

$$Q = \lambda S t \frac{T_1 - T_2}{l} \qquad (4.3.3.1)$$

式中 S 为圆柱体横截面积,T_1、T_2 为横截面 A_1B_1 及 A_2B_2 处的温度,l 为两截面间距离,比例系数 λ 为该圆柱体材料的导热系数。

本实验所用装置如图 4.3.3.2 所示,在金属圆筒内置一导体 —— 紫铜圆柱。导体一端有蒸气箱,另一端有低温水箱(内有螺旋水槽)。导体上两孔可插入 $0 \sim 100℃$ 精密温度计两支。旋松低温水箱上两管顶部的压紧螺母可插入 $0 \sim 50℃$ 精密温度计两支。稍稍旋紧压紧螺母可使温度计固定,整个仪器用棉花或其他绝热材料裹塞于铁箱中,可使铜柱向四周散失的热量比起在柱内传导的热量小得多。

由蒸气发生器来的水蒸气经过蒸气箱,而冷水通过低温水箱时,导体 A 端就比 B 端热,于是在导体内部热逐步由 A 端传到 B 端。

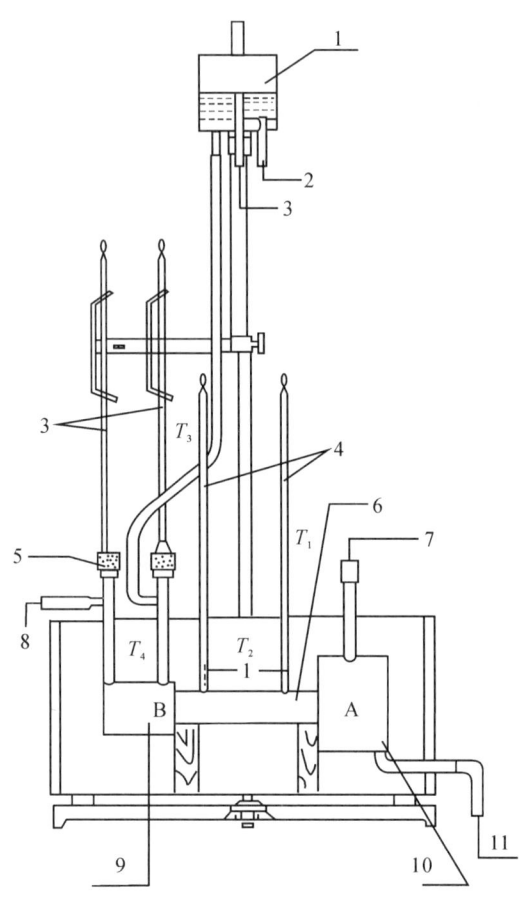

图 4.3.3.2　实验装置示意图

1.水位器;2.冷水入口;3.余水溢出口;4.温度计;
5.压紧螺母;6.导体;7.蒸气入口;8.出水口;
9.低温水箱;10.蒸气箱;11.蒸气出口

为达到稳定状态,即导体各部分温度保持不变,冷却导体的水流必须保持稳定。要得到一定的水流速度,由水源来的水必须先经水位器(接水源后多余的水溢出,而保持一定水位)。从而在输水口与冷水进口之间保持一定的压强差,水流得以稳定。变更水位器的高度,可调整水压大小。

设已达到稳定状态,四支温度计的读数都不变,一秒钟内流过导体的热量 Q_1 为

$$Q_1 = \lambda S t \frac{T_1 - T_2}{l} \qquad (4.3.3.2)$$

设时间 t 内,由低温水箱流过 m 克的水,那么每秒钟流过的水量 $\frac{m}{t}$,这些水在一秒

钟内由导体得到的热量 Q_2 为

$$Q_2 = \frac{cm}{t}(T_4 - T_3) \tag{4.3.3.3}$$

式中 c 是水的比热容,在稳定状态下,若不计散失热量,则 $Q_1 = Q_2$ 所以

$$\lambda = \frac{l}{S} \frac{cm}{t} \frac{T_4 - T_3}{T_1 - T_2} \tag{4.3.3.4}$$

本实验测量 Q 所采用的方法叫做流体换热法。这种方法是用一定温度、已知比热容的液体(通常用水)稳定地流过向外传递热量的部件;液体因受热而温度升高,根据流过的液体质量,其温度升高的数值以及液体的比热容,就可以计算液体在流动期间所传递的热量。因为一般液体的比热容较大,所以这个方法适用于测量单位时间内传递热量数值较大的情况。

三、实验仪器

金属内部导热系数测定仪,$0 \sim 100℃$ 和 $0 \sim 50℃$ 温度计各两支,天平,烧瓶,停表,烧杯,加热器等。

四、延伸内容

(1)指出测量导热系数所用的公式 $\lambda = \frac{l}{S} \frac{cm}{t} \frac{T_4 - T_3}{T_1 - T_2}$ 能成立的条件,在实验中,如何保证这些条件?

(2)讨论:在实验过程中,为什么冷却水流量必须保持稳定?哪些因素会影响水的流量?

4.3.4　热的不良导体导热系数测量

导热系数(又称导热率)是反映材料热性能的重要物理量,导热系数大、导热性能好的材料称为良导体,导热系数小、导热性能差的材料称为不良导体。因为材料的导热系数不仅随温度、压力、湿度、密度变化,而且材料的杂质含量、结构变化都会明显影响导热系数的数值,所以在科学实验和工程设计中,所用材料的导热系数都需要用实验的方法精确测定。测量导热系数的实验方法一般分为稳态法和非稳态法两类。在稳态法中,先利用热源对样品加热,样品内部的温差使热量从高温向低温处传导,样品内部各点的温度将随加热快慢和传热快慢的影响而变动;当适当控制实验条件和实验参数时加热和传热的过程达到平衡状态,则待测样品内部可能形成稳定的温度分布,根据这一温度分布就可以计算出导热系数。而在非稳态法中,最终在样品内部所形成的温度分布是随时间变化的,如呈周期性的变化,变化的周期和幅度亦受实验条件和加热快慢的影响,与导热系数的大小有关。近年来,随着测量技术的进步,采用

非稳态法测量不良导体热扩散系数在国外已经广泛应用。

一、课前知识准备

温差电偶的工作机理。

二、实验内容

(1) 利用温度梯度法测量某热的不良导体的导热系数。

(2) 利用作图法和逐差法处理实验数据。

三、实验原理

1.导热系数

1882 年法国科学家丁·傅里叶提出了热传导定律,定律指出:如果热量是沿着 Z 方向传导,在 Z 轴上任一位置 Z_0 处取一个垂直截面积 ds,以 $\dfrac{dT}{dz}$ 表示在 Z 处的温度梯度,以 $\dfrac{dQ}{dt}$ 表示该处的传热速率(单位时间内通过截面积 ds 的热量),则热传导定律可表示成:

$$dQ = -\lambda \left(\frac{dT}{dz}\right)_{z_0} ds \cdot dt \qquad (4.3.4.1)$$

式中的负号表示热量从高温区向低温区传导(即热传导的方向与温度梯度的方向相反),λ 即为导热系数,导热系数的物理意义:在温度梯度为一个单位的情况下,单位时间内垂直通过截面单位面积的热量。

2.导热系数的测量

利用(4.3.4.1)式测量材料的导热系数 λ,需解决两个关键的问题:一是如何在材料内造成一个温度梯度 $\dfrac{dT}{dz}$,并确定其数值;二是如何测量材料内由高温区向低温区的传热速率 $\dfrac{dQ}{dt}$。

(1) 温度梯度 $\dfrac{dT}{dz}$。

为了在样品内造成一个温度的梯度分布,把样品加工成平板状,并把它夹在两块良导体(铜板)之间,如图 4.3.4.1 所示,使两块铜板分别保持在恒定温度 T_1 和 T_2,就可能在垂直于样品表面的方向上形成温度的梯度分布。若样品厚度远小于样品直径($h \ll D$),由于样品侧面积比平板面积小得多,由侧面散去的热量可忽略不计,认为热量是沿垂直于样品平面的方向上传导,即只在此

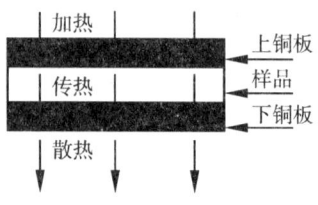

图 4.3.4.1　传递示意图

方向上有温度梯度。由于铜是热的良导体,在达到平衡时,可认为同一铜板各处的温度相同,样品内同一平行平面上各处的温度也相同。这样只要测出样品的厚度 h 和两块铜板的温度 T_1、T_2,就可以确定样品内的温度梯度 $\dfrac{T_1-T_2}{h}$。当然这需要铜板与样品表面紧密接触无缝隙,否则中间的空气层将产生热阻,使得温度梯度测量不准确。

为了保证样品中温度场的分布具有良好的对称性,故把样品及两块铜板都加工成等大的圆形。

(2)关于传热速率 $\dfrac{\mathrm{d}Q}{\mathrm{d}t}$。

单位时间内通过某一截面积的热量 $\dfrac{\mathrm{d}Q}{\mathrm{d}t}$ 是一个无法直接测定的量,我们设法将这个量转化为较容易测量的量。为了维持一个恒定的温度梯度分布,必须不断地给高温侧铜板加热,热量通过样品传到低温侧铜板,低温侧铜板则要将热量不断地向周围环境散出。当加热速率、传热速率与散热速率相等时,系统就达到一个动态平衡,称之为稳态,此时低温侧铜板的散热速率就是样品内的传热速率。这样,只要测量低温侧铜板在稳态温度 T_2 下散热的速率,也就间接测量出了样品内的传热速率。但是,铜板的散热速率也不易测量,还需要进一步作参量转换,我们知道,铜板的散热速率与冷却速率(温度变化率) $\dfrac{\mathrm{d}T}{\mathrm{d}t}$ 有关,其表达式为

$$\left.\frac{\mathrm{d}Q}{\mathrm{d}t}\right|_{T_2}=-mc\left.\frac{\mathrm{d}T}{\mathrm{d}t}\right|_{T_2} \tag{4.3.4.2}$$

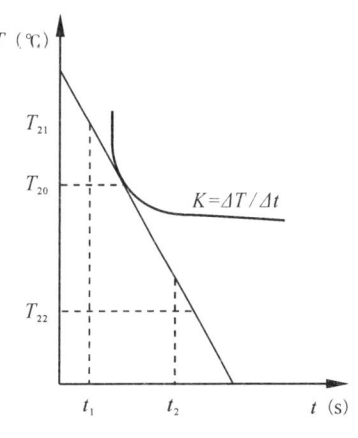

式中的 m 为铜板的质量,C 为铜板的比热容,负号表示热量向低温方向传递。由于质量容易直接测量,C 为常量,这样对铜板的散热速率的测量又转化为对低温侧铜板冷却速率的测量。铜板的冷却速率可以这样测量:在达到稳态后,移去样品,用加热铜板直接对下铜板加热,使其温度高于稳态温度 T_2(大约高出 10℃ 左右),再让其在环境中自然冷却,直到温度低于 T_2,测出温度在大于 T_2 到小于 T_2 区间中随时间的变化关系,描绘出 $T-t$ 曲线(见图 4.3.4.2),曲线在 T_2 处的斜率就是铜板在稳态温度时 T_2 下的冷却速率。

图 4.3.4.2　散热盘的冷却曲线图

应该注意的是,这样得出的 $\dfrac{\mathrm{d}T}{\mathrm{d}t}$ 是铜板全部表面暴露于空气中的冷却速率,其散

热面积为 $2\pi R_p^2 + 2\pi R_p h_p$(其中 R_p 和 h_p 分别是下铜板的半径和厚度),然而,设样品截面半径为 R,在实验中稳态传热时,铜板的上表面(面积为 πR_p^2)是被样品全部($R = R_p$)或部分($R < R_p$)覆盖的,由于物体的散热速率与它们的面积成正比,所以稳态时,铜板散热速率的表达式应修正为:

若 $R = R_P$,则

$$\frac{\mathrm{d}Q}{\mathrm{d}t} = -mc\frac{\mathrm{d}T}{\mathrm{d}t}\frac{\pi R_P^2 + 2\pi R_p h_p}{2\pi R_p^2 + 2\pi R_p h_p} \tag{4.3.4.3}$$

若 $R < R_P$,则

$$\frac{\mathrm{d}Q}{\mathrm{d}t} = -mc\frac{\mathrm{d}T}{\mathrm{d}t}\frac{2\pi R_P^2 - \pi R^2 + 2\pi R_p h_p}{2\pi R_p^2 + 2\pi R_p h_p} \tag{4.3.4.4}$$

将(4.3.4.3)式或(4.3.4.4)式代入热传导定律表达式,考虑到 $\mathrm{d}s = \pi R^2$,可以得到导热系数:

$$\lambda = -mc\frac{2h_p + R_p}{2h_p + 2R_p}\frac{1}{\pi R^2}\frac{h}{T_1 - T_2}\frac{\mathrm{d}T}{\mathrm{d}t}\Big|_{T=T_2} \tag{4.3.4.5}$$

或

$$\lambda = -mc\frac{2R_p^2 - R^2 + 2R_p h_p}{2R_p^2 + 2R_p h_p}\frac{1}{\pi R^2}\frac{h}{T_1 - T_2}\frac{\mathrm{d}T}{\mathrm{d}t}\Big|_{T=T_2} \tag{4.3.4.6}$$

式中的 R 为样品的半径、h 为样品的高度、m 为下铜板的质量、c 为铜的比热容、R_p 和 h_p 分别是下铜板的半径和厚度。各项均为常量或直接易测量。

(3)用温差电偶将温度测量转化为电压测量。

本实验选用铜 — 康铜热电偶测温度,温差为 100℃ 时,其温差电动势约为 4.0mV。由于热电偶冷端浸在冰水中,温度为 0℃,当温度变化范围不大时,热电偶的温差电动势 ε(mV)与待测温度 T(℃)的比值是一个常数。因此,在用(4.3.4.5)或(4.3.4.6)式计算时,也可以直接用电动势 ε 代表温度 T。

四、实验仪器

测不良导体导热系数的装置一套,$0 \sim 100℃$ 温度计两支,卡尺,秒表,电炉,烧瓶,样品。

五、延伸内容

(1)测定散热速率时为什么要在稳定温度附近选值?

(2)样品的导热系数大小与温度有什么关系?

(3)样品的导热系数大小与导热性能有什么关系?

(4)实验中怎样实现稳定导热?如何判断已达到稳定导热状态?

(5)分析实验中产生误差的主要因素有哪些?

(6)傅里叶定律 $\frac{\mathrm{d}Q}{\mathrm{d}t}$ 是不易测准量,本实验如何巧妙地避开了这一难题?

4.3.5　金属材料线胀系数测量

热膨胀系数(Coefficient of thermal expansion,简称 CTE)是指物质在热胀冷缩效应作用之下,几何特性随着温度的变化而发生变化的规律性系数,表示材料膨胀或收缩的程度。热膨胀系数主要有线性热膨胀系数(Coefficient of Linear Thermal Expansion,简称 CLTE 线胀系数)和体积热膨胀系数。线胀系数是指固态物质当温度改变 1 摄氏度时,其长度的变化和它在 0℃ 时的长度的比值。各物体的线胀系数不同,一般金属的线胀系数约为 10^{-5} / 度,大多数情况之下,此系数为正值。也就是说温度升高体积扩大。但是也有例外,当水在 0 到 4 摄氏度之间,会出现反膨胀。而一些陶瓷材料在温度升高情况下,几乎不发生几何特性变化,其热膨胀系数接近零。金属线胀系数几乎在所有的工程中都有应用,如:铁路、桥梁、寒冷地点的高层建筑、锅炉、热机、内燃机(汽油机、柴油机、蒸汽机)、航天、精密机械等等。测量线胀系数的主要问题是如何测量伸长量 ΔL,而 ΔL 是微小伸长量,对于微小伸长量的测量,常采用千分表、读书显微镜、光杠杆放大法、光学干涉法等。

一、课前知识准备

(1) 千分表的内部结构及放大原理。

(2) 光杠杆测量微小伸长量的原理。

二、实验内容

(1) 测量不同金属材料在一定温度范围线胀系数的平均值。

(2) 研究金属线胀系数随温度的变化关系。

三、实验原理

1. 金属的线胀系数

固体的长度一般是温度的函数,在常温下,固体的长度 L 与温度 t 有如下关系:

$$L = L_0(1 + \alpha t) \tag{4.3.5.1}$$

式中 L_0 为固体在 $t = 0℃$ 时的长度;α 称为线膨胀系数(简称线胀系数),其数值与材料本身性质有关,不同材料的线胀系数不同。多数金属的线膨胀系数在$(0.8 - 2.5) \times 10^{-5}/℃$ 之间。常见的固体材料的线胀系数见表 4.3.5.1。

表 4.3.5.1　几种材料的线胀系数

材料	铜、铁、铝	普通玻璃、陶瓷	熔凝石英
α 的数量级 /℃$^{-1}$	$\approx 10^{-5}$	$\approx 10^{-6}$	$\approx 10^{-7}$

大量精密测量表明:在温度变化不大时,α 值很小近于常量。当温度变化较大时,α

与 T 有关,这时固体的长度 L_t 可写成

$$L_t = L_0(1 + aT + bT^2 + cT^3 + \cdots\cdots) \tag{4.3.5.2}$$

即 $\alpha = a + bT + cT^2 + \cdots\cdots$ 该式属经验公式,a、b、c、$\cdots\cdots$ 等为常量。

在室温 T_1 下,测量出固体的长度 L_1 及其温度由 T_1 升高至 T_2 时被测固体的伸长量,由于温度变化范围小,可认为线胀系数为常量,则有

$$L_1 = L_0(1 + \alpha T_1)$$
$$L_2 = L_0(1 + \alpha T_2)$$

消去 L_0 后可得
$$\alpha = \frac{L_2 - L_1}{L_1\left(T_2 - \dfrac{L_2}{L_1}T_1\right)} \tag{4.3.5.3}$$

因 α 值很小,L_2 与 L_1 非常接近,故 $L_2/L_1 \approx 1$。于是(4.3.5.3)式可近似写成

$$\alpha = \frac{\Delta L}{L_1(T_2 - T_1)} \tag{4.3.5.4}$$

由此可知,固体线胀系数的物理意义是当温度变化1℃时,固体长度的相对变化值,其单位为 ℃$^{-1}$。由(4.3.5.4)式测得的 α 称为固体在 $T_1 \sim T_2$ 温度范围内的线膨胀系数。

2. 微小伸长量的测量

显然,在(4.3.5.4)式中,L_1、T_1、T_2 都比较容易测量,但 ΔL 很小,因此,本实验的关键问题是如何测量微小伸长量 ΔL。用普通钢尺或游标卡尺是测不准的,下面介绍如何利用千分表法、光杠杆放大法测量微小伸长量。

(1) 千分表法。

千分表是一种测量微小长度变化的仪器。

当外套管 G 被固定后,内轴 N 每被压缩 1mm 指针 H 就转过一圈。表盘上等分 100 小格,每小格为 1/1000 cm,利用千分表可以直接测量 ΔL。

(2) 光杠杆法。

光杠杆及其放大原理参考第三章杨氏模量实验。

用光杠杆测量材料线胀系数的公式

$$\alpha = \frac{(n_2 - n_1)b}{2L_1 B(T_2 - T_1)} \tag{4.3.5.5}$$

式中,L_1 为室温下材料原长,B 为平面镜镜面至标尺的距离,b 为光杠杆前足连线与后尖足之间的距离;T_1 和 T_2 为加热前后材料的温度;n_1 和 n_2 为加热前后从望远镜中看到的标尺读数。

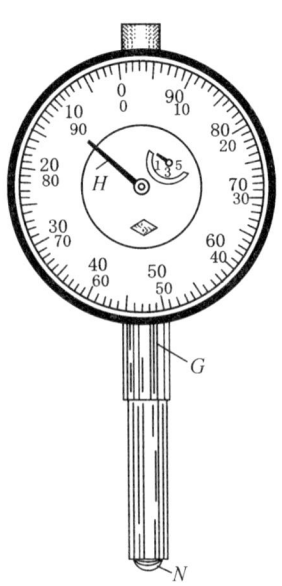

图 4.3.5.1

千分表示意图

四、实验仪器

金属线胀系数测定仪,待测金属棒一根,千分表,钢卷尺,数显温控仪等。

五、延申内容

(1) 该实验的误差来源主要有哪些?是如何产生的?

(2) 比较逐差法和最小二乘法处理实验数据的优缺点?

(3) 利用千分表读数时应注意哪些问题?如何消除误差?

(4) 在工程上预留膨胀缝和砌体总尺寸结构设计计算中如何利用线胀系数?

4.3.6　磁性物质居里温度测定

19 世纪末,著名物理学家皮埃尔·居里在自己的实验室里发现磁石的一个物理特性:铁磁性物质的磁性随温度的变化而改变,当温度上升到某一温度时,原来的磁性就会消失。铁磁物质失去磁性而转变为顺磁性物质,这个温度称之为居里温度,以 T_C 表示。居里温度是磁性材料的本征参数之一,它仅与材料的化学成分和晶体结构有关,几乎与晶粒的大小、取向以及应力分布等结构因素无关,因此又称它为结构不灵敏参数。测定铁磁材料的居里温度不仅对磁材料、磁性器件的研究和研制,而且对日常生活和工程技术的应用都具有十分重要的意义。

一、实验内容

(1) 通过观察磁滞回线消失时的温度来测量磁性材料的居里温度点。

(2) 测量感应电动势随温度变化的关系来测量磁性材料的居里温度点。

二、实验原理

1. 基本理论

铁磁物质被磁化后具很强的磁性,但这种强磁性是与温度有关的。随着铁磁物质温度的升高,金属点阵热运动的加剧会影响磁畴磁矩的有序排列。但在未达到一定温度时,热运动不足以破坏磁畴磁矩基本的平行排列,此时任何宏观区域的平均磁矩仍不为零,物质仍具有磁性,只是平均磁矩随温度升高而减小。而当与 KT(K 是玻耳兹曼常数,T 是热力学温度)成正比的热运动能足以破坏磁畴磁矩的整齐排列时,磁畴被瓦解,平均磁矩降为零,铁磁物质的磁性消失而转变为顺磁物质,与磁畴相联系的一系列铁磁性质(如高磁导率、磁滞回线、磁致伸缩等)全部消失,相应的铁磁物质的磁导率转化为顺磁物质的磁导率。与铁磁性消失时所对应的温度即为居里点温度。任何区域的平均磁矩称为自发磁化强度,用 M_S 表示。

不同磁性材料的居里点皆不同。例如铁的居里温度约 770℃,钴的居里温度约 1131℃。而铁氧化体的居里温度则在几十到几百开范围内不等。就锰锌来说考虑居里温度效应的常见(其他材质居里温度较高),功率类的材料居里温度 230℃ 以下,高导类的 120℃ 以下。

2.测量装置及原理

由居里温度的定义知,任何可测定 M_s 或可判断铁磁性消失的带有温控的装置都可用来测量居里温度。要测定铁磁材料的居里点温度,从测量原理上来讲,其测定装置必须具备四个功能:提供使样品磁化的磁场;改变铁磁物质温度的温控装置;判断铁磁物质磁性是否消失的判断装置;测量铁磁物质磁性消失时所对应温度的测温装置。

JLD-Ⅱ 居里点温度测试仪是通过图 4.3.6.1 所示的系统装置来实现以上 4 个功能的。

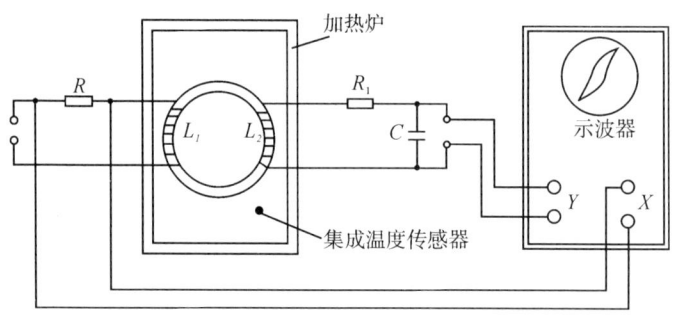

图 4.3.6.1 JLD-Ⅱ居里点温度测试仪测量原理图

待测样品为一环形铁磁材料,其上绕有两个线圈 L_1 和 L_2,其中 L_1 为励磁线圈,给其中通一交变电流,提供使环形样品磁化的磁场。将其绕有线圈的环形样品置于温度可控的加热炉中以改变样品的温度。将集成温度传感器置于样品旁边以测定样品的温度。

本装置可通过两种途径来判断样品的铁磁性消失。

方法一:观察样品的磁滞回线是否消失来判断。

铁磁物质最大的特点是当它被外磁场磁化时,其磁感应强度 B 和磁场强度 H 的关系不是非线性的,也不是单值的,而且磁化的情况还与它以前的磁化历史有关,即其 $B(H)$ 曲线为一闭合曲线,称之为磁滞回线,如图 4.3.6.2 所示。当铁磁性消失时,相应的磁滞回线也就消失了。因此,测出对应于磁滞回线消失时的温度,就测得了居里点温度。

为了获得样品的磁滞回线,可在励磁线圈回路中串联一个采样电阻 R。由于样品中的磁场强度 H 正比

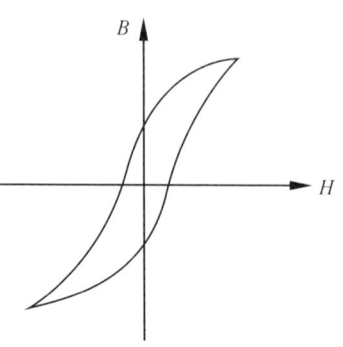

图 4.3.6.2 磁滞回线

于励磁线圈中通过的电流 I，而电阻 R 两端的电压 U 也正比于电流 I，因此可用 U 代表磁场强度 H，将其放大后送入示波器 X 轴。

样品上的线圈 L_2 中会产生感应电动势，由法拉第电磁感应定律知，感应电动势的大小为：

$$\varepsilon = -\frac{\mathrm{d}\varphi}{\mathrm{d}t} = -k\frac{\mathrm{d}B}{\mathrm{d}t} \tag{4.3.6.1}$$

式中 k 为比例系数，与线圈的匝数和截面积有关。将式 4.3.6.1 积分得：

$$B = -\frac{1}{k}\int \varepsilon \cdot \mathrm{d}t \tag{4.3.6.2}$$

可见，样品的磁感应强度 B 与 L_2 上的感应电动势的积分成正比。因此，将 L_2 上感应电动势经过 R_2C 积分电路积分并加以放大处理后送入示波器的 Y 轴，这样在示波器的荧光屏上即可观察到样品的磁滞回线（示波器用 $X-Y$ 工作方式）。

方法二：测定磁感应强度随温度变化的曲线来推断。

一般自发磁化强度 M_S 与饱和磁化强度 M（不随外磁场变化时的磁化强度）很接近，可用饱和磁化强度近似代替自发磁化强度，并根据饱和磁化强度随温度变化的特性来判断居里温度。由电磁学理论知道，当铁磁性物质的温度达到居里温度时，其 $M(T)$ 的变化曲线与 $B(T)$ 曲线很相似，因此在测量精度要求不高的情况下，可通过测定 $B(T)$ 曲线来推断居里温度。即测出感应电动势的积分电压 U 随温度 T 变化的曲线，并在其斜率最大处作切线，切线与横坐标（温度）的交点即为样品的居里温度。

三、实验仪器

JLD－Ⅱ 型居里温度测试仪，10M 或 20M 示波器，铁磁材料样品。

附：

在铁磁性物质中，相邻原子间存在着非常强的交换耦合作用，这个相互作用促使相邻原子的磁矩平行排列起来，形成一个自发磁化达到饱和状态的区域，这个区域的体积约为 $10^{-8}\,\mathrm{m}^3$，称之为磁畴。在没有外磁场作用时，不同磁畴的取向各不相同，如图 4.3.6.3 所示。因此，对整个铁磁物质来说，任何宏观区域的平均磁矩为零，铁磁物质不显示磁性。

当有外磁场作用时，不同磁畴的取向趋于外磁场的方向，任何宏观区域的平均磁矩不再为零，且随着外磁场的增大而增大。当外磁场增大到一定值时，所有磁畴沿外磁场方向整齐排列，如图 4.3.6.4 所示。任何宏观区域的平均磁矩达到最大值，铁磁物质显示出很强的磁性，我们说铁磁物质被磁化了。铁磁物质的磁导率 μ 远远大于顺磁物质的磁导率。

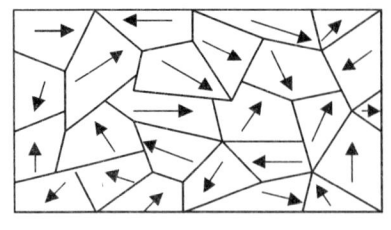
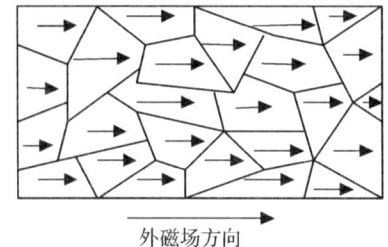

外磁场方向

图 4.3.6.3　无外磁场作用的磁畴　　图 4.3.6.4　在外磁场作用下的磁畴

4.3.7 铁磁材料磁化特性研究

在各类磁介质中,应用最广泛的是铁磁物质。在 20 世纪初期,铁磁材料主要用在电机制造业和通讯器件中,如发电机、变压器和电表磁头,而自 20 世纪 50 年代以来,随着电子计算机和信息科学的发展,应用铁磁材料进行信息的存储和纪录,例如现已成为家喻户晓的磁带、磁盘,不仅可存储数字信息,也可以存储随时间变化的信息;不仅可用作计算机的存储器,而且可用于录音和录像,已发展成为引人注目的系列新技术,预计新的应用还将不断得到发展。因此,对铁磁材料性能的研究,无论在理论上或实用上都有很重要的意义。

磁滞回线和基本磁化曲线反映了铁磁材料磁特性的主要特征。本实验仪用交流电对铁磁材料样品进行磁化,测绘的 $B-H$ 曲线称为动态磁滞回线。测量铁磁材料动态磁滞回线的方法很多,用示波器测绘动态磁滞回线具有直观、方便、迅速及能在不同磁化状态下(交变磁化及脉冲磁化等)进行观察和测绘的独特优点。

一、课前知识准备

(1)铁磁材料的微观机理。

(2)铁磁材料的应用。

二、实验内容

(1)测量样品 1(硬磁材料)的磁化曲线和动态磁滞回线。

(2)测量样品 2(软磁材料)的磁化曲线和动态磁滞回线。

(3)根据前面的测量,确定样品的饱和磁感应强度 $-B_m$、B_m,外磁场 $H=0$ 时剩磁 $-B_r$、B_r,矫顽力 $-H_c$、H_c。

三、实验原理

1. 铁磁材料的磁性特征

(1)磁化曲线。

如果在由电流产生的磁场中放入铁磁物质,则磁场将明显增强,此时铁磁物质中的磁感应强度比单纯由电流产生的磁感应强度增大百倍,甚至在千倍以上。铁磁物质内部的磁场强度 H 与磁感应强度 B 有如下的关系:

$$B = \mu H$$

对于铁磁物质而言,磁导率 μ 并非常数,而是随 H 的变化而改变的物理量,即 $\mu = f(H)$,为非线性函数。如图 4.3.7.1 所示,B 与 H 也是非线性关系。

$$B = \mu H$$

铁磁材料的磁化过程为:其未被磁化时的状态称为去磁状态,这时若在铁磁材料上加一个由小到大的磁化场,则铁磁材料内部的磁场强度 H 与磁感应强度 B 也随之变大,其 $B - H$ 变化曲线如图 4.3.7.1 所示。但当 H 增加到一定值后,B 几乎不再随 H 的增加而增加,说明磁化已达饱和,从未磁化到饱和磁化的这段磁化曲线称为材料的起始磁化曲线。

(2)磁滞回线。

当铁磁材料的磁化达到饱和之后,如果将磁化场减少,则铁磁材料内部的 B 和 H 也随之减少,但其减少的过程并不沿着磁化时的路线返回。从图 4.3.7.2 可知当磁化场撤消,$H = 0$ 时,磁感应强度仍然保持一定数值 $B = B_r$,称为剩磁(剩余磁感应强度)。

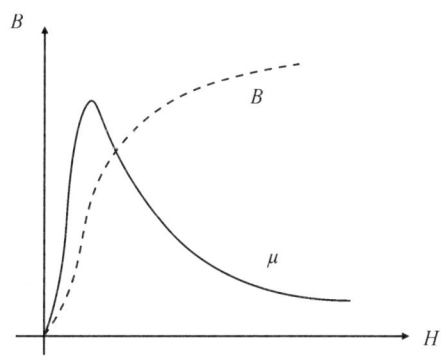

图 4.3.7.1 磁化曲线和 $\mu \sim H$ 曲线

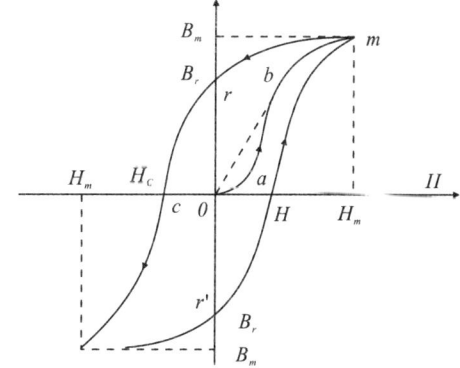

图 4.3.7.2 起始磁化曲线与磁滞回线

若要使被磁化的铁磁材料的磁感应强度 B 减少到 0,必须加上一个反向磁场并逐步增大。当铁磁材料内部反向磁场强度增加到 $H = H_c$ 时(图 4.3.7.2 上的 c 点),磁感应强度 B 才是 0,达到退磁。图 4.3.7.2 中的 rc 段曲线为退磁曲线,H_c 称为矫顽磁力。如图 4.3.7.2 所示,当 H 按 $0 \to H_m \to 0 \to H_c \to H_m \to 0 \to H_c \to H_m$ 的顺序变化时,B 相应沿 $0 \to B_m \to B_r \to 0 \to B_m \to B_r \to 0 \to B_m$ 顺序变化。图中的 $Oabm$ 段曲线称起始磁化曲线,所形成的封闭曲线称为磁滞回线。

由图 4.3.7.2 可知:当 $H = 0$ 时,$B \neq 0$,这说明铁磁材料还残留一定值的磁感应强度 B_r,通常称 B_r 为铁磁物质的剩余感应强度(剩磁)。若要使铁磁物质完全退磁,即 $B = 0$,必须加一个反方向磁场 H_c。这个反向磁场强度 H_c,称为该铁磁材料的矫顽磁力。B 的变化始终落后于 H 的变化,这种现象称为磁滞现象。H 上升与下降到同一数值时,铁磁材料内的 B 值并不相同,退磁化过程与铁磁材料过去的磁化经历有关。当从初始状态 $H = 0,B = 0$ 开始周期性地改变磁场强度的幅值时,在磁场由弱到强地单调增加过程中,可以得到面积由大到小的一簇磁滞回线,如图 4.3.7.3 所示。其中最大面积的磁滞回线称为极限磁滞回线。由于铁磁材料磁化过程的不可逆性及具有剩磁的特点,在测定磁化曲线和磁滞回线时,首先必须将铁磁材料预先退磁,以保证外加磁场 $H = 0,B = 0$;其次,磁化电流在实验过程中只允许单调增加或减少,不能时增时减。在理论上,要消除剩磁 B_r,只需通一反向磁化电流,使外加磁场正好等于铁磁材料的矫顽磁力即可。实际上,矫顽磁力的大小通常并不知道,因而无法确定退磁电流的大小。我们从磁滞回线得到启示,如果使铁磁材料磁化达到磁饱和,然后不断改变磁化电流的方向,与此同时逐渐减少磁化电流,直到于零。则该材料的磁化过程中就是一连串逐渐缩小而最终趋于原点的环状曲线,如图 4.3.7.4 所示。当 H 减小到零时,B 亦同时降为零,达到完全退磁。

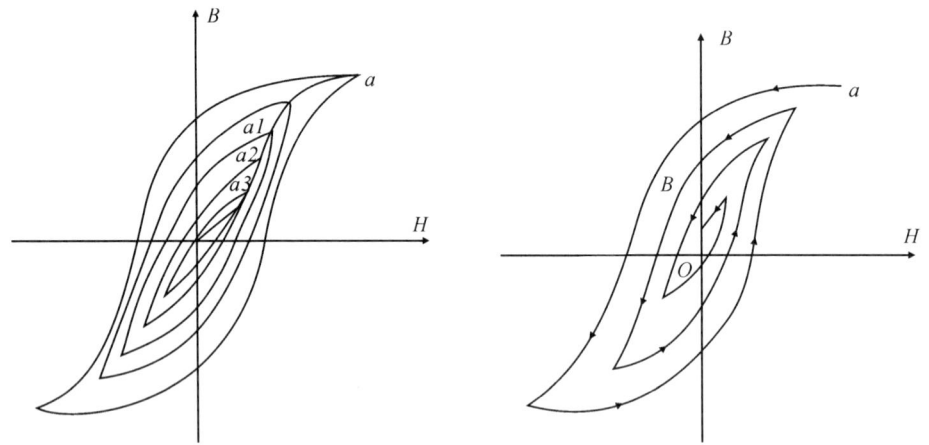

图 4.3.7.3　磁场由弱到强增加时的磁滞回线　图 4.3.7.4　磁场由强到弱减小时的磁滞回线

实验表明,经过多次反复磁化后,$B - H$ 的量值关系形成一个稳定的闭合的"磁滞回线"。通常以这条曲线来表示该材料的磁化性质。这种反复磁化的过程称为"磁锻炼"。本实验使用交变电流,所以每个状态都是经过充分的"磁锻炼",随时可以获得磁滞回线。

我们把图 4.3.7.3 中原点 O 和各个磁滞回线的顶点 $a_1,a_2,\cdots,a$ 所连成的曲线,称为铁磁性材料的基本磁化曲线。不同的铁磁材料其基本磁化曲线是不相同的。为了使样品的磁特性可以重复出现,也就是指所测得的基本磁化曲线都是由原始状态($H = 0, B = 0$)开始,在测量前必须进行退磁,以消除样品中的剩余磁性。

在测量基本磁化曲线时,每个磁化状态都要经过充分的"磁锻炼"。否则,得到的 $B - H$ 曲线即为开始介绍的起始磁化曲线,两者不可混淆。

2. 示波器测定 $B - H$ 曲线的原理线路

(1) 示波器显示 $B - H$ 曲线。

示波器测量 $B - H$ 曲线的实验线路如图 4.3.7.5 所示。

本实验研究的铁磁物质是一个环状式样(如图 4.3.7.6 所示)。在式样上绕有励磁线圈 N_1 匝和测量线圈 N_2 匝。若在线圈 N_1 中通过磁化电流 i_1 时,此电流在式样内产生磁场,根据安培环路定律 $HL = N_1 i_1$,磁场强度 H 的大小为:

$$H = \frac{N_1 i_1}{L} \tag{4.3.7.1}$$

其中 L 为的环状式样的平均磁路长度(在图 4.3.7.6 中用虚线表示)。

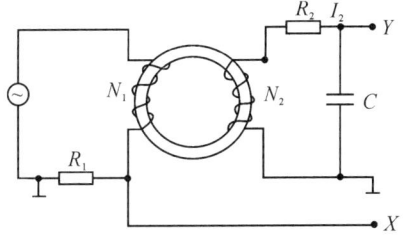
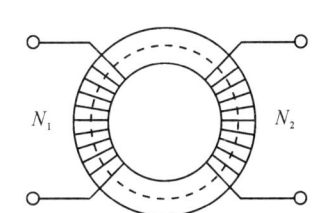

图 4.3.7.5　实验电路图　　　　图 4.3.7.6　实验样品

由图 4.3.7.5 可知示波器 X 轴偏转板输入电压为:

$$U_X = U_R = i_1 R_1 \tag{4.3.7.2}$$

由式(4.3.7.1) 和式(4.3.7.2) 得:

$$U_X = \frac{L R_1}{N_1} H \tag{4.3.7.3}$$

上式表明在交变磁场下,任一时刻电子束在 X 轴的偏转正比于磁场强度 H。

为了测量磁感应强度 B,在次级线圈 N_2 上串联一个电阻 R_2 与电容 C 构成一个回路,同时 R_2 与 C 又构成一个积分电路。取电容 C 两端电压 U_C 至示波器 Y 轴输入,若适当选择 R_2 和 C 使 $R_2 \gg 1/\omega C$,则:

$$i_1 = \frac{E_2}{\left[R_2^2 + \left(\frac{1}{\omega C} \right)^2 \right]^{1/2}} \approx \frac{E_2}{R_2}$$

式中,ω 为电源的角频率,E_2 为次级线圈的感应电动势。

因交变磁场 H 的样品中产生交变的磁感应强度 B,则:

$$E_2 = N_2 \frac{\mathrm{d}\varphi}{\mathrm{d}t} = N_2 S \frac{\mathrm{d}B}{\mathrm{d}t}$$

式中 $S = (D_2 - D_1)h/2$,为环式样的截面积,h 为磁环厚度,则:

$$U_Y = U_C = \frac{Q}{C} = \frac{1}{C}\int i_2 \mathrm{d}t = \frac{1}{CR_2}\int E_2 \mathrm{d}t = \frac{N_2 S}{CR_2}\int \mathrm{d}B = \frac{N_2 S}{CR_2}B \quad (4.3.7.4)$$

上式表明接在示波器 Y 轴输入的 U_Y 正比于 B。

R_2C 构成的电路在电子技术中称为积分电路,表示输出的电压 U_C 是感应电动势 E_2 对时间的积分。为了如实地绘出磁滞回线,要求:$R_2 \gg \dfrac{1}{\omega C}$,同时,若 U_C 振幅很小,不能直接绘出大小适合需要的磁滞回线。为此,需将 U_C 经过示波器 Y 轴放大器增幅后输至 Y 轴偏转板上。这就要求在实验磁场的频率范围内,放大器的放大系数必须稳定,不会带来较大的相位畸变。事实上示波器难以完全达到这个要求,因此在实验时经常会出现如图4.3.7.7 所示的畸变。观测时将 X 轴输入选择"AC",Y 轴输入选择"DC"档,并选择合适的 R_1 和 R_2 的阻值,可避免这种畸变,得到最佳磁滞回线图形。

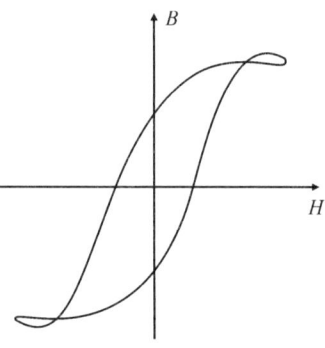

图 4.3.7.7　畸变的磁滞回线

这样,在磁化电流变化的一个周期内,电子束的径迹描出一条完整的磁滞回线。适当调节示波器 X 和 Y 轴增益,再由小到大调节信号发生器的输出电压,即能在屏上观察到由小到大扩展的磁滞回线图形。逐次记录其正顶点的坐标,并在坐标纸上把它联成光滑的曲线,就得到样品的基本磁化曲线。

（2）示波器的定标测量。

从前面说明中可知从示波器上可以显示出待测材料的动态磁滞回线,但为了定量研究磁化曲线、磁滞回线,必须对示波器进行定标。即还须确定示波器的 X 轴的每格代表多少 H 值(A/m),Y 轴每格实际代表多少 B 值(T)。

由公式(4.3.7.3)、(4.3.7.4) 可以得知,在 U_X、U_Y 可以准确测得且 R_1、R_2 和 C 都为已知的标准元件的情况下,就可以省去繁琐的定标工作。下面就如何在这种情况下测量进行分析。

一般示波器都有已知的 X 轴和 Y 轴的灵敏度,设 X 轴灵敏度为 $S_X(V/\text{格})$,Y 轴的灵敏度为 $S_Y(V/\text{格})$。将 X 轴、Y 轴的灵敏度旋钮顺时针打到底并锁定,则上述 S_X

和 S_Y 均可从示波器的面板上直接读出,则有:

$$U_X = S_X X , U_Y = S_Y Y$$

式中 X, Y 分别为测量时记录的坐标值(单位:格。注意,指一大格,示波器一般有 $8 \sim 10$ 大格),可见通过示波器就可测得 U_X、U_Y 值。

由于本实验使用的 R_1、R_2 和 C 都是阻抗值已知的标准元件,误差很小,其中的 R_1、R_2 为无感交流电阻,C 的介质损耗非常小。这样就可结合示波器测量出 H 值和 B 值的大小。

综合上述分析,本实验定量计算公式为:

$$H = \frac{N_1 S_X}{L R_1} X \tag{4.3.7.5}$$

$$B = \frac{R_2 C S_Y}{N_2 S} Y \tag{4.3.7.6}$$

式中各量的单位为:R_1、R_2 为 Ω;L 为 m;S 为 m^2;C 为 F;S_X 和 S_Y 为 $V/$ 格;X 和 Y 为格(分正负向读数);H 的单位为 A/m;B 的单位为 T。

四、实验仪器

动态磁滞回线实验仪、示波器。

附:

铁磁性,是指物质中相邻原子或离子的磁矩由于它们的相互作用而在某些区域中大致按同一方向排列,当所施加的磁场强度增大时,这些区域的合磁矩定向排列程度会随之增加到某一极限值的现象。铁磁性主要分布在过渡族金属(如铁)及它们的合金和化合物材料中。

铁磁性机制:在铁磁性物质内部,如同顺磁性物质,有很多未配对电子。由于交换作用,这些电子的自旋趋于与相邻未配对电子的自旋呈相同方向。由于铁磁性物质内部又分为很多磁畴,虽然磁畴内部所有电子的自旋会单向排列,造成"饱合磁矩",磁畴与磁畴之间,磁矩的方向与大小都不相同。所以,未被磁化的铁磁性物质,其净磁矩与磁化矢量都等于零。假设施加外磁场,这些磁畴的磁矩还趋于与外磁场呈相同方向,从而形成有可能相当强烈的磁化矢量与其感应磁场。随着外磁场的增高,磁化强度也会增高,直到"饱和点",净磁矩等于饱合磁矩。这时,再增高外磁场也不会改变磁化强度。假设,减弱外磁场,磁化强度也会跟着减弱。但是不会与先前对于同一外磁场的磁化强度相同。磁化强度与外磁场的关系不是一一对应关系。磁化强度与外磁场的曲线形成了磁滞回线。假设再到达饱和点后,撤除外磁场,则铁磁性物质仍能保存一些磁化的状态,净磁矩与磁化矢量不等于零。所以,经过磁化处理后的铁磁性物质具有"自发磁矩"。

铁磁理论的奠基者:法国物理学家 P. E. 外斯于 1907 年提出了铁磁现象的唯象理论。他假定铁磁体内部存在强大的"分子场",即使无外磁场,也能使内部自发地磁化;自发磁化的小区域称为磁畴,每个磁畴的磁化均达到磁饱和。实验表明,磁畴磁矩起因于电子的自旋磁矩。1928 年 W. K. 海森伯首先用量子力学方法计算了铁磁体的自发磁化强度,给予外斯的"分子场"以量子力学解释。1930 年 F. 布洛赫提出了自旋波理论。海森伯和布洛赫的铁磁理论认为铁磁性来源于不配对的电子自旋的直接交换作用。

程序:即磁畴内每个原子的未配对电子自旋倾向于平行排列。因此,在磁畴内磁性是非常强的,但材料整体可能并不体现出强磁性,因为不同磁畴的磁性取向可能是随机排列的。如果我们外加一个微小磁场,比如螺线管的磁场会使本来随机排列的磁畴取向一致,这时我们说材料被磁化。材料被磁化后,将得到很强的磁场,这就是电磁铁的物理原理。当外加磁场去掉后,材料仍会剩余一些磁场,或者说材料"记忆"了它们被磁化的历史。这种现象叫作剩磁,所谓永磁体就是被磁化后,剩磁很大。当温度很高时,由于无规则热运动的增强,磁性会消失,这个临界温度叫居里温度。如果我们考察铁磁材料在外加磁场下的机械响应,会发现在外加磁场方向,材料的长度会发生微小的改变,这种性质叫作磁致伸缩。

根据自发磁化的过程和理论铁磁性产生的条件:① 原子内部要有未填满的电子壳层;② 及 Rab/r 之比大于 3 使交换积分 A 为正。前者指的是原子本征磁矩不为零;后者指的是要有一定的晶体结构。自发磁化理论解释可以许多铁磁特性,例如温度对铁磁性的影响。当温度升高时,原子间距加大,降低了交换作用,同时热运动不断破坏原子磁矩的规则取向,故自发磁化强度 Ms 下降。直到温度高于居里点,以致完全破坏了原子磁矩的规则取向,自发磁矩就不存在了,材料由铁磁性变为顺磁性。同样,可以解释磁晶各向异性、磁致伸缩等。

磁体的首选:三碘化铬作为制作 2D 磁体的首选,在于其具有三个重要特性:首先,三碘化铬晶体包含许多叠层,层级间好像"透明胶带"一样相互隔开,2D 层状结构容易获得;其次,该化合物是一种铁磁性材料,其内电子自旋方向整齐划一,能像冰箱磁贴一样产生永久磁性;最后,三碘化铬还具有各向异性,这一特性使得其内电子一直沿着与晶体表面垂直的方向自旋。仅有四种金属元素在室温以上是铁磁性的,即铁,钴,镍和钆。极低低温下有五种元素是铁磁性的,即铽、镝、钬、铒和铥。以及面心立方的错、面心立方的钕。居里温度分别为:铁 768℃,钴 1070℃,镍 376℃,钆 20℃。

4.4　其他实验

4.4.1　恒力矩法测量刚体转动惯量

转动惯量是刚体绕定轴转动时惯性大小的量度,是表明刚体特性的一个物理量。转动惯量只取决于刚体的质量、质量分布和转轴的位置,而与刚体绕轴的转动状态无关。转动惯量的测定,对于机电制造、航空、航天、航海、军工等工程技术和科学研究中具有十分重要的意义。形状规则的匀质刚体,转动惯量可直接用公式计算得到,而对于不规则的或非匀质刚体,一般通过实验测量得到。测量刚体的转动惯量常用方法有三线摆法、扭摆法、复摆法和恒力矩法。

一、课前知识准备

(1) 刚体动力学的相关知识。

(2) 形状规则的匀质刚体转动惯量的理论计算。

二、实验内容

(1) 采用恒力矩法测量刚体转动惯量。

(2) 验证平行轴定理。

三、实验原理

1. 刚体的转动惯量

具有确定转轴的刚体,在外力矩的作用下,会加速转动,获得了角加速度,其值与外力矩 M 成正比,与刚体的转动惯量 J 成反比,即刚体的定轴转动定律:

$$M = J\beta \tag{4.4.1.1}$$

上式称为刚体的转动定律,其中 M 为刚体所受的合外力矩,β 为刚体转动的角加速度,J 称为刚体的转动惯量,是刚体转动惯性大小的量度,影响刚体转动惯量的要素有刚体的质量分布、质量及转轴位置。

2. 刚体转动惯量的测量

由刚体的转动定律可知,只要测定刚体转动时所受的总合外力矩 M 及该力矩作用下刚体转动的角加速度 β,则可计算出该刚体的转动惯量 J。

设以某初始角速度转动的空实验台转动惯量为 J_1,未加砝码时,在摩擦阻力矩 M_μ 的作用下,实验台将以角加速度 β_1 作匀减速运动,即:

$$M_\mu = J_1\beta_1 \tag{4.4.1.2}$$

将质量为 m 的砝码用细线绕在半径为 R 的实验台塔轮上,并让砝码下落,系统在恒外力作用下将作匀加速运动。若砝码的加速度为 α,则细线所受张力为 T。若此时实验台的角加速度为 β_2,则有 $\alpha = R\beta_2$。细线施加给实验台的力矩为

$$TR = m(g - R\beta_2)R$$

此时有:

$$m(g - R\beta_2)R + M_\mu = J_1\beta_2 \tag{4.4.1.3}$$

将式(4.4.1.2)、式(4.4.1.3)两式联立消去 M_μ 后,可得:

$$J_1 = \frac{mR(g - R\beta_2)}{\beta_2 - \beta_1} \tag{4.4.1.4}$$

同理,若在实验台上加上被测物体后系统的转动惯量为 J_2,加砝码前后的角加速度分别为 β_3 与 β_4,则有:

$$J_2 = \frac{mR(g - R\beta_4)}{\beta_4 - \beta_3} \tag{4.4.1.5}$$

由转动惯量的叠加原理可知,被测试件的转动惯量为 J_3:

$$J_3 = J_2 - J_1 \tag{4.4.1.6}$$

若测得 R、m 及 β_1、β_2、β_3 与 β_4,由式(4.4.1.4)、式(4.4.1.5)、式(4.4.1.6)即可计算被测试件的转动惯量。

3. 角加速度 β 的测量

实验中采用智能计时计数器采集时间。固定在载物台圆周边缘相差 π 角的遮光细棒,每转动半圈遮挡一次固定在底座上的光电门,即产生一个计数光电脉冲,计数器记下遮挡次数 k 和相应的时间 t。若从第一次挡光($k=0, t=0$)开始记次,记时,且初始角速度为 ω_0,则对于匀变速运动中测量得到的任意两组数据(k_m, t_m)、(k_n, t_n),相应的角位移 θ_m、θ_n 分别为:

$$\theta_m = k_m\pi = \omega_0 t_m + \frac{1}{2}\beta t_m^2 \tag{4.4.1.7}$$

$$\theta_n = k_n\pi = \omega_0 t_n + \frac{1}{2}\beta t_n^2 \tag{4.4.1.8}$$

联立两式消去 ω_0,可得:

$$\beta = \frac{2\pi(k_n t_m - k_m t_n)}{t_n^2 t_m - t_m^2 t_n} \tag{4.4.1.9}$$

根据(4.4.1.9)式计算在不同合力矩作用下刚体所获得的角加速度 β。研究数据间的规律,得出三者之间的关系。

4.刚体转动惯量平行轴定理

理论分析表明,质量为 m 的物体围绕通过质心 O 的转轴转动时的转动惯量 J_0 最小。当转轴平行移动距离 d 后,绕新转轴转动的转动惯量为:

$$J = J_0 + md^2 \qquad\qquad (4.4.1.10)$$

四、实验仪器

转动惯量实验仪,智能计时计数器,水准仪,游标卡尺,被测样品等。

五、延申内容

(1)讨论:分析误差来源有哪些?根据误差来源如何优化本实验?

(2)讨论:如果被测样品在放置时未与实验台中心重合,则对结果有何影响?

(3)讨论:验证平行轴定理时为何对称放置滑块?若只放一个滑块,对实验结果有何影响?

4.4.2　利用单摆测量重力加速度

单摆实验是一个经典实验,许多著名的物理学家都对单摆实验进行过细致的研究,其中伽利略(1564—1642)通过定量研究单摆运动,从中发现了单摆的等时性原理,指出摆的周期与摆长的平方根成正比,而与摆的质量和材料无关,这为后来惠更斯设计的摆钟奠定了基础,它将计时精度提高了近百倍。

重力加速度 g 是一个重要的地球物理常数,它因各个地区的经纬度、海拔高度及地下资源的分布变化而略有不同。一般来说,在赤道附近重力加速度值最小,越靠近南北两极,重力加速度的值越大,最大值与最小值之差约为 1/300。重力加速度 g 值的准确测定对于计量学、精密物理计量、地球物理学、地震预报、重力探矿和空间科学等都具有重要意义。

在本实验中利用给定摆长的单摆测量重力加速度,测量精度要求不大于千分之五;通过对重力加速度 g 的测量结果进行误差分析和数据处理,检验实验结果是否达到设计要求;研究单摆周期与摆长、摆角的关系,分析各项误差的大小;利用单摆实验验证机械能守恒定律。

一、课前知识准备

简谐运动的规律。

二、实验内容

(1)利用给定摆长的单摆测量重力加速度,测量精度要求不大于千分之五。

(2)对重力加速度 g 的测量结果进行误差分析,检验实验结果是否达到设计要求。

三、实验原理

1.单摆的运动规律

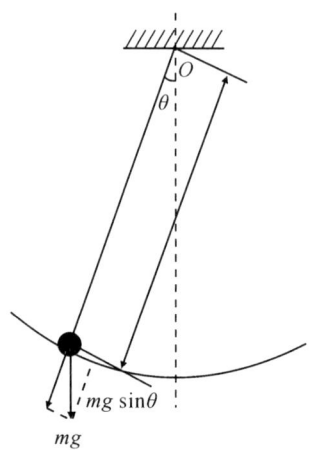

由一根不可伸长的轻质细线上端固定,下端系一个金属小球(也称摆球),如果细线的长度 L 远远大于小球的直径 d,而细线的质量远远小于小球的质量 m,就构成一个单摆。如图 4.4.2.1 所示,摆线处于铅锤位置为单摆的平衡位置。将悬挂的摆球自平衡位置拉至一边,然后释放,摆球即在重力作用下在平衡位置左右往返作周期性摆动。单摆往返摆动一次所需的时间称为单摆的周期。

摆球受力分析:由图 4.4.2.1 可知,摆球受重力和悬线张力的作用。将重力分解成沿径向和切向的力,指向平衡位置。如果不计空气的浮力和摩擦阻力时,由牛顿第二定律可得小球的动力学方程:

图 4.4.2.1　单摆装置

$$mL \frac{\mathrm{d}^2\theta}{\mathrm{d}t^2} = -mg\sin\theta$$

式中负号表示摆球所受的力与角位移 θ 方向相反。

当摆角很小时 $(\theta < 5°)$,$\sin\theta \approx \theta$,上式可以写为

$$mL \frac{\mathrm{d}^2\theta}{\mathrm{d}t^2} + mg\theta = 0$$

说明单摆在摆角很小时的运动近似为简谐振动。简谐振动的一般式为

$$\frac{\mathrm{d}^2\theta}{\mathrm{d}t^2} + \omega^2\theta = 0$$

比较可得单摆运动的圆频率 $\omega = \sqrt{g/l}$

于是单摆振动的周期

$$T = \frac{2\pi}{\omega} = 2\pi\sqrt{\frac{l}{g}} \tag{4.4.2.1}$$

式中 l 是单摆的摆长,就是从悬点到小球球心(质心)的距离,g 是重力加速度。显然,单摆的运动周期仅取决于系统本身的特性,即仅与摆长和重力加速度有关。

2.利用单摆测量重力加速度

由(4.4.2.1)式可得到

$$g = \frac{4\pi^2 l}{T^2} \tag{4.4.2.2}$$

如果我们测量出单摆的摆长 l 和周期 T,就可以计算出重力加速度 g。这是粗略测

量重力加速度的一个简便方法。

一般用作图法求重力加速度 g，式（4.4.2.2）可写成 $l = \frac{g}{4\pi^2} T^2$，如果测得不同摆长 l 下的周期 T，在直角坐标纸上作 $l - T^2$ 图，应该得到一条斜率是 $g/4\pi^2$ 的直线，并且该直线过原点。由图求出斜率 k，算出当地的重力加速度值 g。

如果要精确测量重力加速度，需要对（4.4.2.2）式进行修正，单摆周期公式的精确解为

$$T = 2\pi \sqrt{\frac{l}{g}} \left(1 + \frac{1}{4} \sin^2 \frac{\theta}{2} + \cdots \right)$$

如果取到二级近似，有

$$T = 2\pi \sqrt{\frac{l}{g}} \left(1 + \frac{1}{4} \sin^2 \frac{\theta}{2} \right) \tag{4.4.2.3}$$

$$g = \frac{4\pi^2 l}{T^2} \left(1 + \frac{1}{2} \sin^2 \theta \right) \tag{4.4.2.4}$$

如果 $\theta \approx 5°$，则 $\frac{1}{4} \sin^2 \frac{\theta}{2} \approx 5 \times 10^{-4}$，假如我们用（4.4.2.4）式计算重力加速度，将会给 g 的测量结果带来 0.1% 系统误差，如果 $\theta \approx 10°$，$\frac{1}{4} \sin^2 \frac{\theta}{2} \approx 2 \times 10^{-3}$，将会给 g 测量带来 0.4% 系统误差。可见，要得到精确的测量结果，θ 要更小，或者根据（4.4.2.4）式做出相应的修正。

3. 测量误差分析

由公式（4.4.2.2）可知，g 的相对误差是由直接测量量 l 和 T 的相对标准误差

$$\frac{\Delta g}{g} = \sqrt{\left(\frac{\Delta l}{l} \right)^2 + \left(2 \frac{\Delta T}{T} \right)^2}$$

可知，周期的测量误差是实验误差的最大来源。若要使 $\Delta g / g < 0.5\%$，按照误差均分原则，并考虑到最坏可能是各分量的系统性误差符号相同，须使

$$\Delta l / l < 0.25 \times 10^{-2}, \Delta T / T < 0.125 \times 10^{-2}$$

若取单摆的摆长 $l = 1000$mm 左右，其摆动周期约为 2s。要求仪器误差 $\Delta l < 2.5$mm，选用量程为 2 米的钢卷尺测量摆长时，仪器误差限 $\Delta l = 1.2$mm，故作单次测量即可满足要求。而如果 $T \approx 2$s，用电子秒表测量一个周期 T，根本无法达到上述精度要求。因为，用停表计时，误差主要来源于使用者在起、停操作时反应的快慢和判断的准确度，一般人的判断都会带来 $\Delta t = 0.2$s 的附加误差。

为了减小周期的测量误差，通常采取连续测 n 个周期起、停一次，其测量的附加误差与测一个周期的附加误差大致相同，即 $\Delta T_1 \approx \Delta T_n$，此时，其中 T_1 和 T_n 分别表示

一个和 n 个周期,故 n 个周期的相对误差为

$$\frac{\Delta T_n}{T_n} \approx \frac{\Delta T_1}{T_1} \approx \frac{1}{n}\frac{\Delta T_1}{T_1}$$

可见,累积测量 n 个周期可使相对误差减小到一次测量的 $1/n$。故(4.4.2.2)式可写为

$$g = \frac{n^2 4\pi^2 l}{T_n^2} \qquad (4.4.2.5)$$

一般在测量时,使单摆的摆角小于 $5°$(可通过摆幅度板估计),用电子秒表连续测量 50 个周期的时间,代入(4.4.2.5)式计算即可。

四、实验仪器及装置

单摆装置,电子秒表,游标卡尺,钢卷尺。

五、延伸内容

(1) 设计实验方案利用单摆实验验证机械能守恒定律。

(2) 讨论:在利用单摆周期经验公式时必须保证哪些实验条件?为什么?

(3) 讨论:单摆在摆动中受空气阻力的影响,摆幅会越来越小,试问它的周期是否会变化?

4.4.3　受迫振动与共振的研究

振动与波是物理学中非常重要的基本概念,机械振动、电磁波、光的波粒二象性、量子力学的波动方程、固体物理的晶格振动等等,都涉及振动与波的概念。可以说,振动与波贯穿整个物理学的多个领域,是物质世界的基本运动形式。振动是自然界最普遍的运动形式之一,是物理量随时间做周期性变化的运动。受迫振动引起的共振是自然界极为普遍的物理现象。受迫振动和共振在物理和工程技术中得到广泛的重视,它既有破坏作用,但也有许多实用价值。众多电声器件是运用共振原理设计制作的,MRI 则利用核内核磁共振原理提高医疗诊断技术。此外,在微观科学研究中"共振"也是一种重要研究手段,例如利用核磁共振研究物质结构等。

本实验基于波尔振动实验仪,内容覆盖机械振动的重要概念。通过本实验了解受迫振动的振幅及其与强迫力矩的相位差的决定因素;掌握测量阻尼系数的方法;定量测定机械受迫振动的幅频特性和相频特性,并利用频闪方法来测定动态的物理量——相位差。

一、实验内容

(1) 测定阻尼系数 β。

(2) 测定受迫振动的幅度特性和相频特性曲线。

二、实验原理

物体在周期外力的持续作用下发生的振动称为受迫振动,这种周期性的外力称为强迫力。如果外力是按简谐振动规律变化,那么稳定状态时的受迫振动也是简谐振动,此时,振幅保持恒定,振幅的大小与强迫力的频率和原振动系统无阻尼时的固有振动频率以及阻尼系数有关。在受迫振动状态下,系统除了受到强迫力的作用外,同时还受到回复力和阻尼力的作用。所以在稳定状态时物体的位移、速度变化与强迫力变化不是同相位的,存在一个相位差。当强迫力频率与系统的固有频率相同时产生共振,此时振幅最大,相位差为 $90°$。

实验采用摆轮在弹性力矩作用下自由摆动,在电磁阻尼力矩作用下作受迫振动来研究受迫振动特性,可直观地显示机械振动中的一些物理现象。

当摆轮受到周期性强迫外力矩 $M = M_0 \cos\omega t$ 的作用,并在有空气阻尼和电磁阻尼的媒质中运动时(阻尼力矩为 $-b\dfrac{\mathrm{d}\theta}{\mathrm{d}t}$) 其运动方程为

$$J \frac{\mathrm{d}^2\theta}{\mathrm{d}t^2} = -k\theta - b\frac{\mathrm{d}\theta}{\mathrm{d}t} + M_0 \cos\omega t \tag{4.4.3.1}$$

式中,J 为摆轮的转动惯量,$-k\theta$ 为弹性力矩,M_0 为强迫力矩的幅值,ω 为强迫力的圆频率。

令 $\omega_0^2 = \dfrac{k}{J}$,$2\beta = \dfrac{b}{J}$,$m = \dfrac{M_0}{J}$ 则式(4.4.3.1)变为

$$\frac{\mathrm{d}^2\theta}{\mathrm{d}t^2} + 2\beta\frac{\mathrm{d}\theta}{\mathrm{d}t} + \omega_0^2\theta = m\cos\omega t \tag{4.4.3.2}$$

当 $m\cos\omega t = 0$ 时,式(4.4.3.2)即为阻尼振动方程。

当 $\beta = 0$,即在无阻尼情况时式(4.4.3.2)变为简谐振动方程,ω_0 即为系统的固有频率。方程(4.4.3.2)的通解为

$$\theta = \theta_1 e^{-\beta t}\cos(\omega_f t + \alpha) + \theta_2\cos(\omega t + \varphi_0) \tag{4.4.3.3}$$

由式(4.4.3.3)可见,受迫振动可分成两部分:

第一部分,$\theta_1 e^{-\beta t}\cos(\omega_f t + \alpha)$ 表示阻尼振动,经过一定时间后衰减消失。

第二部分,说明强迫力矩对摆轮作功,向振动体传送能量,最后达到一个稳定的振动状态。

振幅　　　　　$$\theta_2 = \frac{m}{\sqrt{(\omega_0^2 - \omega^2)^2 + 4\beta^2\omega^2}} \tag{4.4.3.4}$$

它与强迫力矩之间的相位差 φ 为

$$\varphi = \mathrm{tg}^{-1}\frac{2\beta\omega}{\omega_0^2 - \omega^2} = \frac{\beta T_0^2 T}{\pi(T^2 - T_0^2)} \tag{4.4.3.5}$$

由式(4.4.3.4)和式(4.4.3.5)可看出,振幅 θ_2 与相位差 φ 的数值取决于强迫力矩 M、频率 ω、系统的固有频率 ω_0 和阻尼系数 β 四个因素,而与振动起始状态无关。

由 $\dfrac{\partial}{\partial \omega}\big[(\omega_0^2 - \omega^2)^2 + 4\beta^2\omega^2\big] = 0$ 极值条件可得出,当强迫力的圆频率 $\omega = \sqrt{\sqrt{\omega_0^2 - 2\beta^2}}$ 时,产生共振,θ 有极大值。若共振时圆频率和振幅分别用 ω_r、θ_r 表示,则

$$\omega_r = \sqrt{\sqrt{\omega_0^2 - 2\beta^2}} \tag{4.4.3.6}$$

$$\theta_r = \frac{m}{2\beta\sqrt{\omega_0^2 - 2\beta^2}} \tag{4.4.3.7}$$

式(4.4.3.6)、(4.4.3.7)表明,阻尼系数 β 越小,共振时圆频率越接近于系统固有频率,振幅 θ_r 也越大。图4.4.3.1和图4.4.3.2表示出在不同 β 时受迫振动的相频特性和幅频特性曲线。

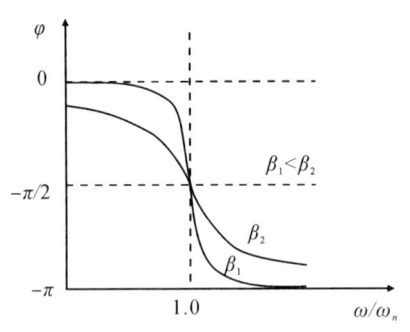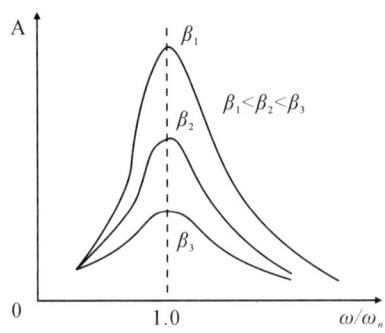

图 4.4.3.1　相频特性曲线　　　　　　图 4.4.3.2　幅频特性曲线

在阻尼系数较小(满足 $\beta^2 \ll \omega_0^2$)和共振位置附近($\omega = \omega_0$),由于 $\omega_0 + \omega = 2\omega_0$,从式(4.4.3.4)和式(4.4.3.7)可得出:

$$\left(\frac{\theta}{\theta_r}\right)^2 = \frac{4\beta^2\omega_0^2}{4\omega_0^2(\omega - \omega_0)^2 + 4\beta^2\omega_0^2} = \frac{\beta^2}{(\omega - \omega_0)^2 + \beta^2}$$

当 $\theta = \dfrac{1}{\sqrt{2}}\theta_r$,即 $\left(\dfrac{\theta}{\theta_r}\right)^2 = \dfrac{1}{2}$,由上式可得

$$\omega - \omega_0 = \pm\beta$$

此 ω 对应于图 $\left(\dfrac{\theta}{\theta_r}\right)^2 = \dfrac{1}{2}$ 处两个值 ω_1、ω_2,由此得出:

$$\beta = \frac{\omega_2 - \omega_1}{2} \tag{4.4.3.8}$$

三、仪器用具及实验装置

ZKY－BG 型共振仪,闪光灯等。

四、延申内容

（1）讨论:实验中如何判断达到共振?共振的频率是多少?

（2）讨论:如何判断受迫振动已处于稳定状态?

（3）讨论:如何测量机械振动的相图,并分析机械能的变化。

附:ZKY－BG 型波尔共振仪简介

ZKY－BG 型波尔共振仪由振动仪与电器控制箱两部分组成。

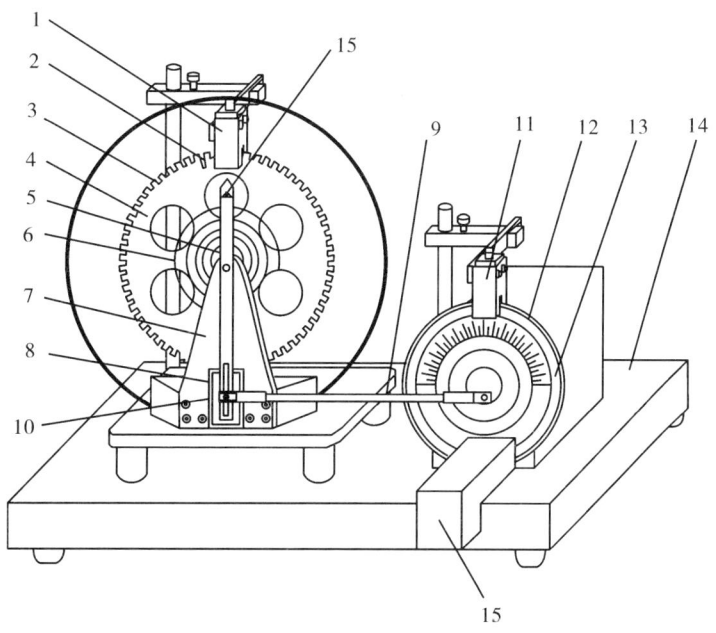

图 4.4.3.3　波尔振动仪

1.光电门 H;2.长凹槽 D;3.短凹槽 D;4.铜质摆轮 A;5.摇杆 M;6.蜗卷弹簧 B;

7.支承架;8.阻尼线圈 K;9.连杆 E;10.摇杆调节螺丝;11.光电门 I;

12.角度盘 G;13.有机玻璃转盘 F;14.底座;15.弹簧夹持螺钉 L;16.闪光灯

振动仪部分如图 4.4.3.3 所示:在弹簧弹性力的作用下,摆轮可绕轴自由往复摆动。光电门 H,与电气控制箱相联接,用来测量摆轮的振幅(角度值)和摆轮的振动周期。线圈 K,利用电磁感应原理,当线圈中通过直流电流后,摆轮受到一个电磁阻尼力的作用。改变电流的数值即可使阻尼大小相应变化。电动机轴上装有偏心轮,摆轮 A 作受迫振动。从角度读数盘 G 读出相位差和强迫力矩的周期。摆轮振幅是利用光电门 H 测出摆轮读数 A 处圈上凹型缺口个数,并在液晶显示器上直接显示出此值,精度为 $2°$。通过软件控制阻尼线圈内直流电流的大小,达到改变摆轮系统的阻尼系数的目的。

4.4.4 声波的多普勒效应综合实验

对于各种波动(机械波、声波、光波和电磁波等),当波源和观察者(或接收器)之间发生相对运动,或者传播介质相对波源或观察者发生运动,造成观察者接收到的波的频率和波源发出的波的频率不相同的现象,称为多普勒效应(Doppler effect),这是奥地利物理学家及数学家克里斯琴·约翰·多普勒(Christian Johann Doppler)在1842年发现的。多普勒效应在科学技术和生产生活中有着广泛的应用。例如,在天文学中可用于测定星球相对于地球的运动速度,或者精确追踪人造卫星(卫星地面站确定 10^8 m 处的卫星位置变化时,可以精确到 $10^{-2} \sim 10^{-3}$ m);在天体物理和受控热核聚变实验装置中,利用原子、分子和离子由于热运动导致其发射或吸收光谱线的多普勒增宽,分析恒星大气及等离子体物理状态;基于多普勒效应原理的雷达系统已广泛应用于导弹、卫星和车辆等运动目标速度的监测;在医学上利用超声波的多普勒效应来检查人体内脏活动情况和血液流速等。

一、课前知识准备

(1)多普勒效应的规律。

(2)验证多普勒效应的方法。

二、实验内容

(1)验证多普勒效应。

(2)测量空气中的声速并于理论值进行比较。声速理论值公式:$u_0 = 331.45 \sqrt{1 + \dfrac{t}{273.16}}$(m/s),其中 t 为室温,单位为 ℃。

(3)研究匀速直线运动、匀变速直线运动和简谐振动的规律。

三、实验原理

根据声波的多普勒效应公式,当声源与接收器之间有相对运动时,接收器接收到的频率 f 为

$$f = f_0 \frac{u + v_1 \cos\alpha_1}{u - v_2 \cos\alpha_2} \tag{4.4.4.1}$$

式中 f_0 为声源发射频率,u 为声速,v_1 为接收器运动速率,α_1 为声源与接收器连线与接收器运动方向之间的夹角,v_2 为声源运动速率,α_2 为声源与接收器连线与声源运动方向之间的夹角。

若声源不动($v_2 = 0$),接收器以速率 v_0 相对声源运动,则由(4.4.4.1)式可得接收器接收到的频率为:

$$f = \left(1 + \frac{v_0}{u}\right)f_0 = (1 + M_r)f_0 \tag{4.4.4.2}$$

其中，$M_r = \dfrac{v_0}{u}$ 称为接收器运动的马赫数。当探测器向着波源运动时，v_0 为正；反之，v_0 为负。可见，通过研究接收器接收到频率与其运动速度的关系曲线（$f \sim v_o$ 为直线），可以直接验证多普勒效应，并可由其斜率计算出声速 $u = \dfrac{f}{k}$。另外，由（4.4.4.1）式，接收器的运动速度可以表示为：

$$v_0 = u\left(\frac{f}{f_0} - 1\right) \tag{4.4.4.3}$$

在已知声速和波源频率的情况下，可以通过检测不同时刻的频率变化，研究探测器运动状态随时间的变化规律。

四、实验仪器

多普勒效应综合测试仪、示波器等。

五、延伸内容

（1）设计方案利用多普勒效应测量重力加速度。

（2）讨论：多普勒效应对导航卫星的影响？

附：多普勒效应另一种解释

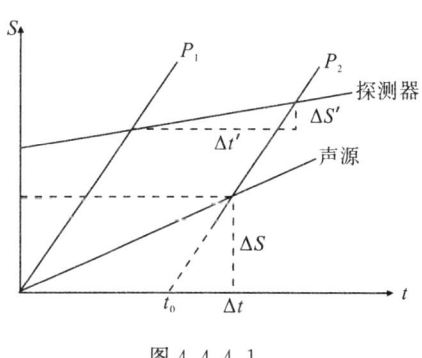

设声源振动频率为 f，声波在某介质（如空气）中的传播速率为 u，声源相对于介质的速度为 v_s，接收器（观察者）相对于介质的速度为 v_o。假定声源以时间间隔 Δt 相继发出的两个声音信号 p_1 和 p_2，而接收器接收到两个声信号的时间间隔为 $\Delta t'$。作声源、探测器和声信号的位移时间图像（如图 4.4.4.1 示），由于均为匀速直

图 4.4.4.1

线运动，注意到图线的斜率就是各个运动的速率，而且 p_1 和 p_2 图线斜率均为 u。所以由图 4.4.4.1 可知，声源在 Δt 时间内运动的位移：

$$\Delta S = v_s\Delta t = u(\Delta t - t_0) \tag{4.4.4.4}$$

而探测器在 $\Delta t'$ 的位移为：

$$\Delta S' = v_o\Delta t' = u(\Delta t' - t_0) \tag{4.4.4.5}$$

（4.4.4.4）、（4.4.4.5）两式相减：$v_s\Delta t - v_o\Delta t' = u(\Delta t - \Delta t')$，所以：

$$\Delta t' = \frac{u - v_s}{u - v_o}\Delta t \tag{4.4.4.6}$$

如果声源发出声波的周期为 ΔT，探测器测到的周期为 $\Delta T'$，由（4.4.4.6）式可知，

$$\Delta T' = \frac{u - v_s}{u - v_o}\Delta T$$

所以，探测器检测到声波频率为：$f' = \dfrac{u - v_o}{u - v_s}f$

4.4.5   应用电子束偏转与聚焦测定电子荷质比

示波器、电视显像管、摄像管、雷达指示器、电子显微镜等的外形和功用虽各不相同，但它们有一个共同点，就是利用电子束的聚焦和偏转，因此统称为电子束管。电子束的聚焦与偏转可以通过电场或磁场对电子的作用来实现。前者称为电聚焦和电偏转，后者称为磁聚焦和磁偏转。同时，示波管是示波器的主要部件，对示波管原理与性能的熟悉和了解是理解和使用示波器所必需的。

一、实验内容

（1）测量电子束的偏转量 D 随电压 U_d 变化。

（2）测量电子束的偏转量 D 随磁偏电流 I 的变化。

（3）测量电子的荷质比。

二、实验原理

1.示波管的基本结构

如图 4.4.5.1 所示，示波管由电子枪、偏转板和荧光屏三部分组成，其中电子枪是示波管的核心部件。

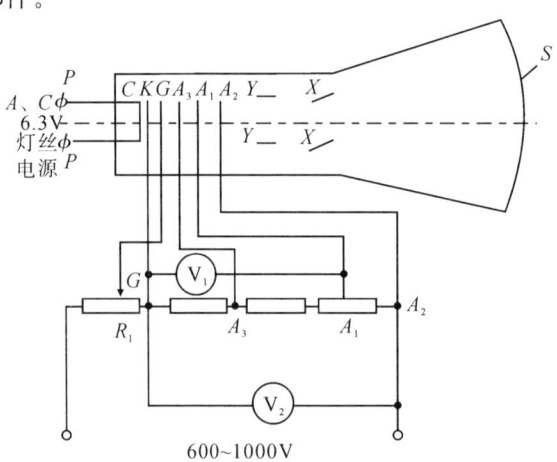

图 4.4.5.1   示波管的结构

K.阴极；G.栅极；A_1.聚焦阳极；A_2.第二阳极；A_3.第一阳极；

Y.垂直偏转板；X.水平偏转板；S.荧光屏

电子枪由阴极 K、栅极 G、第一加速阳极 A_3、聚焦电极 A_1 和第二加速阳极 A_2 等同轴金属圆筒组成。加热电源通过钨丝加热阴极 K 后而发射电子，电子受阳极的作用而加速，形成一束电子射线，最后打击在屏的荧光物质上，发出可见光，在屏背后可以看见一个亮点。电子从阴极发射出来时，可以认为它的初速度为零。电子枪内阳极 A_2 相对阴极 K 具有几百甚至几千伏的加速正电位 U_2。它产生的电场使电子沿轴向加速。电子到达 A_2 时速度为 v。由能量关系有

$$mv^2/2 = eU_2 \tag{4.4.5.1}$$

控制栅极 G 相对于阴极 K 为负电位，两者相距很近（约十分之几毫米），其间形成的电场对电子有排斥作用。当栅极 G 的负电位不很大（负几十伏）时就足以把电子斥回，使电子截止。用电位器 R_1 调节 G 对 C 的电压，可以控制电子枪射出电子的数目，从而连续改变屏上光点的亮度。增大加速电极的电压，电子便获得更大的轰击动能，荧光屏的亮度水平虽然可以提高，但加速电压一经确定就不宜随时改变它来调节亮度。

2. 电子束的电致偏转

电子穿过 A_2 时以速度 v 进入两个相对平行的偏转板间。若在两偏转板上加上电压 U_d，两平行板间距离为 d，则平行板间的电场强度 $E = U_d/d$，电场强度的方向与电子速度 v 的方向相互垂直，如图 4.4.5.2 所示。

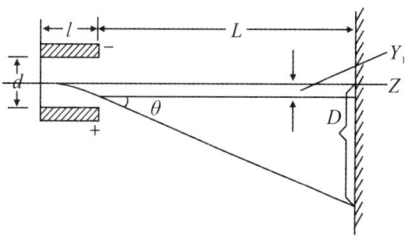

图 4.4.5.2　电偏转原理图

设电子的速度方向为 Z，电场方向为 Y（或 X）轴。当电子进入平行板空间时，$t_0 = 0$，电子速度为 v，此时有 $v_z = v, v_y = 0$，设平行板的长度为 l，电子通过 l 所需的时间为 t，则有

$$t = l/v_x = l/v \tag{4.4.5.2}$$

电子在平行板间受电场力作用，电子在与电场平行的方向产生的加速度为 $a_y = -eE/m$。其中 e 为电子的电量，m 为电子的质量。负号表示 a_y 方向与电场方向相反。当电子射出平行板时，在 Y 方向电子偏离轴的距离

$$Y_1 = \frac{1}{2}a_y t^2 = \frac{1}{2}\frac{eE}{m}t^2$$

将 $t = l/v$ 代入得

$$Y_1 = \frac{1}{2}a_y t^2 = \frac{1}{2}\frac{eE}{m}\frac{l^2}{v^2}$$

再将 $v = \sqrt{\dfrac{2eU_2}{m}}$ 代入得

$$Y_1 = \frac{1}{2}a_y t^2 = \frac{1}{2}\frac{U_d}{U_2}\frac{l^2}{v^2} \tag{4.4.5.3}$$

由图4.4.5.2可以看出,电子在荧光屏上偏转距离 D 为

$$D = Y_1 + L\tan\theta, \text{又 } \tan\theta = \frac{dY_1}{dl} = \frac{U_d l}{2U_2 d} \tag{4.4.5.4}$$

将式(4.4.5.3)和式(4.4.5.4)代入得

$$D = \frac{1}{2}\frac{U_d l}{U_2 d}\left(\frac{1}{2} + L\right) \tag{4.4.5.5}$$

从(4.4.5.5)式可看出,偏转量 D 随 U_d 增加而增加,与 L 成正比。偏转量与 U_2 和 d 成反比。

3. 电子束的磁致偏转

如果在电子枪和电子接收器(如荧光屏)之间,加上一个均匀横向磁场,电子束进入磁场区域时,在洛仑兹力作用下也会发生偏转,如图4.4.5.3所示。下面讨论磁偏转所遵从的规律。

为简单起见,设偏转线圈的磁场在图面投影的轮廓所限制的范围内是均匀的,磁感应强度为 B,而在这区域之外,则认为磁场为零。在均匀磁场 B 范围内,因为电子速度 v 与 B 垂直,电子在

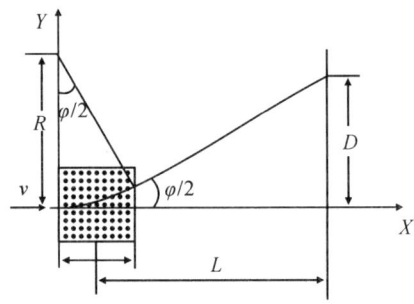

图 4.4.5.3　磁偏转原理图

洛仑兹力作用下作圆周运动。洛仑兹力就是维持电子圆周运动所需的向心力,则有

$$\frac{mv^2}{R} = evB$$

圆周运动的半径 $R = \frac{mv}{eB}$

电子离开上述磁场区域后,不受任何作用力,应作直线运动,由图4.4.5.3可知,因为一般 $R \gg l$,所以

$$\tan\frac{\varphi}{2} = \frac{l}{R} = \frac{leB}{mv}$$

设磁场线圈中心到荧光屏距离为 L,则电子束在荧光屏上的偏移为

$$D = L \cdot \tan\frac{\varphi}{2} = \frac{leB}{mv}L \tag{4.4.5.6}$$

设电子进入磁场前的加速电压为 U_2,则将 $\frac{1}{2}mv^2 = eU_2$ 代入式(4.4.5.6),得

$$D = lBL\sqrt{\frac{e}{2mU_2}} \tag{4.4.5.7}$$

磁感应强度 B 通常用产生磁场的线圈中通过的电流和匝数表示,即 $B = KnI$ (n 为单位长度的线圈圈数,I 为线圈中通过的电流,K 是比例系数,与线圈形状和有无磁

介质有关）。代入式(4.4.5.7)，得

$$D = KnIlL \sqrt{\frac{e}{2mU_2}} \qquad (4.4.5.8)$$

由式(4.4.5.8)可知，偏转量 D 与线圈中通过的电流 I 成正比，这一点正满足了偏转系统的线性要求。磁偏转灵敏度定义为单位磁场电流所引起的电子束在荧光屏上的偏移，即

$$S = \frac{D}{I} = KnlL \sqrt{\frac{e}{2mU_2}} \qquad (4.4.5.9)$$

其单位通常为 mm/A。

4. 磁聚焦和电子荷质比的测量

将示波管置于一个用导线绕制的载流长螺线管的均匀磁场里，并使示波管内电子束的方向和磁感应强度 B 的方向平行。此时，作用于电子的洛伦兹力为零。电子沿 v_z 方向作匀速直线运动，最后打在屏的 O 点（在以后的叙述中取作坐标原点）上，如图 4.4.5.4(a) 中 P_0O 直线所示。

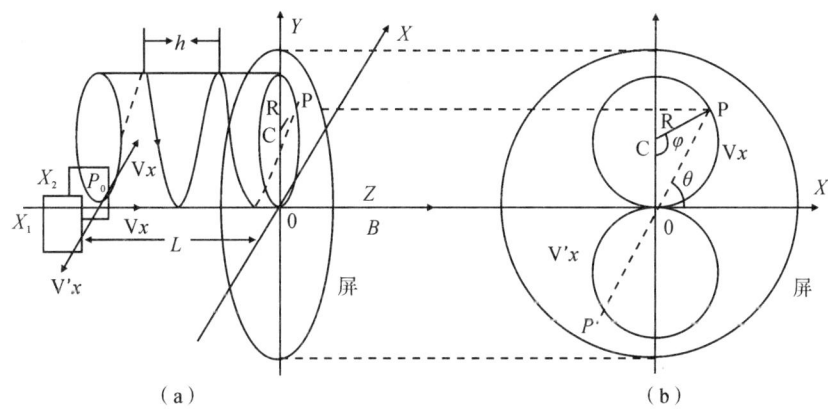

图 4.4.5.4 电子的螺旋运动

现在，在水平偏转板 X_1、X_2 间加上直流电压 U_x。这样，电子穿过两极间的电场后，获得一个横向速度 v_x，方向垂直于 B_0。因而电子受到洛伦兹力的作用。逆 Z 轴的方向看去，电子作逆时针方向的圆周运动，设其半径为 R，则有

$$R = \frac{mv_x}{eB} \qquad (4.4.5.10)$$

圆周运动的周期为

$$T = \frac{2\pi R}{v_x} = \frac{2\pi m}{eB} \qquad (4.4.5.11)$$

电子既在轴线方向作直线运动，又在垂直于轴线的平面内作圆周运动。它的轨道

是一条螺旋线,其螺距用 h 表示,则有

$$h = v_x T = \frac{2\pi}{B} \sqrt{\frac{2mU_2}{e}} \qquad (4.4.5.12)$$

由式(4.4.5.11)、式(4.4.5.12)可以看出,电子运动的周期和螺距均与 v_x 无关。不难看出,电子在作螺线运动时,它们从同一点出发,尽管各个电子的 v_x 各不相同,但经过一个周期以后,它们又会在距离出发点相距一个螺距的地方重新相遇,这就是磁聚焦的基本原理。

由式(4.4.5.12)得

$$e/m = 8\pi^2 U_2 / h^2 B^2 \qquad (4.4.5.13)$$

长直螺线管的磁感应强度 B 可由下式计算

$$B = \frac{\mu_0 NI}{\sqrt{L^2 + D^2}} \qquad (4.4.5.14)$$

将式(4.4.5.14)代入式(4.4.5.13),可得电子荷质比为

$$e/m = 8\pi^2 U_2 (L^2 + D^2) / (\mu_0 NIh)^2 \qquad (4.4.5.15)$$

μ_0 为真空中的磁导率;N 为螺线管内线圈匝数;L 为螺线管的长度;D 为螺线管的直径。

三、实验仪器

电子束实验仪。

附:

现代物理学中电子和荷质比的测量方法有很多种,还有两种常用的方法为磁聚焦法和洛伦兹力演示仪。

1.磁聚焦法测 e/m 的另一方法

将示波管的 X、Y 偏转板,A_1、A_3 都接在测定仪电源面板上的 A_2 处,即都接到加速高压 U 上,使电子从第一阳极射出后,处在等电势的电场中运动。接通示波管电源,电子束在荧光屏上形成一个散焦的光斑,调节辉度使光斑尽量暗些。然后接通励磁电源,分别在 U 为 800V、900V、1000V 时,从零开始缓慢调节励磁电流 I,使荧光屏上的光斑会聚成一小圆点。记录第一次聚焦时相应的励磁电流值。需要注意:这时的 h 是栅极出口处到荧光屏间的距离。

在励磁电源可能供给较大电流时,若继续增加励磁电流,可使第一次聚焦后的光点散焦后又重新会聚,这时螺距 h 为第一次聚焦的 $1/2$,但 Ih 的乘积不变。为减小测量误差,可三次连续聚焦,记下三次聚焦时的电流 I_1、I_2、I_3,求出加权平均电流

$$I = \frac{I_1 + I_2 + I_3}{1 + 2 + 3}$$

而 h 仍取第一次聚焦时的值。

第 n 次聚焦电子荷质比的计算公式为

$$\frac{e}{m} = n^2 \frac{8\pi^2 U}{h^2 B^2} = \frac{8\pi^2 (L+D)}{(\mu_0 N h)^2} \cdot \frac{n^2 U}{I^2}$$

2.利用洛伦兹力演示仪测量电子荷质比

如图 4.4.5.5,洛伦兹力演示仪由威尔尼特电子管、亥姆霍兹线圈及电源三部分组成。

电子管中电子枪发射出一束电子,经磁场作用后作圆周运动,若电子的加速电压为 U,有

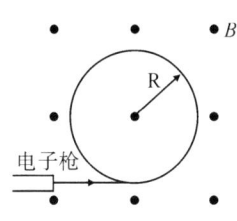

图 4.4.5.5　洛伦兹力测 e/m 原理图

$$eU = \frac{1}{2} m v^2 \qquad (4.4.5.16)$$

在磁场作用下,有

$$Bev = \frac{m v^2}{R} \qquad (4.4.5.17)$$

磁场强度为

$$B = \mu_0 N I \qquad (4.4.5.18)$$

由式(4.4.5.16)、(4.4.5.17)、(4.4.5.18)可解得

$$\frac{e}{m} = \frac{2U}{(\mu_0 N I R)^2}$$

威尔尼特电子管是一个具有一定半径的环形管,管内充有惰性气体。当电子枪发射电子后,电子与惰性气体分子碰撞,于是气体电离发光,可看清电子的运动轨迹,并可利用测高仪测定电子经磁场作用而进行圆周运动的半径 R。

4.4.6　利用密立根油滴测量基本电荷

美国物理学家密立根(R. A. Millikan)为了证明电荷的颗粒性,从 1906 到 1917 年一直致力于细小油滴电量的测量。经过多次重大改进,终于以上千个油滴的确凿实验数据,精确地测定了电子电荷的值,直接证实了电荷的颗粒性,即任何电量都是某一基本电荷 e 的整数 n 倍,这个基本电荷就是电子所带的电荷,得出的基本电荷值为 $e = (4.770 \pm 0.005) \times 10^{-10}$ 静电单位 $= (1.602 \times 10^{-19} C)$。由于这个实验的原理清晰易懂,设备和方法简单、直观而有效,所得结果具有说服力,因此它又是一个富有启发性的实验,其设计思想是值得学习的。密立根因测出电子电荷及其他方面的贡献,荣获 1923 年度诺贝尔物理学奖。

本实验采用 CCD 摄像机和监视器,对实验加以改进,制成电视显微密立根油滴仪,从监视器上观测油滴,图像鲜明,观测省力。

一、实验内容

利用密立根油滴测量电子的电量。

二、实验原理

如图 4.4.6.1 所示,带电油滴处于电场中时受到两个力的作用,一个是重力 mg,一个是静电力 qE,而 $E = U/d$,U 为平行板电场两板之间的电势差,d 为两极板之间的距离。调节 U 使两个力互相抵消,这时

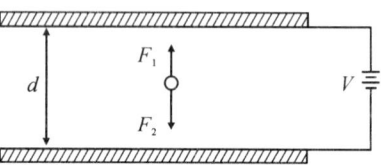

图 4.4.6.1   油滴受力分析

$$mg = qU/d \qquad (4.4.6.1)$$

可见要测出 q,除了测定 U 和 d 外还要测定油滴质量。由于 m 很小,需要用如下的特殊方法来测定。

在没有电场的空间,油滴受重力作用而下降,但空气的粘滞性使油滴产生与速度成正比的阻力。当油滴的速度达到某一值 v 时,阻力与重力平衡(忽略空气浮力),这时由斯托克斯定理知

$$f_r = 6\pi a\eta v = mg \qquad (4.4.6.2)$$

η 是空气的粘滞系数,a 是油滴半径。设油滴的密度为 ρ,则 m 又可表为

$$m = 4\pi a^3 \rho/3 \qquad (4.4.6.3)$$

合并式(4.4.6.2)、式(4.4.6.3)得

$$a = \sqrt{\frac{9\eta l}{2\rho g}} \qquad (4.4.6.4)$$

对于半径小到 10^{-6} 米的油滴,它的半径与空气中分子之间的距离可以比较,空气介质不能认为是连续的,故斯托克斯定理修正为

$$f_r = \frac{6\pi a\eta v}{1 + b/pa}$$

式中 b 为修正常数,$b = 8.23 \times 10^{-3} \mathrm{m \cdot Pa}$,$p$ 为大气压强。于是 a 变为

$$a = \sqrt{\frac{9\eta v}{2\rho g} \cdot \frac{1}{1 + b/pa}} \qquad (4.4.6.5)$$

上式根号中的 a 处于修正项中,可用式(4.4.6.4)代入计算,将(4.4.6.5)代入(4.4.6.3)得

$$m = \frac{4}{3}\pi \left[\frac{9\eta v}{2\rho g} \cdot \frac{1}{1 + b/pa} \right]^{3/2} \cdot \rho \qquad (4.4.6.6)$$

对于匀速下降的油滴，v 可以用下降的距离 l 和所需的时间 t 来计算，即

$$v = l/t \qquad (4.4.6.7)$$

将式(4.4.6.7) 代入式(4.4.6.6)，再代入式(4.4.6.1) 有

$$q = \frac{18\pi}{\sqrt{2\rho g}} \left[\frac{\eta l}{t(1 + b/pa)} \right]^{3/2} \frac{d}{U} \qquad (4.4.6.8)$$

此式是平衡法测量油滴电荷计算公式。

实验发现对于同一油滴，如果改变它所带的电量，则能使它平衡的电压必须是某些特定的值 U_n。研究这些电压变化的规律，可以发现，满足下列方程

$$q = mgd/U = ne$$

式中 $n = \pm 1, \pm 2, \cdots\cdots$，而 e 则是一个不变的值。

对于每一颗油滴可以发现同样的规律，而且 e 值是一个确定的常数，这就证明了电荷的不连续性，并存在最小电荷单位，即电子的电荷值 e $= 1.60 \times 10^{-19} C$。

则式(4.4.6.8) 可改为：

$$q = ne = \frac{18\pi}{\sqrt{2\rho g}} \left[\frac{\eta l}{t(1 + b/pa)} \right]^{3/2} \frac{d}{U_n} \qquad (4.4.6.9)$$

以上各式中的有关参数为：

$$\rho = 981 \text{kg/m}^3 \qquad\qquad g = 9.80 \text{m/s}^2$$
$$\eta = 1.83 \times 10^{-5} \text{kg/(m} \cdot \text{s)} \qquad b = 8.23 \times 10^{-3} \text{Pa} \cdot \text{m}$$
$$p = 101.325 \text{Pa} \qquad\qquad d = 6.00 \times 10^{-3} \text{m}$$

分划板每格代表 0.25×10^{-3} m，l 等于格数与其的乘积。把测得的 U, t 代入上式就可以求得油滴所带的电量 q。

求基本电荷 e 值的方法很多，这里我们只介绍一种，就是用公认的电子电荷值 e $= 1.60 \times 10^{-19} C$ 去除实验测得的电量值 q，得到一个很近似于某一整数的数值，然后舍去小数取整数，这个整数就是油滴所带的电荷值 $q = ne$ 中的 n，用这个 n 去除实验测得的电荷值，所得结果即为实验测得的基本电荷 e，求出 e 的平均值并计算平均相对误差。

三、实验仪器

密立根油滴仪、喷雾器、黑白视频监视器、供电箱。

附：

试用动态法测量电荷 e 值：

动态法不同于平衡法之处在于油滴所受电场力不与重力平衡，而是电场力大于

重力让油滴在电场力作用下反转运动,即向上运动,同油滴向下运动一样,油滴向上运动同样也受到与运动速度成正比的空气阻力,运动一段距离后便以速度 v_E 作匀速运动。此时油滴受力情况为:

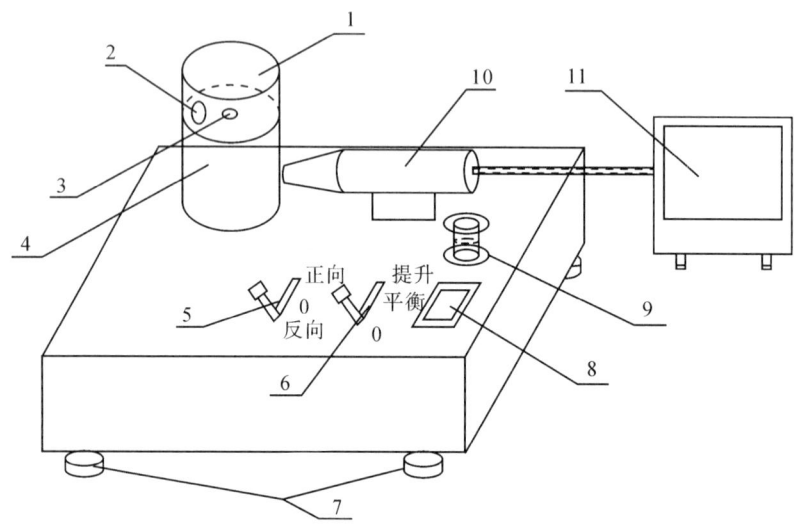

4.4.6.2   密立根油滴仪

1. 油雾室;2. 喷油雾孔;3. 油滴入孔;4. 油室;5. 电压换向开关;6. 油滴控制开关;

7. 可调底角;8. 计时按扭;9. 电压调节旋扭;10. CCD 系统;11. 显示器

(其中:油室中装有一平行板电容器,上下极板间距 6mm)

$$qU_E/d = mg + 6\pi\eta r v_E \qquad (4.4.6.10)$$

当去掉电场力后,油滴在重力作用下作加速下降,如同平衡测量法,此时:

$$mg = 6\pi\eta r v_E$$

将此式代入式(4.4.6.10) 得:

$$q = mg\ \frac{d}{U_E}\left(1 + \frac{v_E}{v_g}\right)$$

如果油滴向上和向下作匀速运动时,测量速度取同一距离计取时间,则上式可写为:

$$q = mg\ \frac{d}{U_E}\left(1 + \frac{t_g}{t_E}\right)$$

将式(4.4.6.6) 代入上式得:

$$q = \frac{18\pi}{\sqrt{2\rho g}}\left[\frac{\eta l}{t_g(1 + b/pa)}\right]^{3/2}\frac{d}{U_E}\left(1 + \frac{t_g}{t_E}\right)$$

此式是动态法测量油滴电荷计算公式。

调节极板间电压 $U_g \geqslant U_p$,使油滴在电场力的作用下向上匀速运动,测得 t_E,再同

上法测降落时间 t_g，代入公式计算 q 值。

4.4.7　光栅衍射的研究

具有空间周期性结构的衍射屏统称为衍射光栅，最简单的衍射光栅是由等间距的透明与不透明的条纹组成的一维光栅。此外，有各种平面点阵或网络构成的二维光栅、三维点阵（如晶格）构成的三维光栅等。光栅在结构上可分为平面光栅、阶梯光栅和凹面光栅等。根据不同的工作方式，光栅又可分为透射式和反射式两大类。如果在一块透明板上刻出大量等宽度、等间隔的平行刻痕，这些狭缝便构成了一维透射式光栅。因此，光栅衍射的基本原理与多缝衍射原理相似。光栅的衍射有十分广泛的应用：利用衍射光方向与波长有关，可构成光栅光谱仪，它比棱镜光谱仪的分辨率更大，并且是线性的，易于计算机处理；利用 X 光在晶体上的衍射方向与晶格常数有关，可构成各类 X 光衍射仪，它是近代研究物质结构的重要手段。生物分子的 DNA 螺旋结构就是首先用 X 光衍射的方法揭示出来的，拍摄它的物理学家和生物学家共同获得1962 年的诺贝尔生理和医学奖。本实验通过透射式平面光栅衍射光谱的观察和光栅常数的测量，加深对光栅衍射基本规律的了解，并掌握分光计的使用和调整方法。

一、课前知识准备

（1）分光计的调整和使用方法。

（2）光栅衍射的原理。

（3）光栅的分类和应用。

二、实验内容

（1）练习正确使用分光计。

（2）用波长为 546.07nm 的汞绿光测量光栅常数。

（3）测量未知光波波长及角色散率。

（4）观察分辨本领与光栅有效面积中的刻线数目 N 的关系。

三、实验原理

1.光栅方程与光栅光谱

如图 4.4.7.1 所示。设 S 为位于透镜 L_1 第一焦平面上的细长狭缝光源，G 为光栅。自 L_1 射出的平行光垂直地照射在光栅 G 上。透镜 L_2 将与光栅法线成 θ 角的衍射光会聚于其第二焦平面上的 P_θ 点，根据夫琅禾费衍射理论，则产生衍射亮条纹的条件为

$$d\sin\theta = k\lambda \tag{4.4.7.1}$$

式中：θ 是衍射角，λ 是光波波长，k 是光谱级（$k = 0, \pm 1, \pm 2, \cdots\cdots$），$d = a + b$ 称为光栅常数。此式称为光栅方程。

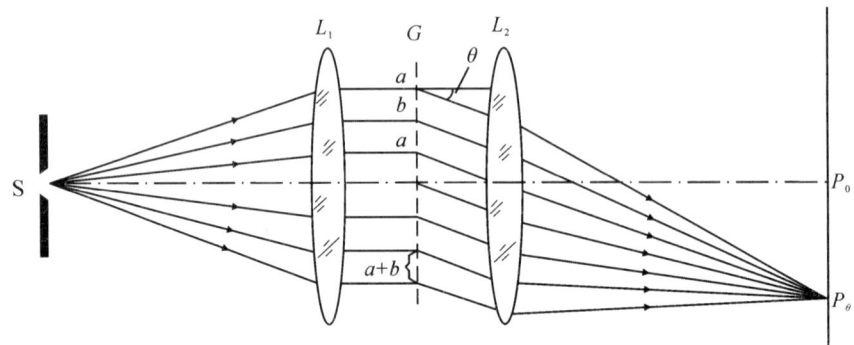

图 4.4.7.1   光栅衍射示意图

因为衍射亮条纹实际上是狭缝光源的衍射像,是一条锐细的亮线,所以又称为光谱线。当 $k=0$ 时,任何波长的光均满足(4.4.7.1)式,亦即在 $\theta=0$ 的方向上,各种波长的光谱线重叠在一起,形成明亮的零级光谱。对于 k 的其他数值,不同波长的同级亮条纹将有不同的衍射角 θ,因此,在透镜焦平面上将出现按波长次序排列的彩色谱线,称为光栅光谱。与 $k=\pm1$ 相对应的谱线分别为正一级谱线和负一级谱线,类似地还有二级、三级等谱线。如图 4.4.7.2,光源为汞灯,它能发出波长不连续的可见光,其光栅光谱将出现与各波长相对应的线状光谱。因此,若光栅常数 d 为已知,在实验中

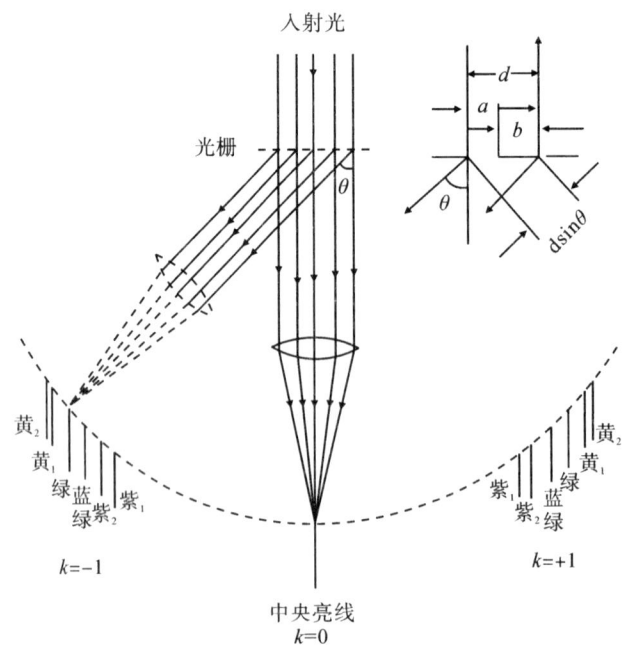

图 4.4.7.2   汞灯的光栅衍射光谱

测量了光谱线的衍射角 θ 和对应的光谱级数 k，便可由(4.4.7.1)式求出该谱线的波长 λ；反之，如果波长 λ 是已知的，则可求出光栅常数 d。

2. 衍射光栅的基本特性

衍射光栅的基本特性可以用它的分辨本领与角色散率来表示。

光栅分辨本领 R 定义为两条刚可被光栅辨开的谱线的波长差 $\Delta\lambda = \lambda_1 - \lambda_2$ 去除他们的平均波长 λ

$$R = \frac{\lambda}{\Delta\lambda} \tag{4.4.7.2}$$

R 越大，表明刚刚能被分辨开的波长差 $\Delta\lambda$ 越小，光栅分辨细微结构的能力就越高。按照瑞利判据，两条刚可被分开的谱线规定为：其中一条谱线的极强正好落在另一条谱线的极弱上。由此条件可推知，光栅的分辨本领公式为

$$R = kN = k\frac{l}{d} \tag{4.4.7.3}$$

式中 N 是光栅有效使用面积内的刻线总数目，l 为受光面的宽度，d 为光栅常数。

由式(4.4.7.3)可知，光栅在使用面积一定（宽度 l 一定）的情况下，使用面积内的刻线数目越多，分辨本领越高；对有一定光栅常数的光栅，有效使用面积越大，分辨本领越高（这是因为刻线数目越多谱线越细锐的缘故）；高级数比低级数的光谱有较高的分辨本领。由于通常所用光栅的光谱级数不高（例如本实验所用光栅的光谱级数为 1 级），所以光栅的分辨本领主要取决于有效使用面积内的刻线数目 N，N 通常有 2×10^4 的数量级，因此光栅的分辨本领很大。

角色散率 D 定义为同一级两条谱线衍射角之差 $\Delta\theta$ 与它们的波长差 $\Delta\lambda$ 之比。它只反映两条谱线中心分开的程度，而不涉及它们是否能够分辨。

$$D = \frac{\Delta\theta}{\Delta\lambda} \tag{4.4.7.4}$$

把式(4.4.7.1)微分，得

$$D = \frac{\Delta\theta}{\Delta\lambda} = \frac{k}{d\cos\theta} \tag{4.4.7.5}$$

由式(4.4.7.5)可知，光栅光谱具有以下特点：光栅常数 d 愈小（即每毫米所含光栅刻线数目越多）角色散愈大；高级数的光谱比低级数的光谱有较大的角色散；在衍射角 θ 很小时，式(4.4.7.5)中的 $\cos\theta \approx 1$，角色散 D 可看作一常数，此时 $\Delta\theta$ 与 $\Delta\lambda$ 成正比，故光栅光谱称匀排光谱。

四、实验仪器及用具

分光计，平行平面反射玻璃，汞灯，衍射光栅。

五、注意事项

（1）光栅是较精密的光学元件，必须轻拿轻放，不要用手触摸光栅表面，以免弄脏或损坏。若有污迹，可用镜头纸轻拭。

（2）汞灯的紫外光较强，不要直视，以免伤害眼睛。

（3）测量衍射角 θ 时，为使望远镜中十字叉丝竖线瞄准各谱线，必须使用望远镜微调螺丝。测量时，要防止其他光源干扰。

六、延伸内容

（1）本实验中如果光栅常数不变，光栅透光部分尺寸变化对衍射有什么影响？

（2）分析光栅平面与入射光不严格垂直时对实验有何影响？

（3）设计制作一个基于光栅的光谱仪。

4.4.8 钠双黄线的波长差以及相干长度测量

低压钠灯因其光谱中的黄双线波长差小而强度特别大，常直接做单色光源使用。但在迈克尔逊干涉仪测波长实验里，由于波长差约 0.6nm 的双线影响，在干涉仪可移动反射镜微动过程中，计量干涉条纹变化数目时，引起了干涉条纹可见度的起伏；而时间相干性可表述为辐射场中某点在不同时刻发生的光扰动之间的相位相关性，常用相干长度来衡量。相干长度是衡量光源发光性能的一个重要物理量。绝对单一波长的单色光是不存在的，通常我们所讲的单色光只是对实际光源的理想近似。实际的单色光都有一定的线宽 $\Delta\lambda$，相干长度与线宽成反比，线宽越窄相干长度越大，我们说光源的单色性越好。

一、课前知识准备

（1）熟悉干涉仪的调整和使用。

（2）理解和认识实际光源的相干长度和谱线宽度。

二、实验内容

（1）练习调整干涉仪。

（2）测量钠光双线的波长差。

（3）测量钠光的相干长度及单线宽度 $\Delta\lambda$。

三、实验原理

实际光源（如常用的钠灯、汞灯和氦氖激光器）对应于原子能级跃迁所产生的单色辐射都有各自的持续时间 Δt，每一个原子跃迁辐射是一个有稳定频率和偏振方向的波列，其长度为

$$\Delta l = c \cdot \Delta t \qquad\qquad (4.4.8.1)$$

所谓振幅分割,即把此波列的振幅一分为二,因各被分的对应波列间满足相干条件而成为相干光源。若这些波列在传播过程中光程差超过 Δl 这个长度,以致两个波列不能相遇,就不会发生干涉,因而此时的 Δl 称作最大光程差,即相干长度,以 $\Delta L_{\max}$ 表示,用来描述相干光源的时间相干性。相干长度越长,时间相干性越好。

用迈克耳逊干涉仪测量光源的相干长度时,通常是根据干涉条纹清晰可见的程度来判断的。干涉条纹的可见度定义为

$$\gamma = \frac{I_{\max} - I_{\min}}{I_{\max} + I_{\min}} \qquad\qquad (4.4.8.2)$$

式中 $I_{\max}$ 和 $I_{\min}$ 分别为小区域内干涉条纹相邻的强度最大值和最小值。

等光程时条纹最清晰,可见度最大。徐徐移动 M_1 镜,增加光程差,条纹的可见度也随之变化,直至干涉条纹最后消失为止,这时条纹可见度为零。由此可确定光源的最大光程差 $\Delta L_{\max}$。

光源的时间相干性可以从光源发光的微观过程来说明。原子的发光是断续的、无规则的,发出的光波波列是有限长的、非单色的,相应的对于某一确定的谱线,就有一定的谱线宽度 $\Delta\lambda$,以及使两列波(干涉仪的分束板将入射的一列波分解成的两列波),见图4.4.8.1能够产生干涉的最大光程差 $\Delta L_{\max}$。

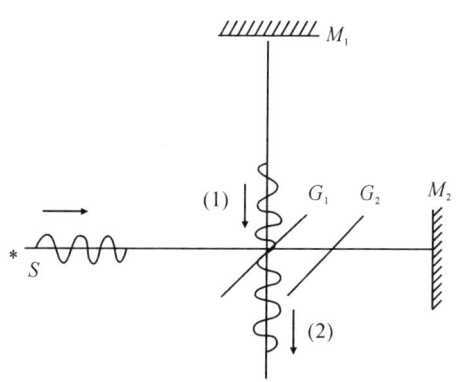

图 4.4.8.1　一个波列被分束器分为两个波列

1. 理想的单色光源

如图 4.4.8.2 所示。设 S_1、S_2 为两个相干点光源,波长为 λ,在 P 点相遇后的总光强为 $I_p = I_1 + I_2 + 2\sqrt{I_1 I_2}\cos\left(2\pi\dfrac{\Delta L}{\lambda}\right)$,其中 I_1、I_2 分别为光(1)、光(2)在 P 点的光强,ΔL 是两束单色光在 P 点的光程差,设 $I_1 = I_2 = I_0$,则有

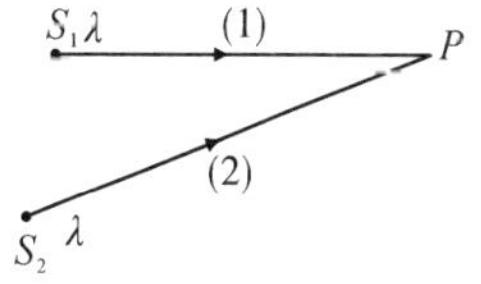

图 4.4.8.2　理想单色光的干涉

$$I_P = 2I_0\left(1 + \cos 2\pi\frac{\Delta L}{\lambda}\right) \qquad (4.4.8.3)$$

由式(4.4.8.3)可知

$$\Delta L = \begin{cases} k\lambda & (k = 0,1,2,3,\cdots\cdots)I_{\max} = 4I_0 \\ (2k+1)\dfrac{\lambda}{2} & (k = 0,1,2,3,\cdots\cdots)I_{\min} = 0 \end{cases} \qquad (4.4.8.4)$$

故 $\gamma = 1$。由此可见,理想的单色光源所产生的干涉条纹的可见度与光程差无关,是一常量,如图 4.4.8.3 所示。也就是说,无论两束光的光程差为多大,都有清晰的干

涉条纹。但是这在实际干涉现象中是不存在的,例如薄膜干涉,薄膜过厚光程差增大,干涉条纹会消失,可见度为零。

2.实际光源及相干长度

对实际光源发出的光一般有两种表述。第一种表述认为光波是由一段有限长的、振幅为常数或缓慢变化的正弦波段组成,各段之间无固定的相位关系,我们称这种波段为波列。这是由原子发光只发生在有限的时间内所决定的,所以光波都是由波列组成的,如图 4.4.8.3(a)所示。另一种表述认为,实际光并不是只含有一种波长,而是由在波长 λ_0 附近,在 $\Delta\lambda$ 线宽的范围内,许多不同波

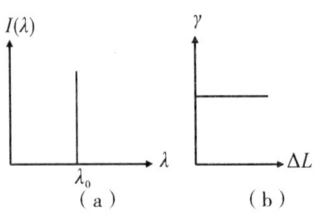

图 4.4.8.3　单色
光源的光波

长的光按一定的强度分布组合而成的,如图 4.4.8.3(b)所示。用 $\Delta\lambda$ 表征光的单色性,$\Delta\lambda$ 分布曲线窄即表示光的单色性好。实质上这两种表述是完全等同的。由图 4.4.8.4(b)可知,实际光源可认为是由波长 $\left(\lambda_0 - \dfrac{\Delta\lambda}{2}\right)$ 到 $\left(\lambda_0 + \dfrac{\Delta\lambda}{2}\right)$ 之间的连续光波

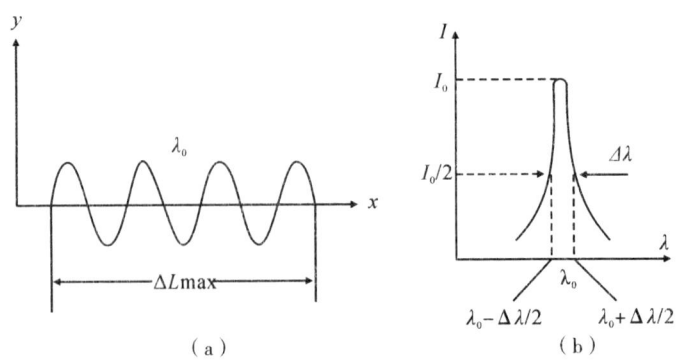

图 4.4.8.4　实际光源的光波

组成。每一个波长都可产生一套自己的干涉条纹,而总强度是 $\Delta\lambda$ 波长范围内不同波长的各套自己的干涉条纹的非相干迭加。当波长为 $\left(\lambda_0 - \dfrac{\Delta\lambda}{2}\right)$ 的第 $(k+1)$ 级极大和波长为 $\left(\lambda_0 + \dfrac{\Delta\lambda}{2}\right)$ 的第 k 级极大正好重合时,条纹可见度降为零,看不见干涉条纹。此时对应的光程差 $\Delta L_{\max}$ 就是相干长度,所以能够形成干涉条纹的条件是

$$\Delta L \leqslant \Delta L_{\max} = (k+1)\left(\lambda_0 - \frac{\Delta\lambda}{2}\right) = k\left(\lambda_0 + \frac{\Delta\lambda}{2}\right)$$

可得

$$k = \frac{\lambda_0}{\Delta\lambda} \qquad\qquad (4.4.8.5)$$

$$\Delta L_{\max} = \frac{\lambda_0^2}{\Delta \lambda} \tag{4.4.8.6}$$

从以上两式可见,$\Delta \lambda$ 越小,光源单色性越好,k 就越大,所能观察到的干涉条纹级数就越多;相应的 $\Delta L_{\max}$ 也就越大,相干长度就越长。

由光源的相干长度,可求出光源的相干时间

$$t = \frac{\Delta L_{\max}}{c} = \frac{\lambda_0^2}{c \Delta \lambda} \tag{4.4.8.7}$$

式中 c 为光速。激光的 $\Delta \lambda$ 很小,因此它的相干长度很长。

3. 钠黄光的波长差

通常用作单色光源的钠光灯,实际上是由波长很相近的两条谱线(589.593nm,588.996nm)组成(称钠双线),利用钠光灯作光源调出的等倾干涉条纹也应是两个波长(λ_1, λ_2)单色光形成的干涉条纹的叠加。调节反射镜 M_1 与 M_2' 之间的距离 d,当 $d = 0$ 时,无论是对 λ_1 或 λ_2 波长的光都满足加强的条件;移动 M_1 改变 d 值,总可以找到一个位置,此时对应的 d 值为 d_1,使得两种波长的光分别满足下式

$$\begin{cases} 2d_1 = n\lambda_1 \\ 2d_1 = \left(n + \dfrac{1}{2}\right)\lambda_2 \end{cases} \tag{4.4.8.8}$$

即是说,对于 λ_1 波长的光满足了亮的条件,而对于 λ_2 波长的光满足了暗的条件。由于 λ_1、λ_2 相差很小,因而 λ_1 的各级亮条纹刚好与 λ_2 的各级暗条纹重合(图4.4.8.5),叠加结果使得条纹变得模糊。

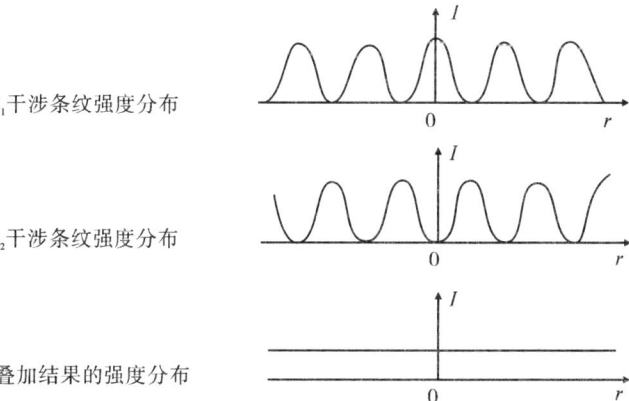

图 4.4.8.5　钠光源的光波

继续增加 d 值至 d_2,使 d_2 满足

$$\begin{cases} 2d_2 = (n + \Delta n)\lambda_1 \\ 2d_2 = (n + \Delta n + 1)\lambda_2 \end{cases}$$

对于两种波长 λ_1、λ_2 都满足亮条纹条件,条纹又变得最清晰。

再继续增加 d 值至 d_3,使 d_3 满足

$$2d_3 = (n + 2\Delta n)\lambda_1$$

$$2d_3 = \left(n + 2\Delta n + \frac{3}{2}\right)\lambda_2 \tag{4.4.8.9}$$

时,再次对于 λ_1 满足了亮的条件,对于 λ_2 满足了暗的条件,条纹再度呈现模糊。

条纹从模糊到清晰再到模糊的变化过程中,对应 d 值的变化由(4.4.8.8)、(4.4.8.9)式推知应满足

$$\begin{cases} 2(d_3 - d_1) = 2\Delta n\lambda_1 \\ 2(d_3 - d_1) = (2\Delta n + 1)\lambda_2 \end{cases}$$

故 $$\lambda_1 - \lambda_2 = \frac{\lambda_1\lambda_2}{2\Delta d}$$

其中 $\Delta d = d_3 - d_1$,而 $\lambda_1\lambda_2 \simeq \lambda^2$,令 $\lambda_1 - \lambda_2 = \Delta\lambda$,则

$$\Delta\lambda = \frac{\lambda^2}{2\Delta d} \tag{4.4.8.10}$$

此处 λ 为平均波长(钠:$\bar{\lambda} = 589.3\text{nm}$)。

四、实验仪器及用具

迈克耳逊干涉仪,钠光灯,扩束镜,毛玻璃,白炽灯。

五、延伸内容

(1) 试比较汞灯产生的干涉条纹与钠光产生的干涉条纹的区别,并解释之。

(2) 能否用迈克尔逊干涉仪测量玻璃片的折射率?如能,对此玻璃片有何要求?请设计相应的实验装置。

4.4.9 全息照相技术

全息照相的物理思想是加博(D. Gabor)于1948年首先建立的。由于当时缺乏相干性好的光源,因此几乎没有引起人们的注意。直到1960年,随着激光器的出现,全息照相才受到人们普遍的重视,并得到迅速发展,因此,加博于1971年荣获诺贝尔物理学奖。

全息照相的基本原理是以波的干涉和衍射为基础的,因此它适用于红外、微波、X光以及声波和超声波等一切波动过程。现在全息技术已发展成为科学技术上一个崭新的领域,并在精密计量、无损检测、信息存贮和处理、国防、遥感技术和生物医学

等方面获得了广泛的应用。

一、课前知识准备

（1）光的干涉和衍射基本知识。

（2）传统照相底片的成像原理。

二、实验内容

（1）拍摄静态物体的全息照片。

（2）观察全息照片，再现物像。

（3）二次曝光全息照片的拍摄和观察。

三、实验原理

物体上各点发出的光（或反射的光）是电磁波，借助于它的频率、振幅和相位的不同，人可以区分物体的颜色、明暗、形状和远近等。普通照相是通过透镜把物体成像在感光底片平面上，记录了物体的表面光强（光振动振幅的平方）的分布，所以记录的只是光信号的强度，得到的只是物体的一个平面相。所谓"全息照相"就是要把物体上发出的光信号的全部信息——振幅和相位都记录下来，并能完全再现被摄物光波的全部信息，从而再现物体的立体图像。

1. 全息照相的记录原理

全息照相是利用光的干涉原理记录被摄物体光波的全部信息。图 4.4.9.1 是记录过程的实验光路图。HeNe 激光器射出的激光束通过分束镜被分成两束，一束经反射镜 M_2 反射，再由扩束镜 L_2 使光束扩大后照射到被拍摄物体上，经物体表面反射（或透射）后照射到全息干板上，这部分光叫物光。另一束光经反射镜 M_1 反射，经 L_1 扩束后直接照射到全息干板上，这部分光叫参考光。由于激光的高度相干性，物光和参考光两束光在底片上迭加，形成干涉条纹，又因为从被拍摄物体上各点反射出来的物光，其振幅（光强）和相位都不相同，所以全息干板上的干涉条纹也不同。光强不同

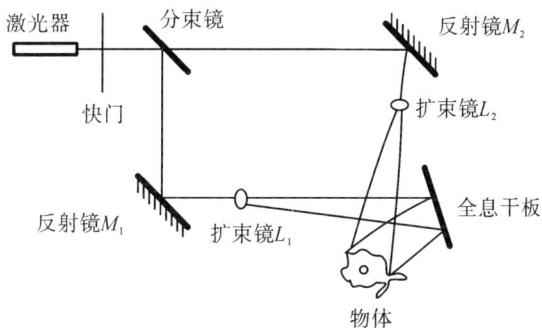

图 4.4.9.1　拍摄全息照片的光路原理图

使条纹变黑的程度不同；位相不同使条纹的密度、形状不同。因此，被摄物体反射光中的全部信息以不同浓黑程度和不同疏密的干涉条纹形式在全息干板上记录下来。经显影、定影后，就得到全息照片。

为了简单起见，我们先分析物体上某一物点的情况。假设参考光为垂直底片的表面波，如果感光片对物点所张的立体角充分小，从物点发出的球面波在感光底片上任一小区域，如图 4.4.9.2(a) 中所示的小区域 aa'，可以简化为平面波来处理。在这个小区域内，物光和参考光的干涉可简化为两束平行光的干涉，物光与参考光间的夹角为 θ_i，如图 4.4.9.2(b) 所示。可以证明，它们形成的干涉条纹的间距为：

$$d_i = \frac{\lambda}{\sin\theta_i}$$

式中 λ 为相干光的波长。

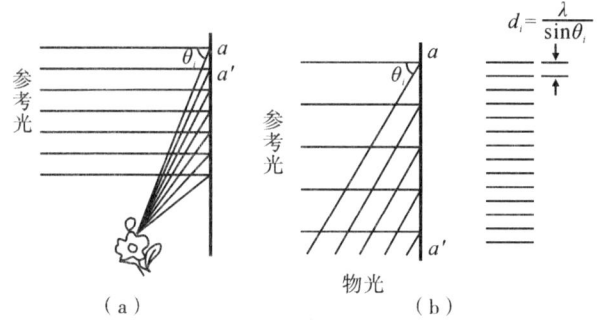

图 4.4.9.2   全息记录原理图

同一物点发出的物光在感光板不同区域与参考光的夹角 θ_i 不同，相应的干涉条纹的间距 d_i 也不同。由于不同物点发出的物光在感光板上同一区域的光强和与参考光的夹角不同，因此其干涉条纹的强度、密度和走向也各不相同。

物光可被看成由无数物点发出物光的总和，因此，在全息干版上形成的是由无数组强度、密度、走向各不相同的干涉条纹的组合。经显影、定影后，就得到了包含物光波全部信息的干涉图样的全息照片。

2.全息照相的再现原理

全息照相在感光板上记录的不是被摄物的直观形象，而是无数组干涉条纹复杂的组合。因此，当我们观察全息照相记录的物像时，必须采用一定的再现手段，即必须应用与原来参考光完全相同的光束去照射，这个光束叫做再现光。再现观察时所用的光路如图 4.4.9.3 所示。在再现光照射下，全息照片相当于一块透过率不均匀的障碍物，再现光经过它时就会发生衍射，如同经过一幅极为复杂的光栅衍射一样。以全息照片上某一小区域 ab 为例，为简单起见，把再现光看做是一束平行光，且垂直投射于全息照片上,再现光将发生衍射。其 +1 级衍射光是发散光,在各原物点处成一虚像,−1 级衍射光是会聚光,聚焦在与原物点对称的位置上,如图 4.4.9.4 所示。按光栅衍射原理,这时衍射角满足: $\sin\varphi_i = \dfrac{\lambda}{d_i}$

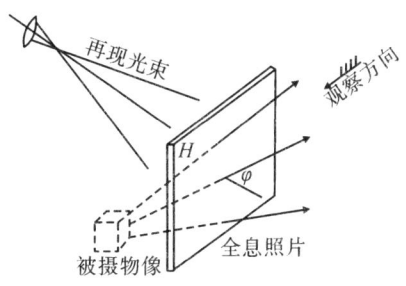 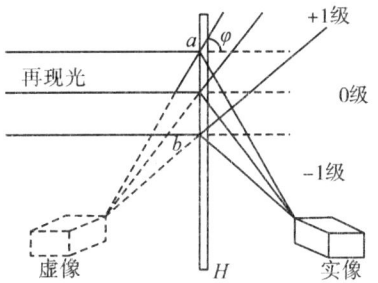

图 4.4.9.3　全息照片的再现光路　　　　图 4.4.9.4　全息再现原理图

在一幅复杂而又极不规则的光栅的集合体产生的衍射图像中,+1 级衍射光形成一个虚像,与原物完全对称,称为真像;−1 级衍射光形成一个实像,称为赝像;0 级光仍按再现光原方向传播。迎着 +1 级衍射光去观察,在原先拍摄时放置物体的位置上,就能看到与原物形象完全一样的立体像。

3. 全息照相的特点

(1) 全息照片再现出的被摄物体形象具有完全逼真的三维立体感。当人们用眼睛从不同角度观察时,就好像面对原物一样,可以看到它的不同侧面。它和观察实物完全一样,具有相同的视觉效应。当从某个角度观察时,一物被另一物遮住,需要把头偏移一下,就可以绕过障碍物,看到被遮挡的物体。

(2) 由于全息照片的任一小区域都以不同的物光顷角记录了来自整个物体各点的光的信息,因此,一块打碎的全息照片,任取一小碎块,就能再现出完整的被摄物体立体像。

(3) 同一张全息感光板可以进行多次重复曝光。在全息拍摄曝光后,只要稍微改变感光板的方位 (如转动一小角度),或改变参考光的入射方向,就可以在同一感光板上重叠记录信息,并能互不干扰地再现各自的图像。如果全息记录过程光路各部件都严格保持不动,只是使被拍摄物体在外力作用下发生微小位移或形变,在发生变形前后使感光板重复曝光,则再现时,物体变形前、后两次记录的物波将同时再现,并形成反映物体形态变化特征的干涉条纹,这就是全息干涉计量的基础。

(4) 若用不同波长的激光照射全息照片,可以得到放大或缩小再现图像。再现光的波长大于原参考光时,再现图像被放大,反之缩小。

（5）全息照片再现出的物光波是再现光束的一部分，因此，再现光束越强，再现出的物像越亮。实验指出，亮暗的调节可达 103 倍。

四、实验仪器

He－Ne 激光器以及电源、全息底片、全息防振平台、光学元件调整架、分束镜与全反射镜、扩束镜、暗室冲洗胶片的器材、被拍摄物体。

五、延伸内容

（1）为什么要求光路中物光和参考光的光程尽量相等？

（2）参考光与物光之间的夹角的大小对成像有何影响？

（3）由全息照相的实验已经知道，全息图是两束相干光发生干涉的图样，干涉条纹相当于一个比较复杂的光栅，那么，调整物光和参考光均为平行光时，它们的干涉结果将是一组平行的条纹 — 光栅，这种光栅是用全息照相的方法制成的，故称为全息光栅。全息光栅的应用较广，制作方便，希望同学们能利用实验室现有的设备，设计制作全息光栅实验，并能将自己拍摄的全息光栅应用于其他光学实验中去。

第5章　　拓展设计型实验

5.1　弯曲法测量固体的杨氏模量

一、任务目标

(1) 研究固体的形变规律。

(2) 测量固体的杨氏模量。

二、原理提示

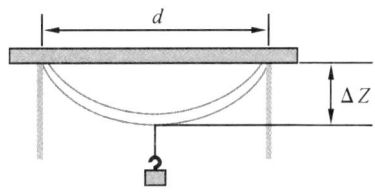

图 5.1.1　弯曲
法测杨氏模量示意图

一根宽为 a,厚度为 h 的横梁,两端自由置于一对平行的刀口上,两刀口的距离为 d。在横梁上两刀口的中间位置悬挂质量为 m 的砝码,横量将会微微弯曲。在弹性范围里,不计横梁自身重量,若悬挂砝码下降距离为 ΔZ,在 $\Delta Z \ll d$ 时,横梁的杨氏模量可用(5.1.1)式表示:

$$E = \frac{d^3 mg}{4h^3 a\Delta Z} \tag{5.1.1}$$

式中,ΔZ 为微小量,直接利用长度测量工具测量误差较大,因此需要设计更为精确的测量方案来测量。

三、实验内容

(1) 设计合理的实验方案测量微小长度 ΔZ。

(2) 搭建实验平台,测量某固体的杨氏模量。

5.2   研究物质旋光特性

一、任务目标

（1）观察物质的旋光特性。

（2）了解物质旋光性的应用。

二、原理提示

当线偏振光在某些晶体内沿着光轴方向传播或在某些液体中传播时，光的偏振方向将随着传播的距离连续旋转，这种效应称为物质的旋光效应。常见的石英晶体就是一种具有旋光特性的物质，另外有些有机物质如蔗糖溶液、松节油等也具有旋光特性。

迎着光的传播方向看去，若线偏振光在通过旋光物质时其偏振方向沿顺时针旋转，这种物质称为右旋光物质，反之则称为左旋光物质。

单色线偏振光在旋光物质中其偏振方向旋转的角度可用下式表示：

$$\varphi = \alpha l$$

式中，φ 表示单色线偏振光在旋光物质中旋转的角度，称为旋光度，l 光在旋光物质中所走的距离，比例系数 α 称为旋光物质的旋光率，它与物质的温度和偏振光的波长有关。另外，对于旋光性溶液来说，其旋光度还与溶液的浓度成正比，因此也可根据溶液的旋光特性来测量溶液的浓度。

三、实验内容

（1）选择合适的实验仪器、设计实验方案测量旋光性溶液的旋光率。

（2）设计实验方案测量旋光性溶液的浓度。

5.3   掠入射法测量液体的折射率

一、目标任务

（1）测量玻璃材料的折射率。

（2）测量液体材料的折射率。

二、原理提示

如图 5.3.1 所示,若一束含有不同方向的单色光射入三棱镜的 AB 面时,不同方向的光的出射角也不同。沿 AB 面入射的光线其入射角为 $90°$,它将沿全反射临界角折射,在 BC 面上的出射光如图所示,其它光线由于入射角小于 $90°$,其出射角也均小于它的出射角。此时在望远镜中将会观察到半影视场,靠近三棱镜 A 的部分是暗的,靠近三棱镜 C 的部分是亮的,其分界线就

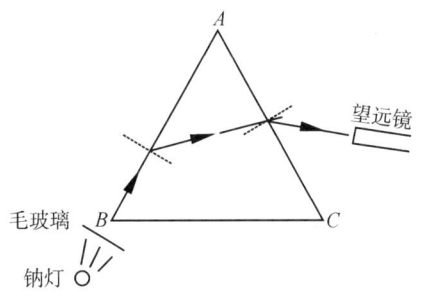

图 5.3.1　极限法测的原理图

是图中所示的出射光线。若测量出该光线的出射角(该光线与 AC 面法线的夹角)θ,则三棱镜玻璃材料的折射率可由(5.3.1)式计算(请大家自己推导)。

$$n = \sqrt{1 + \left(\frac{\sin\theta + \cos\alpha}{\sin\alpha}\right)^2} \tag{5.3.1}$$

三、实验内容

(1) 推导公式(5.3.1),测量三棱镜的折射率。

(2) 设计测量液体折射率的实验方案。

5.4　阿贝成像原理和空间滤波的研究

一、任务目标

(1) 加深对傅里叶光学的空间滤波、空间频率、空间频谱等基本概念的理解。

(2) 熟悉阿贝成像的原理。

(3) 了解简单的空间滤波在光信息处理中的应用。

二、原理提示

1. 阿贝的两次成像原理

阿贝在 1873 年研究显微镜成像原理时指出,在相干光照明下,透镜成像可分为两个步骤:第一步是平行光通过物光栅发生衍射,在透镜的后焦面上形成一组衍射图样,也就是物的频谱;第二步则是各个频谱分量再重新组合,在像平面上得到原物的像。这两次成像的过程见图 5.4.1 所示。

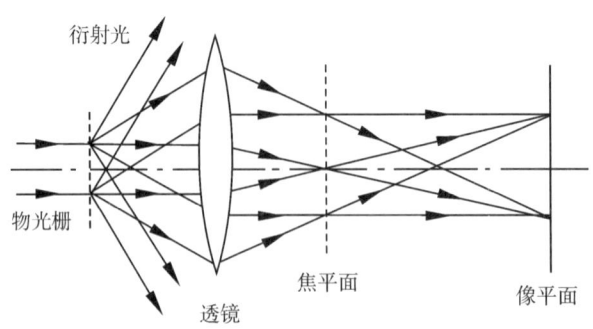

图 5.4.1　阿贝的两次成像原理

　　阿贝的两次衍射成像,实质上就是两次傅里叶变换。第一次衍射将物的空间分布变换成频谱,第二次衍射又将频谱变换成像的空间分布。

　　设物是一块一维光栅,光栅常数为 d。一束单色平行光垂直照射到光栅上,经衍射可分解为许多不同方向的平行光束,每一束平行光相应于一定的空间频率 $\sin\theta/\lambda$,经透镜聚焦,在其后焦面上形成分立的衍射条纹:0 级、±1 级、±2 级……,衍射角 θ 越大对应的级次越高,空间频率也越高。它们的关系为

$$\frac{\sin\theta}{\lambda} = \frac{k}{d} \tag{5.4.1}$$

　　式中 θ 为衍射角,λ 为单色光波长,d 为光栅常数,k 为级次。由图 5.4.1 看出,0 级表示直射的平行光,其空间频率 $\sin\theta/\lambda = 0$;±1 级空间频率为基频 $\frac{1}{d}$;±2 级空间频率为倍数 $\frac{2}{d}$……。对于不同的光栅,周期结构越密,则空间频率越大,低频反映了物的轮廓或衬底,而高频反映了物体的精细结构。

　　如用 $G(x, y)$ 表示物平面上光场的复振幅分布,用 $G(f_x, f_y)$ 表示透镜后焦面上的复振幅,即频谱。依照惠更斯－菲涅尔原理,频谱 $G(f_x, f_y)$ 正好是物函数的傅里叶变换,即

$$G(f_x, f_y) = \iint\limits_{-\infty}^{\infty} G(x, y) \cdot e^{i2\pi(f_x \cdot x + f_y \cdot y)} \mathrm{d}x \cdot \mathrm{d}y \tag{5.4.2}$$

　　其中 f_x,f_y 分别是 x 和 y 方向的空间频率

$$\begin{cases} f_x = \dfrac{x}{F\lambda} \\[2mm] f_y = \dfrac{y}{F\lambda} \end{cases} \tag{5.4.3}$$

　　式中 F 为为透镜的像方焦距,λ 为单色光的波长。此时透镜的后焦面也称为频谱面。

由频谱的再综合,在像平面上形成像的复振幅 $g'(x_2,y_2)$,$g'(x_2,y_2)$ 是频谱的傅里叶变换

$$换\ g'(x_2,y_2) = \iint_{-\infty}^{\infty} G(f_x,f_y) \cdot e^{-i2\pi(f_x\cdot x + f_y\cdot y)} \mathrm{d}f_x \mathrm{d}f_y \qquad (5.4.4)$$

像平面与物平面是一对共轭平面。一般说来,像与物不可能完全一样,由于透镜的孔径有限,总有一部分衍射角度较大的高级次成分(高频信息)不能进入透镜,使像的信息总少于物的信息,如图 5.4.1 所示。而高频信息主要反映物体的精细结构,如果高频信息被丢弃了,则像无论怎样被放大,也不可能在像平面上显示出这些细节,这就是光学仪器的分辨率受到限制的根本原因。

2.空间滤波

概括地说,上述成像过程的两步,先是"衍射分频",然后是"干涉合成",所以如果着手改变频谱,必然引起像的变化。在频谱面上作的光学处理就是空间滤波。最简单的方法是用各种光阑对衍射斑进行取舍,达到改造图像的目的。例如对图 5.4.2(a) 所示两种具有不同透过函数 $t(x)$ 的光栅(物),分别如图(b) 所示遮挡其频谱的不同部位,在像面上就会有图(c)(d)(e) 那样不同的振幅分布、光强分布和图像效果。图中左例让频谱的零级和 ±1 通过,像中条纹界限不如原物那样清晰,而且在暗条中间还有些亮;右例挡住零级频谱,图像衬比度发生了反转,即原物不透光部分变得比透光部分还要明亮,栅线的边界变成细锐黑线。限制高频成分的光阑(如图 5.4.2 左方) 构成低通滤波器,它能减轻图像的颗粒效应。图右方的光阑只阻挡了低频成分而让高频成分通过,称高通滤波器。高通滤波限制连续色调而强化锐边,有助于细节观察。高级的滤波器可以包括各种形状的孔板、吸收板和移像板等。

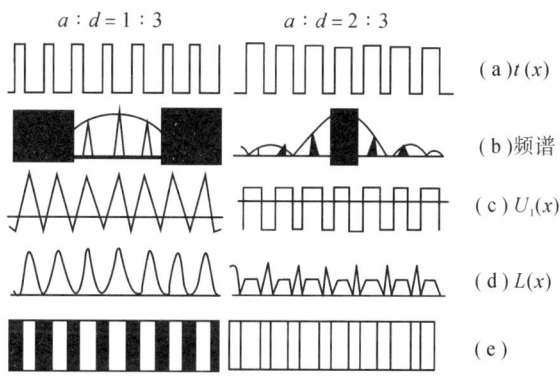

图 5.4.2　空间滤波举例

3.θ 调制

所谓 θ 调制是以不同取向的光栅调制物面图像上的不同部位,经空间滤波后,象

面上各相应部位呈现不同的彩色。

（1）如图 5.4.3 所示。以白炽灯为光源,灯前放小孔 S,聚光透镜 L_1 将 S 成像于透镜 L_2 前面的 P_2 面上。物放在紧靠 L_1 的 P_1 平面上,经 L_2 成像于屏幕 P_3 上。此光路中频谱面是光源的成像面,即 P_2 平面。

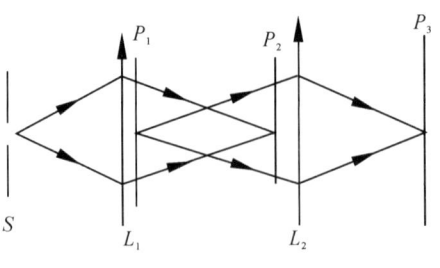

图 5.4.3 θ 调制光路图

（2）作为物的样品由薄膜光栅制成。样品上的花、叶、盆等各部位光栅具有不同取向,相间为 $60°$,如图 5.4.4(a) 所示。

（3）将上述样品放在 P_1 平面上,在 P_2 面上可看到光栅的衍射图,三行不同取向的衍射光斑相应于不同取向的光栅,见图 5.4.4(b)。这些衍射极大值除 0 级以外均有色散。

（4）调节 P_2 面上滤波器,使像面 P_3 上花瓣呈红色,花叶呈绿色,而花盆与花蕊则为黄色,见图 5.4.4(c)。

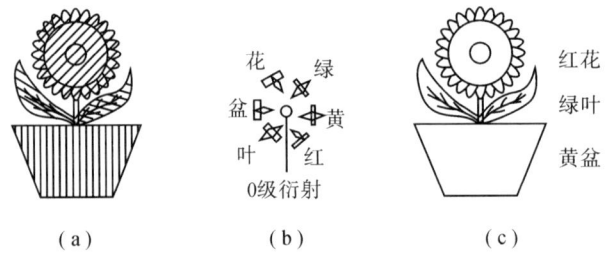

（a）　　　　　　　（b）　　　　　　　（c）

图 5.4.4 θ 调制实例

三、实验内容

（1）设计实验方案研究阿贝成像原理。

（2）设计实验方案实现高通和低通滤波过程。

（3）设计实验方案实现 θ 调制。

5.5 自组迈克尔逊干涉仪精确测量空气折射率

一、任务目标

（1）了解迈克尔逊干涉仪的原理。

（2）设计采用迈克耳逊干涉仪测量空气折射率。

（3）研究气体压强与折射率的关系。

二、原理提示

图 5.5.1 是迈克尔逊干涉仪的原理示意图（详细原理图见本书 2.4），由图可知，当光束垂直入射至 C、D 镜面时两光束的光程差 δ 可以表示成：

$$\delta = 2(n_1 L_1 - n_2 L_2) \tag{5.5.1}$$

式中 n_1 和 n_2 分别是路程 L_1 和 L_2 上介质的折射率。

设单色光在真空中的波长为 λ_0，当

$$\delta = K\lambda_0, K = 0,1,2\cdots\cdots \tag{5.5.2}$$

时产生相长干涉，相应地在接收屏中心总光强为极大。由式(5.5.1)可知，两束相干光的光程差不单与几何路程有关，而且与路程上介质的折射率有关。当 L_1 支路上介质折射率改变 Δn_1 时，因光程差的相应变化而引起的干涉条纹变化数为 ΔK，由式(5.5.1)和式(5.5.2)可知

$$\Delta n_1 = \frac{\Delta K \lambda_0}{2L_1} \tag{5.5.3}$$

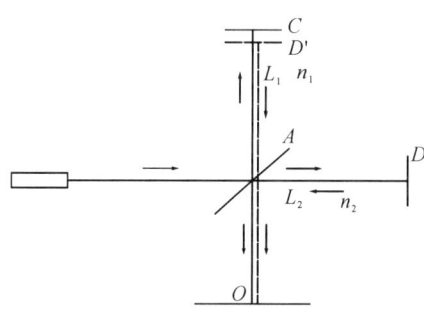

图 5.5.1　迈克耳逊干涉仪原理图

由式(5.5.3)可知：如测出接收屏上某一处干涉条纹的变化数 ΔK，就能测出光路中折射率的微小变化。

另外，在温度处于 $15℃ \sim 30℃$ 范围时，空气折射率通常可用下式求得：

$$(n-1)_{t,p} = \frac{2.8793p}{1 + 0.003671t} \times 10^{-9} \tag{5.5.4}$$

式中温度 t 的单位为℃，压强 p 的单位为 Pa。因此，在一定温度下，$(n-1)_{t,p}$ 可以看成是压强 p 的线性函数。

三、实验内容

(1) 设计实验方案，通过光的干涉条纹以及空气压强的变化测量空气折射率。

(2) 根据所设计方案，组装迈克尔逊干涉仪和测量空气压强的装置，测量室温时空气的折射率。

5.6　基于电阻应变片的微小形变测量研究

从理论上分析建筑构件、机械零部件等受力时所引起的形变，在数学上往往遇到不可克服的困难，因而往往需要通过实验的方法来测定。常用的方法之一是用电阻应

变片对应变的应力进行测量,这就是一种非电量的电测法。

一、任务目标

(1)了解电阻应变片的特性。

(2)通过测量应变片的电阻变化量,测量物体长度的应变量 $\Delta L/L$。

二、原理提示

当应变片受到沿应变片主轴方向的应力时,应变片基底被拉长,感应栅栅丝亦被拉长,从而引起栅丝电阻的变化。设栅丝总长度 L,其电阻为 R,当栅丝被拉长后总的伸长量为 ΔL,相应的电阻变化量为 ΔR,则电阻的变化率 $\Delta R/R$ 与被测材料的应变量 $\Delta L/L$ 之间存在着如下的正比关系,即

$$\frac{\Delta R}{R} = K \frac{\Delta L}{L} \tag{5.6.1}$$

式中,比例系数 K 称为应变片的灵敏度系数,其值由制造电阻应变片的厂家提供。由此可见,只要测出应变电阻变化量 ΔR,就可由式(5.6.1)求得应变量 $\Delta L/L$。这样,就把应变的测量转换成电阻变化的测量。

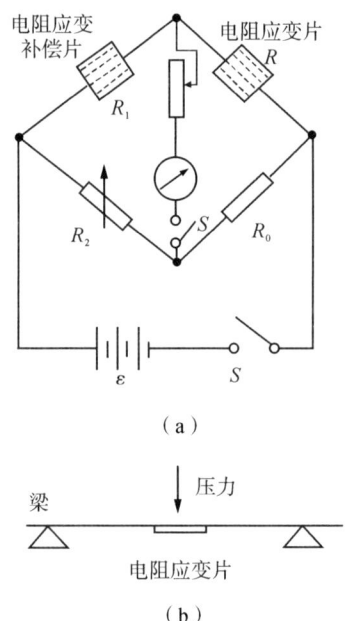

（a）

（b）

图 5.6.1 电阻应变片测量原理

横梁弯曲时的应变测量横梁弯曲时的应变,可把电阻应变片紧贴在梁的中间[图 5.6.1(b)],并将应变片和电阻箱搭成电桥电路,如图 5.6.1(a)所示。其中,用电阻应变补偿片作为一个桥臂,它可抵消由于温度波动所引起的电阻变化,以保证测量结果不受温度影响,从而减小实验误差。调节 R_2,使电桥平衡,有

$$R = \frac{R_1}{R_2}R_0$$

式中,R、R_1 分别表示电阻应变片和补偿应变片的电阻;R_0、R_2 分别表示两个电阻箱在电桥平衡时的电阻值。

由于梁受力而产生弯曲应变,应变片电阻随之发生变化,设其变化成 R',再调节 R_2(变化很小,约 $0.03 \sim 0.152\ \Omega$),使电桥平衡,有

$$R' = \frac{R_1}{R_2'}R_0$$

式中,R_2' 为电阻箱 R_2 重新使电桥平衡时的电阻值。而 $\Delta R = R' - R$ 即为电阻应变片的电阻变化量,所以

$$\Delta R = R' - R = \frac{R_1}{R_2'}R_0 - \frac{R_1}{R_2}R_0$$

由此得

$$\frac{\Delta R}{R} = \left(\frac{R_1}{R_2'}R_0 - \frac{R_1}{R_2}R_0\right) / \frac{R_1}{R_2}R_0 = \frac{R_2}{R_2'} - 1 \qquad (5.6.2)$$

这样,便测出了应变片的电阻变化率 $\Delta R = R' - R/R$,从而可由式(5.6.1)求得梁的应变值 $\Delta L/L$。

三、实验内容

(1)研究电阻应变片的形变与其阻值变化的规律。

(2)基于电阻应变片设计一个方案测量钢丝在受力时的形变大小。

5.7　补偿法测量电路的设计与使用

一、目标任务

(1)学习补偿法原理。

(2)设计补偿法测量电路。

二、原理提示

电压的测量一般用伏特表来完成。由于电压表并联在测量电路中,电压表有分流作用,会对原电路两端的电压产生影响,测量到的电压并不是原电路的电压。用电压表测量电源电动势时,由于电压表的引入,电源内部将有电流,而电源一般有内阻,内阻将有电压降,从而电压表读数是电源的端电压,它小于电源的电动势。由此可知,要测量电动势,必须让它无电流输出。

如图 5.7.1,E_x 是待测电动势的电源,E_0 是可调输出电压的电源。调节 E_0 使检流计指针指示零,此时电路中 E_0 和被测电动势 E_x 的大小必然相等,这说明被测电压 E_x 已经被电源用已知可调电源 E_0 的输出电压所"补偿"。若已知 E_0 的输出电压,测可测得 E_x。此时被测电源无电流输出,这就避免了由于电压表分流作用而使测量产生误差。

利用补偿法精确测量电压的典型仪器是电位差计,有关电位差计的原理和使用请参阅本书 2.4。

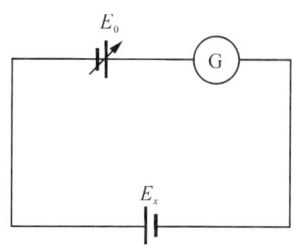

图 5.7.1　补偿原理

三、验内容

(1)利用补偿法改进伏安法测量电阻的电路,使测量结果不受电压表分流、电流表分压的影响。

(2)利用补偿法设计合适的电路,用来测量某电源的开路电压和短路电流。

(3)选择合适的器件自己组装一个简易的电位差计,并用其测量干电池的电动势。

(4)设计测量方案,用电位差计校准电流表,并测量小电阻。(小于 1 欧姆)

5.8   冲击电流计测量磁场

一、任务目标

(1)了解冲击电流计的结构与原理。

(2)使用冲击电流计测量磁场。

二、原理提示

1.冲击电流计

冲击电流计是一种用于精密电磁测量的高灵敏度电流计。由于它的动圈转动惯量大,使它具有较大的自由震荡周期(达 20 秒),它能测量短时间内脉冲电流所迁移的电量,可以用于测量磁感应强度、电容及高电阻等许多与电量有关的物理量,是现代精密测量中一种常用的仪器。冲击电流计的结构原理及使用请参阅 2.3 相关内容。

2.螺线管内的磁场

如图 5.8.1 所示的螺线管,单位长度上线圈匝数为 n,长度为 L,直径为 D。当通有电流 I 时,螺线管内轴线上某点 P 的磁感应强度的理论值为

$$B = \frac{1}{2}\mu_0 nI (\cos\alpha - \cos\beta)$$

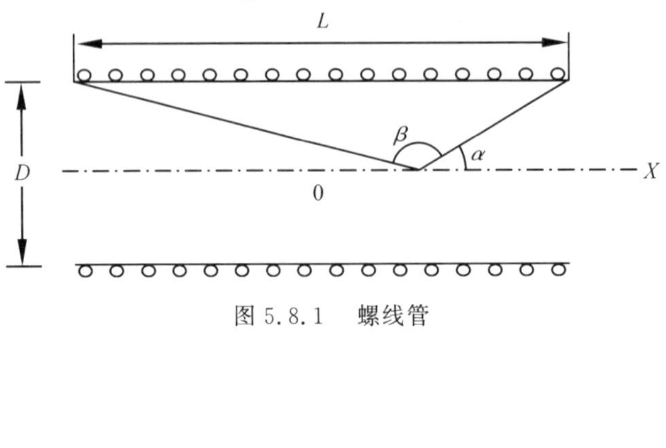

图 5.8.1   螺线管

式中角度 α、β 如图 5.8.1 所示。真空磁导率 $\mu_0 = 4\pi \times 10^{-7}\,\mathrm{H/m}$。$B$ 沿 X 轴的分布曲线如图 5.8.2 所示。当 $L \gg D$ 时，螺线管中心附近的磁感应强度为

$$B_0 = \mu_0 n I$$

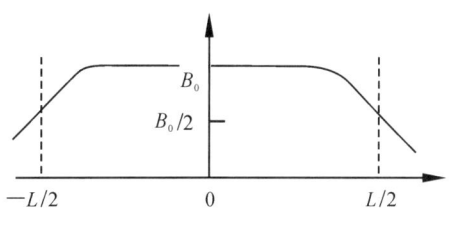

图 5.8.2　B 沿轴向分布

在螺线管轴线的一端，磁感应强度为

$$B_{端} = \frac{1}{2}\mu_0 n I$$

三、实验内容

（1）设计实验方案测量冲击电流计的电量灵敏度和电流磁通灵敏度。

（2）设计电路利用冲击电流计测量螺线管内部的磁场，并于理论计算值作比较。

5.9　高电阻的测量

一、任务目标

（1）研究测量高电阻的方法。

（2）测量高电阻。

二、原理提示

通常将阻值大于 $10^5\,\Omega$ 的电阻称为高电阻。高电阻在物理学和工业生产中有着广泛的应用，但由于阻值很高，常规的方法不容易精确测量，因此实践中常采用一些特殊的方法来测量高电阻。本实验将仅介绍利用冲击电流计测量高电阻的原理，请同学们自己设计测量电路和方案，或者设计其它的测量方法。

利用冲击电流计测量高电阻主要是用其测出电容瞬间放电所迁移的电量，再结合 RC 电路的放电规律间接确定高电阻的阻值。

如图 5.9.1 所示 RC 电路，先将开关置于"1"端，是电容充电，然后再将开关置于"2"端，使电容放电。在放电的过程中，电容上的电压随时间变化规律可用下式表示：

$$U_C = U_0 e^{-t/RC}$$

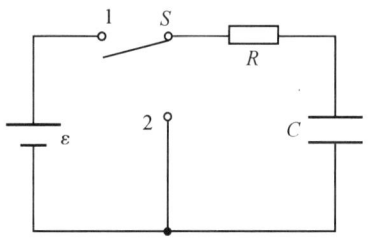

图 5.9.1　RC 串联电路

式中，U_0 为开始放电时电容上的电压，C 是电容

器的电容量,R 为高电阻的阻值。将该式两端同时乘以 C 即得到电量的变化规律,即:

$$Q = Q_0 e^{-t/RC}$$

式中,Q_0 和 C 已知,只需用秒表测出电量由 Q_0 变化至 Q 所用时间 t,用冲击电流计测出在时刻 t 电容中剩余的电量,即可算出高电阻的阻值 R。

三、实验内容

(1) 设计用冲击电流计测高电阻的电路。

(2) 多次测,用作图法处理数据。

(3) 另设计一种测量方法测量高电阻的阻值。

5.10   自感和互感系数测量

一、任务目标

(1) 测量电感元件的电感系数。

(2) 研究电感元件的属性。

二、原理提示

电感一般是由较长的导线缠绕而成的,导线本身具有一定的电阻 R,在电路中其总阻抗包括感抗 Z 和导线电阻 R 两部分。在测量电感两端电压时,也应包含两部分电压,一部分是加在导线电阻 R 上的电压 U_R,另一部分是加在感抗 Z 上的电压 U_L,而这两部分很难单独直接测量出来,这就给测量自感系数带来困难。本实验介绍利用伏安法测量自感和互感系数的方法,在实践中,同学们可以根据实际情况自行设计合适的测量方法。

1. 伏安法测量线圈的自感系数及损耗电阻

用交流伏安法测量线圈的自感量,如图 5.10.1(a) 所示。将电阻 R 及待测电感串联在交流电路中。其中,R 为已知电阻。一个实际的电感元件总可以看成理想电感 L_x 及损耗电阻 R_L 的串联。用晶体管毫伏表分别测电阻 R、待测电感 L 两端的电压 U_R 和 U_L,以及总电压 U。利用图 5.10.1(b) 所示矢量图得

$$(U_R + IR_L)^2 + (IX_L)^2 = U^2 \tag{5.10.1}$$

$$(IR_L)^2 + (IX_L)^2 = U_L^2 \tag{5.10.2}$$

其中,I 为通过 R 和 L_x 的电流,X_L 为感抗,由式(5.10.1)和(5.10.2)消去 IX_L 的

$$R_L = \frac{U^2 - U_R^2 - U_L^2}{2U_R I}$$

将此式代入(5.10.2)得

$$X_L = \frac{[U^2 - (U_R^2 - U_L^2)][(U_R + U_L)^2 - U^2]}{2U_R I} \tag{5.10.3}$$

式中 I 可由 $I = \dfrac{U_R}{R}$ 算出。再根据 X_L 值和交流电压频率计算出 L_x 的电感量得

$$L_x = \frac{X_L}{2\pi f} \tag{5.10.4}$$

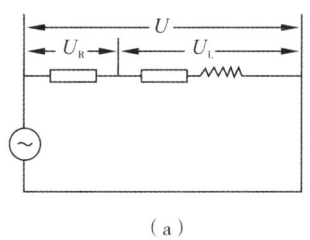
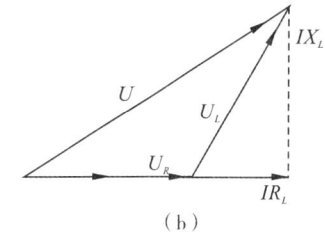

（a）　　　　　　　　　　　　　（b）

图 5.10.1　伏安法测自感

2.用交流伏安法测互感系数

用测量交流电压和交流电流的方法测量互感是最简单的方法,把互感元件的初级线圈串联到如图 5.10.2 所示的交流回路中,流过初级线圈的电流 $I = I_0 \sin\omega t$。由初级线圈内电流变化,导致互感线圈内磁感应强度的变化,因而在次级线圈内产生感应电动势 ε,其值为

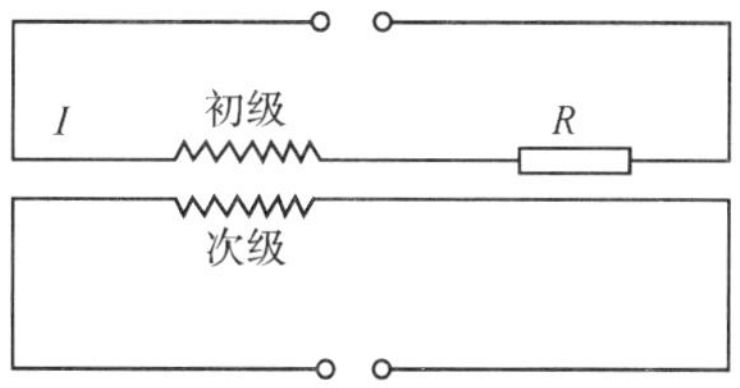

图 5.10.2　伏安法测互感

$$\varepsilon_i = -M\frac{\mathrm{d}I}{\mathrm{d}t} = -I_0\omega\cos\omega t \tag{5.10.5}$$

若用晶体管毫伏表测量初级取样电阻 R 上的电压 U_R 就可根据 $I = \dfrac{U_R}{R}$ 算的 I 的有效值。再用晶体管毫伏表测得次级回路中的电动势有效值 ε。根据是(5.10.5)关系得

$$\varepsilon = \omega M I$$

因此

$$M = \frac{\varepsilon}{I\omega} = \frac{\varepsilon}{2\pi f I} = \frac{\varepsilon R}{2\pi f U_R} \tag{5.10.6}$$

其中 f 为电源频率。

三、实验内容

(1)测量自感线圈的自感系数 L_x 和损耗电阻 R_L。

（2）测量待测样品的互感系数 M。

（3）自行设计测量电路测量自感线圈的自感系数和损耗电阻以及互感线圈的互感系数。

5.11　导线中电信号传播速率的测量

一、目标任务

（1）了解电信号在导线中的传输性质。

（2）了解电信号传输过程中电子的运动情况。

二、原理提示

电信号在导线中传输的过程中，电子做在电场作用下定向运动的速率很小，比如截面积为 mm^2 的铜导线中通过 1A 的电流时，电子的运动速率在 10^{-5} m/s 量级，因此在导体中有电信号通过时，自由电子只不过在其无规则热运动的基础上附加了一个速率很小的定向移动。那为什么打开电源开关后，电灯立刻就亮了呢？这是因为电信号在导线中传播的速率并不是电子定向运动的速率，而是电场的传播速率。因此测量电信号在导线中的传播速率实际上是测量电场的传播速率。

测量时，可取一个频率已知的正弦电信号，使其在一段较长的导线中传播，利用"相位比较法"（请参阅本书中实验 3.2）测量该正弦信号在导线中的波长，即可得到电信号的传播速率。

三、实验内容

（1）设计实验方案，并搭建合适的实验装置。

（2）测量导线中电信号的速率。

5.12　光纤中光信号传播速度的测量

一、目标任务

（1）了解光在光纤中的传输特性。

（2）了解光信号速度的测量方法。

二、原理提示

自 20 世纪 50 年代开始所有的光速精确测量都采用同时测量光波波长 λ 和频率 ν，从而测得光速 $c = \lambda\nu$，而测量光纤中光信号的速度也不例外。而利用上述方法测量光信号速度时一般需要对光信号的强度 I 进行调制，图 5.12.1 是一种对激光二极管（D）所发激光信号光强调制的原理图，图中 R_1 和 W_2 三极管 T 设置直流工作点，R_2 为限流电阻，C 为耦合电容，D 为半导体激光二极管。经过调制后，把交变光强 I 经过一分二光纤后分别传输到光电探测器，利用相位比较法即可测的交变光强 I 的波长。

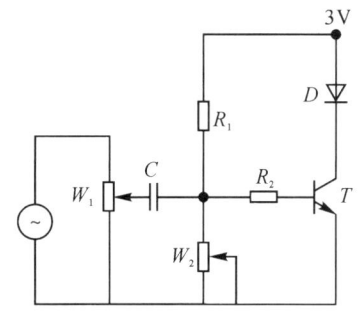

图 5.12.1　半导体激光
光强调制原理图

三、实验内容

（1）设计实验方案，推导相关公式。

（2）搭建实验装置，测量光纤中光信号的速度。

5.13　压电材料压电常数测量

一、目标任务

（1）了解压电材料的性质。

（2）了解压电材料在传感器中的应用。

二、原理提示

1880 年，法国物理学家 P. 居里和 J. 居里兄弟发现，把重物放在石英晶体上，晶体某些表面会产生电荷，电荷量与压力成比例。这一现象被称为压电效应。随即，居里兄弟又发现了逆压电效应，即在外电场作用下压电体会产生形变。

压电材料可分为无机压电材料和有机压电材料，其中无机压电材料又有压电晶体和压电陶瓷两种，压电晶体一般指压电单晶体，是指按晶体空间点阵长程有序生长而成的晶体，而压电陶瓷是指必要成份的原料进行混合、成型、高温烧结，由粉粒之间的固相反应和烧结过程而获得的微细晶粒无规则集合而成的多晶体。相比较而言，压电陶瓷压电性强、介电常数高、可以加工成任意形状，因而应用较广。

压电材料的压电性能可用压电常数来表征，在压电样品上加一定大小和方向的力，样品将因形变而在其相应的表面上产生一定量的电荷，如公式 5.13.1 所示：

$$Q = d_{33} F_3 \tag{5.13.1}$$

式中 d_{33} 称为压电材料的压电常数。d_{33} 越大,表明材料的压电性能越强。

三、实验内容

(1) 查阅资料,了解压电材料的性质及应用。

(2) 设计实验方案、搭建实验装置测量某压电陶瓷的压电常数。

5.14   人耳听觉阈值测量

一、任务目标

(1) 了解声音的描述方式。

(2) 了解人耳的听觉功能。

二、原理提示

人类的听觉器官产生声音感觉的声波频率是 20Hz ~ 20kHz,该频率范围内的声波称为可闻声波。研究表明,要引起人耳的听觉反应,不仅对频率有要求,而且对声波的强度也有要求。声强是单位时间内通过垂直于波传播方向的单位面积的平均能量其单位为 $W \cdot m^{-2}$。对于一个给定的可闻频率,声强有上下两个限值。下限值是能引起听觉的最低声强,低于下限值的声强,不能引起听觉,这个下限值称为最低可闻声强或听阈。将各频率对应的最低声强点连成的曲线称为听阈曲线。上限值是人耳所能承受的最大声强,高于上限值的声强只能引起痛觉,不能引起听觉,这个上限值称为痛阈。将各频率对应的最大声强点连成的曲线称为痛阈曲线。

例如,对于 1000Hz 的声波,一般人的听阈为 $10^{-12} W \cdot m^{-2}$,痛阈为 $1 W \cdot m^{-2}$,其声强相差 10^{12} 倍。然而,人耳主观感觉到的响度却没有这么高的区分度,人耳对同频率不同声强的声音所产生的响度感觉,近似地与声强的对数成正比。在声学中常用声强级(L)来表示声强的等级,声强与声强级的关系为

$$L = \lg \frac{I}{I_0} (B) = 10 \lg \frac{I}{I_0} (dB) \tag{5.14.1}$$

式中 $I_0 = 10^{-12} W \cdot m^{-2}$,在 SI 制中,声强级的单位为贝(B);在实际应用中,常用分贝(dB)。

声强和声强级都是描述声波能量的客观物理量,而响度是与人耳感受有关的主观量。声强或声强级相同,但频率不同的声音,其响度可以相差很大。对响度的描述,

引入了响度级的概念,规定频率为 1000Hz 的纯音,其响度级在数值上等于对应声强级的分贝值,响度级的单位为方。将不同频率,响度相同的点连接的曲线称为等响曲线。由此可得,听阈曲线,即为响度级为 0 方的等响曲线;痛阈曲线,即为响度级为 120方的等响曲线。

三、实验内容

(1)设计实验方案测量人耳的听阈曲线。

(2)测量人耳的痛阈曲线。

5.15　超声定位和形貌成像

一、任务目标

(1)了解超声波的性质和应用。

(2)了解超声定位和成像的原理。

二、原理提示

1. 超声定位的基本原理

超声定位的基本原理是由超声波发生器向目标物体发射脉冲波,然后接收回波信号;当超声波发生器正对着目标物体时,接收到的回波信号强度最大,这时得到发射波与接收波之间的时间差 Δt,再根据脉冲波在介质中的传播速度 v 而得到目标物体离脉冲波发射点的距离。这样就可以得出目标物体离脉冲波发射点的方位和距离,如图 5.15.1 所示。

2. 超声成像的基本原理

超声成像是使用超声波的声成像。它包括脉冲回波型声成像和透射型声成像。前者是发射脉冲声波,接收其回波而获得物体图像的一种声成像方法;后者是利用透射声波获得物体图像的声成像方法。目前,在临床医学应用的超声诊断仪都是采用脉冲回波型声成像。

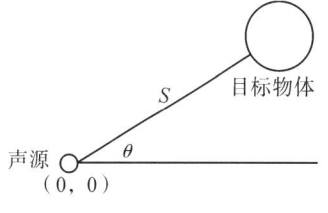

图 5.15.1　超声定位
的基本原理

超声成像有以下规律:

(1)所有脉冲回波型声成像凭借回声来反映物体组织的信息,而回声则来自组织界面的反射和散射体的后散射。回声的强度取决于界面的反射系数、粒子的后散射强度和组织的衰减。

（2）物体组成界面的组织之间声阻抗差异越大，则反射的回声越强。反射声强还和声束的入射角度有关，入射角越小，反射声强越大，声束垂直于入射界面时，即入射角为零时，反射声强最大，而入射角为 90° 时，反射声强为零。

（3）物体组织对声能的衰减取决于该组织对声强的衰减系数和声束的传播距离（即检测深度）。物体衰减特征主要表现在后方的回声。

（4）多重反射超声遇强反射界面，在界面后出现一系列的间隔均匀的依次减弱的影像，称为多次反射，这是声束在探头与界面之间往返多次而形成。

三、实验内容

（1）搭建实验装置实现超声的定位功能。
（2）搭建实验装置实现超声的成像功能。

5.16　基于手机的不同材料碰撞恢复系数的测量

一、任务目标

（1）了解材料的碰撞规律。
（2）了解材料的恢复系数及其测量。

二、原理提示

两物体发生碰撞后，其恢复系数可定义为：

$$e = \frac{\vec{v_2} - \vec{v_1}}{\vec{v_{10}} - \vec{v_{20}}} \tag{5.16.1}$$

式中，$\vec{v_{10}} - \vec{v_{20}}$ 是碰撞前两物体接近时的相对速度，$\vec{v_2} - \vec{v_1}$ 是碰撞后两物体分离时的相对速度，恢复系数由两碰撞物体材料的弹性决定，和两物体的速度无关，是反映材料基本属性的物理量。常用的测量物体碰撞恢复系数的方法是在气垫导轨上测量两碰撞物体的碰撞前后的速度，从而得到两物体的恢复系数。实际测量时还可以采用图 5.16.1 所示的碰撞体系来测量恢复系数：两碰撞物体分别是质量为 m_1 的小球和

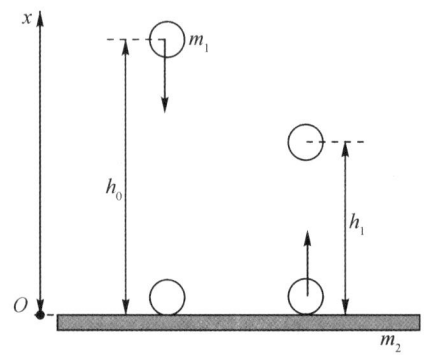

图 5.16.1　恢复系数测量原理图

质量为 m_2 的平板，m_2 远大于 m_1。在此碰撞体系中，两物体的恢复系数可用式 5.16.2 表示：

$$e = \sqrt{\frac{h_1}{h_0}} \qquad\qquad (5.16.2)$$

只要测出碰撞前后的高度 h_0 和 h_1，即可得到两碰撞体的恢复系数。测量时可借助手机测时软件测量碰撞前后物体下落和上升所用时间，即可算出 h_0 和 h_1。

三、实验内容

（1）推导公式 5.16.2。

（2）搭建实验装置测量两碰撞物体的恢复系数。

5.17　力传感器的设计与制作

一、任务目标

（1）了解电阻应变片的性质。

（2）设计力传感器。

（3）制作力传感器。

二、原理提示

一般压力传感器的核心部件是电阻应变片，它的工作原理是电阻应变效应。所谓电阻应变效应是指导体或半导体材料在外界力的作用下产生机械变形时，其电阻值相应的发生变化。使用时将应变片牢固地粘贴在构件的测点上，构件受力后由于测点发生应变，应变片也随之变形而使其电阻发生变化，再由专用仪器测得其电阻变化大小，并转换为测点的应变值。

测试电路主要由桥式电路、放大电路和现实电路三部分组成的，如图 5.17.1 所示。惠斯通电桥的四个桥臂均由电阻应变片组成。当应变片电阻变化时，电桥的输出电压也会发生变化。在应用时，可以使应变片 1 和 4 同时增大，而应变片 2 和 3 同时减小，这样可以增大电桥的输出电压。为了进一步增大输出电压，还需要通过放大电路进行放大后才能正常测量，最后通过数字表头显示电压的变化量，此电压的变化量对应着应变片在一定力的作用下其阻值的变化量。

三、实验内容

（1）设计一个力传感器的应用电路。

（2）设计并制作一台力传感器并研究其性质。

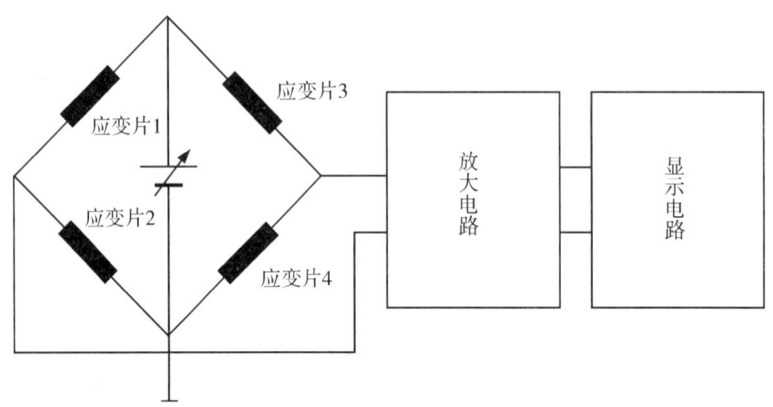

图 5.17.1 力传感器原理示意图

5.18 气体压强传感器及人体心率血压测量

一、任务目标

（1）了解气体的压强。

（2）了解人体的心率和血压规律。

二、原理提示

1.气体压强传感器的设计

气体压强是一种非电量的物理量，可以用压力传感器把压强转换成电量，用电压表来测量和监控。常用的气体压力传感器是利用压电元件组成的桥式电路，其原理如图 5.18.1 所示。

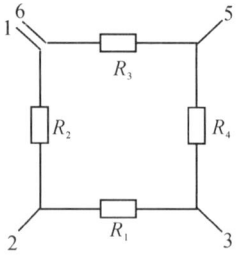

图 5.18.1 气体压力传感器原理图

2.人体心律、脉搏波与测量

心脏跳动的频率称为心律（次／分钟），心脏在周期性波动中挤压血管引起动脉管壁的弹性形变，在血管处测量此应力波得到的就是脉搏波。当前主要利用压力传感器对脉搏信号进行检测，并通过单片机技术进行数据处理，实现智能化的脉搏测试，同时可通过示波器对检测到的脉搏波进行观察，通过脉搏波形的对比来进行心脏的健康诊断。这种技术具有先进性、实用性和稳定性，同时也是生物医学工程领域的发展方向。考虑到脉搏波（PPg）不仅有脉搏频率参数，其中更有间接的血压、血氧饱和度等等参数，所以脉搏波的观察在医学诊断中非常重要。

3.人体血压与测量

人体血压指的是动脉血管中脉动的血流对血管壁产生的侧向垂直于血管壁的压力。主动脉血管中垂直于管壁的压力的峰值为收缩压，谷值为舒张压。血压是反映心血管系统状态的重要的生理参数。目前常用的有两种，即听诊法（柯氏音法Auscultatory method）和示波法（Oscillometric method）。听诊法由俄国医生Kopotkoc 在 1905 年提出，迄今仍在临床中广泛应用。但听诊法存在其固有的缺点：一是在舒张压对应于第四相还是第五相问题上一直存在争论，由此引起的判别误差很大。二是通过听柯氏声来判别收缩压、舒张压，其读数受使用者听力影响，易引入主观误差，难以标准化。近年来许多血压监护仪和自动电子血压计大都采用了示波法间接测量血压。示波法测量血压的过程与柯氏音法是一致的。都是将袖带加压至阻断动脉血流，然后缓慢减压，其间手臂中会传出声音及压力小脉冲。柯氏音法是靠人工识别手臂中传出的声音，并判断出收缩压和舒张压。而示波法则是靠传感器识别从手臂中传到袖带中的小脉冲，并加以识别，从而得出血压值。

三、实验内容

（1）设计气体压强传感器。

（2）测量人体心率、脉搏波及血压。

5.19　光纤传感器测量磁场

一、任务目标

（1）了解磁致伸缩效应原理。

（2）了解光纤传感器的原理。

（3）设计光纤传感器磁场测量仪。

二、原理提示

1.磁致伸缩效应

磁致伸缩现象是焦耳在 1842 年发现的，所以又被称为焦耳效应。磁致伸缩现象有三种表现形式：① 沿着外磁场方向尺寸大小的相对变化，称为纵向磁致伸缩；② 垂直于外磁场方向尺寸大小的相对变化，称为横向磁致伸缩；③ 材料体积大小的相对变化,称为体积磁致伸缩.纵向或横向磁致伸缩又统称为线性磁致伸缩,具体表现为铁磁体在磁化过程中具有线度的伸长或缩短,横向和体积磁致伸缩由于相对小得多,所以工程应用不多见。

磁致伸缩的大小可用材料的相对伸长量 δ 来表示:

$$\delta = \frac{\Delta L}{L} \tag{5.19.1}$$

其中,L 表示材料的原长,ΔL 表示材料长度的变化量。

2.光纤布拉格光栅(FBG)

在光纤纤芯内形成的空间相位周期性分布的光栅,其作用的实质就是在纤芯内形成一个窄带的(透射或反射)滤波器或反射镜.FBG 刻写需将激光出射光线经过强度调制,准直后精确的聚焦在光纤纤芯上,对光纤进行折射率周期性调制或烧蚀.飞秒激光逐点刻写 FBG 如图 5.19.1 所示,激光束经显微镜聚焦于光纤上,并保持聚焦位置固定,光纤夹持在电动旋转器上,旋转器放置在三维高精度电动平台上沿光纤 X,Y,Z 方向调制光纤位置.旋转器用于调制调整激光照射光纤的方向,X 和 Y 电动平台控制激光聚焦在光纤上的位置,Z 电动台控制光纤沿 Z 方向移动,在光纤上逐点扫描曝光,形成周期性折射率调制或烧蚀.照射时间和强度可通过一个光开光和一个可调衰减器控制。

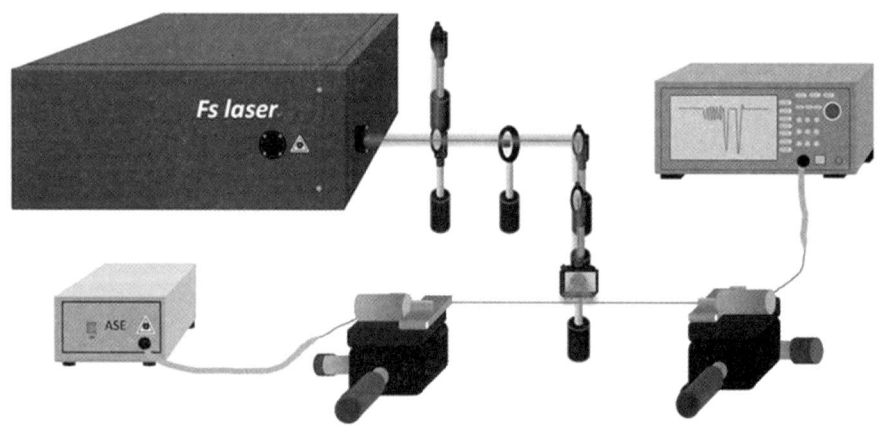

图 5.19.1   飞秒激光器刻写光栅系统

3.传感器的工作原理

取一个和 FBG 长度相等的磁致伸缩材料,将 FBG 和材料两端对齐,并将二者粘在一起,这个结构就是磁场传感器探头.当把传感器探头放入磁场时,磁场变化会引起磁致材料伸缩,光栅长度也会随着磁致伸缩材料改变,光栅间距会发生改变,从而改变光栅折射率,使得 FBG 中心波长发生漂移。

三、实验内容

(1) 设计制作光纤磁场测量仪。

(2) 给测量仪定标,并用其测量未知磁场。

5.20　热电偶温度传感器的设计与制作

一、任务目标

(1) 了解热电偶的原理及特性。

(2) 设计制作热电偶温度传感器。

二、原理提示

当有两种不同的导体或半导体 A 和 B 组成一个回路,其两端相互连接时,只要两结点处的温度不同,一端温度为 T,称为工作端或热端,另一端温度为 T_0,称为自由端(也称参考端)或冷端,回路中将产生一个电动势,该电动势的方向和大小与导体的材料及两接点的温度有关。这种现象称为"热电效应",两种导体组成的回路称为"热电偶",这两种导体称为"热电极",产生的电动势则称为"热电动势"。

热电动势由两部分电动势组成,一部分是两种导体的接触电动势,另一部分是单一导体的温差电动势。

热电偶回路中热电动势的大小,只与组成热电偶的导体材料和两接点的温度有关,而与热电偶的形状尺寸无关。当热电偶两电极材料固定后,热电动势便是两接点温度 t 和 t_0 差的函数。即:$E_{AB}(t,t_0) = f(t) - f(t_0)$,因为冷端 t_0 恒定,热电偶产生的热电动势只随热端(测量端)温度的变化而变化,即一定的热电动势对应着一定的温度。

三、实验内容

(1) 研究热电偶中热电动势与温度的关系特性。

(2) 设计一个基于热电偶的温度测量仪,并给其定标。

5.21 设计装调望远镜

望远镜和显微镜都是目视光学仪器,对研究对象进行观察或测量时常常是不可少的基本仪器,它们又是其他一些光学仪器的重要部件,在天文、军事、生物、医学、日常生活中有着广泛的应用。

一、任务目标

(1) 了解望远镜和显微镜的基本结构。

(2) 了解望远镜和显微镜的基本参数。

(3) 设计装调望远镜和显微镜。

二、原理提示

1. 基本光学系统

为适合不同用途和性能的要求,望远镜构造也有差别。但是它的基本的光学系统都是由物镜和目镜组成的。

图 5.21.1 是一简易望远镜的光学系统,物镜和目镜都以单透镜的形式画出(实际上,物镜通常是复合的消色差会聚透镜组,目镜通常也是一组透镜)。观察无穷远处的物体时,望远镜物镜的像方焦点 F_o',和目镜的物方焦点 F_e 重合。由物体发出的光经过物镜后在物镜的像方焦面上成一个倒立缩小的实象,此实像虽然比原物小了,但较原物较大地接近了人眼。然后再利用一目镜(小焦距)将此实像成像于无穷远处,使视角(物或像对人眼的张角称为视角)增大。可见,望远镜实质上起视角放大作用。

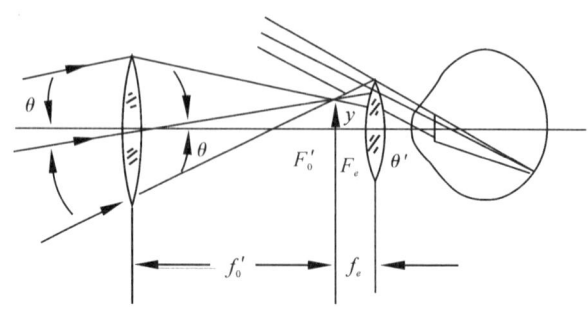

图 5.21.1 望远镜的基本光学系统

图 5.21.1 所示的望远镜的物镜和目镜都是会聚透镜,这种望远镜称为开普勒望远镜。其优点是在物镜和目镜之间的中间实像位置上可以安装供瞄准或测量用的分划板(其上有叉丝或刻尺)。其缺点,一是所成像是倒的,若要获得正像,必须加转像系统;二是镜筒较长,其长度是物镜焦距和目镜焦距之和。

2. 视放大率

望远镜和显微镜等目视光学仪器都起视角放大作用,故用视放大率表示其放大能力。而投影仪和放大机等光学仪器是将物体放大成实像并在屏幕上显示,故用线放大率表示其放大能力。

视放大率 Γ(也常称为放大倍数、放大率等)定义为目视光学仪器所成的像对人眼的张角(记为 θ')的正切与物体直接对人眼的张角(记为 θ)的正切之比,即

$$\Gamma = \frac{\tan\theta'}{\tan\theta} \tag{5.21.1}$$

为了确定物和像对人眼的张角,必须规定物和像的位置。对于望远镜,通常规定物和像都在无穷远。由图 5.21.1 可得到望远镜的视放大率为

$$\Gamma_T = \frac{f_0'}{f_e'} \tag{5.21.2}$$

望远镜的视放大率可以用下述方法测量。如图 5.21.2 所示,当望远镜物镜的像方焦点与目镜的物方焦点重合时,由物点发出的平行于光轴的光线通过望远镜以后,出射光线一定也平行于光轴,而且要通过像点。就是说,大小为 y 的物体在不同位置时,经望远镜成的像的位置虽然不同,但像的大小总是相同。所以望远镜的视放大率为

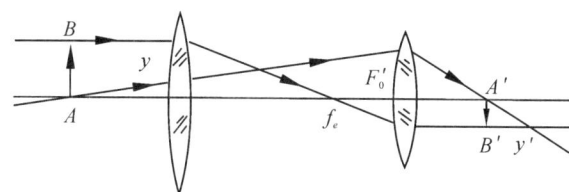

图 5.21.2　望远镜的视放大率

$$\Gamma_T = \frac{f_0'}{f_e'} = \frac{y}{y'} = \frac{1}{\beta} \tag{5.21.3}$$

式中,β_r 为望远镜的线放大率,也称垂轴放大率,$\beta_r = y'/y$。因此,只要在望远镜前方的任意位置上放置一个大小已知的物体,在望远镜后方用读数显微镜测出像的大小,就可以由(5.21.3)式计算出望远镜的视放大率。

三、实验内容

（1）设计装配一台简易的望远镜，并测量视角放大率。

（2）测量工厂生产的望远镜的视放大率。

5.22   设计调装显微镜

一、任务目标

（1）了解显微镜的基本结构。

（2）了解显微镜的基本参数。

（3）设计装调显微镜。

二、原理提示

1.基本光学系统

图 5.22.1 是显微镜的基本光学系统，它的物镜和目镜都是会聚透镜。显微镜是用于观测近处的微小物体的，故它的物镜焦距很短。位于物镜焦距之外的物体，经物镜后在目镜的物方焦面上成一个放大的实象，同时视角也放大了。此实像再经目镜成像在无穷远处。所以，显微镜也起着视角放大作用。物镜的像方焦点 F'_0 和目镜的物方焦点 F_e 之间的距离 d 称为显微镜的光学间隔。显微镜的分划板应安装在物镜的像平面上。显微镜的镜筒长度是固定的，而且有统一的标准。

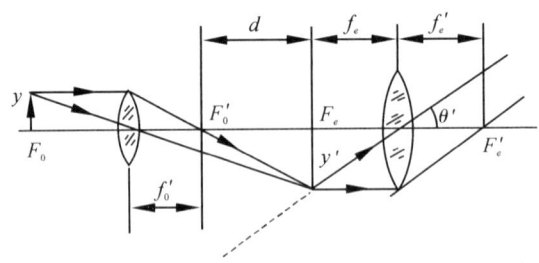

图 5.22.1   显微镜的基本光学系统

显微镜是通过调节整个镜筒相对于物体的距离而实现调焦的。它的目镜也可以小范围的移动，以适合视力不同的人使用。因此，使用显微镜时，物镜成的像不一定在目镜的物方焦面上，通过目镜观察到的像也不一定在无穷远处。

利用望远镜和显微镜进行测量时,首先要调节目镜看清楚分划板上的叉丝或刻尺;然后对物体调焦,使物体成像清晰并且使看到的像与分划板上的叉丝之间无视差。

2.视放大率

对于显微镜的视放大率,通常规定像仍在无穷远时对人眼的张角定义为 ω',而物在明视距离 D 时直接对人眼的张角定义为 ω,即 $\tan\omega = y/D$。明视距离指在一般照明条件下正常人眼习惯的工作距离,$D = 250\mathrm{mm}$。

所以显微镜的视放大率

$$\Gamma_m \text{ 为 } \Gamma_m = \frac{Dd}{f'_e f'_0} = \beta\Gamma_e \tag{5.22.1}$$

式中,Γ_e 为目镜的视放大率,$\Gamma_e = D/f'_e$;β 为物镜的线放大率,$\beta = \dfrac{y'}{y} = \dfrac{d}{f'_0}$。由于显微镜的镜筒长是固定的,所以物镜的线放大率是一定的。显微镜物镜的线放大率和目镜的视放大率一般都分别标明在各自的镜头上。

显微镜的视放大率可以用下述方法测量。如图 5.22.2 所示,使物成像在明视距离处(此时物经物镜成的像 y' 不再与目镜的物方焦点重合)。有

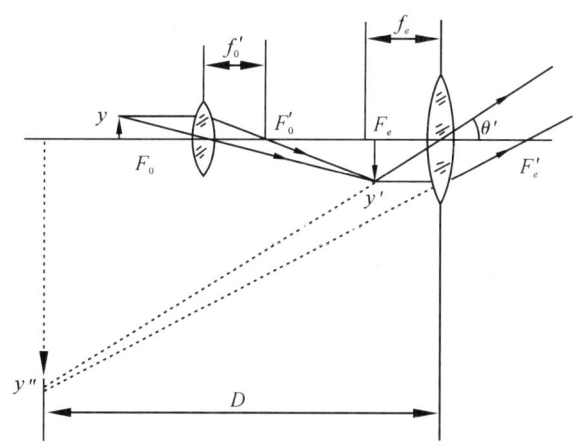

图 5.22.2 测显微镜的视放大率

$$\tan\theta' = \frac{y''}{D}$$

仍然规定物在明视距离以确定物的视角 θ,即

$$\tan\theta = \frac{y}{D}$$

所以

$$\Gamma_m = \frac{y''}{y} = \beta_m \qquad\qquad (5.22.2)$$

式中 β_m 为显微镜的线放大率。

当然,此时显微镜的视放大率与(5.22.2)式定义的视放大率是有差别的。但是,对于高倍显微镜,二者相差不大。

测量时,用玻璃刻尺(每分格为 0 mm)作为物,在垂直于显微镜光轴的方向上放置一毫米刻尺,利用一倾斜45°的半透半反射镜将毫米刻尺成像于显微镜光轴上的明视距离处。利用消视差的办法使玻璃刻尺在显微镜中成的像与毫米刻尺像重合。若玻璃刻尺的 n 个分格与毫米刻尺的 m 个分格相重合,则由(5.22.2)式可得

$$\Gamma_m = \frac{mt}{n\tau} \qquad\qquad (5.22.3)$$

式中,t 为毫米刻尺的分格值,τ 为玻璃刻尺的分格值。

三、实验内容

(1)设计装配一台横向放大率为 20 倍的简易显微镜,并实测其横向放大率。

(2)测量工厂生产的望远镜的视角放大率。

5.23   设计制作单色仪并定标

单色仪是一种利用色散元件把复色光分解为准单色光的常用基本光谱仪器,可用于各种光谱特性的研究,如测量介质的光谱透射曲线、光源的光谱能量分布以及光电探测器的光谱响应等。

一、任务目标

(1)了解单色仪的结构原理。

(2)设计制作单色仪。

二、原理提示

1. 单色仪的结构原理

单色仪能输出一系列独立的、光谱区间足够狭窄的单色光,且所输出单色光的波长可以根据要求连续调节。单色仪有多种,从不同的角度对它有不同的分类,如按物镜的形式可分为透射式单色仪和反射式单色仪;按色散元件可分为棱镜单色仪和光栅单色仪等等。反射式棱镜单色仪的结构和光路如图 5.23.1 所示。它的光学系统主要由三部分组成。

（1）入射准直系统。由准直物镜 M_1 和入射缝 S_1 组成。S_1 固定在凹面反射镜 M_1 的焦平面上，准直物镜的作用是将从 S_1 入射到 M_1 的入射光束变为平行光。

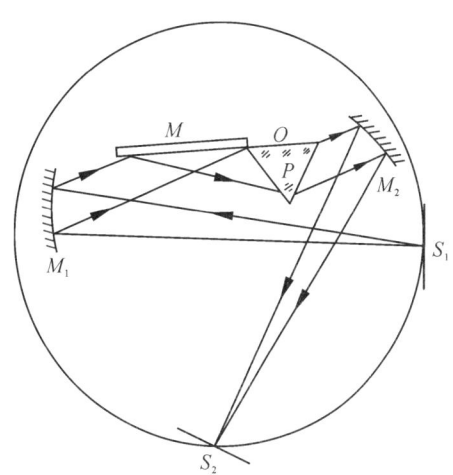

图 5.23.1　单色仪光路图

（2）色散系统。由棱镜 P 与平面反射镜 M 组成，称为瓦兹渥斯色散装置。一般的瓦兹渥斯色散装置如图 5.23.2(a) 所示，平面反射镜 M 和色散棱镜 P 组成一整体，安装在同一转台上一齐转动。转动轴 O 是棱镜顶角平分线与反射镜延长线的交点，这就构成一种恒偏向装置。M 上的入射光和经棱镜折射后以最小偏向角射出的平行光之间的夹角 γ 为定值，可证明其关系式为 $\gamma = \pi - 2\psi$。一旦恒偏向装置的结构确定了，则以最小偏向角自 P 出射的光的方向也就确定了。本实验使用的单色仪，反射镜 M 和棱镜角平分线垂直，所以 $\gamma = 0°$，见图 5.23.2(b)。因此，这种装置可保证以最小偏向角自 P 出射的单色光与入射到 M 的白光的方向平行，相互仅有一个位移。当棱镜与平面反射镜 M 一起绕轴 O 转动时，以最小偏向角出射的波长依次在改变，但出射方向不变，仍与入射到 M 上的白光平行，因而能保证以最小偏向角出射的各单色光正好会聚在出射狭缝 S_2 的中心线上。

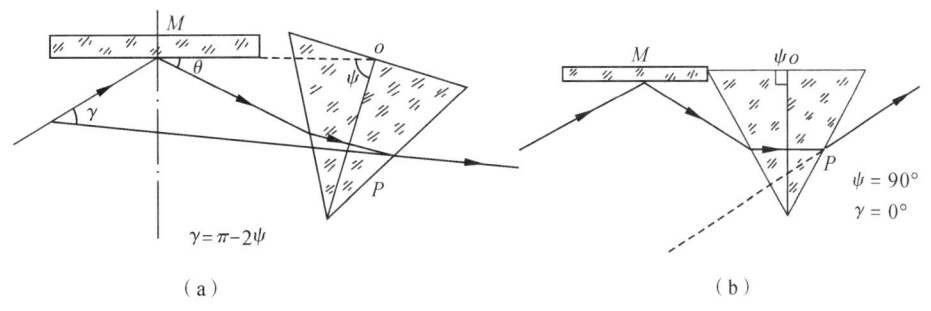

图 5.23.2　单色仪的色散系统

（3）出射聚光系统：由聚焦凹面反射镜 M_2 及出射狭缝 S_2 组成。

由光源发出的光经透镜 L 照亮入射狭缝 S_1，进入 S_1 后投向准直镜 M_1，经 M_1 反射后成为平行光投向平面反射镜 M，M 反射后仍为平行光射向棱镜 P，由于棱镜的色散作用，经棱镜折射后，成为不同方向的平行光，各种不同波长的光束方向各不相同。

相同波长的一组平行光束沿着自己的方向行进,射到聚焦镜 M_2 上经反射后会聚成一个缝像,各种不同波长光的缝像依次排列在 M_2 的焦面上,出射狭缝 S_2 就位于这个曲面上,于是落在 S_2 处的单色光就从狭缝射出。

在仪器的底部有读数鼓轮,它与万向接头转动杆及把手相连。当转动把手时,棱镜就转动,鼓轮的读数反映了棱镜转动后的位置,从而也反映了出射光的波长。鼓轮旁有反光镜,用小灯照明鼓轮,从反光镜中便可读数。应认清鼓轮刻度分划的情况。

2.单色仪的定标和测量未知光源的波长

鼓轮读数 x 与出射光的波长 λ 有一一对应的关系。以 x 为纵坐标,λ 为横坐标,画出 $x-\lambda$ 曲线,称为单色仪的校准曲线。单色仪出厂时虽有 x 与 λ 数据的对照表。但经过长期使用或运输后会有偏离,需要重新标定,作出校准曲线,此后由鼓轮读数就可得知出射光的波长。

标定单色仪的方法是:用一些波长已知、谱线宽度较窄的光照亮入射狭缝 S_1,让这些光按波长顺序依次从出射狭缝 S_2 射出,读出相应的鼓轮读数 x,便可绘制 $x-\lambda$ 曲线,有了定标曲线,就可测出待测波长相应的鼓轮读数,然后从定标曲线上求出所测波长。

三、实验内容

(1) 以三棱镜为色散元件设计制作一台单色仪并定标。

(2) 以光栅为色散元件设计制作一台单色仪并定标。

5.24   全息光栅的制作

一、任务目标

(1) 学习全息原理。

(2) 研究光栅的特性。

二、原理提示

光栅的制作方法一般可分为"机制光栅"和"全息光栅"两种,机制光栅是在玻璃上刻划出一系列等距平行的划痕,划痕处不透光,未刻过的地方透光,而全息光栅是通过全息照相将激光产生的干涉条纹在全息干板上曝光,经过显影定影后形成全息光栅。全息光栅在 1cm 线度内可产生成千上万条透光狭缝,因此利用全息光栅产生的衍射光谱线非常尖锐和明亮,是一般机制光栅达不到的。

全息光栅制作一般采用对称光路,如图 5.24.1 所示:

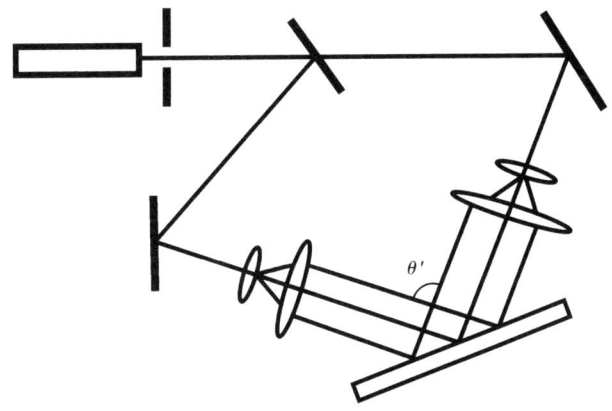

图 5.24.1 全息光栅制作光路图

此时,全息光栅的周期 d 可由下式表示:

$$d = \frac{\lambda}{2\sin\dfrac{\theta}{2}}$$

式中:λ 为激光的波长。若 θ 角很小(低频光栅),则公式可近似地写为:

$$d \approx \frac{\lambda}{\theta}$$

三、实验内容

(1) 制作一块 300 条 /mm 的全息光栅。

(2) 测定所制作光栅的光栅常数。

5.25　数字万用表的设计

一、任务目标

(1) 了解数字万用表的特性、组成和工作原理。

(2) 掌握分压、分流电路的计算和连接。

(3) 学会设计简单测量电路。

(4) 学会数字万用表的校准方法和使用方法。

二、原理提示

1. 数字万用表的基本组成

数字万用表的基本组成如图 5.25.1 所示。

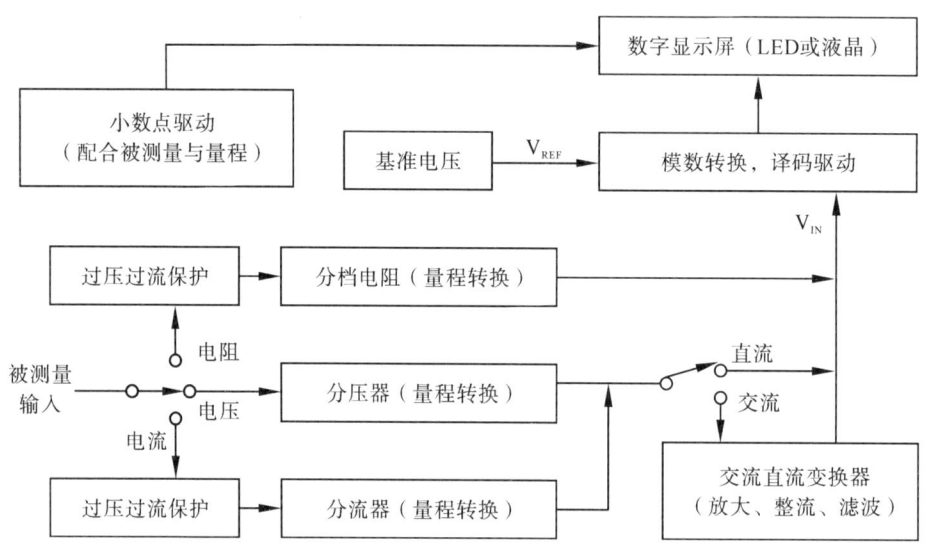

图 5.25.1　数字万用表的基本组成

除了图 5.25.1 中的基本组成部分之外,数字万用表通常还有蜂鸣器电路、二极管检测电路、三极管 hFE 测量电路、低电压指示电路等(如 DT830A 型)。有的表还设有电容测量电路、温度测量电路、自动延时关机电路等(如 DT890C＋、M890D、KT105 等型号)。更新型的还有电感、频率测量电路(如 DT930F＋、KT102、VC9808 等型号)。

2. 模数(A/D)转换与数字显示电路

常见的物理量都是幅值(大小)连续变化的所谓模拟量(模拟信号)。指针式仪表可以直接对模拟电压、电流进行显示。而对数字式仪表,需要把模拟电信号(通常是电压信号)转换成数字信号,再进行显示和处理(如存储、传输、打印、运算等)。

数字信号与模拟信号不同,其幅值(大小)是不连续的。就是说数字信号的大小只能是某些分立的数值。就象人站在楼梯上时,人站的高度只能是某些分立的数值一样。这种情况被称为是"量化的"。若最小量化单位(量化台阶)为 Δ,则数字信号的大小一定是 Δ 的整数倍,该整数可以用二进制数码表示。但为了能直观地读出信号大小的数值,需经过数码变换(译码)后由数码管或液晶屏显示出来。

例如,设 Δ＝0.1mV,我们把被测电压 U 与 Δ 比较,看 U 是 Δ 的多少倍,并把结果四舍五入取为整数 N(二进制)。然后,把 N 变换为十进制七段显示码显示出来。能准确得到并被显示出来的 N 是有限的,一般情况下,$N \geqslant 1000$ 即可满足测量精度要求

（量化误差 ≤ 1/1000 = 0.1%）。所以，最常见的数字表头的最大示数为 1999，被称为三位半(31/2)数字表。对上述情况，我们把小数点定在最末位之前，显示出来的就是以 mV 为单位的被测电压 U 的大小。如：U 是 Δ(0.1mV) 的 1234 倍，即 N = 1234，显示结果为 123.4(mV)。这样的数字表头，再加上电压极性判别显示电路，就可以测量显示 −199.9 ～ 199.9mV 的电压，显示精度为 0.1mV。

由上可见，数字测量仪表的核心是模数(A/D)转换、译码显示电路。A/D 转换一般又可分为量化、编码两个步骤。有关 A/D 转换、编码、译码的详尽理论超出了本实验所要求的范围，感兴趣的同学可参阅有关专业教材。

以上所述的 A/D 转换及数字显示已是很成熟的电子技术，且已经制成大规模集成电路，一般的仪器仪表生产者、使用者只要知道该类集成电路的管脚及特性，就能使用了。

本实验使用的 WS−I 型数字万用表设计性实验仪，其核心是一个三位半数字表头，它由数字表专用 A/D 转换译码驱动集成电路和外围元件、LED 数码管构成。该表头有 7 个输入端，包括 2 个测量电压输入端(IN+、IN−)、2 个基准电压输入端(V_{REF+}、V_{REF} −)和 3 个小数点驱动输入端。

3.制作 200mV 直流数字电压表头

按图 5.25.2 接线，参考电压 V_{REF} 输入端接直流电压校准电位器，左数第三位小数点 dp3 接到量程转换单元的"动片 1"插孔以获得一位小数显示（如不接小数点并不影响表头的校准，想一想为什么）。

利用待测直流电压源和分压电阻获得 150mV 左右的校准电压，把一只成品数字万用表（称为标准表）置于直流 200mV 档与表头输入端并联，调整"直流电压校准"旋钮使表头读数与标准表读数一致（允许误差 ±0.5mV）。然后保留虚线框内的线路，拆去其余部分即可。

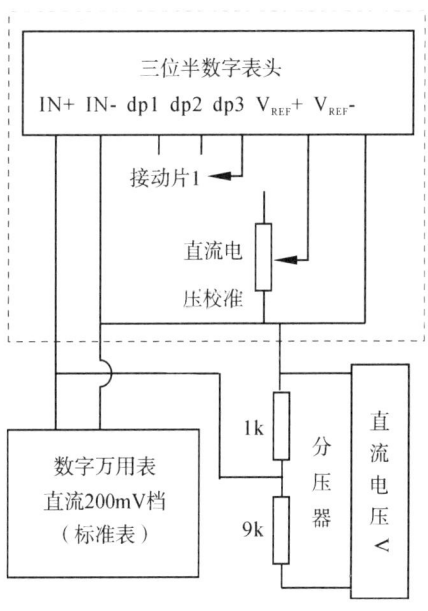

图 5.25.2   空间滤波举例

三、实验内容

(1) 设计直流电压测量电路，并校准直流电压表。

(2) 设计直流电流测量电路，并校准直流电流表。

(3) 设计电阻测量电路，并校准欧姆表。

5.26　简易信号发生器设计

一、任务目标

(1) 了解整流滤波电路。

(2) 设计产生方波、三角波、脉冲波等信号的电路。

二、原理提示

简易信号发生器的核心电路是整流滤波电路。整流电路的作用是将交流降压电路输出的电压较低的交流电转换成单向脉动性直流电。

整流电路一般有四种类型,分别是半波整流、全波整流、全波桥式整流和倍压整流,本实验中将采用常用的桥式全波整流电路。图 5.26.1(a) 为常用的桥式全波整流基本电路,由四个二极管组成一个整流电桥。图 5.26.1(b) 为桥式整流电路的整流波形。当输入电压处于交流电压正半周期时,二极管 D_1、负载 R_L、二极管 D_2 构成回路,输出波形如图 5.26.1(b) 第二行图形所示。当输入交流电压处于交流电压负半周期时,二极管 D_2、负载 R_L、二极管 D_4 构成回路,输出波形如图 5.26.1(b) 第三行图形所示。因此,桥式整流电路输出的是一个直流脉动电压,其对输入交流信号的利用率理论上可达 100%。在实际应用中,二极管的选择必须满足负载对电流的要求。

滤波是信号处理里面比较重要的一个环节,通常在整流之后都要经过滤波电路,滤波常用的元器件是电容、电阻以及电感,这三个均属于无源器件,常见的无源滤波电路主要有电容滤波、电感滤波和复式滤波等几种类型。图 5.26.2 中,(a) 为电容滤波电路,(b) 为电感滤波电路,(c) 复式滤波电路中 $RC-\pi$ 型滤波电路。实际应用中还经常会用到 LC 型和 $LC-\pi$ 型滤波电路。

三、实验内容

(1) 设计产生方波的电路并验证。

(2) 设计产生三角波的电路并验证。

(3) 设计产生脉冲波的电路并验证。

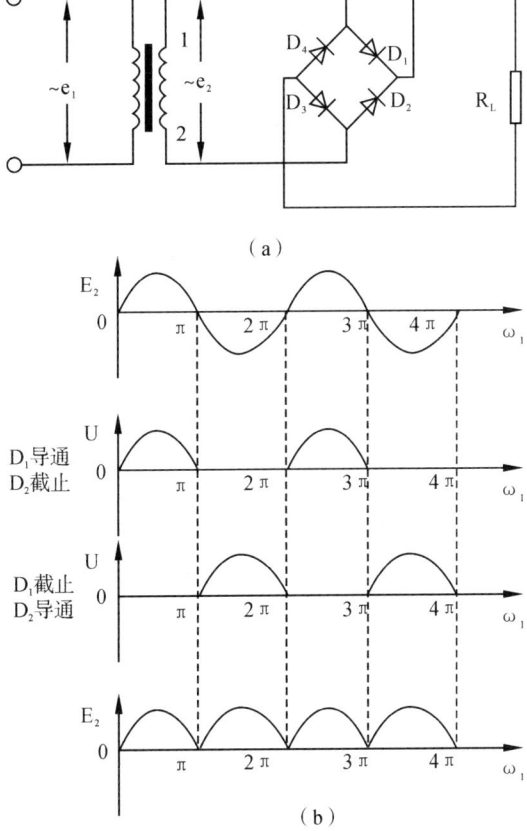

（a）

（b）

图 5.26.1 空间滤波举例

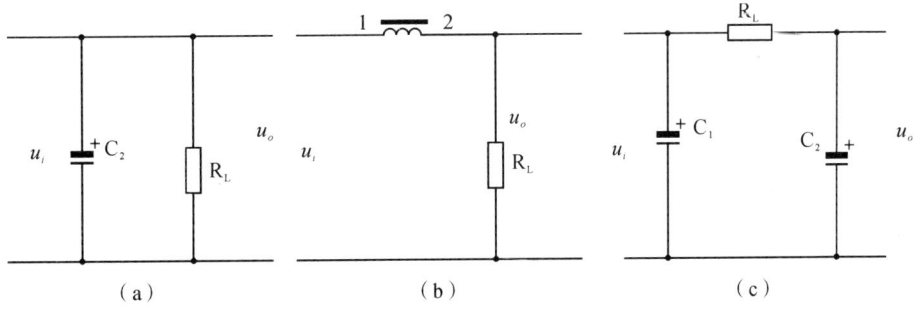

（a）　　　　　　（b）　　　　　　（c）

图 5.26.2 空间滤波举例

5.27   直流稳压电源的设计制作

一、任务目标

(1) 了解直流稳压电源基本结构。

(2) 设计制作稳压直流电源。

二、原理提示

直流稳压电源指的是无论负载大小如何变化,输出电压不变的直流电源。直流稳压电源主要由变压、整流、滤波、稳压等几部分电路组成,如图 5.27.1 所示。通过变压器将交流电压变为复合需要的电压,再通过整理电路将交流电压变换为单项脉冲的直流电压,然后通过滤波电路减小整流电压的脉冲长度,以适应负载的需要,最后通过稳压电路在交流电压波动或负载变化时保持直流输出电压稳定。

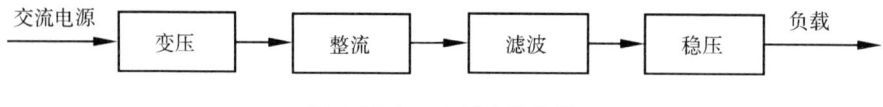

图 5.27.1   空间滤波举例

图 5.27.2 是一种常用的直流稳压电源的电路,读者可以参考该图,根据自己的需求,设计相应的电路,制作直流稳压电源。

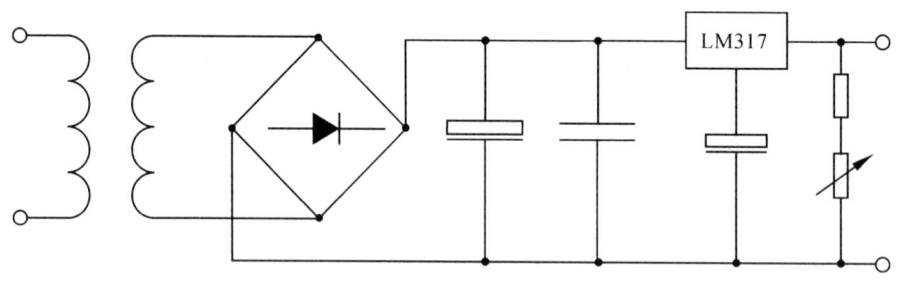

图 5.27.2   直流稳压电源电路

三、实验内容

(1) 设计一个输出电压可调的直流稳压电源电路。

(2) 制作一个输出电压可调的直流稳压电源。

5.28　恒流电源的设计制作

一、任务目标

（1）了解恒流电源基本结构。

（2）设计制作稳压直流电源。

二、原理提示

恒流电源指的是无论负载大小如何变化,输出电流不变的电源。从电路上看,恒流源也包括变压、整流、滤波等部分,不过与恒压源相比,恒流源电路需增加电流反馈放大电路,一般这部分电路的核心部件是三极管或集成运算放大器。图 5.28.1 是一个常用的恒流电源的电路,读者可以作为参考,自己设计恒流电源电路。

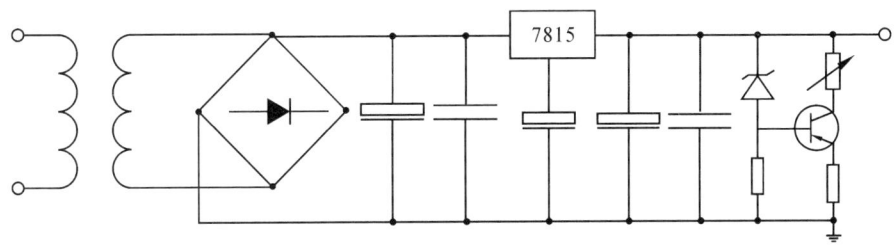

图 5.28.1　空间滤波举例

三、实验内容

（1）设计一个输出电流可调的直恒流电源电路。

（2）制作一个输出电流可调的恒流电源。

5.29　收音机的设计制作

一、任务目标

（1）了解收音机的类别和工作原理。

（2）了解收音机的结构组成。

（3）制作收音机。

二、原理提示

收音机的原理就是把从天线接收到的高频信号经过检波过程（解调）还原成低频信号（音频信号），再送到耳机变成声音。

收音机按电路原理可分为直放式和超外差式两种，按照接收电磁波的调制方式可分为调幅（AM）和调频（FM）两种。所谓直放式就是将通过天线接收到的信号直接放大（高频放大）后送去检波，但由于中高频放大器只能适应较窄的频率范围，同时其选择性较差、调谐比较复杂，因此实际中的收音机大多采用超外差式电路。所谓超外差式，就是收音机将选中的高频电台载波信号变换成一个固定中频信号（国际上统一的调幅中频信号为 465kHz），然后进行放大、检波、功放等的工作方式。调幅和调频指的是收音机接收到的高频载波信号的调制方式，其中调幅是指高频载波信号的幅度随音频信号大小变化的调制方式，而调频是指高频载波信号的频率随音频信号大小变化的调制方式。

图 5.29.1 是超外差式调幅收音机的原理框图：接收电路一般由谐振电路组成，其作用是从天线接收到各种高频电台信号，并选择出所需要的信号送入变频级。变频电路又称变频器，是由本机振荡电路和混频电路组成，它的作用是将接收端送来的高频载波信号与本机振荡器产生的信号在混频器中混频，得到一个中频信号（一般是 465kHz），这个过程也称为变频，它仅仅是将高频信号的频率降低了，并没有改变信号的调制特性。中频放大电路的作用是将变频级送来的信号进行放大，一般采用的是变压器耦合的多级放大器。中频放大器直接影响着收音机的主要性能指标，因此要求有较高的增益，足够的通频带和阻带，其中阻带描述的是通频带以外的频率全部衰减的性能指标。检波的作用是从中频调幅信号中取出声波信号，也叫解调，常用二极管来实现。AGC 电路指的是收音机中的自动增益控制器，设计 AGC 电路的目的是在接收到微弱信号时提高中放电路的增益。音频放大电路包括低频电压放大器和功率放大器两部分，低频电压放大（第一级放大）应该由足够的带宽和增益，同时线性失真和噪音都要小。功率放大（第二级放大）是对音频信号的功率进行放大，推动扬声器工作，需要具有输出功率大、频率相应宽、线性失真小等特点。

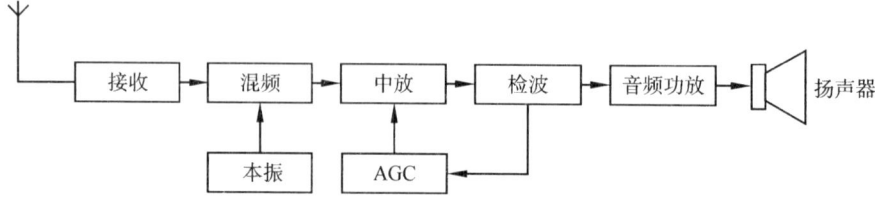

图 5.29.1   超外差式调幅收音机原理图

三、实验内容

（1）设计简单直放式收音机的电路。

（2）设计超外差式收音机的电路。

（3）制作一台超外差式调幅收音机。

5.30　无线充电器的设计与制作

一、任务目标

（1）了解电能无限传播方法。

（2）了解电磁波的发射和接收。

（3）了解法拉第电磁感应定律。

二、原理提示

无限电能传输的方式有很多，比如电磁场感应式、谐振式、无线电波式等。电磁感应式是给初级线圈一定频率的交流电，通过电磁感应在次级线圈中产生一定的电流，从而将能量从传输端转移到接收端；谐振式是利用谐振电路作为发射和接收电路，其发送端谐振回路的电磁波全方位开放式弥漫于整个空间，接收端回路的谐振频率和发射端频率相同，从而实现能量的传递；无线电波式是利用电磁波来传输电能。一般近距离传输多选用电磁感应式和谐振式。

三、实验内容

（1）制作一个基于电磁感应的无线充电装置，并测试其性能。

（2）制作一个基于电磁共振的无线充电装置，并测试其性能。

附　录　实验室常用参数表

表 1　常用物理常量表(2014 年国际推荐值)

物理量	符号	数值	单位
真空中的光速	c	2.99792458×10^8	$m \cdot s^{-1}$
元电荷	e	$1.6021766208(98) \times 10^{19}$	C
普朗克常量	h	$6.626070040(81) \times 10^{-34}$	$J \cdot s$
约化普朗克常量	$h/2\pi$	$1.054571800(13) \times 10^{-34}$	$J \cdot s$
阿伏伽德罗常量	N_A	$6.022140857(74) \times 10^{23}$	mol^{-1}
原子质量常量	m_u	$1.660539040(20) \times 10^{-27}$	Kg
电子的静止质量	m_e	$9.10938356(11) \times 10^{-31}$	Kg
质子质量	M_p	$1.672621898(21) \times 10^{-27}$	Kg
中子质量	M_n	$1.674927471(21) \times 10^{-27}$	Kg
玻尔磁子	μ_B	$9.274009994(57) \times 10^{-24}$	$J \cdot T^{-1}$
核磁子	μ_N	$5.050783699(31) \times 10^{-27}$	$J \cdot T^{-1}$
玻尔半径	a_0	$5.2917721067(12) \times 10^{-9}$	m
经典电子半径	r_e	$2.8179403227(19) \times 10^{-15}$	m
电子的荷质比	$-e/m_e$	$-1.758820024(11) \times 10^{-11}$	$C \cdot Kg^{-1}$
精细结构常数	α	$7.2973525664(17) \times 10^{-3}$	
精细结构常数的倒数	α^{-1}	$137.035999139(31)$	
法拉第常量	F	$9.648533289 \times 10^{-4}$	C/mol
氢原子的里德伯常量	R_∞	$1.0973731568508(65) \times 10^{-7}$	m^{-1}
摩尔气体常量	R	$8.3144598(48)$	$J \cdot mol^{-1} \cdot K^{-1}$
玻尔兹曼常量	k	$1.38064852(79) \times 10^{-23}$	$J \cdot K^{-1}$
斯特藩－玻尔兹曼常量	σ	$5.670367(13) \times 10^{-8}$	$W \cdot m^{-2} \cdot K^{-4}$
韦恩位移定律常量	b	$2.8977729(17) \times 10^{-3}$	$m \cdot K$

物理量	符号	数值	单位
洛施密特常量	n	2.68719×10^{-25}	m^{-3}
万有引力常量	G	$6.67408(31) \times 10^{11}$	$m^2 \cdot kg^{-1} \cdot s^{-1}$
标准大气压	P_0	101325	Pa
冰点的热力学温度	T_0	273.15	K
声音在空气中的速度(标准状态下)	v	331.46	$m \cdot s^{-1}$
干燥空气的密度(标准状态下)	ρ_{Air}	1.293	$Kg \cdot m^{-3}$
汞的密度(标准状态下)	ρ_{Hg}	13595.04	$Kg \cdot m^{-3}$
理想气体的摩尔体积(标准状态下)	V_m	$2.2413962(13) \times 10^{-2}$	$m^3 \cdot mol^{-1}$
真空中磁导率	μ_0	$4\pi \times 10^{-7}$	$N \cdot A^{-2}$
真空中介电常量(电容率)	ε_0	$8.854187817 \times 10^{-12}$	$F \cdot m^{-1}$
钠光谱中黄线的波长	D	589.3×10^{-9}	m
镉光谱中红线的波长 (15℃,101325Pa)	λ_{cd}	643.84696×10^{-9}	m

表 2　在海平面上不同纬度处的重力加速度

纬度 φ(o)	$G(m/s^2)$	纬度 φ(o)	$G(m/s^2)$	纬度 φ(o)	$G(m/s^2)$
0	9.78049	35	9.79745	70	9.82614
5	9.78088	40	9.80180	75	9.82878
10	9.78204	45	9.80629	80	9.83064
15	9.78394	50	9.81078	85	9.83182
20	9.78652	55	9.81514	90	9.83221
25	9.78969	60	9.81924		
30	9.79338	65	9.82294		

表 3　各种材料的密度

材料	密度(kg/m³)	材料	密度(kg/m³)	材料	密度(kg/m³)
铝	2698.9	铅	11350	乙醇	789.4
铜	8960	锡	7298	乙醚	714
铁	7874	水银	13546.2	汽油	710～720
银	10500	钢	7600～7900	弗利昂—12	1329
金	19320	石英	2500～2800	变压器油	840～890
钨	19300	水晶玻璃	2900～3000	甘油	1260
铂	21450	冰(0℃)	880～920		

表 4 在标准大气压下不同温度时水的密度

温度 t (℃)	密度 ρ (kg/m³)	温度 t (℃)	密度 ρ (kg/m³)	温度 t (℃)	密度 ρ (kg/m³)
0	999.841	16	998.943	32	995.025
1	999.900	17	998.774	33	994.702
2	999.941	18	998.595	34	994.371
3	999.965	19	998.405	35	994.031
4	999.973	20	998.203	36	993.68
5	999.965	21	997.992	37	993.33
6	999.941	22	997.770	38	992.96
7	999.902	23	997.538	39	992.59
8	999.849	24	997.296	40	992.21
9	999.781	25	997.044	50	988.04
10	999.700	26	996.783	60	983.21
11	999.605	27	996.512	70	977.78
12	999.498	28	996.232	80	971.80
13	999.377	29	995.944	90	965.31
14	999.244	30	995.646	100	958.35
15	999.099	31	995.340		

表 5 各种液体表面张力系数(20℃)

液体名称	表面张力系数 (10⁻³ N/m)	液体名称	表面张力系数 (10⁻³ N/m)
甲醇	22.7	乙二醇乙醚	28.6
乙醇	22.1	甲乙酮	24.6
苯	28.9	甲基萘	38.6
甘油(丙三醇)	64	正丁基苯	29.23
聚二甲基硅氧烷(硅油)M5	19	正丙苯	28.99
汞	425.41	硝基乙烷	31.9
丙酮	25.2	硝基苯	43.9
二硫化碳	32.3	硝基甲烷	36.8
二甘醇	44.8	邻硝基甲苯	41.5
乙苯	29.2	聚乙二醇200	43.5
乙二醇	47.7	丙醇(25℃)	23.7
甲酰胺	58.2	甲苯	28.4

表6　在不同温度下水的表面张力系数

温度(℃)	表面张力系数 (10^{-3} N/m)	温度(℃)	表面张力系数 (10^{-3} N/m)	温度(℃)	表面张力系数 (10^{-3} N/m)
0	75.62	16	73.34	30	71.15
5	74.90	17	73.20	40	69.55
6	74.76	18	73.05	50	67.90
8	74.48	19	72.89	60	66.17
10	74.20	20	72.75	70	64.41
11	74.07	21	72.60	80	62.60
12	73.92	22	72.44	90	60.74
13	73.78	23	72.28	100	58.85
14	73.64	24	72.12		
15	73.48	25	71.96		

表7　不同材料中的声速

材料名称	声速(m/s)	材料名称	声速(m/s)	材料名称	声速(m/s)
铝	6305	铁	5893	硫化橡胶	2311
铋	2184	铅	2159	银	3607
黄铜	4394	镁	5791	普通钢	5918
钙	2769	汞	1448	不锈钢	5664
康铜	5232	镍	5639	斯太立硬质合金	6985
紫铜	4674	尼龙	2591	聚四氟乙烯	1422
环氧树脂	2540	石蜡	2210	锡	3327
白铜	4750	铂	3962	钛	6096
玻璃	5664	有机玻璃	2692	钨	5334
火石玻璃	4267	聚苯乙烯	2337	锌	4216
金	3251	PVC	2388	水	1473
冰	3988	石英玻璃	5639		

表8 不同温度时干燥空气中的声速 单位:m/s

温度(℃)	0	1	2	3	4	5	6	7	8	9
60	366.05	366.60	367.14	367.69	368.24	368.78	369.33	369.87	370.42	370.96
50	360.51	361.07	361.62	362.18	362.74	363.29	363.84	364.39	364.95	365.50
40	354.89	355.46	356.02	356.58	357.15	357.71	358.27	358.83	359.39	359.95
30	349.18	349.75	350.33	350.90	351.47	352.04	352.62	353.19	353.75	354.32
20	343.37	343.95	344.54	345.12	345.70	346.29	346.87	347.44	348.02	348.60
10	337.46	338.06	338.65	339.25	339.84	340.43	341.02	341.61	342.20	342.58
0	331.45	332.06	332.66	333.27	333.87	334.47	335.07	335.67	336.27	336.87
−10	325.33	324.71	324.09	323.47	322.84	322.22	321.60	320.97	320.34	319.52
−20	319.09	318.45	317.82	317.19	316.55	315.92	315.28	314.64	314.00	313.36
−30	312.72	312.08	311.43	310.78	310.14	309.49	308.84	308.19	307.53	306.88
−40	306.22	305.56	304.91	304.25	303.58	302.92	302.26	301.59	300.92	300.25
−50	299.58	298.91	298.24	397.56	296.89	296.21	295.53	294.85	294.16	293.48
−60	292.79	292.11	291.42	290.73	290.03	289.34	288.64	287.95	287.25	286.55
−70	285.84	285.14	284.43	283.73	283.02	282.30	281.59	280.88	280.16	279.44
−80	278.72	278.00	277.27	276.55	275.82	275.09	274.36	273.62	272.89	272.15
−90	271.41	270.67	269.92	269.18	268.43	267.68	266.93	266」7	265.42	264.66

表9 不同液体的粘滞系数

液体	温度(℃)	粘滞系数(Pa·s)	液体	温度(℃)	粘滞系数(Pa·s)
汽油	0	1788	甘油	−20	$134×10^6$
甲醇	18	530		0	$121×10^5$
	0	817		20	$1499×10^3$
	20	584		100	12945
乙醇	−20	2780	蜂蜜	20	$650×10^4$
	0	1780		80	$100×10^3$
	20	1190	鱼肝油	20	45600
乙储	0	296		80	4600
	20	243	水银	−20	1855
变压器	20	19800		0	1685
篦麻油	10	$242×10^4$		20	1554
葵花子油	20	50000		100	1224

表 10　不同温度时水的粘滞系数

温度 (℃)	粘滞系数		温度 (℃)	粘滞系数	
	Pa·s	$\times 10^6$ kg·f·s/mm²		Pa·s	$\times 10^6$ kg·f·s/mm²
0	1787.8	182.3	60	469.7	47.9
10	1305.3	133.1	70	406.0	41.4
20	1004.2	102.4	80	355.0	36.2
30	801.2	81.7	90	314.8	32.1
40	653.1	66.6	100	282.5	28.8
50	549.2	56.0			

表 11　各种固体的线膨胀系数

物质	温度或温度范围(℃)	($\times 10^{-6}$℃$^{-1}$)
铝	0~100	23.8
铜	0~100	17.1
铁	0~100	12.2
金	0~100	14.3
银	0~100	19.6
钢(0.05％碳)	0~100	12.0
康铜	0~100	15.2
铅	0~100	29.2
锌	0·~100	32
铂	0~100	9.1
钨	0~100	4.5
石英玻璃	20~200	0.56
窗玻璃	20~200	9.5
花岗石	20	6~9
瓷器	20~700	3.4~4.1

表 12　20℃时各种金属的杨氏模量

金属	杨氏模量	
	GPa	kg·f/mm²
铝	69~70	7000~7100
钨	407	41500

续表

金属	杨氏模量	
	GPa	kg・f/mm²
铁	186～206	19000～21000
铜	103～127	10500～13000
金	77	7900
银	69～80	7000～8200
锌	78	8000
镍	203	20500
铬	235～245	24000～25000
合金钢	206～216	21000～22000
碳钢	196～206	20000～21000
康铜	160	16300

表 13　各种材料的导热系数

材料名称	导热系数 (W/m・K)	材料名称	导热系数 (W/m・K)	材料名称	导热系数 (W/m・K)
钻石	1000	冰	1.6	绝缘纤维	0.04
银	406	普通玻璃	0.8	聚苯乙烯	0.033
铜	385	混凝土	0.8	聚氨酯	0.02
金	314	水(20℃)	0.6	木材	0.12～0.04
黄铜	109	石棉	0.08	空气(0℃)	0.024
铝	205	光纤玻璃	0.04	氦气(20℃)	0.138
铁	79.5	保温砖	0.15	氢气(20℃)	0.172
钢	50.2	红砖	0.6	氖气(20℃)	0.0234
铅	34.7	软木板	0.04	氧气(20℃)	0.0238
汞	8.3	羊毛毡	0.04	二氧化硅气凝胶	0.003

表 14　几种材料的比热容

材料名称	比热容(J・kg⁻¹・K⁻¹)	固体	比热容(J・kg⁻¹・K⁻¹)
铝	908	玻璃	670
黄铜	389	冰	2090
铜	385	乙醇(0℃)	2300

续表

材料名称	比热容(J·kg^{-1}·K^{-1})	固体	比热容(J·kg^{-1}·K^{-1})
康铜	420	乙醇(20℃)	2470
铁	460	汞(0℃)	146.5
钢	450	汞(20℃)	139.3

表 15　不同温度时水的比热容

温度(℃)	0	5	10	15	20	25	30
比热容(J·kg^{-1}·K^{-1})	4217	4202	4192	4186	4182	4179	4178
温度(℃)	40	50	60	70	80	90	99
比热容(J·kg^{-1}·K^{-1})	4178	4180	4184	4189	4196	4205	4215

表 16　某些金属和合金的电阻率及其温度系数[①]

金属或合金	电阻率(×10^{-6}Ω·m)	温度系数(℃$^{-1}$)	金属或合金	电阻率(×10^{-6}Ω·m)	温度系数(℃$^{-1}$)
铝	0.028	42×10^{-4}	锌	0.059	42×10^{-4}
铜	0.0172	43×10^{-4}	锡	0.12	44×10^{-4}
银	0.016	40×10^{-4}	水银	0.958	10×10^{-4}
金	0.024	40×10^{-4}	武德合金	0.52	37×10^{-4}
铁	0.098	60×10^{-4}	钢(0.10～0.15％碳)	0.10～0.14	6×10^{-3}
铅	0.205	37×10^{-4}	康铜	0.47～0.51	(−0.04～+0.01)×10^{-3}
铂	0.105	39×10^{-4}	铜锰镍合金	0.34～1.00	(−0.03～+0.02)×10^{-3}
钨	0.055	48×10^{-4}	镍铬合金	0.98～1.10	(0.03～0.4)×10^{-3}

①电阻率与金属中的杂质有关,因此表中列出的只是 20℃时电阻率的平均值。

表 17　常温下某些物质相对于空气的折射率

物质	656.3nm	589.3nm	486.1nm
水(18℃)	1.3314	1.3332	1.3373
乙醇(18℃)	1.3609	1.3625	1.3665

续表

物质	656.3nm	589.3nm	486.1nm
二硫化碳(18℃)	1.6199	1.6291	1.6541
冕玻璃(轻)	1.5127	1.5153	1.5214
冕玻璃(重)	1.6126	1.6152	1.6213
燧石玻璃(轻)	1.6038	1.6085	1.62
燧石玻璃(重)	1.7434	1.7515	1.7723
方解石(寻常光)	1.6545	1.6585	1.6679
方解石(非常光)	1.4846	1.4864	1.4908
水晶(寻常光)	1.5418	1.5442	1.5496
水晶(非常光)	1.5509	1.5533	1.5589

表18 常用光源的谱线波长表　　　　单位:nm

一、H(氢)	447.15 蓝	589.592(D1)黄
656.28 红	402.62 蓝紫	588.995(D2)黄
486.13 绿蓝	388.87 蓝紫	五、Hg(汞)
434.05 蓝	三、Ne(氖)	623.44 橙
410.17 蓝紫	650.65 红	579.07 黄
397.01 蓝紫	640.23 橙	576.96 黄
二、He(氦)	638.30 橙	546.07 绿
706.52 红	626.25 橙	491.60 绿蓝
667.82 红	621.73 橙	435.83 蓝
587.56(D3)黄	614.31 橙	407.78 蓝紫
501.57 绿	588.19 黄	404.66 蓝紫
492.19 绿蓝	585.25 黄	六、He—Ne 激光
471.31 蓝	四、Na(钠)	632.8 橙

参考文献

[1] 姚合宝.大学物理实验[M].西安:陕西人民教育出版社,2001.

[2] 冯忠耀,罗慧霞.大学物理实验[M].北京:机械工业出版社,2009.

[3] 沈韩.基础物理实验[M].北京:科学出版社,2015.

[4] 李隆.大学物理实验[M].北京:高等教育出版社,2018.

[5] 胡冰.大学物理实验[M].北京:高等教育出版社,2017.

[6] 刘克哲.物理学[M].北京:高等教育出版社,2005.

[7] 马葭生,宦强.大学物理实验[M].上海:华东师范大学出版社,1998.

[8] 吴永华,霍剑青,熊永红.大学物理实验[M].北京:高等教育出版社,2001.

[9] 何志魏.大学物理实验教程[M].北京:机械工业出版社,2017.

[10] 吴俊林.综合提高物理实验[M].北京:科学出版社,2010.

[11] 沙振舜,周进.当代物理实验手册[M].南京:南京大学出版社,2012.

[12] 何佳清,霍剑青.大学物理基础与综合性实验[M].北京:高等教育出版社,2018.

[13] 朱世坤,聂宜珍.二级物理实验[M].北京:科学出版社,2005.

[14] 李学慧,刘军,部德才.大学物理实验[M].北京:高等教育出版社,2018.

[15] 葛凡,郑飞越.大学物理实验教程[M].北京:高等教育出版社,2018.

[16] 杨述武.普通物理实验[M].北京:高等教育出版社,2000.

[17] 林伟华.大学物理实验[M].北京:高等教育出版社,2017.

[18] 徐志东.大学物理实验[M].成都:西南交通大学出版社,2006.

[19] 申元华,陆申龙.基础物理实验[M].北京:高等教育出版社,2003.

[20] 姚启均.光学教程[M].北京:高等教育出版社,2019.